畜禽产品安全生产综合配套技术丛书

现代养鹿与鹿产品加工关键技术

任战军　主编

中原农民出版社
·郑州·

图书在版编目(CIP)数据

现代养鹿与鹿产品加工关键技术／任战军主编. —郑州：中原农民出版社,2016.8
(畜禽产品安全生产综合配套技术丛书)
ISBN 978－7－5542－1465－7

Ⅰ.①现… Ⅱ.①任… Ⅲ.①鹿－饲养管理 ②鹿－初级产品－加工 Ⅳ.①S865.4

中国版本图书馆 CIP 数据核字(2016)第 170997 号

现代养鹿与鹿产品加工关键技术

任战军 主编

出版社:中原农民出版社
地址:河南省郑州市经五路 66 号 邮编:450002
网址:http://www.zynm.com 电话:0371－65788655
发行单位:全国新华书店 传真:0371－65751257
承印单位:新乡市豫北印务有限公司

投稿邮箱:1093999369@qq.com
交流 QQ:1093999369
邮购热线:0371－65788040

开本:710mm×1010mm 1/16
印张:22
字数:357 千字
版次:2016 年 8 月第 1 版 印次:2016 年 8 月第 1 次印刷

书号:ISBN 978－7－5542－1465－7 定价:39.00 元

本书作者

主　　编　任战军

副 主 编　卫功庆　王淑辉　孙秀柱　汪树理

邱　立　李秋艳　张健勤　鞠桂春

参　　编　王艳梅　李安宁　吴　朗　杜忍让

秦伟忠

序

近年来，我国采取有力措施加快转变畜牧业发展方式，提高质量效益和竞争力，现代畜牧业建设取得明显进展。第一，转方式，调结构，畜牧业发展水平快速提升。持续推进畜禽标准化规模养殖，加快生产方式转变，深入开展畜禽养殖标准化示范创建，国家级畜禽标准化示范场累计超过4 000家，规模养殖水平保持快速增长。制定发布《关于促进草食畜牧业发展的意见》，加快草食畜牧业转型升级，进一步优化畜禽生产结构。第二，强质量，抓安全，努力增强市场消费信心。坚持产管结合、源头治理，严格实施饲料和生鲜乳质量安全监测计划，严厉打击饲料和生鲜乳违禁添加等违法犯罪行为。切实抓好饲料和生鲜乳质量安全监管，保障了人民群众“舌尖上的安全”。畜牧业发展坚持“创新、协调、绿色、开放、共享”的发展理念，坚持保供给、保安全、保生态目标不动摇，加快转变生产方式，强化政策支持和法制保障，努力实现畜牧业在农业现代化进程中率先突破的目标任务。

随着互联网、云计算、物联网等信息技术渗透到畜牧业各个领域，越来越多的畜牧从业者开始体会到科技应用带来的巨变，并在实践中将这些先进技术运用到整条产业链中，利用传感器和软件通过移动平台或电脑平台对各环节进行控制，使传统畜牧业更具“智慧”。智慧畜牧业以互联网、云计算、物联网等技术为依托，以信息资源共享运用、信息技术高度集成为主要特征，全力发挥实时监控、视频会议、远程培训、远程诊疗、数字化生产和畜牧网上服务超市等功能，达到提升现代畜牧业智能化、装备化水平，以及提高行业产能和效率的目的。最终打造出集健康养殖、安全屠宰、无害处理、放心流通、绿色消费、追溯有源为一体的现代畜牧业发展模式。

同时，“十三五”进入全面建成小康社会的决胜阶段，保障肉蛋奶有效供给和质量安全、推动种养结合循环发展、促进养殖增收和草原增绿，任务繁重

而艰巨。实现畜牧业持续稳定发展,面临着一系列亟待解决的问题:畜产品消费增速放缓使增产和增收之间矛盾突出,资源环境约束趋紧对传统养殖方式形成了巨大挑战,廉价畜产品进口冲击对提升国内畜产品竞争力提出了迫切要求,食品安全关注度提高使饲料和生鲜乳质量安全监管面临着更大的压力。

"十三五"畜牧业发展,要更加注重产业结构和组织模式优化调整,引导产业专业化分工生产,提高生产效率;要加快现代畜禽牧草种业创新,强化政策支持和科技支撑,调动育种企业积极性,形成富有活力的自主育种机制,提升产业核心竞争力;要进一步推进标准化规模养殖,促进国内养殖水平上新台阶;要积极适应经济"新常态"变化,主动做好畜产品生产消费信息监测分析,加强畜产品质量安全宣传,引导生产者立足消费需求开展生产;要按照"提质增效转方式,稳粮增收可持续"的工作主线,推进供给侧结构性改革,加快转型升级,推行种养结合、绿色环保的高效生态养殖,进一步优化产业结构,完善组织模式,强化政策支持和法制保障,依靠创新驱动,不断提升综合生产能力、市场竞争能力和可持续发展能力,加快推进现代畜牧业建设;要充分发挥畜牧业带动能力强、增收见效快的优势,加快贫困地区特色畜牧业发展,促进精准扶贫、精准脱贫。

由张晓根教授组织编写的《畜禽产品安全生产综合配套技术丛书》涵盖了畜禽产品质量、生产、安全评价与检测技术,畜禽生产环境控制,畜禽场废弃物有效控制与综合利用,兽药规范化生产与合理使用,安全环保型饲料生产,饲料添加剂与高效利用技术,畜禽标准化健康养殖,畜禽疫病预警、诊断与综合防控等方面的内容。

丛书适应新阶段、新形势的要求,总结经验,勇于创新。除了进一步激发养殖业科技人员总结在实践中的创新经验外,无疑将对畜牧业从业者培训、促进产业转型发展,促进畜牧业在农业现代化进程中率先取得突破,起到强有力的推动作用。

中国工程院院士 张改平

2016年6月

前　言

养鹿的经济意义远大,利国利民。鹿茸具有补肾阳、益精血、强筋骨之功效;鹿的角、血、皮、肉、筋、鞭、胎、尾等均能入药,其疗效显著,药理作用已被现代医药学所证明;鹿肉肉质细嫩,味道鲜美,营养丰富,是人们喜食的上等佳肴;鹿皮是制革工业的上等原料皮。作为养鹿大国,我国人民除了利用鹿茸之外,对于以鹿肉等为主的其他鹿产品价值认识及应用的历史悠久、广泛,但从未大规模开发。从表面上看,似乎为了保护鹿资源,其实使许多鹿资源白白浪费掉。正因为这样,国内市场上没有鹿肉卖,也就没有市场行情。而在欧洲各地,鹿肉却很畅销,与牛肉的需求量差不多,但价格要高得多。新西兰、加拿大等主产国年产量很难满足市场需求。还有鹿血、鹿皮等制品市场占有率很少,其需求量很大,因而价格昂贵。另外以鹿茸为主的单一生产模式很难适应现代国内外市场变化,我国的养鹿业也就很难稳定持续地发展。

现代畜牧业是高产、优质、高效、生态、安全的畜牧业;是标准化、规模化、可持续发展的畜牧业;是技术密集,工程化程度高,科技含量高的畜牧业;是实行饲料、养殖、加工、销售一体化经营的完整产业体系,商品化程度高,产品竞争力强的畜牧业。现代畜牧业是指利用现代科技武装起来的动物生产系统工程,包括现代化的基础设施建设和动物优质高效生产模式。前者也就是集土建工程、机械电子、仪器仪表、自动化控制和生态经济学等现代工业科技于一体,建造用于封闭生产的基础设施工程,对圈舍、喂料、饮水、控光、控温(湿)、通风、清污等生产全过程自动化控制和管理。后者利用现代生物技术对种畜发情、受精、产仔、哺乳等进行控制,始终维持最佳生理和生态条件,并健康、优质、高效地进行工厂化(批次化、高密度)生产,是对全过程实行无污染、商业性和科学化的封闭管理的生产模式。现代畜牧业的优点是自动化程度高,生产效率高,发病率低,劳动力减少。缺点是畜舍建设要求提高,成本加大,劳动力科技素质要求高。

现代养鹿业也应该朝着现代畜牧业发展。全书分十一章，主要介绍了鹿种质资源、环境调控、鹿舍建造、繁殖与育种、营养需要与日粮配制、饲养管理、保健及其疫病防治、产品性能及其加工等方面的现代最新技术。本书是由西北农林科技大学、吉林农业大学、新疆建设兵团农二师等几位同仁在科研、推广以及生产实践的基础上，参阅了国内外大量有关文献资料编写而成的。在编写过程中，努力贯彻科学性与实用性相结合、理论联系实际的原则，深入浅出，通俗易懂地介绍高产、优质、高效的养鹿生产技术，以便使读者能解决生产中遇到的问题，并取得较好的效益。

由于本人水平有限，加之成书时间紧迫，书中不妥之处乃至错误在所难免，敬请读者批评指正。在编写过程中，参阅或引用了许多同仁的文献资料，对于有关文献的作者以及使本书得以顺利出版的中原农民出版社表示感谢。

编者

2016 年 1 月

目　录

第一章　养鹿业发展概况

鹿是一种经济价值很高的草食性经济动物。鹿茸是我国养鹿业的主要产品，具有生精补髓、养血益阳、强筋健骨的功效，对多种疾病有显著的疗效和保健作用。鹿肉与传统家畜肉相比，具有高蛋白、低脂肪、低胆固醇、肉质鲜美的营养特点。鹿的其他部位和器官制成的鹿产品也有很高的经济价值。鹿胎、鹿心、鹿鞭、鹿血、鹿筋、鹿尾、鹿骨等也有很高的医疗保健作用。鹿皮轻便柔软，是制作高级精密光学仪器擦镜布和高档皮装的理想原料。除此之外，鹿还具有较高的观赏价值。与其他野生动物相比，鹿食性较广，适应能力强，便于饲养，使得养鹿业几乎遍布全国各地。目前，养鹿业是除传统家鹿养殖业外的一个颇具规模的特色养殖业，特别是在一些主要养殖区，已成为促进农民增收、繁荣农村经济的支柱产业，也是许多地区调整农业结构的战略重点，在农村和农业经济中的地位和作用越发突出。

同时，养鹿业长期以来是农牧业中的弱势产业，鹿的驯养繁殖与利用不仅受到国内相关法律和许多政策的制约，而且还受到国外新兴养鹿国家鹿产品的挑战与冲击。

第一节　我国养鹿业发展的概况

一、我国养鹿业现状

(一)养鹿业的规模

我国养鹿业一直是以鹿茸作为主要产品,以出口创汇为主要销售途径。由于鹿茸产品单一,市场份额小,饱受国际市场鹿茸价格的影响和制约,对国际市场产品价格敏感,受国际市场冲击的缓冲能力较弱。因此,养鹿业始终是在发展、高潮、低谷和调整的周期中波折起伏地发展。特别是自2006年我国与新西兰实施农产品自由贸易以来,受新西兰低廉鹿茸冲击,以及金融危机和饲养成本增加等因素的影响,茸鹿养殖产业迅速进入低谷期,在一些主产区甚至出现大规模屠宰茸鹿的现象,导致茸鹿养殖数量明显下降。

水鹿、驯鹿、麋鹿、白唇鹿、狍等其他鹿类养殖规模和数量有限,养殖目的与茸鹿养殖不同,因此,受市场影响不明显。我国历年养鹿规模变化见图1-1。

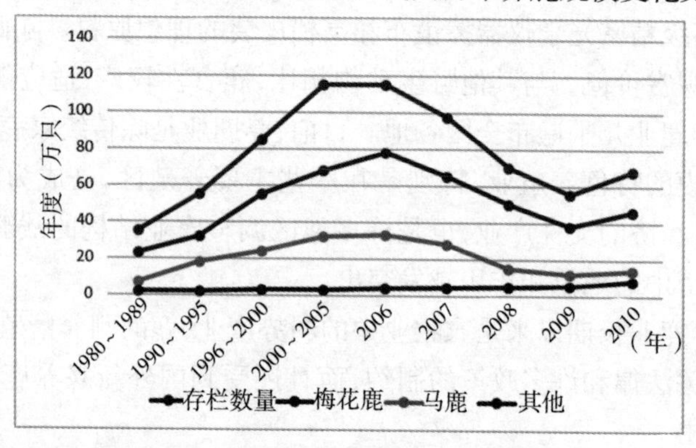

图1-1　我国历年养鹿规模变化

(二)鹿的种质现状

1949年后我国养鹿业的生产水平有了极大的提高,特别是以梅花鹿和马鹿为主的茸鹿培育,培育了产茸性能优良的品种(品系)。梅花鹿成品鹿茸均单产达1.25~1.30千克。天山马鹿产茸性能好,茸上冲,粗大,原产地鲜茸平均单产5.5千克。引种到东北地区饲养的天山马鹿,鲜茸单产已达8.2千克。阿尔泰马鹿具有适应性和抗逆性强、耐粗饲、产茸性能好的特点,鲜茸平均单产约4.94千克,养殖规模受驯养数量限制。东北马鹿产茸量相对较低,采食量大,饲养成本偏高,以放牧为主要饲养方式,可降低饲养成本。甘肃马鹿具有较强的适应性。白唇鹿是我国特产的珍贵鹿类动物，栖息于海拔3 500～5 000米的雪山或高山林带及灌木丛中。水鹿产茸性能较低。

经过对上述鹿类及品种多年的连续选育，养鹿业已有8个品种和1个品系通过了国家品种审定。双阳梅花鹿，鹿茸枝条大，质地肥嫩，含血足，成年公鹿平均产鲜茸3.0千克，个体产鲜茸最高可达15千克，具有耐粗饲，适应性强的特点，种用价值高。西丰梅花鹿，公鹿平均单产鲜茸3.083千克，具有高产、优质、早熟和遗传性状稳定的特点，有较高的种用价值。敖东梅花鹿，鲜茸平均单产3.35千克，有一定的种用价值。四平梅花鹿，公鹿三杈鲜茸平均单产3.94千克，育种价值高。东丰梅花鹿，鲜茸平均重3.66千克。兴凯梅花鹿，鲜茸平均单产2.644千克，茸形短粗，上冲，眉枝短小。清原马鹿属大型鹿种，鲜茸单产8.64千克，最高单产达26千克，茸形主干粗长，上冲，嘴头肥大，是人工系统选育的优良马鹿新品种。塔里木马鹿，三杈茸平均单产5.3千克，该鹿种具有体型小、饲养成本低、产茸性能好的特点。长白山梅花鹿品系，成品茸平均单产1.232千克，茸粗长，嘴头大，眉枝较长。

（三）养鹿业经营管理现状

1949年后，养鹿业从小到大得到了全面的发展，并为我国医药、食品工业和出口换汇做出了巨大贡献。自改革开放以来，鹿产业的所有制形式已由过去的单一国家所有，逐步演变成了集体、个体、合资与国有并存的所有制形式。国有制鹿场由政府部门投资，职工为国家全民职工，企业的盈亏归国家所有。集体企业，一种形式是传统的集体投资，职工为集体工，企业的盈亏归集体的模式。另一种由个体户将鹿集中起来，统一由集体经营管理，按鹿分摊成本费用的经营模式。个体工商户是将养鹿场完全归个人经营，养殖规模往往较小，经营灵活。私营企业往往是由从事其他经营的私企兼营鹿场，养殖规模也较大，抵御养鹿业风险的能力较强，是近年发展起来的一种经营模式，但这种企业数量不多，且对鹿场的经营、技术不够重视。股份制企业是通过个体入股对鹿场实施经营，有助于在提高企业利润和降低成本上达到最优化。合作社是由一些个体鹿场形成合作联合体，在技术、市场、生产等诸方面合作共享。目前，全国国有鹿场已经寥寥无几，经营情况不容乐观，个体企业是当今鹿产业的主体。

养鹿业的饲养方式主要以圈养为主，也有半散放、人工放牧、围栏放牧等饲养方式。养鹿业主和企业因地区、饲料条件、饲养目的、鹿的种类等的不同而有所不同。通常，圈养饲养成本偏高，半散放、放牧饲养往往会因载鹿量过

大而给林木草地造成严重生态破坏。随着饲料、生产资料、人工费用等经营成本的提高,鹿饲养成本近年来逐步增加。目前茸鹿的普遍饲养成本水平是每年梅花鹿1 000元/只、马鹿1 400元/只左右。按照梅花鹿二杠鲜茸1 100元/千克、马鹿鲜茸500元/千克计算,梅花鹿至少年产鲜茸1千克、马鹿3千克才能盈利。除此之外,母鹿的繁殖成活率和仔鹿的市场价格也都是养鹿业是否盈利的重要因素。由此可知,优化饲养成本、提高生产效率和改善鹿群质量是提高养鹿业产业竞争力的关键因素。

(四)鹿产品的消费出口情况

我国鹿产品的主要生产区集中在北方,但主要消费市场是韩国、东南亚国家和我国的南方。从2009年开始,我国鹿茸销售到香港地区的比例开始锐减,从占总量的62%下降到2011年仅占总量的2%,而出口韩国的鹿茸量从34%增加到90%。与此同时,出口日本的鹿茸量变化不大,出口到美国的鹿茸量逐年增加。韩国已经成为我国鹿茸的主要出口国。我国2009~2011年鹿茸销往主要国家(地区)的情况见图1-2。

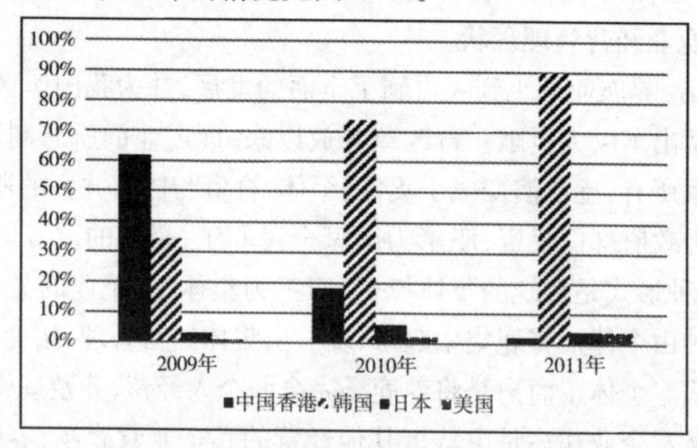

图1-2　2009~2011年我国鹿茸销往主要国家(地区)的情况

二、我国各省养鹿概况

世界上现存的鹿类动物有41种,其中有16种在我国有分布。目前我国人工饲养的鹿存栏数有40多万只,以茸鹿为主,年产茸在100~400吨(受市场和割茸公鹿数量的影响,年产茸量波动较大)。其中,梅花鹿茸占50%,马鹿茸占40%,其他鹿茸占10%。鹿茸优质率为40%。我国茸鹿资源丰富,以梅花鹿和马鹿为主在全国30多个省区都有分布和养殖。其中,以吉林为主的东三省是梅花鹿的主要养殖区,马鹿主要分布在新疆、内蒙古、甘肃、黑龙江和辽宁等地。除此之外,水鹿、白唇鹿、坡鹿等也是驯养数量较多的鹿类。

吉林省是梅花鹿和东北马鹿的主要饲养区之一，经过多年的连续选育，吉林省分别在长春市双阳区、敦化地区、东丰县、四平地区和通化地区等地成功选育出了具有优良性状的双阳梅花鹿、敖东梅花鹿、东丰梅花鹿、四平梅花鹿、长白山梅花鹿（品系）。

辽宁省是梅花鹿和东北马鹿的主要饲养区之一，经过多年选育，辽宁省西丰县在梅花鹿的基础上选育出了产茸量高、遗传性状稳定的西丰梅花鹿。除此之外，辽宁省通过引种引进的天山马鹿经过多年连续选育，培育出了比天山马鹿生产性状更加优良的清原马鹿。

黑龙江是梅花鹿和东北马鹿的主要饲养区之一，经过多年选育，黑龙江兴凯湖国有鹿场在密山地区成功选育出了茸短粗、上冲，眉枝短小的兴凯湖梅花鹿。

内蒙古是梅花鹿和东北马鹿的主要饲养区之一。目前，东北地区的东北马鹿主要集中在内蒙古自治区，主要以放牧的形式饲养，降低了饲养东北马鹿的成本。

新疆维吾尔自治区是天山马鹿、阿尔泰马鹿和塔里木马鹿的主要分布区，同时也有梅花鹿的分布。

甘肃省是甘肃马鹿的主要饲养区，同时也有梅花鹿的分布。

四川、青海、西藏是白唇鹿的主要分布区，同时有梅花鹿的分布。此外，水鹿在四川分布相对较多。

台湾和长江以南地区是水鹿的主要分布区。

三、取得的成绩与存在的问题

（一）取得的成就

1949 年以后，经过 50 多年的发展，我国养鹿业不论是在养殖规模还是鹿的品种、生产力上都取得了巨大成就。我国现在饲养梅花鹿、马鹿、水鹿、白唇鹿、驯鹿、坡鹿和麋鹿等共 40 多万只，其中梅花鹿近 25 万只、马鹿 6 万只左右、水鹿 5 万余只、各种杂交鹿万余只。在主要茸鹿中，以东北梅花鹿、天山马鹿和塔里木马鹿的品质较佳，数量达 28 万只左右。近 20 年来，我国人工育成了居国际领先水平或先进水平的 8 个梅花鹿和马鹿品种、品系，其数量达 8 万余只。我国主要茸鹿的饲养区域：梅花鹿主要在吉林省，占全国的 70%；马鹿主要在新疆，占全国的 35%；杂种鹿主要在东北、华北和新疆，占全国的 80% 以上。我国的梅花鹿之乡——吉林省长春市双阳区饲养数量达 4 万余只。我国较大的梅花鹿国有鹿场（不含分场）存栏一般达千余只，最大的梅花鹿国有鹿场为吉林省东丰县第一鹿场，存栏为 2 300 余只；最大的马鹿国有鹿场（含分场）系新疆生产建设兵团农二师 34 团养鹿场，饲养塔里木马鹿近 2 000 只。饲养梅花鹿较大的个体养鹿场一般达 200～300 只，而饲养马鹿（东北马鹿或天山马鹿）的较大个体养鹿场可达 150～200 只，饲养水鹿的较大个体养鹿场可达 500 多只。

我国茸鹿的生产力很高，尤其是梅花鹿和马鹿，在世界上名列前茅。梅花鹿公鹿的成品茸平均单产可达 0.8～1.2 千克，母鹿的繁殖成活率达 70% 左右，每年生产鹿茸总计达 50 余吨，鹿茸优质率达 50% 以上，生产利用年限平均达 8 年左右；马鹿公鹿的成品茸平均单产可达 1.5～2.5 千克，母鹿的繁殖成活率可达 60%～80%，每年生产马鹿茸总计达 40 余吨，马鹿茸的优质率在 60% 以上，生产利用年限平均达 10 年以上。我国养鹿业的高指标和高生产力创造了高经济效益，仅主产品鹿茸一项，年均创产值 5 亿多元。

随着养鹿业的不断发展，在养鹿的教育科研上我国也获得了巨大的进步。总的来说，我国养鹿业的科研教学工作是以提高鹿茸产量为主要目标，我国茸鹿生产的发展和技术进步有赖于科学研究的发展；同时，茸鹿科学研究又主要是应用技术的研究，并面向茸鹿生产的主战场。1956 年我国首先成立了吉林省特产研究所，专设有茸鹿研究室，后于 1982 年归属中国农业科学院特产研究所至今，设有经济动物研究室茸鹿课题组。1958 年建吉林特产学院，后归属于吉林农业大学，专设了经济动物专业，以后相继又在有关农林院校和中等专业学校设置了相近专业，50 年来为祖国养鹿业培养了大批硕士研究生和中高级专业技术人才。研究解决茸鹿的营养与饲料、饲养管理、人工繁育、疫病防治、产品成分分析与产品加工基础理论和技术、设备条件等方面的重大课题。与此同时，随着规模化养鹿的兴起，国家对养鹿学的科研投入加大，全国各院校共同合作，从 1958 年至 1998 年 8 月，研究项目达上千项，获得了丰硕成果。其中，茸鹿驯化放养、营养与饲料、品种品系选育、杂交优势的利用、人工授精、鹿茸加工技术、鹿保定药物研制、鹿茸加工设备及深加工、控光养鹿，鹿胎、鹿皮和乳鹿皮的开发利用，鹿品种标准化，鹿的结核病、坏死杆菌病、缺硒和缺铜病、伪狂犬病等项研究有突破性进展，居国际领先或国际先进水平。其中，双阳梅花鹿品种培育和茸鹿杂交优势的利用、梅花鹿营养需要、茸鹿驯化放养、鹿的人工授精等多项成果为世界首创，均为世界领先水平。这些成果推广应用后产生了巨大的经济效益和社会效益，有的单项成果年增收达千万元。特别是在品种选育方面，经几十年的艰苦努力，已成功地人工育成了梅花鹿中的双阳梅花鹿和西丰梅花鹿品系，著称于国内外；在马鹿方面，人工选育的天山马鹿和塔里木马鹿，特别是天山马鹿清原品系闻名于世界。

（二）问题和不足

我国养鹿业现阶段以私营养殖为主，养殖规模较小，产业化程度不高，生产经营不够规范，产品质量差异过大，从而削弱了我国鹿茸产品在国内外市场上的竞争力。我国养鹿真正发展只有几十年，现在刚刚开始规模化，还有很多问题亟待解决。

1. 调控不力

中国养鹿缺乏宏观调控，发展带有盲目性，在养鹿高潮中一哄而上，一旦效益滑坡又纷纷下马，经营上互相攀比压价，使财产流失。所以作为主管部门，应真正把握全局，能从国际、国内市场的总体分析市场走势，及时给予指导，使市场处于平稳运行态势，避免大起大落。

2. 经营不善

目前，我国养鹿企业是小而全、少而散、传统作坊式生产，缺乏市场竞争意识和科技意识，因此信息不灵，抱残守缺。此外，国有鹿场人多包袱重，给扩大再生产带来困难，所以出现国有鹿场向个人承包转轨的势头。但个人承包后直接带来的后果就是过于注重眼前利益，缺乏长远发展目标，造成后劲不足。

3. 产品加工粗糙

中国养鹿以生产鹿茸为主，出售初级产品，种类少，深加工不够，对于抢占国际市场不利，这种状况亟须改变。只有研究开发高精产品，提高产品的附加值，才能提高市场竞争力和经济效益。

4. 缺乏配套服务

中国养鹿业缺乏系统技术服务体系，只有完善品种改良、技术培训、技术咨询、信息交流、产品销售等方面的配套服务，才能使养鹿业在市场经济大潮中破浪前进。

5. 技术力量薄弱

中国养鹿技术力量薄弱，全国养鹿专业科学研究人员非常缺少，且经费匮乏妨碍养鹿技术向纵深发展。向农民普及养鹿技术知识不够，影响农民个体养鹿积极性，使农民养鹿处于自行摸索阶段。所以必须加强科研投入、技术推广，使养鹿业科学化、正规化。

四、将来发展方向

鹿作为一种经济动物，在我国的真正规模养殖才刚刚开始。考察国内、国际现状,尽管存在一些问题亟待解决,但其总体前景还是乐观的。

(一)我国具有得天独厚的养殖条件

饲料是养鹿的基础,我国有几十亿亩草山草坡,野生牧草资源丰富,此外每年产生的大量的作物秸秆、秧蔓等农村产品也可用来喂鹿。鹿本身是草食反刍动物,食性广泛,可采食牛、马一样的饲料,也喜食牛、马不吃的树枝树叶,另外尚可食猪、鸡不能饲喂的非蛋白氮类、杂粕类饲料,所以它既不与牛、马争草,也不与猪、鸡争粮,这是养鹿的一大优势。

我国鹿种资源丰富,共有 16 种。经过人们的长期驯化,鹿已变得温驯,适应性强,生产力、遗传力稳定,是发展养鹿业有力的种质基础。

我国有 8 亿多农民,其中有相当一部分居住在边远山区,交通闭塞,经济不发达,但却具备养鹿的自然条件和人力资源。养鹿不论是茸用鹿、肉用鹿还是兼用型鹿,都是他们脱贫致富的一条可行之路。所以,发展边远山区养鹿是我国养鹿的一个重要方向。

(二)鹿产品国际市场广大

鹿几乎浑身都是宝,各种鹿产品在国际市场一直畅销,且价格居高不下,鹿茸每千克达 4 000 元以上,东南亚、韩国人一向有食鹿茸的习惯。鹿皮制成的革制品,如鞋、帽、包等一直为欧美人所喜爱。此外,鹿鞭、鹿血、鹿胎等都是上等滋补品,更为欧美等发达国家所抢购。所以鹿产品国际市场潜力巨大,远未饱和。

(三)国内需求潜力巨大

随着人民生活水平的提高,人们生活越来越注重质量,保健意识不断增强,对保健品的需求潜力巨大。鹿产品作为真正意义上的保健品已逐渐为人们所认识、接受,并开始进入普通百姓的生活。试想,在中国这样一个大国,若每人每天按照目前韩国人消费水平 42 克,13 亿中国人年均消费可达 54 600 吨,是现在生产量(150 吨)的 364 倍,这将是一个巨大的数字,所以说养鹿业前景是广阔的。但作为一种产业,它尚未形成气候,今后特别应注意从以下几方面发展:

第一,养鹿场科学化、规模化管理,这样才能获得经济效益。

第二,鹿的选育应从单纯的茸用型选育向肉用型,特别是通过杂交向茸肉兼用型选育,提高各种产品产量。

第三,鹿产品加工应从粗放简单加工向精深方向发展,提炼浓缩精华,使消费者更容易食用,效果更加显著。

第二节 世界养鹿业发展的概况

一、世界养鹿业现状

鹿类在世界各地都有分布，资源也较丰富。由于受到自然环境、社会经济和市场需求等因素的影响，鹿类动物在世界上的种类、分布、驯养数量呈现一定的区域性和发展的不均衡性。目前，世界上人工驯养的鹿类动物总量有近700万只，其中独联体成员国的驯养量最大，占世界总量的60%左右（大部分为驯鹿）；其次是新西兰，其驯养总量占世界总驯养量的15%左右。世界鹿类驯养分布见图1－3。人工养殖的鹿类动物有梅花鹿、马鹿、水鹿、豚鹿、麋鹿、驯鹿、斑鹿、黇鹿等，主要是驯鹿、赤鹿、梅花鹿、马鹿/北美马鹿、黇鹿，其中驯鹿占63%、赤鹿占14%、梅花鹿占8%、马鹿/北美马鹿占6%、黇鹿占6%、其他占3%。世界鹿类驯养种类与比例见图1－4。

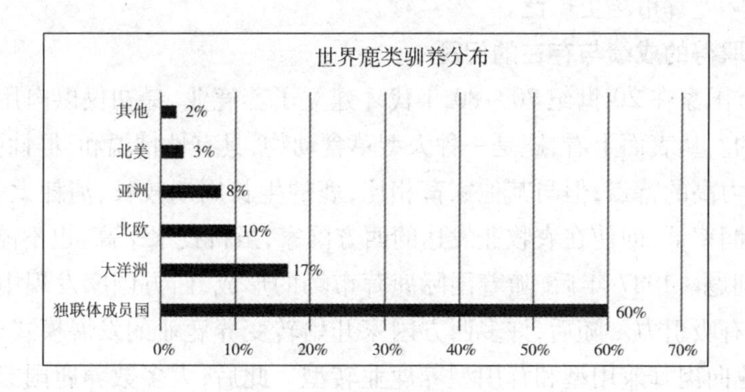

图1－3 世界鹿类驯养分布

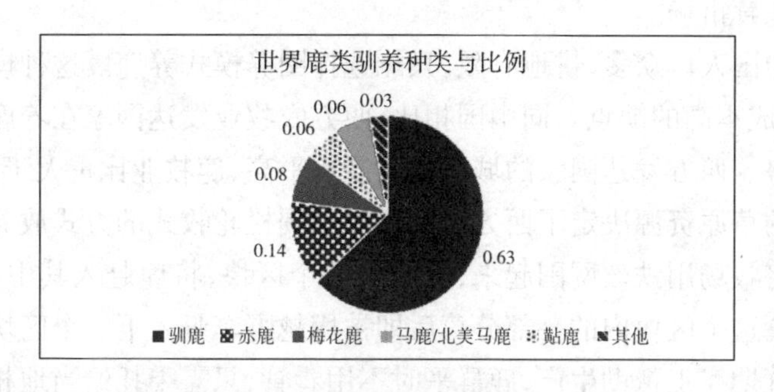

图1－4 世界鹿类驯养种类与比例

从鹿产品的主要用途来看,养鹿业主要有肉用型和茸用型2种。中国是养鹿取茸的主要国家和国际鹿茸市场的开拓者,欧洲国家和日本养鹿多以肉用为主,而新西兰则走上了茸肉兼营的道路。发达国家对鹿肉的需求不断增加和国际市场对鹿茸潜在的需求使越来越多的国家认识到了鹿及鹿产品的经济价值,相继发展起了养鹿业并形成了一定的规模。目前世界养鹿业的饲养管理模式主要有游牧式、圈养式和围栏轮牧式3种模式。

鹿和鹿产品的国际贸易起步较晚,在20世纪60年代以前,几乎没有相关贸易活动。当今,国际鹿产品贸易主要是鹿肉和鹿茸贸易。世界上鹿产品生产与消费市场具有明显的区域性,主要集中在北欧、北美、东亚的大约15个国家。当今国际鹿肉年产量在10万吨以上,鹿茸年产量1 000吨。中国每年的鹿茸产量存在较大差异。新西兰、俄罗斯和中国是国际市场鹿茸和鹿肉的主要出口国家,占国际市场的75%;德国是世界上鹿肉消费的大国,占国际贸易量的50%;韩国是鹿茸的主要消费国家,约占国际市场的85%。与鹿肉贸易相比,国际鹿茸市场更广泛。

二、取得的成绩与存在的问题

西方国家在20世纪70~80年代才建立了养鹿业,最初仅以肉用产品开发为目的。从表面上看,鹿是一种大型草食动物,具有性情温和、群性强、易驯化、繁殖力高的特点;但与其他家畜相比,鹿的生长周期较长、消耗太多、出肉率低、利润率低,即使在农牧业发达的西方国家,虽科技水平高,也不能轻易解决这些问题。1987年后,随着国际鹿茸市场的形成,西方国家发现中国鹿茸热销,很有吸引力。随后,许多西方国家开始转变养鹿业的发展模式,从肉用型养鹿业向肉茸兼用型和茸用型养鹿业转型。此后,大多数养鹿国家的养鹿模式走上和中国相同的茸用化道路,在取得巨大的经济效益的同时也不断完善了国际鹿茸市场。

由于中国人口众多,耕地有限,只能选择圈养模式养鹿。这种模式存在消耗高、养殖成本高的缺点。同中国相比,西方农牧业发达国家在养鹿业方面具有天然优势。西方发达国家的城市化发展水平高,鹿牧业比重大于种植业,广袤而丰富的草原资源决定了西方国家可以用围栏轮牧式的方式放养鹿类。这种方式是将牧场用铁丝网围起来,分成若干个区块,将鹿赶入其中一个区块,当鹿群采食这个区块内的一部分草后即被用越野车赶入下一个区块轮牧。只需要在收茸期雇工帮助生产,鹿群平时不用看管,只需委托给当地相关机构驱车巡视即可。这样的放牧形式不仅简单,而且可以很好地降低鹿的饲养成本和提高鹿的产品质量。同时,这种放牧方式还不会破坏草场的生态环境。

新西兰通过筛选改良、自然淘汰,选择产茸性能好、茸肉兼用的鹿种。通过采用先进的行业标准推动养鹿业的现代化,用围栏放牧的方式降低鹿的饲喂成本。同时在生产鹿茸方面有着严格的标准,鹿茸加工按食品业对待,实施工厂化管理。权威农产品拍卖公司将鹿茸产品分等级拍卖以保证鹿茸质量和信誉。政府设立专管部门,观念先进,职能、体制、管理透明,规范达标为企业和农场主服务。这些措施使新西兰的养鹿业迅速发展。

加拿大鹿种多,资源丰富,其中萨斯克彻温省和曼尼托巴省鹿种最好。自1990年从美国引进若干鹿后,其鹿的数量迅猛增长。除此之外,每年组织赛鹿比茸活动,以促进养鹿业向高产优质进军。

三、鹿业发展方向

我国养鹿业近几年来的降温,正与世界养鹿业升温相对应。在过去的30多年中,世界养鹿业发生了巨大变化。通过分析这些变化,不难看出其发展趋势。

(一)法化界定得到推广

新西兰、加拿大、美国、澳大利亚等国,在20世纪80年代末完成对养鹿业的法化界定,开辟了先例,为养鹿业的繁荣扫清了障碍。我国的养鹿业虽然起步较早,但是,法化界定完成得晚一些。尤其是,对鹿产品的食用禁令,极大地阻碍了鹿产品的大众化消费。俄罗斯及中亚的一些国家,也已经将鹿进行了法化界定,不再划归野生动物。欧洲的许多国家,也在法化界定进程中,其完成时间可以预期。因此,世界性的养鹿合法家养化时代即将到来。

(二)多用途化并存

由于文化、地域、鹿种类等因素的影响,导致了现今的养鹿业利益取向,主要包括肉用、茸用、狩猎、旅游观赏、运载劳力等。养鹿业由取茸为主导,将转向多用途化,因此,将会在兼用型鹿方面有较大发展。

(三)潜在消费市场的不断开拓

传统的鹿肉消费市场主要在欧洲和美国,而鹿茸的主要消费市场则在亚洲的韩国及东南亚地区。随着时间的推移,新兴的市场将不断出现,尤其是发展迅速的发展中国家,如中国,必将成为未来鹿产品的消费大国。

第二章　鹿的品种与生物学特性

鹿分布很广，主要分布于欧亚大陆和美洲，少数种类分布在非洲北部，澳大利亚和新西兰皆为人工引进的鹿种。我国古生物学家和考古学家在我国发掘的大量中新世至新石器时代的鹿骨、鹿角及其制作的工具化石表明，我国是鹿类动物的主要发源地之一。人类活动对鹿的分布和发展有重要影响。人类与鹿的关系历史久远，可以说是同步进化的。古人类学遗迹发掘表明，早在170万年前的元谋人就食鹿肉、用鹿骨。远古时代，鹿科是我国分布最广的哺乳动物之一，已发现的化石超过40种，目前延存的鹿种数不到50%，体型巨大的大角鹿在人类历史早期灭绝。我国养鹿历史可追溯至新石器时代，以取茸为主的经济用途的饲养始于18世纪，目前已经成为世界主要养鹿国之一。中国是世界上鹿科动物资源最丰富的国家，獐、毛冠鹿、白唇鹿等均系主要分布在中国境内的种类。其中黑麂、豚鹿、坡鹿、梅花鹿、白唇鹿、麋鹿是我国一级保护动物，獐、水鹿、马鹿、驼鹿为我国二级保护动物。保护珍稀物种，对摆脱物种濒危状态、实现资源的可持续性发展具有重要的意义。

第一节 梅花鹿

梅花鹿隶属于偶蹄目反刍亚目鹿科鹿属，共有13个亚种，主要分布于亚洲的东部，包括我国东北、华北、东南（包括台湾省）和中南以及日本、朝鲜等国。梅花鹿是中国拥有的鹿科动物中种类最多、分布最广、数量最大的国家一级保护动物。野生种类曾有6个亚种：台湾亚种、东北亚种、华北亚种、山西亚种、四川亚种和华南亚种。目前，仅存3个亚种（四川亚种、华南亚种和东北亚种），且种群数量很少（仅残存1 500只左右），分布零散，已陷入濒临灭绝的边缘。

一、形态特征

梅花鹿属中型茸用鹿类，体长100厘米左右，肩高约100厘米。公鹿一般比母鹿大，成年公鹿重120千克左右，成年母鹿约70千克。通常公鹿长角，母鹿不长角。鹿角分4个杈，偶尔分5个杈。其特点是眉枝不发达，不形成角冠。角的眉枝从主根基部约5.5厘米处分生，成锐角，主干末端再次分生，即大、挺、长。鹿角一般4月脱落，6月新角长出2~3个杈，至配种前完成角的生长，且全部骨化（图2－1）。

梅花鹿耳大直立，颈细长；眼眶下有一个非常明显的眶下腺，呈裂缝状，鼻骨细长。四肢修长，主蹄狭尖，副蹄细小；体型矫健，尾巴很短。毛色的基调为黄褐色，背中线黑色，腹面白色，臀部生有白色斑块，尾棕黄色或黑棕色。全身有明显的白色斑点，体背斑点排成两行，体侧斑点自然散布，状似梅花，故名梅花鹿。公鹿颈部有卷曲鬣毛。每年换2次毛，夏毛薄、无绒毛；冬毛厚密，保暖性好。

图2－1 梅花鹿

二、生活习性

梅花鹿常栖息于针阔混交林中，性警觉，活动迅速、敏捷；嗅觉和听觉尤为发达，但视觉较弱。梅花鹿喜集群，幼鹿和母鹿通常3~5只或多达20多只结群活动，公鹿常单独活动，冬季多在阳坡背风处，夏季则在近水源的阴坡开阔处或较高的山脊避暑。其食性较广，常以青草、灌木的嫩枝、树叶、嫩树皮和苔藓等为食，且喜舔食含有盐分的泥土，采食高峰期为清晨和黄昏。

梅花鹿一般8月末至10月发情交配，孕期7~8个月（日本野生梅花鹿为230天左右，新西兰野生梅花鹿为210天，英格兰野生梅花鹿为222天），翌年5~7月产仔，6月为产仔高峰期。梅花鹿一般一胎一仔，仔鹿出生后第一天多躺卧，第二天就能随母鹿一起活动；哺乳期多为6个月（有时可长达11个月），1.5~3岁性成熟，寿命约为20年。

三、品种及其生产性能

梅花鹿是我国名贵的药用经济动物之一，其鹿茸的品质优于其他鹿茸，有很高的经济和药用价值。雄性梅花鹿从出生后第二年开始长茸，平均干重25~30克，若在初角茸长到5~6厘米时锯下1.5~2.0厘米（俗称破茬），还能生长分杈的初角茸，干重可达150~200克，从3岁开始生长分杈茸，3岁公鹿多生产二杠型茸，4岁以上公鹿多生产锯三杈型茸。

除鹿茸外，梅花鹿的鹿肉、鹿胎、鹿鞭、鹿尾和鹿筋等鹿产品都有较高的应用价值。1963年东北梅花鹿引种至海南岛饲养，现人工饲养的梅花鹿几乎遍布全国，特别是吉林省、黑龙江省和辽宁省饲养着大量的梅花鹿。以东北梅花鹿为基础培育出双阳梅花鹿、敖东梅花鹿、四平梅花鹿、东丰梅花鹿、兴凯湖梅花鹿、西丰梅花鹿和长白山梅花鹿等一系列遗传性能稳定的优良品种。

（一）双阳梅花鹿

双阳梅花鹿（图2-2）品种是以双阳型梅花鹿为基础，采用大群闭锁繁殖方法，历经23年（1963~1986）培育出的我国和世界上第一个茸用梅花鹿品种，并于1990年获得国家科技进步一等奖。品种形成时有鹿3 725只，已被引种到我国各地上万只，现存栏2万余只。

1. 体质外形特征

双阳梅花鹿体型中等，公鹿体躯长方形，四肢较短，胸部宽深，腹围较大，被腰平直，臀圆，尾长，全身结构紧凑结实，头部呈楔形，轮廓清新，额宽平；母鹿后躯发达，头颈清秀。公、母鹿被毛均有两个色型，即棕红色和棕黄色；梅花斑点大而稀疏，被线不明显，臀斑边缘生有黑色毛圈，内着洁白长毛，略呈方

图 2－2　双阳梅花鹿

形；喉斑较小，呈灰褐色；腹下和四肢内侧被毛较长，呈灰白色。冬毛密而长，梅花斑点隐约可见。

双阳成年公鹿体高 106.35 厘米 ±5.13 厘米，生茸期体重 137 千克 ±3.17 千克，越冬期体重 116 千克 ±4.10 千克；成年母体高 91.1 厘米 ±2.62 厘米，体重 75 千克 ±4.12 千克；仔鹿初生重公鹿平均 5.98 千克，母鹿平均 5.28 千克。

双阳公鹿的体长 107.51 厘米 ±4.92 厘米、胸围 117.00 厘米 ±6.01 厘米、胸深 46.73 厘米 ±1 厘米、头长 34.78 厘米 ±1.12 厘米、额宽 15.46 厘米 ±0.26 厘米、管围 11.78 厘米 ±0.19 厘米、尾长 15.62 厘米 ±1.64 厘米、角基距 4.24 厘米 ±0.75 厘米。

2. 生产性能

双阳鹿茸枝条大，质地嫩，含血足，主干粗大，上端丰满，茸毛为棕黄或浅黄，色泽新鲜。

1～10 锯公鹿鲜茸平均单产为 2.9 千克，产茸最佳年龄为 7 锯。鲜茸重 3.0 千克及其以上的公鹿占 58.2%。公鹿头锯生产标准三杈鲜茸重最高纪录为 4.2 千克，生产二杠型再生茸鲜重 1.05 千克；3 锯公鹿生产标准三杈鲜茸重为 7.3 千克；5 锯公鹿生产一等锯三杈鲜茸重为 8.3 千克；8 锯公鹿三杈锯茸鲜茸重为 15.0 千克。鹿茸的优质率达 70% 以上。二等三杈茸的粗蛋白质含量为 52.03%，氨基酸总量为 49.72%。

3. 繁殖性能

育成母鹿受胎率达 84%，繁殖成活率为 71%。成年母鹿受胎率为 91%，繁殖成活率为 82%，双胎率为 2.72%。经产母鹿所产仔鹿初生重为 5.76 千克（公）和 5.62 千克（母）。初产母鹿所产仔鹿初生重为 5.37 千克（公）和 5.18 千克（母）。

4. 遗传特性

长白山梅花鹿茸重性状22% ~23%。体重性状7.5% ~9.3%。初生重12% ~16%。体尺性状变异系数范围2.1% ~11.4%。

3锯三杈锯茸鲜重遗传力0.53。重复力0.67。

双阳公鹿与东辽县母鹿杂交,杂交一代公鹿初角茸单产提高42.1 % ,2岁公鹿平均单产提高36.3%;双阳与长白杂交F1鲜茸重杂种优势率5.85%;清原与东北马鹿杂交F1头茬鲜茸重杂种优势率为31%,呈现了明显的杂种优势。

双阳梅花鹿公鹿生产利用年限为5.8年。

双阳梅花鹿具有高产、早熟、耐粗饲、适应性强和遗传性能稳定的特点,具有很高的种用价值。如有计划地引种或采用人工授精方法改良低产鹿群,会有重大效果。若能与西丰梅花鹿或长白山梅花鹿开展二元或三元杂交,与天山马鹿或草原放牧型东北马鹿开展种间杂交,可培育更高产的梅花鹿新品种和茸肉兼用型鹿,将开拓茸鹿杂交优势利用的新领域。

(二)西丰梅花鹿

西丰梅花鹿(图2-3)品种是辽宁省西丰县经24年(1971~1995年)选育成功的我国第二个梅花鹿品种,被引种到国内14个省、自治区和直辖市达500余只,现存栏1.8万只。

图2-3　西丰梅花鹿

1. 体质外貌特征

西丰梅花鹿体型中等,体质结实,四肢较短而坚实,有肩峰,裆宽,胸围和腹围大,腹部略下垂,背宽平,臀圆。臀斑大而色白,外围有黑毛;尾较长且尾尖生黑色长毛。夏毛多呈浅橘黄色,背线不明显,花斑大而鲜艳,条列性强,四肢内侧和腹下被毛呈一致的乳黄色,很少部分鹿的被毛呈橘红色,其花斑明显。公鹿头短、额宽,眼大明亮,粗嘴巴大嘴叉,角基周正、角基距宽、角基较细,冬季有灰褐色髯毛,大部分卧系。母鹿的黑眼圈、黑嘴巴、黑鼻梁明显。

成年鹿体重和主要体尺见表2-1。

表2-1　西丰梅花鹿成年鹿体重体尺

成年公鹿						成年母鹿			
体重（千克）	体高（厘米）	体斜长（厘米）	胸围（厘米）	额宽（厘米）	角基（厘米）	体重（千克）	体高（厘米）	体斜长（厘米）	胸围（厘米）
120±10	103±5	105±7	117±4	16±2	5±1	73±7	86±5	91±4	102±4

2. 生产性能

(1)产茸性能　西丰梅花鹿收茸规格主要为三杈锯茸和二杠锯茸;产茸利用年限达12年,头茬鲜茸平均单产3.2千克,产茸高峰锯龄为7锯。

鹿茸生长天数:二杠锯茸的生长天数为43天±3天,三杈锯茸的生长天数为62天±8天。

各锯鹿头茬锯三杈鲜茸平均单产见表2-2。

表2-2　1~12锯各锯鹿头茬锯三杈鲜茸平均单产　(单位:千克)

锯龄	1	2	3	4	5	6	7	8	9	10	11	12
X	1.5	2.32	3.0	3.5	3.72	3.7	3.8	3.7	3.5	3.4	3.3	3.0

1~12锯龄成年公鹿锯茸三杈鲜茸平均单产3.2千克,成品茸平均单产1.123千克。

西丰梅花鹿锯三杈鲜茸茸尺,见表2-3。

表2-3　西丰梅花鹿锯三杈鲜茸茸尺　(单位:厘米)

主干长度	主干围度	眉枝长度	眉枝围度	嘴头长度	嘴头围度
48±5	15±2	25±5	10±1	16±3	17±3

茸形、茸毛及茸色:茸形呈主干粗、长、上冲,嘴头肥大,眉二间距较大。茸毛较短稀,多呈杏黄色。

成品茸的优质率:一、二等茸占71%。

茸的鲜、干比:带血三杈锯茸鲜、干比为2.85∶1。

成品茸的主要化学成分:含粗蛋白质68.57%、氨基酸50.60%,钙、磷比为1.31∶1。

(2)繁殖性能　性成熟期公、母鹿均为14~16月龄。

初配年龄母鹿为16~18月龄,公鹿为2锯。

繁殖指标产仔率95%，仔鹿成活率92%，繁殖成活率87.4%。

公、母仔鹿初生重分别为6.3千克±0.8千克和5.8千克±0.7千克。

3. 遗传性能

(1)鲜茸重性状的变异系数　三杈锯茸鲜重的变异系数为18.4%~22.8%。

(2)鲜茸重性状的遗传力和重复力　鲜茸重性状的遗传力为0.49，重复力为0.63。

(3)产仔日期重复力　1~6产为0.68。

4. 生产利用年限

公、母鹿生产利用年限均为12年。

5. 选育世代

选育世代为4代。

6. 数量规模

(1)品种数量　品种数量2 924只(1996年)。

(2)育种核心群数量　育种核心群数量789只，占品种数量的26.98%。

(三)东丰梅花鹿

东丰梅花鹿(图2-4)是在东丰型梅花鹿地方品系(1984)的基础上培育成功的(2003)。中心产区是辽源市东丰县及周边地区，除被引种到本省各地之外，还被引种到北京、内蒙古、青海等十几个省、市、自治区达10 000余只。现存栏约1.5万只。

图2-4　东丰梅花鹿

1. 外形特征

夏毛棕黄色，大白花明显整洁，背线不明显。

2. 生产性能

上锯公鹿平均产鲜茸3.66千克，鲜、干比3.0:1，畸形率9.6%。

3. 繁殖性能

母鹿性成熟 16.5 月龄，公鹿 16 月龄；受胎率 92.9%，仔鹿成活率为 91.1%，繁殖成活率 86.5%。

4. 遗传特性

东丰梅花鹿具有高产、优质、早熟、适应性强、耐粗饲料、遗传性稳定，茸支头大、质地松嫩的特点，在国内外享有较高的声誉。国内人工培育品种中大部分曾引入过东丰梅花鹿 。育种方面应保持本类型优选繁育。

（四）兴凯湖梅花鹿

兴凯湖梅花鹿（图 2－5）源于 20 世纪 50 年代苏联赠送给我国的乌苏里梅花鹿，其品种选育始于 1976 年，于 2003 年 12 月通过国家审定，成为我国人工育成的又一优质梅花鹿品种，现存栏 2 000 余只。

图 2－5　兴凯湖梅花鹿

1. 体质外貌特征

兴凯湖梅花鹿品种体型较大，体质结实，体躯粗、圆、较长，全身结构紧凑，头较短，额宽平，角基距较窄，眼睛大而明亮有神，鼻梁平直，耳大。胸宽深，背平直，臀圆，四肢粗壮、端正、强健，蹄坚实，尾较短。

成年公鹿：体高 110 厘米 ±5.5 厘米，体（斜）长 10.7 厘米 ±5.2 厘米，胸深 52 厘米 ±2.5 厘米，胸围 119 厘米 ±4.1 厘米，头长 35.5 厘米 ±1.7 厘米，额宽 15.3 厘米 ±0 .9 厘米，尾长 17.9 厘米 ±2.7 厘米，管围 11.5 厘米 ±0.5 厘米，角基距 4.9 厘米 ±0.8 厘米，体重 130 千克 ±15 千克。

成年母鹿：体高 97 厘米 ±4 厘米，体长 97 厘米 ±5 厘米，胸深 43.5 厘米 ±1.5 厘米，胸围 108 厘米 ±5 厘米，头长 33.6 厘米 ±1.0 厘米，额宽 13.9 厘米 ±1.4 厘米，尾长 19.1 厘米 ±1.6 厘米，管围 10.1 厘米 ±0.6 厘米，体重 86 千克 ±9 千克。

夏毛背部体侧呈棕红色；体侧梅花斑点较大而清晰，靠背线两侧的排列规整，延至腹部边缘的3~4行排列不规整。腹部呈灰白色。背线呈红黄色，臀斑明显，呈楔形，两侧有黑毛圈，内着洁白长毛。尾背面毛呈黑色。黄尾尖。有灰白色喉斑。距毛部位较高，呈黄褐色。冬毛为灰褐色。

2. 生产性能

(1)产茸性能　鹿茸生长天数：二杠锯茸为45天±3天，三杈锯茸为67天±5天。平均鲜茸单产见表2-4。

表2-4　1~13锯各锯龄三杈锯鲜茸平均单产　(单位：千克)

锯龄	1	2	3	4	5	6	7	8	9	10	11	12	13
X	1.17	1.78	2.45	2.85	3.10	1.18	3.25	3.58	3.32	2.94	2.81	2.78	2.65

上锯公鹿鲜茸和成品茸平均单产：上锯公鹿的鲜茸平均单产每副2.644千克，成品茸平均单产每副0.942千克。

茸形：茸根较细，上冲，嘴头呈元宝形，主干粗、圆、短，眉枝短细，眉二间距小。

鹿茸毛色：细毛红地。

茸尺：锯三杈鲜茸的主干长46厘米±4厘米，主干围16厘米±2厘米，眉枝长18厘米±3厘米，眉枝围12厘米±2厘米，嘴头长16厘米±3厘米，嘴头围18厘米±3厘米，眉二间距22厘米±4厘米。

成品茸的优质率：三杈和二杠合计占71%。

畸形茸率：为3.6%。

茸的鲜、干比：为2.81∶1。

成品茸的主要化学成分：氨基酸含量为48.95%，钙、磷比为1.07∶1。

茸料比：鲜茸的茸料比(克∶千克)为5.320∶1。

(2)繁殖性能

性成熟期：公、母鹿均为15~16月龄。

配种适龄：母鹿为27~28月龄，种公鹿为4岁。

发情配种期：每年9月中旬至11月中旬。

产仔期：每年5月上旬至7月上旬。

妊娠天数：妊娠天数为229天±11天。

仔鹿初生重：公仔鹿的初生重量为6.1千克±0.8千克，母仔鹿的初生重为5.7千克±0.6千克。

繁殖指标：产仔率为93%，仔鹿成活率为89%，繁殖成活率83%。

3. 遗传性能

(1)数量性状的变异系数　鲜茸重和鲜茸尺性状的变异系数:鲜茸重的变异系数为15.1% ~19.3 %;1 ~12 锯鲜茸尺的平均变异系数为5.8 % ~8.1%。

体重和体尺的变异系数:体重的变异系数为10.5% ~11.5%;体尺的变异系数为2.6% ~15.1%。

鹿茸生长天数的变异系数:二杠茸为6.7%,三杈茸为7.5 %。

(2)世代间隔　种公鹿的世代间隔为6.1 年,种母鹿为5.1 年,平均5.6 年。

(3)种用年限　公鹿的种用年限为7.9 年,母鹿为4.9 年。

4. 生产利用年限及选育世代

公、母鹿的生产利用年限均为12 年。连续选育4 代。

5. 数量规模

(1)品种及育种数量　育种核心群数量508 只,占25.1%。

(2)放牧群体的数量规模　放牧公鹿群数量规模为每群450 ~500 只。放牧母鹿群的数量规模为每群350 ~400 只。

(五)敖东梅花鹿

敖东梅花鹿(图2 -6)2001 年通过品种鉴定。中心产区为吉林省敦化市及其周边地区,存栏约3.5 万只。

图2 -6　敖东梅花鹿

1. 外形特征

夏毛浅褐色,斑点均匀而不十分规则,背线不明显。

2. 生产性能

1 ~12 锯公鹿鲜茸平均单产3.34 千克,鲜、干比为2.76:1,茸的畸形率低于12.5%,成品茸优质率(二杠茸、三杈茸)占80%以上;上锯公鹿平均产鲜茸3.21千克,鲜、干比2.75∶1,畸形率7.6%。

3. 繁殖性能

繁殖力高,母鹿16月龄性成熟,受胎率97.5%,产仔率94.6%,产仔成活率88.68%,繁殖成活率82.5%以上。

4. 遗传特性

敖东梅花鹿具有茸形规整,茸质松嫩,繁殖力和产茸力高,遗传性能稳定等突出特点,可作为种间杂交优良的父本或母本。

(六)四平梅花鹿

四平梅花鹿(图2-7)2002年通过国家品种审定。主要分布在吉林省四平市及其周边地区,后引种至国内各主要养鹿地区,目前存栏量约4.8万只。

图2-7　四平梅花鹿

1. 外形特征

体型较其他品种略小,成年公鹿体重95千克,母鹿70千克。夏毛赤红色,少数橘黄色,斑大而稀疏,背线不明显。

2. 生产性能

鹿茸主干粗短,嘴头粗壮上冲,茸质松嫩,多呈元宝形。1~12锯公鹿三杈鲜茸平均单产3.42千克。三杈锯茸平均优质率89.3%,二杠锯茸平均优质率96.2%。公鹿生产利用年限为10年。

3. 繁殖性能

具有很高的受胎率和繁殖成活率,平均受胎率为94.2%,繁殖成活率为88.5%。

4. 遗传特性

鹿茸鲜重和茸形具有很高的遗传性,表现在鹿茸主干短粗,嘴头粗壮上冲,多呈元宝形,其后裔多稳定遗传此特征。多被用作母本。

(七)长白山梅花鹿

长白山梅花鹿(图 2 - 8)是在抚松型梅花鹿的基础上,采用个体表型选择、单公群母配种和闭锁繁育等方法,经过 18 年(1974 ~ 1992)选育,在位于长白山脚下的通化县培育成功的新品系,鹿只数 2 500 只。

图 2 - 8　长白山梅花鹿

1. 体质外貌特征

长白山梅花鹿体型中等,结构匀称,体质结实,呈明显的矮粗形;公鹿有不太明显的黑鼻梁。公、母鹿夏毛呈无被线的淡橘红色,梅花斑大小适中,但腹缘部位的斑点密圆而大,臀斑边缘生有不甚明显的黑毛圈,喉斑较小,呈洁白或灰白色;冬毛密长、灰褐色。

长白山梅花鹿成年公鹿体高 106. 1 厘米 ± 11. 3 厘米,体重 126. 5 千克 ± 11. 8 千克;成年母鹿体高 87. 0 厘米 ± 8. 3 厘米,体重 81. 0 千克 ± 6. 1 千克;仔鹿初生重公鹿 5. 7 千克 ± 0. 9 千克 ,母鹿 5. 0 千克 ± 0. 6 千克。

长白山梅花鹿公鹿的体长 105. 8 ± 10. 5 厘米,胸围 119. 8 ± 3. 4 厘米,胸深 48. 4 ± 1. 7 厘米,头长 32. 6 ± 2. 9 厘米,额宽 15. 0 ± 1. 3 厘米,管围 16. 3 ± 1. 6 厘米,角基距 8. 2 ± 0. 6 厘米。

2. 生产性能

长白鹿茸主干圆,下细上粗,不弯曲,嘴头肥大,眉枝粗长、弯曲小,茸皮多为黄色,茸质致密。

上锯公鹿鲜茸平均单产 3. 166 千克。按现行收茸标准(梅花鹿茸一、二等为优质茸),鹿茸优质率为 57. 59% 。

二等三杈茸的粗蛋白质含量为 53. 59% ,氨基酸总量为 46. 71% 。

第二节 马鹿

马鹿隶属于偶蹄目反刍亚目鹿科鹿属，又名红鹿、赤鹿、白臀鹿，出现于更新世，广泛分布于亚洲中部和北部、中欧、北非和北美等地，是目前人工驯养数量最多的鹿科动物之一。本种共有22个亚种，其中我国有8个亚种，分别为东北亚种、阿尔泰亚种、天山亚种、塔里木亚种、阿拉善亚种、甘肃亚种、四川亚种和西藏亚种，主要分布于东北、新疆、宁夏贺兰山、甘肃、青海、四川和西藏东部等地（见表2－5，引自侯扶江等，2003），是我国二级保护动物。

表2－5 马鹿种类与分布

亚种名	别名	分布区域	草地类型
甘肃马鹿 *C. elaphus kansuensis*	山系大赤鹿，祁连鹿	祁连山海拔2 400～3 800米北坡	高山草原
东北马鹿 *C. elaphus xanthopygus*	文鹿，八杈鹿，黄臀赤鹿	大、小兴安岭和长白山区	森林草地，针阔混交林，河谷林地
阿尔泰马鹿 *C. elaphus sibiricus*	北疆鹿	阿尔泰山地，海拔1 000～2 500米	针阔混交林，针叶林，针叶灌丛，森林草地
天山马鹿 *C. elaphus songaricus*	准噶儿鹿，青皮马鹿，黄眼鹿	天山，东部海拔1 800～3 200米，中西部海拔1 400～3 000米	灌丛草地，森林草地
塔里木马鹿 *C. elaphus yarkandensis*	草湖鹿，白臀灰鹿，南疆鹿，叶尔羌马鹿	罗布泊西部	胡杨林，柽柳灌丛草地，芦苇草甸，农田防护林
西藏马鹿 *C. elaphus wallichi*	寿鹿，西藏本鹿	藏东南郎县、米林、墨脱交界处，海拔3 500～5 000米	灌丛草地，河谷林灌带
四川马鹿 *C. elaphus macherlli*		四川西北部和西藏东北部，海拔3 500～5 000米	高山灌丛草甸，森林－灌丛草地
阿拉善马鹿 *C. elaphus alashanmicus*	西蒙马鹿，南蒙马鹿	宁夏贺兰山区，海拔1 700～3 000米	森林草地

一、形态特征

马鹿(图2－9)属于大型茸用鹿,体高120～140厘米。公鹿一般比母鹿大,成年公鹿体重230～300千克,肩高130～140厘米;母鹿体重160～200千克,肩高120厘米左右。

马鹿背脊平直;耳大呈圆形;颈长,约占体长1/3,颈下被毛较长,尾短,四肢长,蹄圆而大。马鹿冬毛厚密,有绒毛,呈灰棕色,颈及身体背面稍带黄褐色;有一黑棕色条纹从额部开始沿背中线向后伸延,幼鹿的这一条纹比较明显。夏毛较短为赤褐色,无绒毛;腹部及四肢内侧被毛呈苍灰色。马鹿的公鹿有角,母鹿无角。在角的基部即分出眉杈,斜向前伸,与主干成直角;主干稍长,稍向后倾斜;第二枝紧接于眉杈后从主干分出,二者间隔甚短;第三枝与第二枝距离较长,主干末端有时再分出两小枝;角基部有一圈小瘤状突起。

图2－9 马鹿

二、生活习性

马鹿是森林草原型动物,常栖息于针阔混交林、溪谷沿岸林、高山灌丛、疏林草地等环境中。其听觉和嗅觉比较发达,性机警,行动谨慎小心,奔跑迅速。其食性较广,常以各种草、树叶、嫩枝、树皮和果实等为食,喜欢舔食盐碱。一天当中,通常有两个采食高峰,即清晨和黄昏。马鹿喜集群,母鹿和幼鹿常三五成群,多时为10多只;公鹿多单独活动,有时也集成三四只一起活动,发情期间,公鹿加入母鹿群。马鹿一般9～10月发情交配,孕期8个多月(妊娠期为225～262天),每胎1仔,哺乳期约为3个月,3～4岁性成熟,寿命为16～18年。

三、品种及其生产性能

马鹿是我国珍贵的药肉兼用经济动物之一,其鹿茸产量很高,是梅花鹿的2倍;出肉率也高,成年马鹿约产100千克肉。另外,马鹿适应性强、耐粗饲、抗严寒、易饲养,是很有饲养前途的经济动物。以东北马鹿、天山马鹿、塔里木马鹿、阿尔泰马鹿为基础选育出许多马鹿品种。

(一) 东北马鹿

东北马鹿(图2-10)俗称黄臀赤鹿,主要分布于东北三省和内蒙古自治区。

图2-10 东北马鹿

1~10锯公鹿三杈茸鲜重平均单产为4.2千克左右,最高个体生产四杈茸鲜重14.65千克;锯三杈茸生长72天±7天,日增鲜重55克±19克,日增长度0.66厘米±0.07厘米。其茸质结实,单门桩率较低,四杈茸嘴头很小,有的呈掌状或铲形。母东北马鹿一般到28月龄时发情受配。成年母鹿繁殖成活率为47.3%,偶有双胎。妊娠天数为245天±5天(公)和242天±6天(母)。初生重11.4千克±2.4千克(公)和10.4千克±1.9千克(母)。4~6岁成年公鹿和母鹿7月下旬的屠宰率分别为53.2%和50.8%,净肉率分别为42.5%和39.5%,净肉重分别为96.5千克和54.9千克。

由于东北马鹿适应性强、耐粗饲、茸质结实、有单门桩和黄色茸,所以,可作为与东北梅花鹿种间杂交的父本,或与天山马鹿杂交的母本,具有较强的杂种优势和杂交育种价值。

(二) 乌兰坝马鹿

乌兰坝马鹿是在内蒙古赤峰市巴林左期乌兰坝林场草原牧场放牧型东北马鹿的基础上,历经3余年的品种选育而培育出的优良马鹿品种(2000年)。品种群鹿只数1 200余只。

1. 外形特征

大型马鹿,成年公鹿 230～320 千克,母鹿 160～200 千克。夏季背部、肢侧被毛呈赤褐色,喉部、四肢内侧被毛苍白色,臀斑淡黄色。冬季背线灰黑色,臀斑橙色。

2. 生产性能

上锯公鹿平均产鲜茸 4.6 千克。

3. 繁殖性能

繁殖成活率达 81.13%,种用年限 15 年。

4. 遗传特性

杂交育种优良亲本。

(三)天山马鹿

天山马鹿(图 2－11)主产于新疆的昭苏、特克斯和察布查尔等地,俗称青皮马鹿。也产于哈密地区的伊吾、巴里坤草原和木垒等地,俗称黄眼鹿。人工饲养的天山马鹿分布于全国 5 个省以上,以新疆为最多,仅北疆数量就达 10 000 只。此外,东北地区以辽宁省为最多。

图 2－11 天山马鹿

天山马鹿的产茸佳期为 4～14 锯(3～13 岁)。1～10 锯天山马鹿的锯三杈鲜茸平均单产 5.3 千克左右。有相当一部分壮龄鹿能生产鲜重 12.5～16.5 千克的四杈茸和 3.0～5.5 千克的三杈型再生茸。

由于天山马鹿性情温驯,耐粗饲,适应性和抗病力强,茸的枝头大,肥嫩上冲,产茸量高,繁殖力强,经济效益好,所以,无论建立高产纯繁育种群,还是用天山马鹿改良东北马鹿,甚至和东北梅花鹿进行种间杂交,其杂种优势率均很高。继续进行级进杂交,再在杂交二代和杂交三代之间进行横交,最后可育成新的类型或品种,具有很高的种用价值。

(四)塔里木马鹿

塔里木马鹿(图 2－12)是在我国选育成功的第一个马鹿品种,当地称为塔河马鹿,俗称白臀灰鹿、叶尔羌马鹿,东北地区称为南疆马鹿或南疆小白鹿。主要分布在新疆库尔勒,约有 3 万只,引种到东北和湖北、上海、陕西等地约 1 000只。

图 2－12　塔里木马鹿

1～13 岁公鹿平均鲜茸单产 6.56 千克。上锯公鹿成品茸平均单产 2.57 千克。6～11 岁为产茸佳龄。1～11 锯鹿的三杈茸平均生长 66 天 ±3 天,日增鲜重 80 克 ±23 克;5～9 锯鹿的平均日增长度为 0.88 厘米 ±0.55 厘米。种公鹿鲜茸平均单产最高年时达 27.72 千克。15 月龄性成熟。生产利用年龄 3～14 岁,个别母鹿达 17 岁。妊娠期 246 天。可繁殖母鹿的产仔率达 88.7%,其仔鹿成活率为 83.9%,繁殖成活率为 74.2%。

塔里木马鹿在产地作为纯繁育种的价值很高。引种到外地后,由于适应性差、抗病力弱、对不良环境条件的应激反应较敏感,纯繁的意义不大。但若与东北梅花鹿杂交,获得的一代杂种鹿比东北梅花鹿的净效益大得多,具有明显的杂种优势。在新疆地区用其母鹿与天山公马鹿杂交或在东北辽宁地区用其特级种公鹿与东天一代杂种母鹿杂交,效果尤佳,其杂交后裔的产茸量(如已出现 2 锯二代杂种公鹿头茬鲜茸产量达 10.3 千克左右)、繁殖成活率更高,适应性和抗病力得到明显的增强,生产利用年限明显延长,生产经济效益更显著。

(五)阿勒泰马鹿

阿勒泰马鹿(图 2－13)主要分布在新疆阿勒泰地区的哈巴河、布尔津、阿勒泰等县。饲养量从 20 世纪 80 年代初期的百余只发展到现在的 500 余只。90 年代初以来,引种到东北地区达 100 只。1～7 锯鲜茸平均单产 4.937 千克。据记载，一只4岁鹿锯三杈茸干重4.6千克(鲜重13.8千克)。繁殖成活率已达60%。母鹿妊娠期235~262天。产仔旺期到7月中旬。

图2-13 阿勒泰马鹿

由于对阿勒泰马鹿驯养的代数少和规模尚小,多数鹿年龄尚轻,故对其性能尚不能定论。仅从已知情况看,阿勒泰马鹿可生产肥嫩上冲的大枝头茸,并且性情温驯、耐粗饲,适应性等方面不亚于天山马鹿。当务之急,首先是扩繁母鹿群,显著提高繁殖指标,同时,把多余的壮龄公鹿与天山马鹿(母)或东北马鹿(母)杂交,培育茸肉兼用型品种,再采用草原放牧饲养方式驯养。可见,阿勒泰马鹿是最佳的父本鹿。

(六)清原马鹿

清原马鹿,是辽宁省清原县参茸场等单位以引入的天山马鹿为种质基础,采用个体表型选择,单公群母配种和人工授精新技术,经22年(1972~1994年)系统选育,于1994年选育出的我国第一个优质、高产的马鹿品系,该成果于1996年获中国农业科学院科技进步二等奖。现存栏2 500只。

1. 体质外貌特征

清原马鹿体型较大,体质结实,体躯粗、圆、较长,四肢粗壮、端正,蹄坚实,胸宽深,腹围大,背平直,肩峰明显,臀圆,全身结构紧凑,头较长,额宽平,鼻梁多不隆起,眶下腺发达,口角两侧有对称黑色毛斑,角基距较宽。

成年公鹿:肩高145厘米±9厘米,胸围160厘米±5厘米,胸深65厘米±4厘米,头长55厘米±3厘米,额宽20厘米±0.8厘米,角基距7厘米±0.5厘米,尾长9厘米±1.2厘米,体重284千克±60千克。

成年母鹿:肩高125厘米±5厘米,体重210千克±40千克 。

夏毛被毛为棕灰色,头部、颈部和四肢为深灰色,耳轮周围被毛呈乳黄色,鼻镜部分为黑色。成年公鹿大多数有黑色或浅灰黑色背线。成年公母鹿的臀斑呈浅黄白颜色,臀斑周缘呈黑褐色,冬毛、颈毛发达,有较长的灰黑色髯毛。

2. 生产性能

(1)产茸性能

鹿茸生长天数:三杈与四杈锯茸的生长天数分别是 73 天 ±8 天和 90 天 ±12 天。

平均单产:1 ~15 锯,各锯头茬鲜茸平均单产四杈锯茸占 40%,见表 2 -6。

表 2 -6　1 ~15 锯各锯头茬鲜茸平均单产　　(单位:千克)

锯龄	1	2	3	4	5	6	7	8	9	10	11	12	13	14	15
X	5.3	6.8	7.1	8.2	9.0	9.6	10.2	10.5	11.3	11.6	11.9	9.6	8.5	7.9	7.6

上锯公鹿鲜茸及成品茸平均单产:上锯公鹿鲜茸平均单产 8.6 千克,成品茸平均单产 3.1 千克。

茸形:主干粗、圆、上冲,嘴头肥大,眉枝有尖端上弯和向前平伸、粗长 2 种类型,茸枝间距大。

茸毛与茸色:茸毛较密而长,多呈灰黑色,小部分呈黄色。

茸尺:锯四杈鲜茸的主干长 91 厘米 ±12 厘米,围度 20 厘米 ±0.9 厘米;眉枝长 36 厘米 ±8 厘米,围度 14 厘米 ±0.8 厘米;冰枝长 34 厘米 ±9 厘米,围度 13 厘米 ±1.6 厘米;中枝长 30 厘米 ±8 厘米,围度 13 厘米 ±1.5 厘米;嘴头长 12.5 厘米 ±2.3 厘米,围度 24 厘米 ±1.5 厘米。

成品茸的优质度:三杈、四杈、五杈占 93 %。

茸的鲜、干比为 2.77:1。

成品茸的主要化学成分:粗蛋白质含量 63.71%,氨基酸含量 39.61%,钙、磷比 0.93:1。

(2)繁殖性能

性成熟期:公、母鹿均为 16 月龄。

配种适龄:母鹿为 28 ~29 月龄,种公鹿为 3 岁。

繁殖指标:受胎率、仔鹿成活率、繁殖成活率分别为 85%、80%、68%。

仔鹿初生重:公、母仔鹿的初生重分别为 16.2 千克 ±0.9 千克、13.5 千克 ±1.5 千克。

(3)遗传性能

鲜茸重性状的变异系数:三杈、四杈锯茸稳定在 18% ~23%。

鲜茸重性状的遗传力和重复力:分别为 0.37、0.75,差异极显著($P < 0.01$)。

(4)生产利用年限　生产利用年限公鹿和母鹿均为15年。

(5)选育世代　选育世代为5代。

(6)数量规模　品种数量3 129只。育种核心群数量656只,占21.0 %。

第三节　驯鹿

驯鹿隶属于偶蹄目反刍亚目鹿科驯鹿属,又称角鹿、林海之舟。它广泛分布于欧洲、亚洲和北美洲的北极、亚北极和北生物区系的苔原、山地和林区,是北极和亚北极地区大型哺乳动物区系的典型代表。目前,已知世界驯鹿分为17个亚种(表2-7),现存15个亚种,灭绝2个亚种。我国的驯鹿从起源上看,属于西伯利亚森林驯鹿亚种,仅分布于大兴安岭西北部地区,目前仅在内蒙古自治区额尔古纳左旗尚有少量饲养。

表2-7　世界驯鹿亚种与分布

类型	亚种名	分布区域	数量(万只)
林地驯鹿型	1. 斯瓦尔巴特驯鹿(挪威驯鹿) *R. t. platyrhynchus*	挪威的斯瓦尔巴特群岛	1.1
	2. 菲拉尔克驯鹿 *R. t. phylarchus*		
	3. 西伯利亚森林驯鹿 *R. t. valintinae*	俄罗斯西伯利亚针叶林区	>20
	4. 芬兰森林驯鹿 *R. t. fennicus*	俄罗斯和芬兰交界的卡累利阿山区	0.5
	5. 北美林地驯鹿 *R. t. caribou*	加拿大最北部及毗邻的美国部分地区的寒带森林,从纽芬兰及拉布拉多省西部和南部到华盛顿	2.1
	6. 道森驯鹿(奎恩夏洛特岛驯鹿) *R. t. dawsoni*	原分布于加拿大	已灭绝

续表

类型	亚种名	分布区域	数量（万只）
北美荒漠驯鹿（苔原驯鹿型）	7. 卡伯特驯鹿（拉布拉多驯鹿）*R. t. caboti*	无调查	
	8. 特拉诺瓦驯鹿（纽芬兰驯鹿）*R. t. terraenovae*	无调查	
	9. 西伯利亚苔原驯鹿（芬兰驯鹿）*R. t. sibiricus*（*R. t. fennicus*）	俄罗斯西伯利亚地区北极岛屿、苔原和苔原－山地	100
	10. 格兰特驯鹿 *R. t. granti*	美国阿拉斯加及其与加拿大交界地区	12. 3
	11. 皮尔森驯鹿 *R. t. pearsoni*	俄罗斯西北部新地岛	0. 1
	12. 北欧驯鹿 *R. t. tarandus*	俄罗斯和挪威环北极部分岛屿和亚北极苔原地区	6
	13. 北美荒漠驯鹿 *R. t. groenlandicus*	丹麦格陵兰岛、冰岛和加拿大	137. 48
过渡类型	14. 奥斯本驯鹿 *R. t. osborni*	不列颠哥伦比亚省	
极地类型	15. 皮尔里驯鹿 *R. t. pearyi*	加拿大西北地区和努那乌特地区的北极岛屿	1
	16. 斯瓦尔巴驯鹿 *R. t. platyrhynchus*	斯瓦尔巴群岛	1
	17. 北极圈驯鹿（东格陵兰驯鹿）*R. t. eogroenlandicus*	原分布于格陵兰东北部	已灭绝

一、形态特征

驯鹿为中型鹿，公鹿一般大于母鹿，成年公鹿体高 101～114 厘米，体长 113～127 厘米，体重 109～148 千克；母鹿体高 92～101 厘米，体长 104～115 厘米，体重 73～95 千克。

驯鹿最大的特点是雌、雄都有角，但母鹿角稍短小。角的各分枝复杂，两眉枝向前，眉枝常呈掌状，并且其中必有一枝稍长或稍短，左右角的枝杈通常不相对称，各分枝均从主干向后分出。公鹿 3 月脱角，母鹿稍晚，在 4 月中下旬。

驯鹿头直面长、嘴粗、唇发达，耳较短，似马耳，额凹、眼眶突出、鼻孔大、颈粗短，下垂明显，肩稍隆起，背腰平直如马背，尾短；主蹄大而阔似牛，中央裂线很深，悬蹄大，行走时能触及地面，因此适于在雪地和崎岖不平的道路上行走。其毛似驴，体背毛色夏季为灰棕、栗棕色，腹面和尾下部、四肢内侧为白色；冬毛稍淡，呈灰褐或灰棕色。5 月开始脱毛，9 月长冬毛。驯鹿性情温驯（图 2－

14)，故此而得名。

图 2-14 鄂温克人用驯鹿拉雪橇、挤奶、骑乘和旅游

二、生活习性

驯鹿是北极型动物，耐寒能力很强，畏热、喜潮湿，常栖息活动于寒带、亚寒带森林和冻土地带，在我国主要生活在以针叶林、针阔混交林为主的寒温地带，多群栖。由于食物缺乏，常远距离迁徙。它属于草食性动物，通常以森林中的苔藓植物、地衣，特别是石蕊（也可叫驯鹿苔）为食。喜食柔嫩多汁的食物，不耐粗饲。随着季节变化也吃树木的枝条和嫩芽，如柳树、桦树等，秋季会采食蘑菇，春夏时节也会采食嫩青草、莎草和树叶，在散放条件下可觅食200～300 种植物性饲料。

雄驯鹿一般在 1～2 岁性成熟，4 岁时便可配种繁殖；母鹿一般要在 2～3 岁才达到性成熟，性成熟后便可进行配种。驯鹿的交配行为在 9 月初到 11 月末之间进行，妊娠期为 225～240 天，翌年 5～6 月产仔，一般每胎 1 仔，偶有 2 仔。中国驯鹿一般在每年的 9 月中旬到 10 月上旬发情交配，妊娠期为 215～218 天，翌年 5～6 月产仔，哺乳期为 165～180 天。母鹿大约在 1.5 岁性成熟，公鹿则在2~3岁性成熟,野生驯鹿的寿命一般为4.5~13岁,饲养驯鹿最长寿命达20年。

三、生产性能及应用价值

驯鹿性情温驯,容易驯化,为珍贵的家鹿和野生动物,其茸、肉、乳等均可利用。驯养的成年驯鹿,留茸茬高度20.0厘米左右,其每副成品茸重为0.5千克(公)和0.25千克(母),且茸质松嫩,茸的鲜、干比例很高,茸毛密长。驯鹿的产肉性能较好,成年公鹿的屠宰率为47.4%~52.8%,净肉重为50~80千克;母鹿相应为46.4%~52.4%和40~60千克。驯鹿奶含脂肪高达22.5%,蛋白质为10.3%,乳糖2.4%,而牛奶所含脂肪量为2.8%~4.7%,蛋白质为3.3%~4.1%,乳糖为4.6%~5.6%(Skinner,1961)。高脂肪和高蛋白质是其典型特征,有助于仔鹿的快速生长。驯鹿乳脂肪含量特别高是与其栖息地为近极地气候有关,高脂肪有助于仔鹿快速生长和度过漫长冬季。一个泌乳期内驯鹿可产乳30~84升。驯鹿奶是生活在东北大兴安岭的鄂伦春族的重要奶源。此外,驯鹿还可用于役用运输及观赏等。

第四节 白唇鹿

白唇鹿隶属于偶蹄目反刍亚目鹿科鹿属,又名白鼻鹿、黄臀鹿,因唇周围和下颌的毛色为白色而得名。它是中国特有鹿种之一,目前处于濒危状态,属国家一级保护动物,仅分布于青海、西藏、甘肃、四川及云南西北5省(区),是青藏高原的特有种。

一、形态特征

白唇鹿(图2-15)为大型鹿类,体长155~190厘米,肩高120~145厘米,成年体重可达250千克。其头部略长,呈等腰三角形;额部宽平,眶下腺显著;母鹿无角,仅公鹿有角,角形侧扁,又被称为扁角鹿,鹿角分5~9杈,长约140厘米。白唇鹿两脚间距约100厘米;耳尖长,约2.3厘米,尖部略向内变;脖粗长;体躯粗壮;四肢修长,公鹿蹄宽大,母鹿蹄瓣尖而稍窄;尾短,8~12厘米。被毛长而粗硬,有髓心,无绒毛。全身毛色呈黄褐或暗褐色。夏季色浅,冬季色深。四肢内侧、腹部、臀部及尾的毛呈浅黄褐色;颈、背、体躯两侧和四肢外侧呈暗褐或深褐色;下颌、上下唇、鼻端两侧及耳内侧呈纯白色。耳内侧外缘中下部有一条长5~8厘米、宽2~3厘米的黑毛带。臀斑大,边缘毛色深。在腰部背中线上有一个毛旋窝,从毛旋窝到肩部之间有15~20厘米宽的毛向前生长着，此处的毛长达20厘米左右。成年鹿在每年6～8月换一次毛。

图2－15　白唇鹿

二、生活习性

白唇鹿常栖息于海拔3 500米以上的高山灌丛带，其活动上限可达海拔5100米甚至更高的高山裸岩带，是世界上分布海拔最高的一种耐寒鹿类。它适于爬山和山间奔跑，一般多在阳坡活动，夏季喜到高山顶部或灌木丛中，怕热，喜水浴、沙浴、舐盐；冬季到向阳、野草丰富的地方活动。一天当中，夜间和拂晓、黄昏前后活动频繁。其食性较广，采食植物种类达95种，其中禾本科和莎草科植物所占比重较大，在草本植物缺乏时也进食部分灌木的嫩枝叶、芽苞等。白唇鹿常营群居生活，除配种期外，成年动物往往雌、雄分群活动于一定的范围内。白唇鹿一年繁殖一次，公鹿约3岁、母鹿1.5～2岁性成熟，每年9～11月发情交配，妊娠期为225～255天，翌年5～6月产仔，一般每胎1仔，偶有2仔。

三、生产性能

白唇鹿是中国特有的珍贵鹿类，其茸形粗大，产茸量较高（仅次于马鹿），茸的药用价值与马鹿相似。1～10锯鹿鲜茸平均单产3.4千克，最高产量8锯5.2千克；三杈茸主干长75～90厘米，眉二间距50厘米左右，眉枝长12～13厘米。另外，其体格高大，产肉率高；且性情比梅花鹿、马鹿温驯，易驯化和饲养管理，适应性强，耐粗饲，是我国重要的养殖鹿类之一。

第五节 水鹿

水鹿隶属于偶蹄目反刍亚目鹿科鹿属，又名黑鹿，湘南俗称山牛，是热带、亚热带地区大型鹿类之一，主要分布于中国、菲律宾群岛、印度尼西亚、越南、泰国和印度。水鹿在全世界有亚种 14 个，其中我国有 4 个，分别为四川亚种、南亚种、海南亚种和台湾亚种。它们主要分布于我国南部诸省山区，横跨热带和亚热带，以青海的果洛和玉树两个州为其分布的北限，经西藏、四川、云南、湖南、广西、江西、广东到海南岛，并以台湾作为其分布的南限，是我国二级保护动物。

一、形态特征

水鹿(图 2－16)体型较大，大小与马鹿相近。体长 150～200 厘米，体高约 130 厘米，体重 100～200 千克，最大可达 300 千克。其躯干粗壮，四肢细长。颈长，耳大直立，主蹄大，悬蹄小；尾基部扁阔肥厚，末端尖细，有黑色的长毛；颈、背及体侧的被毛粗硬，腹毛则较软。水鹿全身被毛大部分为栗棕色，从额部开始沿背中线直至尾部有一深棕色的背纹。公鹿在角的基部周围有密生被毛，并伸延至颊及眼圈，其毛尖为黄褐色；耳背的被毛为栗棕色，耳内的呈土黄色，边缘则近白色；臀毛呈锈棕色；四肢外侧有栗棕色的条纹自腿部直至足趾，内侧被毛为黄棕色。水鹿公鹿有角，母鹿无角；水鹿角长在额部的后外侧，并稍向外倾斜，相对的角杈形成“U”字形；眉杈短，尖向上与主干间形成一锐角；主干可分枝 2 次，整个角形成三杈；角基部也有一圈骨质的小瘤状突起。

图 2－16 水鹿

二、生活习性

水鹿常栖息于较大面积的各种常绿林、阔叶林、混交林、阔叶落叶混交林、

灌木草地、山地草坡等环境中，主要在夜间活动，游泳能力很强，喜欢水浴。它是广食性的草食动物，主要以青草、嫩芽、树叶为食，有时也啃食甜槠木树皮、杉树嫩芽，嗜食盐碱土。水鹿野性强，性机警，遇有惊扰时，即刻逃走或边走边发出高尖的警叫声，及时告知同伴避开敌兽。它有集群的习性，但群体不大，常几只或十多只一起活动，集群的成员中成年公鹿较少。水鹿一般在 8 ~ 10 月发情交配，妊娠期约为 240 天，每胎 1 仔，哺乳期 3 ~ 4 个月，母鹿约 2 岁、公鹿约 3 岁性成熟，最长寿命可达 20 岁。

三、生产性能

水鹿属茸肉兼用型鹿类，经济价值较高。育成鹿生初角茸，1 ~ 10 锯鹿锯三杈茸，鲜重平均单产为 1.94 千克左右。水鹿肉也是一种高蛋白、低脂肪、味道鲜美的珍贵补品，成年水鹿的产肉量分别为 150 千克（公）和 100 千克（母）。水鹿是我国海南、云南、四川等省的重要养殖鹿类之一。

第六节　驼鹿

驼鹿隶属于偶蹄目反刍亚目鹿科驼鹿属，又名堪达罕，是一种具有很高经济价值的大型鹿科动物。其分布于欧洲、亚洲和北美洲，在中国仅限于东北大、小兴安岭部分地区和新疆阿勒泰山，是我国二级保护动物。驼鹿在全世界共有 8 个亚种，它们分别为欧亚大陆的指名亚种、雅库茨克亚种或中西伯利亚亚种，乌苏里亚种或远东驼鹿、楚科奇亚种或东西伯利亚亚种，以及美洲的驼鹿东部亚种、驼鹿西部亚种、阿拉斯加亚种和希拉斯亚种。其中，分布在中国东北的驼鹿为乌苏里亚种，分布在新疆的驼鹿为指名亚种。

一、形态特征

驼鹿（图 2 – 17）是世界现存鹿科动物中个体最大的物种，体长一般 200 ~ 300 厘米，体高约 150 厘米，体重 450 ~ 650 千克，最重可达 1 000 千克。

驼鹿全身被毛呈棕褐色，无斑点，额前被毛呈黄色；头大而长，眼小而突出，四周围以隆起的眼环；上唇膨大而覆于口前；鼻孔之间有一小块椭圆或三角形的裸区；耳大，长约 35 厘米。颈短粗，上面长有须毛；颈下喉部有较大的下垂肉囊，并生有一撮胡子；肩部隆突比臀部还高，状似驼峰，故名驼鹿。驼鹿四肢长，行走迅速；前后脚各有 4 蹄，但只有中间的主蹄着地；尾短小，仅 7 ~ 10 厘米。雄驼鹿有角 1 对，宽阔而呈掌状，外缘因年龄不同有 3 ~ 6 个分杈。每年初春其角开始脱落，5 ~ 6 月长成茸角，至秋季完全骨质化。

图 2－17　驼鹿

二、生活习性

驼鹿常栖息于亚寒带针阔混交林及次生阔叶林和林缘灌丛等环境中，主要在晨昏活动。

其食性较杂，全年可采食 54 属 70 余种植物，主要采食对象为柳、榛、桦、杨和红松等的嫩枝。此外驼鹿喜欢食盐碱，尤其是在春、夏季节常到盐碱地啃食碱土。驼鹿夏季不集群，多在河湾、河谷沼地，有时还长时间泡在泥沼中，这样既可采食水生植物的根、茎，又可防蚊虫叮咬，避暑纳凉；冬季驼鹿多集群，一般栖息于白桦林和火烧迹地，采食柳条、桦和松树的皮和嫩枝。驼鹿一般 3 岁性成熟，9 月初至 10 下旬发情交配，妊娠期约为 240 天，翌年 5～6 月产仔，每胎 1～2 仔，哺乳期 3～4 个月。

三、生产性能

驼鹿经济价值较高。其体大、肉多，肉、乳均可食用，成年驼鹿可产 200 千克肉，鹿鼻是大兴安岭三大珍品之一。其皮可制革，用作皮衣、皮靴原料；其筋、鞭、胎、茸均可入药。此外，其性情温驯，容易驯化，可拉车、雪橇等，也可供观赏，是家鹿新品种中最有前途的候补者。

第七节　坡鹿

坡鹿，隶属于偶蹄目反刍亚目鹿科鹿属，又名泽鹿、眉角鹿，是生活在亚洲热带的鹿科动物，分布于印度、缅甸、泰国、柬埔寨、老挝、越南和中国海南岛。坡鹿是世界濒危物种，共有 4 个亚种，它们分别为缅甸亚种、印度亚种、泰国亚种和海南亚种，前 3 个亚种分布在东南亚大陆，海南亚种野生种群仅分布在中国海南岛东方市的大田地区，为我国一级重点保护动物。

一、形态特征

海南坡鹿(图 2－18)体型似梅花鹿,但体型较小,花斑较少,颈、躯体和四肢更为细长,显得格外矫健。它一般体长为 160 厘米左右,肩高 100 厘米左右,公鹿比母鹿大,公鹿体重为 80～100 千克,母鹿为 40～70 千克。坡鹿毛被呈黄棕色、红棕色或棕褐色,背中线黑褐色,背脊两侧各有一列白色斑点,仔鹿的斑点尤为明显,成年鹿冬毛斑点不明显。母鹿的毛色略浅于公鹿,个别母鹿身上的毛呈灰褐色。坡鹿仅雄性头部长角,鹿角从主干基部向前上方弧形伸展成眉枝,因此,坡鹿的英文名又称为眉角鹿。角的主干则向后上方弧形伸展,角尖细且无大的分枝,仅在角尖的附近长有短的凸起,鹿角每年更换一次。

图 2－18　海南坡鹿

二、生活习性

海南坡鹿主要栖息于海拔 30～70 米、地势平缓的灌木林环境中。它的栖息地主要由低平热带草原、沙生灌丛林和落叶季雨林 3 种植被类型组成。它性喜群栖,但春夏季公鹿往往单独行动,母鹿则组成几只的小群,冬季时聚成较大的群。坡鹿野性较强,站立时前肢直立有力,眼睛注视前方,警觉性高,每吃几口食物便抬头张望,稍有动静便快速狂奔,几米宽的沟壑一跃而过。坡鹿是广食性草食动物,采食植物种类有 200 多种,雨季主要取食禾本科和莎草科的植物,旱季主要取食的食物中则增加了木本植物的嫩枝和嫩芽等。海南坡鹿 1.5～2 岁性成熟,每年 1～6 月发情交配,妊娠期约为 8 个月,秋季为产仔高峰期,每胎仅产 1 仔,寿命为 16～18 岁。

三、生产性能及应用价值

坡鹿公仔鹿 7 个月龄以后生长初角茸。成年公鹿每年 6～7 月脱盘,7～9 月为生茸旺期,10 月之前的茸质最佳,成形茸鲜重 1～2 千克。

总之,海南坡鹿分布范围狭窄、数量稀少,引起世人瞩目,被称为“稀世之宝”，且其具有极高的营养价值和药用价值，鹿茸、鹿筋、鹿鞭、鹿胎、鹿血都是上佳的营养滋补品。因此，发展坡鹿既可保护濒危物种，又可获得良好的经济效益、生态效益和社会效益。

第八节　麋鹿

麋鹿隶属于偶蹄目反刍亚目鹿科麋鹿属，为原产于我国的国家一级重点保护动物，被世界自然保护联盟红皮书列为野外灭绝物种。麋鹿曾分布于东亚的中国、朝鲜和日本的平原湿地，由于气候变化和人类破坏，其野生种群于1900年在我国灭绝。自1985年以来，我国从英国重新引入麋鹿，建立了中国的苑囿种群和野生种群。

一、形态特征

麋鹿（图2－19）是一种大型鹿科动物，体长约200厘米，肩高一般大于100厘米，成年公鹿体重可达200千克，母鹿较小，体重可达120千克，因其尾似马而非马，蹄似牛而非牛，角似鹿而非鹿，颈似骆驼而非骆驼，故俗称四不像。

图2－19　麋鹿

麋鹿的颈和背比较粗壮，形似骆驼；四肢粗大，主蹄宽大能分开，趾间有皮腱膜，侧蹄发达，适宜在沼泽地行走；尾长，公鹿可达75厘米，母鹿可达60厘米，长度明显超过其他鹿类，且尾端着生有一丛蓬松的毛。其夏毛红棕色，冬毛灰棕色；初生幼仔毛色橘红，并有白斑，6～8周后白斑逐渐消失，4个月后斑点仅留痕迹。麋鹿仅雄性具角，且角的形态明显不同于其他的鹿科动物。它的角尖朝后而无眉杈，主干离头部一段距离后分为前、后两枝，鹿角倒置后因尖端处于同一平面可稳立不倒，同一麋鹿的角枝左右对称，但是不完全相同。

麋鹿角每年生长、脱落一次，脱落时间与其他鹿类明显不同（麋鹿冬季掉角，掉角后开始生长茸角，3～4月茸角褪去茸皮，而一般鹿类在春夏掉角）。

二、生活习性

麋鹿是一种栖息于沼泽生境的大型鹿类，最早的麋鹿化石是在早更新世地层中发现的，全更新世中期麋鹿发展达到全盛，广泛分布于我国东部的沼泽地带。其牙齿纤弱，主要以禾草类、苔草类和树叶为食，采食种类达194种。春季喜食植物主要有芦苇、佛子茅、鹅冠草、一年蓬、白茅等，夏季主要有狐尾藻、镳草、大茨藻、白英等，秋季有秀竹、稗草、狗尾草等，冬季有雀麦和野胡萝卜等（梁崇岐等，1991）。麋鹿喜集群活动，组群规模和类型因季节、生境不同以及发情与否而有所不同，混合群是半野生麋鹿的主要集群类型（陆军等，1995）。公麋鹿的性成熟年龄为3岁，母鹿为2岁。母鹿在5月末进入动情期，6月中下旬进入发情高峰期，交配通常出现在7月左右。母鹿妊娠期为250～315天，一般为285天左右，产仔为4～5月，一般每胎产1仔（张光宇等，2007；张树冰等，2010；刘睿等，2011）。仔鹿初生重12～13千克，哺乳期可达6个月以上，仔鹿生长发育速度也极快，一般3月龄后体重达70千克。

三、应用价值及资源现状

麋鹿是我国的特有物种，不仅具有重要科学和历史文化价值，同时也具有极高的药用价值和经济价值，其肉可食用，其茸、角、骨、脂、皮等是我国的传统中药。截至1997年年底，借助于人工补食、圈养繁殖技术，中国引入的麋鹿已经增长到600多只，并且已经人工扩散到10多个保护区、野生动物园和鹿场，现在麋鹿在中国的分布范围覆盖了麋鹿的历史分布区。目前，全世界麋鹿总数量为4 000多只，中国是麋鹿种群发展最快的国家，1986年时拥有71只麋鹿，1994年达477只，1996年达638只，2008年已超过2 000只。

第九节　毛冠鹿

毛冠鹿隶属于蹄目反刍亚目鹿科麂亚科毛冠鹿属，为仅存的毛冠鹿属一个种，主要分布于我国西南、华中及东南部的沿海省份（如四川、安徽、江苏等）及缅甸北部，是我国二级保护动物。毛冠鹿共有3个亚种，即指名（川西）亚种、华中亚种和华南亚种。

一、形态特征

毛冠鹿（图2－20）别名青鹿，体型似鹿，很像黑鹿，但额顶部有马蹄形黑色冠毛(黑麂为棕色)。它为小型鹿类,体重一般 15 ~ 28 千克;体毛粗硬、体背毛色大部分为黑褐或棕褐色,额顶有短而硬的簇状毛,面颊、唇周、内耳侧及耳尖灰白色,腹毛浅淡,鼠蹊部、肛周、尾下和后腿内侧白色;无额腺,但眶下腺发达;尾较短。毛冠鹿仅公鹿有角,短小且不分叉,仅 1 厘米左右,隐于毛丛中难以见到,上犬齿较长。

图 2 – 20 毛冠鹿

二、生活习性

毛冠鹿野外主要栖息于海拔 1 000 ~ 4 000 米的常绿阔叶林、针阔混交林、灌丛、采伐迹地及河谷灌丛等生境,白天多隐于林内灌丛或竹林中。它通常晨昏活动觅食,独栖。主要采食百合科、杜鹃花科、蔷薇科和虎耳草科植物的幼枝嫩叶,也采食果实、种子等。毛冠鹿约 1.5 岁性成熟,一般秋末冬初发情交配,妊娠期约为 210 天,春末夏初产仔,每胎多为 1 仔。

三、资源现状

毛冠鹿主要分布在北纬 24° ~ 34°和东经 97° ~ 122°之间,分布区与亚热带范围基本一致。20 世纪 80 年代初毛冠鹿资源量有 40 万 ~ 50 万只,其中以四川、湖南及贵州等省最多,约占全国的 76.0%。近年来,由于人类活动对其栖息地的侵犯、干扰以及非法捕猎,毛冠鹿数量受到很大影响。因此,加强对毛冠鹿的人工饲养及繁殖研究,对毛冠鹿这一主产我国的省级重点保护动物具有非常重要的意义。

第三章　鹿的遗传特性与育种技术

遗传和育种虽属两个不同的学科，但二者相互联系、密不可分。所有的育种工作都是建立在遗传的基础上，围绕着遗传而展开，所以遗传是育种工作的坚强理论指导者，而育种工作恰是对遗传特性的最好验证，也是对遗传特性的践行。

第一节 遗传特性

遗传物质是亲代与子代之间传递遗传信息的物质,正因为遗传物质在世代之间传递才保证了物种的世代稳定性。除一部分病毒的遗传物质是 RNA,朊病毒的遗传物质是蛋白质外,其余的病毒以及全部具典型细胞结构的生物的遗传物质都是 DNA。所以说 DNA 是主要的遗传物质,主要存在于细胞核中,部分存在于细胞核外的细胞质、线粒体等细胞器中。

DNA 能自我复制,并有相对的稳定性,前后代保持一定的连续性并能产生可遗传的变异。DNA 是染色体的主要成分,染色体是细胞核中载有遗传信息(基因)的物质,控制个体形态、生理和生化等特征的结构基因呈直线排列在染色体上,在显微镜下呈圆柱状或杆状,主要由 DNA 和蛋白质组成,在细胞发生有丝分裂时期容易被碱性染料(例如龙胆紫和醋酸洋红)着色,因此而得名。

染色体和染色质是同一物质在细胞分裂间期和分裂期的不同形态表现而已。染色质出现于间期,呈丝状。其本质都是脱氧核糖核酸和蛋白质的组合,不均匀地分布于细胞核中,是遗传信息(基因)的主要载体,但不是唯一载体(如细胞质内的线粒体)。

在无性繁殖物种中,体内所有细胞的染色体数目都一样;而在有性繁殖大部分物种中,体细胞染色体成对分布,称为二倍体,性细胞如精子、卵子等是单倍体,染色体数目是体细胞中的一半。在生物体细胞中,染色体又被分为性染色体和常染色体。常染色体一般有多对,与性别决定无直接关联,并且成对存在,成对的染色体外形几乎一致;而性染色体一般只有一对,与性别决定密切相关,性染色体的形状因性别不同而不同。哺乳动物雄性个体细胞的性染色体对为 XY,雌性则为 XX。鸟类和蚕的性染色体雄性个体的为 ZZ,雌性个体为 ZW。

每一条染色体复制以后,含有纵向并列的两个染色单体,在着丝粒区域联在一起。着丝粒在染色体上的位置是固定的。由于着丝粒位置的不同,把染色体分成大致相等或长短不等的两臂。着丝粒的位置在染色体中间或中间附近时,染色体两臂的长度差不多,称作中间着丝粒或亚中间着丝粒。当着丝粒的位置靠近染色体一端时,根据着丝粒离端部的远近,称为近端部着丝粒或端部着丝粒。着丝粒所在的地方往往表现为一个缢痕,所以着丝粒又称主缢痕。

有些染色体上除了主缢痕以外，还有一个次缢痕，次缢痕的位置也是固定的。有的染色体在次缢痕端部连着一个染色体小段，称为随体。

通常利用染色体组型来描述一个生物体内所有染色体的大小、形状和数量信息。组型技术以染色体的数目和形态来表示染色体组的特性，用来寻找染色体歧变同特定疾病的关系，比如染色体数目的异常增加、形状发生异常变化等。一般是以处于体细胞有丝分裂中期的染色体的数目和形态来表示，也可以以前期或分裂间期的染色体形态来表示。

染色体的情况也可以从多方面加以表示。例如各染色体的长度、粗细；着丝粒的位置；随体及次缢痕的有无、数目、位置；凝缩部不同的部分以及异染色质部分、常染色质部分；染色粒、端粒的形态、大小及分布情况；小缢痕的数目、位置等。

对于染色体组的表示，现已提出几种方法。例如，染色体的数目是以 n、$2n$ 分别表示配子和合子的染色体数目，以 x 表示基数，以 b 表示原始基数，以 $2x$、$3x$、$4x$……表示多倍性，以 $2x+1$、$2x-1$……表示非整倍性，以 1、2、3……编号表示各个染色体。

另外，为了表示各个染色体的形态特征，还可采用“V”形、“J”形等名称，或者采用由 A. Levan 等(1964)所提出的根据着丝粒的位置进行分类的方法等。

鹿属于哺乳纲，约有 16 属 40 个种，是草食反刍偶蹄类动物。

一、鹿的主要性状的遗传特性

(一)产茸性能的遗传特性

鹿产茸性能的遗传性相对很稳定，3 锯三权锯茸鲜重遗传力测定，双阳梅花鹿产茸性状遗传力为 0.53，长白山梅花鹿为 0.36，西丰梅花鹿为 0.49，均属于高遗传力。

重复力也相对较高，双阳梅花鹿为 0.67，长白梅花鹿为 0.64，西丰梅花鹿为 0.63，均属于高重复力，说明产茸性状重复出现相对较为稳定。

产茸性能的稳定性也为我们育种提供了很好的依据。稳定性越好，育种措施的效果就越明显，遗传进展就会越快，改善产茸性状的遗传品质就越容易。

(二)繁殖性能的遗传特性

由于鹿染色体的特异性，不同鹿种之间可以顺利交配，F1 都表现出正常的繁育能力，并且繁殖力表现出很强的杂种优势。例如：东北梅花鹿和东北马

鹿杂交后,F1 公母鹿都具有正常的繁殖能力,并且母鹿易受胎,繁殖成活率近 81%,高于母本 2 %,高于父本 30 % 以上,很少有难产鹿。其繁殖方面的显著特点为:初情期早于双亲,发情期非常集中,双胎率也明显提高。

(三)产肉性能的遗传特性

鹿肉属高蛋白、低脂肪、低热量、富含矿物质的优质食物,符合发达地区消费者和未来人们高质量生活对肉食的要求。过去养鹿,主要是为了产茸,就茸产量而言,马鹿是梅花鹿的 2 倍。而若以茸质而论,梅花鹿茸为茸中之冠。随着人们生活水平的提高及对鹿肉营养价值的认识,鹿肉的消费需求日趋增加,所以鹿品种选育除了考虑产茸外,还应向茸肉兼用方向发展。马鹿比梅花鹿耐粗饲,抗病力强,易饲养,产值高,效益好。就产肉而言,马鹿体型大,体重大,故产肉高,成年鹿可产肉 100 千克左右。近年来,我国通过杂交技术,已培育出多个茸肉兼用新品种。

二、鹿遗传资源多样性

(一)毛色遗传多样性

鹿科动物的毛色不尽一致,关于鹿毛色的遗传机制研究迄今未见有报道。

梅花鹿的毛色呈野生状态,随季节性变化。夏季背毛红棕色,从头顶起有一条 2 ~4 厘米宽的深棕色背线沿躯干背脊直到尾部;在背脊两旁及体侧下缘有白色斑点排列成纵行,其余斑点自然散布;腋下、鼠蹊部及腹部淡黄白色,四肢外侧与体色相似,内侧色泽较淡;吻部深褐色,面颊、下颌浅棕色,嘴角、额、眼间有淡黄色毛,鼻、额部深棕色;耳背面棕色,耳内白色,颈毛灰棕;尾背面深棕色,尾之腹面白色;臀部有白色块凝,其上缘呈黑色。冬季背毛栗棕色,背线黑色,斑点由不明显到几乎消失,臀部白色,斑块边缘呈深棕色。在我国培育品种中,双阳梅花鹿的被毛均呈棕红色或棕黄色两种色型,梅花斑点大而稀疏,背线不明显,臀斑边缘生有黑色毛圈,内着洁白长毛;喉斑呈灰褐色,腹下和四肢内侧被毛较长,呈灰白色。西丰梅花鹿母鹿黑眼、黑嘴巴、黑鼻梁明显;夏毛多呈浅棕黄色,花斑大而鲜艳,四肢和腹下呈一致的乳黄色且有明显花斑。长白山梅花鹿公鹿黑鼻梁不十分明显,公母鹿的夏毛呈淡棕红色,无背线,梅花斑点中等,但腹缘部位的斑点密、圆而大;臀斑边缘有不明显的黑毛圈;喉斑较小,洁白或灰白色;冬毛密长呈灰褐色。

马鹿夏季全身毛色呈红褐色,脸颧、嘴端和四肢内侧呈苍灰色。冬季背、腹毛呈灰棕色,颈部及身体背面稍带褐色,从额部到尾根有一黑棕色的背线,未成年时尤为明显;嘴端、下颌呈深棕色,面颊棕色;耳部黄褐色,耳内毛白;体侧部毛色较淡,呈浅灰棕色;臂部有一黄赭色斑;尾黄赭色,四股外侧棕色,内侧色较淡;后肢部有一簇黄褐色毛,鼠蹊部毛色发白;臀斑呈褐色、赭色或白色。幼年马鹿体侧部有4~5条白色斑纹,荐部和股部较多,在第一次换毛时消失。清原马鹿夏毛背部和体侧呈棕灰色,腹部灰黄色,头部、颈部和四肢深灰色,有明显的灰色背线,耳轮周围毛色乳黄。成年公鹿的臀斑为浅棕黄色,母鹿为浅黄白色,臀斑周缘呈黑褐色。马鹿通常毛色为野生毛色,目前在野生状态下和人工养殖群体中未见其他毛色。

驯鹿的体色由褐色到灰色,变化多样。四肢及尾的内侧颜色深,冬天全身颜色稍发白,分布在加拿大北极圈的驯鹿全身体色接近于白色。作为家鹿的驯鹿既能看到接近于黑色的体色,也能看到接近于白色的体色,公驯鹿的颈部可见长毛。

驼鹿体为棕色或棕褐色。体毛长而脆、中空、保温性好。这些特点有利于它们在寒冷地区生活及在沼泽中活动。

(二)形态学特征

鹿科动物体小至一只羊羔如麝鹿(图3-1),大至一头水牛。一般身高30~150厘米,身长85~300厘米,体重9~825千克。鼻子被毛覆盖或裸露着。鹿胃有四室,能反刍。它们有两对乳房,一般有32~34颗牙齿。妊娠期一般5~10个月,每胎生1~2只小鹿,有时也有一胎生3~4只的。鹿的重要形态标志是雄性长一对茸角,而驯鹿则雌、雄都有茸角。这是它们斗殴的武器,也是形态分类学的重要依据。鹿角是由中胚层发育而成的,是实角,其他动物角是洞角。茸角在鹿一生中,要经过每年一次的长脱变化。春季长出鹿茸,以后不断地生长,经4个月左右,茸角开始骨化,茸皮脱落,成为鹿角。茸角在生长过程中随着鹿年龄的增长,分杈越来越多,直至一定年龄后分杈不再增多,成为鹿茸角的典型形状。

梅花鹿是一种中小型的鹿。成年公鹿体重120千克,成年母鹿90千克左右;其耳大直立,颈细长,尾短;四肢细长匀称,主蹄狭尖,侧蹄小;头清秀。眼下有一对泪窝,眶下腺较发达,呈裂缝状;鼻骨细长;公鹿颈部生有卷曲的鬣毛;公鹿有角,母鹿无角。公鹿出生后第二年长出锥形茸角,第三年生分杈茸角;发育完全的茸角有分枝,眉枝从主根基部约5.5厘米处分生,斜向前伸,不发达,不形成角冠;第二枝分生于茸角的中部,茸角的主干在其末端再次分生为两小枝。茸角基在每年3月下旬4月初脱落,随之长出新角,新角在骨化前,外被天鹅绒状的茸皮,称为茸角,8月完成角的生长,并全部骨化,茸皮脱

图 3－1　鼷鹿

落。人工选育的双阳梅花鹿鹿茸枝条大，主干粗大，质地嫩，上端丰满，茸毛为棕黄或浅黄色；西丰梅花鹿鹿茸主干和嘴头部分粗长肥大，眉枝较细短，眉枝和冰枝间距大，茸毛呈杏黄色；长白山梅花鹿主干圆，上粗下细，不弯曲，眉枝粗长，茸质致密，茸毛多为黄色。对已定名品种或品系的双阳、西丰、长白山梅花鹿来说，其体型普遍增大，胸腹围增加，四肢趋于短粗。但对于其他大部分家养梅花鹿由于缺乏长期的系统选育，与其野生种的形态特征并无多大差别。因此也未见对形态特征的遗传规律的研究报道。

马鹿体型较大，成年公鹿体重在 200～330 千克，母鹿 150 千克左右。背脊平直，肩部与荐部高度相当。耳大呈圆锥形。颈较长，约为体长的 1/3。颈下被毛较长。尾短，四肢长。蹄大，呈卵圆形。二侧蹄较长，能着地面。鼻骨长而内侧高，颧骨宽大，前半部平，后半部稍微隆起。泪骨呈三角形，与额骨、鼻骨和上颌之间的空位呈三角形。母鹿无角，公鹿在额骨后外侧突起生角。角一般分为 6～8 杈，其主干长而后倾，稍向内弯。在基部分生出眉杈，斜向前伸，与主干呈直角；第二杈紧接于眉杈后从主干分出，第三杈与第二杈间距较大，有时主干末端分成 2～3 小杈。

马鹿和梅花鹿的杂种在茸型上，梅花鹿茸型占 55%，马鹿茸型占 9%，中间型占 36%。梅花鹿的单眉枝对马鹿的双眉枝为显性遗传。

驯鹿的体长 120～220 厘米，体高 87～140 厘米，尾长 7～21 厘米，体重 60～318 千克。由于亚种的不同，驯鹿大小不一样。加拿大产驯鹿，公鹿平均体重 110 千克，母鹿平均体重 81 千克；萨哈林产的公鹿体长 200 厘米，体高 115 厘米，尾长 15 厘米。驯鹿的鼻子被毛覆盖，没有裸露的鼻镜。前肢、后肢的蹄子宽阔，侧蹄大而发达，在前、后肢有蹄间腺。通常，无论是公驯鹿还是母驯鹿都能够看到犬齿，由于亚种的不同，有的母驯鹿缺少犬齿。驯鹿是唯一的公鹿和母鹿都有角的鹿,其角的生成,公鹿和母鹿不同。通常,成年公鹿在12月上旬脱角,到第二年的2月下旬为完全没有角的时期。从2月下旬开始长角,12月下旬骨化,由鹿茸变成漂亮的角。母鹿在4月中旬以后脱角,同其他鹿类一样立即开始长角,10月中旬到下旬骨化,此状态的角保持到翌年的4月中旬。驯鹿的角左右对称,无论是左角还是右角最下面的枝均扁平,叫作眉枝,英文名叫作铲雪器,其作用是从雪的下面挖取食物。公驯鹿5~6岁时角最大,大的角长达130厘米,有的角分的杈多达23个。母驯鹿角在4岁左右长得最大,角比公鹿的小,大的角长50厘米左右。以在多摩动物公园饲养的驯鹿为例,其单侧角的重量为2 500克。

(三)细胞遗传学研究

目前对于鹿遗传物质的研究表明,梅花鹿的染色体数为33对66条染色体,常染色体为32对,1对性染色体。马鹿的染色体数为68条染色体,常染色体为33对,1对性染色体,其中只有1对常染色体为中部着丝点染色体,其余32对常染色体为端着丝点常染色体,以及最大的端着丝点X染色体和最小的亚中部着丝点Y染色体。梅花鹿的染色体组型与马鹿的非常相似。

鹿的染色体存在多态现象。梅花鹿的染色体数目为$2n=66$,但也有$2n=64 \sim 68$的多态现象。马鹿$2n=68$,也有$2n=66$,67的多态现象。对$2n=67$的个体的初级精母细胞分裂相所进行的研究表明,它所形成的二价体数是33个。这说明,在$2n=67$的个体中,原来是同源的1条完整的中部着丝点染色体与2条端着丝点染色体仍能很好地配对。因此,减数分裂后产生的配子应有$n=33$和$n=34$两种情况,其中$n=33$的配子,除其他31条染色体外,有2条完整的中部着丝点常染色体,而$n=34$的配子中有1条中部着丝点常染色体和2条端着丝点常染色体。这两类配子中遗传物质均无实质上的增加或减少。所以,仍然是平衡的。因此,$2n=67$的雌、雄个体交配所生的后代中,很可能有$2n=68$的个体。而且,由于亲本公鹿$2n=66$,而子代公鹿是$2n=67$的个体。所有这些多态现象,都是由1条中部着丝点染色体在着丝点部位断裂成2条端部着丝点染色体所造成的。在着丝点部位发生染色体分裂是鹿属动物染色体进化的重要机制。

鹿科动物染色体进化包括染色体数目的变化和结构变化两个方面,其进化机制主要是非罗伯逊易位和罗伯逊机制。非罗伯逊易位主要发生在鹿亚科和红短角鹿中,而罗伯逊机制则发生在鹿亚科和空齿鹿亚科的许多物种中。鹿科动物核型进化过程中,染色体数的主要进化趋势可能是由少到多。

正因为鹿染色体这一重要的进化机制，所以不同种属鹿之间不存在生殖隔离，并且其后代具有正常的繁育能力。

（四）生化遗传学研究

与对鹿的血液蛋白研究相比，对鹿科动物血液蛋白的研究还不够深入。目前只停留在对鹿科动物的系统进化关系以及对种、亚种和群体间的遗传分化进行分析。

1. 鹿血液正常生理生化指标特点

研究者测定了梅花鹿血液正常生理生化指标。血液红细胞数：成年公鹿为12.43百万/毫米^3 ±0.39百万/毫米^3，成年母鹿为12.04百万/毫米^3 ±0.46百万/毫米^3，仔鹿为7.32百万/毫米^3 ±0.27百万/毫米^3；血红蛋白含量：成年公鹿为10.46克/100毫升±1.62克/100毫升，母鹿为9.70克/100毫升±0.21克/100毫升，仔鹿为5.67克/100毫升±0.13克/100毫升；白细胞数：成年公鹿为6.75千/毫米^3 ±0.29千/毫米^3，母鹿为6.17千/毫米^3 ±0.97千/毫米^3，仔鹿为5.29千/毫米^3 ±0.33千/毫米^3；血小板数：成年公鹿为51.42万/毫米^3 ±3.69万/毫米^3，母鹿为55.90万/毫米^3 ±3.68万/毫米^3，仔鹿为59.85万/毫米^3 ±3.82万/毫米^3；血液比重：成年公鹿为1.0588克/毫升，母鹿为1.0523克/毫升，仔鹿为1.0454克/毫升；血凝时间：成年公鹿为22.0秒±1.3秒，母鹿为28.0秒±3.1秒，仔鹿为89.8秒±10.6秒。同时对血清总蛋白、清蛋白、血糖含量也进行测定。另外对东北马鹿的红细胞数、血红蛋白、白细胞数、血液比重、凝血时间进行了同样的测定。

2. 部分血液蛋白多态性研究

与鹿的血液蛋白的研究相比，鹿科动物血液蛋白多态性的研究仅限于少数鹿种，系统性不强，结果不尽一致。目前只停留在对鹿科动物的系统进化关系以及对种、亚种和群体间的遗传分化分析。许多遗传变异规律仍不清楚，应该加强这方面的研究，以便更好地揭示鹿的起源、种类之间亲缘关系以及血液蛋白多态性与生产性能关系。

（1）血红蛋白（Hb） 塔里木马鹿、天山马鹿、阿尔泰马鹿样品中Hb呈一条或两条谱，即AA和AB两种表现型，由Hb^A和Hb^B两个共显性等位基因控制，Hb^A含量多、颜色深，电泳检测偏向阳极端，Hb^B含量少，电泳检测偏向阴极端，Hb^A在电泳图谱中的迁移率快于Hb^B。甘肃马鹿的Hb经电泳全部分离出2条区带，组成单一的AB型。白唇鹿的HB全部分离出HBF和HBS两条区带，组成单一的HBFS型。HBF和HBS区带的相对迁移率分别为54.08%

和46.10%。梅花鹿的HB都为显现一条区带的HBFF型，相对迁移率与白唇鹿的HBF区带相同。

据Мкртчян(1975)、Emerson等(1993)以及张才骏(1992)的报道，梅花鹿和马鹿的HB都为显现一条区带的单一电泳表现型，Emerson等称其为HBD型，张才骏称其为HBF型。然而，Lim等(1984)的研究表明梅花鹿的HB存在HBF、HBFS和HFS三种表现型，它们受HBF和HBS一对等位基因控制。岳秉飞(1988)在梅花鹿中发现了第四种表现型HBO型，认为它们受HBF、HBS和HBD三个等位基因的控制。岳秉飞(1989)和李和平(1995)报道，马鹿的HB受HBF和HBS一对等位基因的控制，构成HBF、HBFS和HBS三种表现型。据张才骏(1992)的研究，青海白唇鹿的HB均为由两条区带组成的HBFS型，其HBF区带的相对迁移率与马鹿和梅花鹿的HBF区带相同。

(2)转铁蛋白(Tf)　马鹿样品中出现BB、AB、BC、AC四种表现型，BB呈现两条带，AB、BC呈现两条带，AC呈现四条带。由一个位点上的三个共显性等位基因Tf^A、Tf^B、Tf^C控制，三种马鹿的Tf靠近阴极端的两条带或一条带染色较浓。在塔里木马鹿的所有检测样品中，有BB、AB、BC三种表现型，未出现AC表现型；天山马鹿中检测到BB、AB、BC、AC表现型；阿尔泰马鹿中检测到AC、AB、BC表现型，未检测到BB表现型。白唇鹿显现TFAA、TFAB和TF-BB三种电泳表现型。TFAA和TFBB型各由三条区带组成，慢带着色最深，中间带次之，快带着色极淡，TFAB型由包括TFAA和TFBB型的各三条区带(即由六条区带)组成。马鹿和梅花鹿的TF呈现由三条区带组成的一种电泳表现型，因其迁移率与牛TFD变异体相同，暂名为TFDD型。甘肃马鹿Tf出现三种表现型，分别为AB、BC和AC，其中AB和BC呈三条带，AC为四条带。

据Emerson等(1993)的比较研究，梅花鹿和北美马鹿的转铁蛋白都呈现泳动速度一样的单一电泳表现型。Stratil等(1990)发现马鹿TF有A、B1、B2和C四种变异体。岳秉飞(1988,1989)的研究认为马鹿和梅花鹿的TF受TFA1、TFA2、TFB1、TFB2、TFC1、TFC2六个复等位基因控制。

(3)前转铁蛋白(Prt1)　马鹿样品中被检测的样品中出现AA、AB两种表现型，AA呈现两条带，AB呈现三条带。由一个位点上的两个等位基因$Prt1^A$、$Prt1^B$控制。塔里木马鹿、天山马鹿、阿尔泰马鹿的所有检测样品中，均有AA、AB表现型。甘肃马鹿样品出现AA、AB两种表现型，AA呈现两条带，AB呈现三条带。

(4)前转铁蛋白(Prt2)　塔里木马鹿、天山马鹿、阿尔泰马鹿群中出现

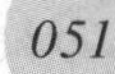

AB、BB 和 O 型，BB 型呈现一条带(慢带)，AB 型呈现两条带，O 型表示无谱带。Prt2 由一个位点上的两个等位基因 $Prt2^A$、$Prt2^B$ 控制。甘肃马鹿样品中出现 AB、BB 和 O 型，BB 型呈现一条带(慢带)，AB 型呈现两条带，O 型表示无谱带。

(5)后转铁蛋白(Ptf)　马鹿样品中出现 AA、AB 两种表现型，AA 呈现两条带，AB 呈现三条带。未检测到 BB 表现型。由一个位点上的 Ptf^A、Ptf^B 两个共显性的等位基因控制。塔里木马鹿、天山马鹿群体中 AA、AB 两种表现型；阿尔泰马鹿的检测样品中仅检测到 AB 表现型。

(6)血清白蛋白(Alb)　塔里木马鹿、天山马鹿、阿尔泰马鹿样品中 Alb 为单态位点，只出现一种表现型 AA，受一个位点上的一个等位基因 Alb^A 控制。Alb 在血清中含量最多，10 倍稀释后的电泳谱带呈球状带。甘肃马鹿 Alb 为单态位点，只出现一种表型 AA。

(7)前白蛋白(Pr2)　塔里木马鹿、天山马鹿、阿尔泰马鹿样品中 Pr2 亦为单态位点，只出现一种表现型 AA，受一个位点上的一个等位基因 $Pr2^A$ 控制。在塔里木马鹿、天山马鹿、阿尔泰马鹿电泳谱带中 Pr2 均呈小球带状，含量也较多。

(8)后白蛋白(Pa)　马鹿样品中出现 AA、BB、AB、O 型四种表现型。AA、BB 呈现一条带，AB 呈现两条带。由一个位点上的两个共显性的等位基因 Pa^A、Pa^B 控制。在塔里木马鹿样品中三种表现型均出现，天山马鹿样品中 AA、BB、AB、O 型四种表现型均出现，阿尔泰马鹿的检测样品中未出现 AA 表现型。甘肃马鹿样品出现 AA、AB 和 O 型三种表现型，AA 呈现一条带，AB 呈现两条带。

(9)慢 α 球蛋白(Sag)　阿尔泰马鹿、天山马鹿与塔里木马鹿杂交一代的电泳谱带只有 AB 一种表现型；呈现两条谱带，由一个位点的两个等位基因 Sag^A、Sag^B 控制。

(10)血清酯酶(ES)　甘肃马鹿血清酯酶基因座上存在 ES^{++}、ES^{+-} 和 ES^{--} 三种基因型，受 ES^+ 和 ES^- 两个共显性等位基因控制，并以 ES^{+-} 为优势基因型。

(五)分子遗传学研究

1. RAPD 标记

关于鹿类动物 RAPD 分析的研究，国外近见 Comincini. E(1996)等利用设计的 8 条引物对鹿、马鹿、狍鹿、黇鹿和黑尾鹿五种鹿科动物系统进化关系进行 RAPD 分析的研究报道。Fukui. E 等(2001)检测了 Nikko National 公园的日本梅花鹿,确定 Oku - Nikko 种群来源于 Omote - Nikko 和 1984 年后的 Ashio 种群。Petrsyan 等(2002)对欧洲和西伯利亚鹿种群的遗传分析,根据群体的基因频率、遗传距离,提出西伯利亚鹿和欧洲鹿是在 1.375 百万 ~2.75 百万年以前分化的。而国内迄今仅见李和平(1999)研究了乌兰坝马鹿、长白山梅花鹿、西丰梅花鹿、清原天山马鹿、双阳梅花鹿共 75 个个体的遗传变异关系,40 个引物扩增出多态谱带,检测到 395 条扩增片段,构建了品种(品系)以及个体的系统发育树状图。结果,遗传变异主要存在于群体内(53.97%),群体间的遗传变异居次要地位(46.05%),双阳品种群体内的遗传变异最低,5 个品种(品系)的遗传多样性指数的大小依次为:西丰梅花鹿 1.124、长白山梅花鹿 1.051 7、乌兰坝马鹿 0.990 8、清原马鹿 0.974 8、双阳梅花鹿 0.766 2。

2. 微卫星标记

目前,在鹿类发现 200 多个微卫星位点,除了极少数位点是直接从 DNA 文库中筛选的以外,绝大多数都是将牛、羊的微卫星位点借用到鹿类。这些位点在群体遗传变异研究、生物遗传作图、个体间亲缘关系鉴定等方面已得到广泛应用。

(1)评估遗传多样性　微卫星直接反映 DNA 结构多样性的分子遗传标记之一,并被广泛地应用于动物遗传多样性的检测。群体遗传多样性越高或遗传变异越丰富,对环境变化的适应能力就越强,越容易扩展其分布范围和适应新的环境。Kuehn 等用 18 个微卫星标记研究了瑞典东部红鹿群体的遗传起源,认为列支敦斯登可能是瑞典东部红鹿群体的发源地以及所研究群体表现出高的遗传多样性,并讨论了基因流与高的遗传多样性之间的关系。Thevenon 等用 9 个微卫星标记分析了越南梅花鹿的遗传多样性,结果表明越南梅花鹿群体可能遭受瓶颈效应。Polziehn 等分析了北美 11 个马鹿群体在 12 个微卫星位点上的遗传多样性。发现北美马鹿群体中平均每个位点上有 3 ~4 个等位基因,平均杂合度在 25.75% ~52.85%,温哥华岛屿群体与其他群体之间的遗传距离最大。Mahumt 等检测新疆的沙雅、尉犁、且末三个塔里木马鹿群体 10 个微卫星位点。只在 BM5004、BM4208、BM888 三个位点上检测到 133 ~190bp 等位基因。在多个位点上的平均杂合度 Xaya 群体为 0.08 ± 0.04,Lopnur 群体为 0,Qarqan 群体为 0.17 ±0.08。所有群体的平均杂合度为 0.08 ±0.02。结果表明:所观察到的杂合度明显低于期望值。目前的结果暗示了新疆塔里木马鹿群体遭受了瓶颈效应。Lee 等测定了加拿大马鹿第一个着丝粒微卫星 DNA，并对其分子进化机制进行了研究，同时他们还克隆测定了马鹿染色体着丝粒卫星 DNA 单体。Fickel. J 等对欧洲马鹿公鹿的微卫标记进行了分析，来自公鹿的 DNA 基因型的 7 种微卫星是独特的，利用 7 种位点分离 20 只公鹿的 DNA，突变遗传因子有 2 ~ 7，多态信息含量为 0. 354 ~ 0. 753。Edited 等（1998）测定育空地区三个北美驯鹿群体的遗传关系，结果表明遗传检测结果与放射性项圈的资料显示结果相一致。

Bonnet 等用 11 个微卫星标记结合采用荧光标记的半自动复合 PCR 技术，对四种热带鹿进行遗传研究。目的是为四种热带鹿的群体遗传结构及其遗传多样性分析建立一个有用的工具，并且可以应用在其他鹿类动物上。DeYoung 等研究了 543 头白尾鹿（密西西比州的 16 个群体及其他州的 3 个群体）在 17 个微卫星位点上的遗传分化及其遗传多样性，结果表明所有群体之间有着明显的遗传分化及群体内的遗传变异、遗传结构模式、遗传相似性等与群体的地理分布不一致。Cronin 等对北美洲、斯堪的纳维亚（半岛）和俄罗斯的 19 个野生或圈养的驯鹿群体的 7 个微卫星位点进行了遗传变异分析，除 1 个在挪威的群体有相对较少的等位基因数和较低的个体杂合度外，各种群在每个基因座上的等位基因数介于 2. 0 ~ 6. 6，个体杂合性为 0. 33 ~ 0. 50。在阿拉斯加靠近北极的 3 个群体有相似的等位基因频率，组成了一个繁殖种群。阿拉斯加圈养的驯鹿种群是 100 年来从俄罗斯的西伯利亚引种进来的，两个地区的驯鹿种群在几个位点的等位基因频率有所不同，但两者的遗传分化程度较低。阿拉斯加野生和驯养的驯鹿在 7 个位点等位基因频率显著不同，则表明它们之间基因流水平有限。

（2）群体遗传结构分析及杂种优势的预测　微卫星的多态性分析在评估遗传多样性及品种资源的分类、保存和利用方面发挥着重要作用。Martinez 等研究了西班牙西南部的红鹿群 6 个微卫星位点上遗传变化，估计群体分化的程度，同时说明了被狩猎的群体其遗传变异程度低于被保护的群体，但处于圈养和开放式饲养的群体之间并没有遗传变化的差异。Broder 等通过对加拿大 11 个地区驼鹿的 5 个微卫星基因座上等位基因频率比较，表明在北美至少有 7 个不同群体（$P < 0.05$），群体平均杂合度为 33%。Williams 等通过估计 3 个宾夕法尼亚再引入的麋鹿群体在 10 个微卫星位点上的遗传差异来研究这个群体重新定居后的结果。研究发现：宾夕法尼亚群体和它的起源群体之间的遗传距离很大。重新定居后群体的生长速度受遗传影响。Cote 等通过微卫星标记分析斯瓦尔巴特群岛上 2 个相距 45 千米的驯鹿（R. tarandus）种群，认

为种群之间的波动和有限的基因流使2个种群之间出现明显的分化。2个种群在近期均未遭受瓶颈效应。14个微卫星位点分析的结果证明斯瓦尔巴特群岛两个驯鹿种群杂合性明显比加拿大的北美驯鹿和挪威的驯鹿低。但是比其他一些鹿类动物(如日本梅花鹿和美洲马鹿)的水平高。

(3)家系鉴定　Pemberton 等用微卫星标记对野生红鹿进行家系鉴定。发现在3个位点上(MAF65、BOVIRBP 和 CEIJP23)未扩增出等位基因,因此在分子生态学应用中特别是进行家系鉴定必须考虑可能存在无法检测的等位基因,这对于微卫星数据来说非常重要。Talbot 等采用 PCR 技术验证了用11个具有高度多态性和有益的微卫星标记(来自牛、羊的微卫星 DNA)对北美角鹿进行家系鉴定是可行的。

(4)构建鹿类动物基因组连锁图　微卫星是构建完整基因组连锁图时使用的主要基因标记。近几年来利用微卫星构建遗传图谱日趋增多。Slate 等通过红鹿与鹿种间杂交获得鹿基因组的初步连锁图,图谱长约2 500厘米,包含600多个标记,研究了鹿科动物的遗传连锁图及反刍动物基因组的发展。研究表明鹿的遗传图谱及杂种系谱对预测人类遗传基因在反刍动物上的定位、野生和圈养的鹿群体中构建 QTL 和对反刍动物进行种族遗传性等方面的研究提供了有价值的参考。

(5)QTL 的连锁分析　鹿的大部分经济性状属于数量性状,如鹿茸生长、鹿茸重、大小、外形、化学成分、体重、饲料利用率、生长速度、肉品质等,每个性状都由多个基因控制。但是控制这类性状的基因之间的影响不平衡,一些起主要作用,一些起辅助作用。由于微卫星标记在染色体上的分布高度密集。因此目前只有那些有效且具有多态性的引物才能在鹿上扩增。Coulson 等发现有5个微卫星位点与红鹿羔的越冬存活率相关,并且拥有某一特定基因型的鹿羔在第一和第二个冬天的越冬存活率明显高于其他鹿羔。J. Slate 等在未开发的野生红鹿群体中构建与出生重性状相关的 QTL(出生重性状与整个群体的健康直接相关),表明在3个连锁群中发现了与出生重性状相关的 QTL。

3. 线粒体 DNA 研究

线粒体 DNA 由于其母系遗传、高拷贝、高进化速率以及缺乏重组等特点而被广泛地应用于鹿类的起源进化、分化分类、群体遗传结构与基因流动标记以及经济性状,开展标记辅助选择的研究。

(1)动物种类的起源与分化研究　鹿类起源进化研究一直是研究热点。Douzery 和 Rand(1997)对马鹿、黇鹿、墨西哥鹿、狍和獐等动物的 D 环区测序,

得到930bp序列,将马鹿分成3个亚种组群,第一组群为分布于欧洲和北非的7个亚种,第二组群包括7个中亚亚种,第三组群为东亚、西伯利亚和北美的9个亚种。Polzaehn(1998)对欧美马鹿、亚洲梅花鹿及北美的白尾鹿、黑尾鹿、驼鹿和驯鹿进行线粒体DNAD-loop区测序和比较。北美马鹿与欧洲马鹿的序列分歧为5.60%,北美马鹿与梅花鹿的分歧为5.19%,梅花鹿与欧洲马鹿的分歧为5.02%;说明了北美马鹿的亚种状态需要重新评论。Randi(1998)比较了鹿科11个物种的Cytb基因的全序列,发现鹿亚科与鹿属适度结合,形成了欧洲物种进化枝;旧大陆的空齿鹿亚科(袍属和獐属)与全北美区的驼鹿聚在一起;新大陆的空齿鹿亚科(墨西哥鹿属和空齿鹿属)与全北区的驯鹿聚在一起;獐在空齿鹿亚科。李明等(1999)用聚合酶链反应方法从水鹿、坡鹿、梅花鹿和马鹿等四种鹿属动物中分别扩增出线粒体DNA的细胞色素b基因片段,并测定得到367bp的碱基序列,它们之间的序列差异在4.09%~7.08%用NJ法、最大简约法和最大似然法进行分子系统进化树的构建和分析并得出水鹿与坡鹿在240万年前左右分化的。梅花鹿和马鹿在160万年前左右分化。后来用PCR技术和序列测定方法从线粒体DNA上得到367bp的细胞色素b基因片段序列,分析得出了麝与獐、麂与鹿的遗传差异在12.53%~14.44%,处在科间变化范围之内,在分子水平上进一步表明应作为一独立科;獐、麂与鹿间序列的平均差异为10.28%,属于亚种间的差异,与形态研究结果一致。KuwayamaR等(2000)利用线粒体DNA序列推断欧洲赤鹿、马鹿、梅花鹿的系统发生关系,得出亚洲与北美的3个亚种以及日本境内的梅花鹿的6个亚种的亲缘关系比与欧洲马鹿的关系更近。邢秀梅(2006)等采用聚合酶链式反应(PGR)技术对40只马鹿mtDNA细胞色素b序列进行扩增,对所得PCR产物测序,测得405bp的核苷酸片段序列。统计分析了6个品种或类型间的遗传关系,通过遗传关系建立了系统发育树结果表明:天山马鹿和东北马鹿的亲缘关系较近,塔里木马鹿同天山马鹿、阿尔泰马鹿、甘肃马鹿、东北马鹿、左家马鹿的亲缘关系较远,塔里木马鹿和天山马鹿的亲缘关系最远,将6个马鹿品种(或类型)重新划分为4大类群:东北马鹿和左家马鹿为一类,天山马鹿和阿尔泰马鹿为一类,塔里木马鹿为一类,甘肃马鹿为一类。但是,Kuwayama(2000)利用Cytb序列分析了马鹿的欧洲、亚洲及北美2个亚种以及日本境内梅花鹿的6个亚种的进化关系,结果表明亚洲与北美的3个亚种与梅花鹿的关系比与欧洲马鹿的关系更近,这与传统的形态结果相矛盾。

(2)鹿种鉴别　在鹿及其产品贸易检测中,经常用线粒体DNA鉴别鹿种以及产品。Cronin 等(1995)利用 D - loop 区研究了阿拉斯加的 3 个家养驯鹿种群和 5 个野生驯鹿种群的遗传变异,认为家养驯鹿和野生驯鹿都有相当大的遗传变异。Nagata 等(1998)通过对 141 个日本梅花鹿线粒体的分析,研究了日本北海道梅花鹿的遗传变异和种群遗传结构,发现 6 个 DNA 型,其中 3 个主要的 DNA 型与北海道的 3 个主要针叶林区对应。美国渔业与野生动物法医实验室(1997)报道了用引物 L14724 和 H1514 扩增了白尾鹿、黑尾鹿、马鹿、驯鹿的 DNA,可成功鉴别这些物种。Matstsnaga 等(1998)测定了马鹿的 Cytb 序列,用于鉴定其肉及肉制品,该序列与梅花鹿、牛、猪、绵羊和山羊的同源性分别为 94.19%、84.0%、81.1%、85.5% 和 85.6%。从马鹿肉中得到了一个 194bp 的片段,加热到 120℃ 仍能检测出扩增片段;而牛、猪、鸡、绵羊、山羊、马和兔没有扩增产物,同时采用限制性内切酶 *Eco*RI、*Bam*HI 或 *Sca*I 酶切,可以区分马鹿和梅花鹿。马鹿的扩增片段被 *Eco*RI 酶切为 67bp 和 127bp 的片段,梅花鹿不能被 *Eco*RI 酶切,可被 *Bam*HI、*Sca*I 酶切为 48bp 和 146bp,49bp 和 145bp 的片段。Kholodova M. V. (2000)利用收集的毛样对野生有蹄动物进行了遗传差异分析,表明英格兰的马鹿和俄罗斯沃罗涅什的马鹿之间存在同一种线粒体 DNA 的细胞色素 b 片段。

第二节 生产性能测定

一、鹿的生长发育习性

鹿的生命周期与其他物种相同,表现为受精卵—胚胎—幼年—青年(产生新的受精卵,新生命诞生,另一个生命周期开始)—成年—老年—衰老死亡这样的一个生命周期。如此世代更替,维持了生命不息。在这个生命周期中,个体由亲本所获得的遗传物质在其所处的环境中得以表达,即个体表现出的能够测量的性状。由于每一性状的遗传基础各不相同,那么每一性状在生命周期中的表达规律各不相同。如果对鹿的个体生长发育过程进行详细的观察与分析,对鹿的生长发育规律进行研究,可以有效地改进和控制鹿的各项生产性状,提高生产性能。

在鹿的实际生产中,生长发育经常连在一起被利用。其实,生长和发育是个体成长过程中的两个不同的现象。发育是以细胞分化为基础的、个体生育机能逐步完善和实现的过程。发育并不贯穿于个体整个生命,它具有阶段性,包括受精卵的发育和个体生殖器官、生殖细胞的发育。而生长是以细胞分裂增殖为基础的,个体体积逐渐增大的过程。生长贯穿个体整个生命过程,即使到了成年,生长现象依然存在,只是新细胞的形成和旧细胞的衰亡基本维持平衡,体量值就会维持稳定,生理生化指标维持动态平衡。

二、鹿的生长发育规律

生长和发育是两个不同的概念,但是二者互为基础,相互依赖,相互促进。生长为发育奠定基础,而发育又可以刺激生长,决定了生长的方向。但是,鹿的生长发育具有非常明显的阶段性和不平衡性这两个规律。

(一)鹿生长发育的阶段性

鹿的整个生长发育过程中,不同的生命阶段具有非常显著的特点和差异。从大的方面来划分,主要分为出生前和出生后这两个大阶段,又可以将这两个大时期分为若干个小时期,各个时期具有各自独有的特征和特点。在实际生产中,我们依据不同时期的生长发育特点,制定相应的养殖管理策略,最大限度地提高鹿的生产性能。

1. 胚胎期

胚胎期指的就是鹿从受精卵形成到胎儿娩出这段时间。梅花鹿和马鹿的胚胎期生长发育特点基本相似。胚胎在母体内发育需要 8 个月共 240 天左右。与其他物种一样,不同时期,胚胎发育的速度变化不同。母鹿产出仔鹿,仔鹿的体长为 70 ~ 80 厘米,马鹿的初生重略高于梅花鹿。

2. 哺乳期

哺乳期指的就是仔鹿出生到断奶这段时间。鹿的哺乳期大概 3 个月,随着人工饲养水平的逐步提高,哺乳期显著变短。在这段时间幼鹿发育速度非常快,基本可以达到初生重的 5 ~ 6 倍。

3. 幼年期

幼年期指的就是鹿从断奶至性成熟这段时间。鹿的幼年期在 18 月龄左右结束,在这个阶段鹿的各组织器官迅速生长,消化机能逐渐增强,采食量显著增加,最显著的变化就是生殖器官以及与繁殖机能相关的组织器官迅速生长发育。在这个阶段,公鹿开始初长茸角。

4. 青年期

青年期指的就是鹿从性成熟至体成熟这段时间,为 1.5 ~ 4 岁。这段时间的主要标志就是性成熟,个体具有了生育后代的能力,到了繁殖季节能够正常地发情,形成卵子或精子。机体的各组织器官进一步发育成熟,体重也迅速增加,体型逐渐定型。

5. 成年期

成年期指的就是鹿从体成熟至机能衰退这段时间,为4~8岁。成年期的主要标志就是体成熟,机体的生产机能达到最高峰,各组织器官发育成熟,体重、体长、体高等各体量值不再发生大的变化,并维持稳定。

6. 老年期

老年期指的就是鹿从机能衰退至死亡。一般鹿都是在9岁龄进入老年期,各组织器官机能开始衰老减退,生产力急剧下降。不同品种不同个体老年期持续时间长短不一。据报道,鹿的寿命可以达到20年左右。

(二)鹿生长发育的不平衡性

鹿的整个生长发育过程中,无论体内外组织、器官或者整体,不同时期的生长并不是等比例增长的,同一时期不同器官生长发育速度不完全一致,即使是同一组织器官也会在不同时期表现出起伏高低的不平衡状态。在实际生产中,我们可以利用这个不平衡性特点,来调控鹿生产性状的生长发育,正确开展育种及养殖工作。

鹿生长发育的不平衡性主要体现在以下两个方面:

(1)体重生长的不平衡性　鹿出生以后,体重的增长速度会随着年龄而增长,尤其到了成年期体重增长速度达到最高峰,并会维持一定的稳定,在以后随着年龄继续增大,体重增长速度就会有所下降。

(2)骨骼肌生长的不平衡性　鹿在胚胎期,头骨的生长速度远大于其他部位骨骼,并且头骨也是骨骼发育最早的部位;出生以后,四肢骨骼生长速度会远远大于头骨,尤其在幼年期和青年期,四肢骨生长速度达到最高峰,随着生命延续,到了成年期骨骼生长速度显著下降,逐渐达到平衡,骨骼不再生长。

三、鹿茸的生长发育

茸角是鹿重要的生产性能之一,只有公鹿才具有鹿茸角,也是公鹿的第二特征。初生雄仔鹿(约初夏)的额顶部有左右对称色泽较深的皱皮毛旋,生长至8~10月龄(开春时节)时毛旋处开始隆起,形成角基(俗称为草桩)。逐渐角基处皮肤开始破裂,长出富有弹性的柔软茸芽,逐渐生长成初生茸(约在初秋)。此时如果不及时收取鹿茸,长到秋后茸皮就会自然脱落,形成骨化的锥形角。

以后每年生茸前,角基内部恢复新陈代谢机能,开始产生新的茸的原生组织。随后就会将鹿角或锯茸后骨化的残留部分(称作花骨)顶掉,这个过程称为脱角或脱盘。脱盘后的角基部露出新的组织,然后茸皮层开始向心生长。

10 天左右皮肤完全愈合(封口),新茸组织继续生长,最后隆起形成新的茸芽。20 天左右鹿茸长到一定高度,开始向前方分生眉枝(马鹿连续分生 2 个眉枝)。随后茸主干及眉枝不断伸长与增粗,至 50 天左右顶端膨大,梅花鹿开始分生第二侧枝(马鹿开始分生第三侧枝),称为"花二杠茸";持续生长到 70 天左右时,梅花鹿的主干向内侧分生第三侧枝(马鹿分生第四侧枝),长成"花三杈茸",85 天左右马鹿则长成"马四杈茸"。

锯茸后,茸角基部锯口逐渐愈合,绝大多数公鹿经 2 个月左右又可长出具 1 ~ 2 侧枝的茸角(再生茸)。鹿茸的生长发育与鹿的种类、年龄及体况有关,同时也受饲养管理及温度、湿度、光照等外界环境条件等因素影响。因此,在鹿的养殖过程中,要及时对品种进行选育并依据鹿茸生长发育规律,及时调整养殖方案、营养配方,为鹿茸生长创造适宜的环境条件,提高鹿茸产量和质量。

鹿茸角的生长与机体自身雄性激素调节密切相关。当雄性激素分泌处于较低的水平时,茸角迅速生长发育;雄性激素处于高水平时,茸角会停止生长而骨化。因此进一步探索其内分泌与茸角生长的关系,采取相应的措施,可提高鹿茸的产量和质量。另外,鹿茸的生长量与年龄密切相关,公鹿从 1 ~ 5 岁,茸产量不断上升,7 岁为产茸高峰期,14 岁以后茸产量会显著下降。

四、生长发育度量的基本方法

(一)累积生长

累积生长指鹿由小到大生长的累积值,即在度量之前生长的全部结果,用直接称测的体量指标表示。

(二)绝对生长

绝对生长指鹿在单位时间内体量的增长,以反映家鹿的生长速度。计算公式:

$$G = \frac{\omega_2 - \omega_1}{t_2 - t_1}$$

式中:G 为绝对生长;ω_1 与 ω_2 分别为前后两次称测的体量;t_1 与 t_2 分别为前后两次称测时的年龄。

(三)相对生长

相对生长指在一定时间内体量增长的相对值,即增长量与原来体量的比值,可以反映鹿的生长强度。计算公式:

$$R(\%) = \frac{\omega_2 - \omega_1}{\omega_1} \times 100\%$$

$$R(\%) = G = \frac{2(\omega_1 - \omega_0)}{\omega_1 + \omega_0} \times 100\%$$

五、鹿的体重体尺测量

(一)体重测定

1. 初生仔鹿体重

仔鹿出生毛干后1日龄的体重为初生仔鹿体重。一般采用量程为100~200千克的台秤测定,要求准确到0.1千克,且记录时应注明性别。

2. 离乳仔鹿体重

仔鹿哺乳到3月龄离乳分群时的体重为离乳仔鹿体重。一般采用前后带活动插门的过道上安装量程为200~500千克的小地秤测定,要求准确到0.2千克,且记录时应注明性别。

3. 幼年期鹿体重

仔鹿3月龄至18月龄期间称为茸鹿的幼年期。幼年鹿体重一般要求于5~7月(即1周岁左右)期间测定,而幼年公鹿结合锯初角茸时进行,记录时应注明性别。一般采用前后带活动插门的过道上安装量程为200~500千克的小地秤测定,也可用药物将鹿麻醉后测定。要求准确到0.2千克,且应早晨空腹称重。

4. 青年期鹿体重

茸鹿18月龄至4周岁期间称为青年期。青年公鹿体重一般要求于每年的5~7月测定,此时结合锯头茬茸进行,记录时应注明锯别或年龄;青年母鹿体重一般要求于每年仔鹿离乳分群时测定,记录时应注明胎别或年龄。一般采用前后带活动插门的过道上安装量程为500~1 000千克的小地秤测定;也可用药物将鹿麻醉后测定。要求准确到0.5千克,且应早晨空腹称重。

5. 成年期鹿体重

茸鹿4周岁体成熟以后统称为成年期。成年公鹿体重一般要求于每年的5~7月测定,此时结合锯头茬茸进行,记录时应注明锯别或年龄;成年母鹿体重一般要求于每年仔鹿离乳分群时测定,记录时应注明胎别或年龄。一般采用前后带活动插门的过道上安装量程为500~1 000千克的小地秤测定,也可用药物将鹿麻醉后测定。要求准确到0.5千克,且应早晨空腹称重。

(二)体尺测量

(1)体高(也称耆甲高)　指耆甲顶点到地面的垂直高度。

(2)腰角高　指腰角到地面的垂直距离。

(3)荐高　指荐骨最高处到地面的垂直高度。

(4)臀端高　指坐骨结节上缘到地面的垂直高度。

(5)体长　两耳连线中点沿背线到尾根处的距离。

(6)胸深　由耆甲至胸骨下缘的直线距离(沿肩胛后量取)。

(7)胸宽　肩胛后角左右两垂直切线间的最大距离。

(8)腰角宽　两侧腰角外缘间的距离。

(9)臀端宽　两侧坐骨结节外缘间的直线距离。

(10)头长　两耳连线中点至吻突上缘的直线距离。

(11)最大额宽　两侧眼眶外缘间的直线距离。

(12)胸围　沿肩胛后量取的胸部周径。

(13)管围　左前肢管骨上1/3最细处的水平周径。

(14)角基距　指贴近额骨量取的左右角柄中心间的直线距离。要求用圆形测定器测量。

(15)角基围　指角柄中间部的围度。要求用卷尺测量。

六、鹿的体尺指数

即一种体尺与另一种体尺的比率,用以反映鹿各部位发育的相互关系和比例。常用的体尺指数有:

(1)体长指数　用于说明体长和体高的相对发育情况,如生长发育受阻,则体高较小,因而体长指数加大。其计算公式为:

体长指数=(体长/体高)×100%

(2)胸围指数　用于表示体躯的相对发育程度。其计算公式为:

胸围指数=(胸围/体高)×100%

(3)体躯指数　用于表示体重发育程度。其计算公式为:

体躯指数=(胸围/体长)×100%

(4)胸髋指数　用于判断鹿胸部宽度的相对发育情况。其计算公式为:

胸髋指数=(胸宽/腰角宽)×100%

七、鹿茸的体尺测量

(一)茸重测定

1. 鲜茸重

鹿茸锯下后至加工前带血、带水分的重量为鲜茸重,即排血茸为不撸皮血于刷洗前的鲜重,带血茸为封锯口前的鲜重。要求测量应准确到1克,并注明茸形(初角茸、二杠茸、三杈茸、四杈茸、畸形茸)和收茸茬别(头茬茸、再生茸),鹿茸的左、右支分别记录。

2. 干茸重

鲜鹿茸经脱水(或排血和脱水)加工成可供市场销售的风干品称为干品鹿茸,该种鹿茸的重量为干品茸重。要求测量应准确到1克,并注明茸形(初角茸、二杠茸、三杈茸、四杈茸、畸形茸)和收茸茬别(头茬茸、再生茸),鹿茸的左、右支分别记录。

3. 鹿茸鲜干比值

鲜茸重与其加工后的干品茸重的比值称为鹿茸鲜干比值。要求保留到小数点后两位有效数字。

(二)茸鹿群体产茸量评定

1. 初角茸平均单产

初角茸总产量除以锯初角茸公鹿数的数值为初角茸平均单产。要求准确到1克/只,并应注明鲜茸平均单产或干茸平均单产。

2. 某锯茸平均单产

某锯茸(头锯茸、2锯茸、3锯茸、4锯茸、5锯茸……)总产量除以锯某锯茸公鹿数的数值为某锯茸平均单产。要求准确到1克/只,并应注明鲜茸平均单产或干茸平均单产。

3. 上锯茸平均单产

上锯茸总产量除以锯上锯茸公鹿数的数值为上锯茸平均单产。要求准确到1克/只,并应注明鲜茸平均单产或干茸平均单产。

4. 二杠茸平均单产

二杠茸总产量除以锯二杠茸公鹿数的数值为二杠茸平均单产。要求准确到1克/只,并应注明鲜茸平均单产或干茸平均单产。

5. 三杈茸平均单产

三杈茸总产量除以锯三杈茸公鹿数的数值为三杈茸平均单产。要求准确到1克/只,并应注明鲜茸平均单产或干茸平均单产。

6. 四杈茸平均单产

四杈茸总产量除以锯四杈茸公鹿数的数值为四杈茸平均单产。要求准确到1克/只,并应注明鲜茸平均单产或干茸平均单产。

7. 畸形茸平均单产

头茬畸形茸总产量除以锯畸形茸的上锯公鹿数的数值为畸形茸平均单产。要求准确到1克/只,并应注明鲜茸平均单产或干茸平均单产。

8. 畸形茸率

上锯公鹿头茬畸形茸支数占上锯公鹿头茬茸总支数的百分比称为畸形茸率。要求保留到小数点后两位有效数字。

9. 再生茸平均单产

上锯再生茸总产量除以锯上锯再生茸公鹿数的数值为再生茸平均单产。要求准确到1克/只,并应注明鲜茸平均单产或干品茸平均单产。

(三)茸尺测定

鹿茸锯下后至加工前测定的茸尺称鲜茸茸尺,鲜鹿茸经脱水(或排血和脱水)加工成风干品后测定的茸尺称干品茸茸尺。要求测定茸尺时注明年龄(或锯别)、鲜茸(或干品茸)、左支(或右支)及测定日期。

1. 主干长度

锯口边缘至鹿茸顶端的自然长度为主干长度。要求用卷尺沿鹿茸主干后侧测量,应准确到0.1厘米。

2. 主干围度

梅花鹿茸主干围度指主干中部最细部的围度,马鹿茸主干围度指冰枝与中枝间主干最细部的围度。要求用卷尺测量,应准确到0.1厘米。

3. 眉枝长度

由眉枝扈口沿眉枝上缘至枝端的自然长度为眉枝长度。要求用卷尺测量,应准确到0.1厘米。

4. 冰枝长度

由冰枝扈口沿冰枝上缘至枝端的自然长度为冰枝长度。要求用卷尺测量,应准确到0.1厘米。

5. 中枝长度

由中枝扈口沿中枝上缘至枝端的自然长度为中枝长度。要求用卷尺测量,应准确到0.1厘米。

6. 眉枝围度

眉枝围度指眉枝1/2处的围度。要求用卷尺测量,应准确到0.1厘米。

7. 冰枝围度

冰枝围度指冰枝1/2处的围度。要求用卷尺测量,应准确到0.1厘米。

8. 眉二间距

由眉枝扈口至中枝扈口间的距离为眉二间距。要求用圆形测定器测量,应准确到0.1厘米。

9. 嘴头长

最上端乭口至鹿茸顶端的自然长度为嘴头长。要求用卷尺测量,应准确到0.1 厘米。

八、鹿生产力的主要度量指标

生产力指的就是鹿在一定的饲养条件下,所表现出的生产产品数量和质量的水平,通常生产力种类及主要指标如下:

(一)繁殖力指标

(1)受胎率　指受胎母鹿数在参加配种母鹿数中所占的比例。

受胎率=(受胎母鹿数/参加配种母鹿数)×100%

(2)繁殖率　用于反映成年母鹿的产仔情况。

繁殖率=(本年度产生的鹿仔数/上年终成年母鹿数)×100%

(3)成活率　用于反映产仔成活情况。

成活率=(本年度成活仔鹿数/本年度产出的仔鹿数)×100%

(4)产仔数　指母鹿一窝所产仔数量,不论梅花鹿还是马鹿,大多都是单胎,少数一次可产2 仔,但也有极少数产3 仔。

(5)初生重　指仔鹿出生时个体的重量。

(6)断奶重　指断奶时幼鹿的个体重。

(二)产茸力指标

公鹿脱角生茸主要是由于公鹿体内性激素的变化而引起的一个生理过程。鹿茸的种类很多,多以茸毛的颜色、茸角的重量、长度、粗细、采集的时间、产地等来衡量产茸性能。

1. 以茸色来衡量

一般梅花鹿的茸毛细软,为红黄色、棕色或棕黄色,称为黄毛茸。马鹿茸毛粗而稀,为灰褐色或灰黄色,称为青毛茸。黄毛茸的质量优于青毛茸。

2. 以茸体的大小来衡量

依据茸体的分叉可分为二杠、三杈、四杈等,通常以主枝的长度、锯口的直径、茸体的重量等来描述茸的产量和质量,并划分为不同的等级。

3. 以锯茸的时间来衡量

分为初生茸和再生茸。育成公鹿第一次长出的茸称为初生茸,一年中第二次采收的茸称为再生茸。

第三节 鹿的选育

鹿的选育包含两层含义,一是对优良种用个体的选择,另一方面则是针对鹿的一些性状进行选择。

一、种鹿的选择

选择确定种鹿应从系谱选择、个体选择、后裔测定等三方面进行。

(一)系谱选择

根据种鹿双亲是否具备优良特性、特征以及远缘血统,来全面评定育种价值。一般情况下,后代的优良与否取决于双亲优良的遗传基础。祖先优良的鹿群,其后代一般也会表现出优良性能。虽然外界环境对性状的表达也起到重要的作用,但双亲遗传基础对后代的影响要占到70%以上。

(二)个体选择

根据鹿的年龄、生产性能、体质、体况等评定其种用价值。种公鹿体质要强健,营养均衡良好,肥瘦适度,性器官发育正常,特别是产茸性能好的个体。并且种公鹿应该选取于双亲生产能力高、遗传力强、适应性及抗病性强的后代,年龄以4~7岁壮年为宜。种母鹿(群)一方面通过系谱选择来确定,即挑选优良种鹿的后代,定向培育后备种母鹿,经过1~2次繁育后再进行选定。选择年龄4~9岁,性情温驯、繁殖力高、体质强壮、乳房等器官发育良好的个体留作种母鹿。例如:双阳梅花鹿种公鹿要求体型中等,体躯长方形,四肢较短,胸部宽深,腹围较大,背腰平直,臀圆,尾长,全身结构紧凑结实,头部呈楔形,轮廓清晰,额宽平;母鹿后躯发达,头颈清秀。

(三)后裔选择

在系谱选择和个体选择的基础上,对种用个体进行进一步选择。通过观察后代各个生产性状的具体表现,测定种用个体的优良性状能否稳定地遗传给后代,进一步确定个体的种用价值,这种方法的测定结果比祖先性能测定更为准确。缺点就是必须等后裔性状表现出来才可以测定种用个体的种用价值,确定是否留下来,经历时间较长。

二、选育方法

目前鹿的选育主要涉及两种选育方法:纯种繁育体系和杂交繁育体系。纯种繁育体系主要包括本品种选育、纯种繁育和品系繁育。

（一）本品种选育

1. 本品种选育的概念及意义

本品种选育一般是指在同一鹿品种内，通过选种选配、品系繁育、改善培育条件等措施，以提高品种性能的一种选育方法。其实质就是在所有种群内部的选育，保持和发展一个品种的优良特性，增加品种内优良个体的比例，克服该品种的某些缺点，达到保持品种纯度和提高整个品种质量的目的。

2. 适用范围

当一个品种的生产性能基本上能满足经济生活的需要，不必做大的方向性改变时使用这一选育方法。在这种情况下，虽然控制优良性状的基因在该群体中有较高的频率，但还是需要开展经常性的选育工作。否则，由于遗传、突变、自然选择等作用，优良基因的频率就会降低，甚至消失，品种就会退化。

3. 本品种选育的基础，在于品种内存在着差异

任何一个品种，"纯"是相对的，没有一个品种内部所有个体的基因型会达到绝对的一致，另外受人工选择的影响较大，其性状的变异范围就会更大。这样，可以通过选优去劣，结合最佳的选配方式，使优势基因频率和基因型频率得以保持并增加，从而使品种特性得以固定并提高；通过彼此有差异的个体间交配，其后代中所出现的多种多样变异，为实行保持品种特性和提高品质的人工定向选育提供了良好的素材。而且，本品种选育中并不排斥在必要的时候，在有限的群体范围内采用引入杂交的方法，有目的地引进某些基因，以增强克服个别缺点的效果，加速品种提高的进程。

4. 本品种选育的基本原则

我国的鹿品种多种多样，各具特点，因此选育方法不可能完全一样，但是，在本品种选育过程中，应当共同遵循以下基本原则：

（1）明确选育目标　选育目标是否明确，在很大程度上决定着选育的效果。如果选育工作开始时没有明确的选育目标，或者是虽然确立了目标，但在中途却屡经改变，是不可能取得良好效果的。选育目标的拟定必须根据国民经济发展和市场的需求，结合当地的自然生态条件、社会经济条件尤其是农牧业条件以及该品种具有的优良特性和存在的缺点等进行综合考虑。

（2）必须充分考虑我国地方品种都有良好的适应性　这是引入品种所没有的独特优点，选育时必须保留和加强。不过适应性的强弱，仅具有相对的意义。例如，耐粗饲在农村饲养是个优点，但在集约化饲养条件下，耐粗饲的猪有可能因其生长缓慢而成了缺点。

(3)在拟定选育目标时,必须特别关注品种的优良特性　我国许多地方品种都有其独特优点,如双阳梅花鹿的鹿茸、塔里木马鹿的鹿茸、鹿肉等。这些优良特性是国外任何良种所不及的,在拟定选育目标时,应充分考虑保留和提高。

(4)正确处理品种一致性和异质性的矛盾　品种的一致性是品种特征特性的表现,是组成品种各个体的共性反映。有了一致性才能使不同品种间相互区别,才能保证品种具有稳定的遗传性。在本品种选育时,应该通过选种选配等措施,尽量使一个品种内的所有个体,在主要性状上逐渐达到统一的标准,这是本品种选育的一项重要内容。

同一品种内由于地理位置的差异和选择的不同,往往形成不同的品系和地方类型,各品系之间和各地方类型之间均具有不同的遗传结构,这就构成了品种的异质性。对品种而言,异质性是完全必要的,没有一定的内在差异,品种就没有发展前途。所以,在选育时对于品种内原有的类型差异,应尽量保存和利用;如果品种内类型差异不明显,还应该通过品系繁育使杂乱的异质性系统化和类型化。这里所说的差异都是与生产性能密切相关的。

(5)辩证地对待数量与质量的关系　一个品种的质量,不仅要体现在生产性能方面,而且还必须体现在良好的种用价值上,即具有较高的品种纯度和遗传稳定性。这样,杂交时能表现较强的杂种优势,纯繁后代整齐均一。通过选育可以改变群体的基因频率和基因型频率,从而改变鹿群的特征、特性和生产性能,因此常把提高品种的质量作为选育的首要任务。并且要关注群体的规模,如果一个品种没有足够的个体数量,选育效果必将受到影响。品种的数量和质量之间存在着辩证的关系,必须全面兼顾,才能使本品种选育取得预期的效果。在本品种选育过程中,应该做到在保证一定数量的基础上,提高质量。

5. 本品种选育的具体步骤

(1)加强领导和建立选育机构　建立相应的选育机构是开展本品种选育的组织保证。选育机构建立后,应进行调查研究,详细了解品种的主要性能、优点、缺点、数量、分布和形成历史条件等,然后确定选育方向,拟定明确的选育目标,制订选育方案。

(2)建立良种繁育体系　良种繁育体系一般由育种场、繁殖场和生产场组成(或繁育体系一般由育种群、繁殖群和生产群组成)。

首先,在良种选育地区建立育种场,并建立选育核心群,这是本品种选育中的一项关键措施。育种场的种鹿由产区经普查鉴定选出,并在场内按科学配方合理饲养和进行幼鹿培育,在此基础上实行严格的选种选配,还可进行品系繁育、近交、后裔测定、同胞测定等较细致的育种工作。

其次,通过系统的选育工作,培育筛选优良的纯种公母鹿,建立繁殖场。繁殖场的主要任务是扩大繁育良种,供应给生产场(商品场)。建立健全性能测定制度和严格的选种选配制度,及时、准确地做好性能测定工作。地方品种的某些性状,可能受隐性有利基因控制,如果采取一般的选种方法,往往很难奏效。因此,对于某些经过长期选择而无明显效果的性状,可考虑采用测交的方法进行选择。

(3)科学饲养与合理培育　良种还需要良养,只有在比较适宜的饲养管理条件下,良种才有可能发挥其高产性能。因此,在开展本品种选育时,应把加强饲草饲料基地建设、改善饲养管理、进行合理培育放在重要地位。

(4)开展品系繁育　品系繁育是加快选育进度非常有效的方法。国内外的实践证明,不论是新育成的品种,还是原来的地方品种,采用品系繁育都能加快选育进程,较快达到预期效果。值得注意的是,在开展品系繁育时,应该根据不同类型品种特点及育种群、育种场地等具体实际条件,采用不同的建系方法。

(5)可以适当引入少量外血　如果采用上述选育措施后选育进展太慢,不能有效地克服一个品种的个别严重缺陷时,可以考虑采用引入杂交的方法进行改良提高,即引入某一具有相应优点的品种的基因,以克服本品种的某些缺陷。但引入外血的量必须控制,一般以不超过1/4为宜,基本上没有改变本品种的性质,所以仍属于本品种选育的范畴。

(二)纯种繁育

纯种繁育,简称纯繁,是指在同一品种内进行交配繁殖,同时进行选育提高的方法,其目的是获得纯种。所谓"纯种",指的就是在遗传上具有相对稳定的该品种特征、特性的个体或群体。

纯种繁育是与本品种选育既相似又不相同的两个概念。纯种繁育,一般是针对培育程度较高的优良品种和新品种而言,指在同一品种内进行繁殖和选育,其目的是为了获得纯种。而本品种选育的含义则更广,是指在同一品种内,通过选种选配、品系繁育、改善培育条件等措施,以提高品种性能的一种选育方法。它不仅包括育成品种的纯繁,而且还包括某些地方品种、类群的改良和提高,并不强调保纯,有时根据需要可以在某种程度上进行小规模杂交。对

于核心群育种又可以分为开放式和封闭式核心群育种体系两种。一般的核心群育种体系都是一个呈等级的金字塔形结构,顶部为核心群(或育种群),中部是繁殖群(或制种群),基部是生产群(或商品群)。

在国外的许多文献中,核心群育种体系又被描述为包括两个层次的金字塔:由最优秀个体组成的核心群和其他个体组成的基础群。其中,基础群又可分为不同的层。如果核心群种鹿的替换只在核心群内留种更新,则称为闭锁核心群,即闭锁核心群育种体系。在这种情形下,基因的流动只能从核心群向基础群进行单向流动。当核心群的替换种鹿来源于核心群或基础群,甚至从育种体系外留种更新时,即成为开放核心群育种体系。此时,基因的流动是双向的。与闭锁核心群育种体系相比,开放核心群育种体系扩大了核心群的选择范围,因而可获得更大的遗传进展,同时还增加了核心群的有效群体含量,降低了群体近交系数上升的速度。

此外,还有"闭锁"与"开放"相结合的核心群育种体系。例如:双阳梅花鹿是在双阳型梅花鹿的基础上,采用大群闭锁繁育的方法,历经23年,培育出的早熟遗传性能佳的优良品种。

(三)品系繁育

1. 品系的概念及意义

品系是以品种为基础,在鹿牧生产中采用的一个二级分类单位。狭义的品系指的是品种内来自某一优秀公鹿的亲缘群体。这只卓越的公鹿就是该品系的系祖,其后裔在长期的选择过程中逐步"系祖化",最终形成一个彼此有非常近的亲缘关系、遗传性稳定的群体。在生产中,凡是具有共同的突出品质,并且这种突出品质可以稳定遗传下去,符合一定数量规模的种鹿群都可以称为品系。

根据品质特性可以将品种分成若干个品系,每个品系承载一种或几种优良性状,这样不但可以维持品种内部多样性、有效保护品种资源,同时也是实现品种资源开发与利用的一条重要途径。

品系最重要的优势和作用主要体现在杂交利用方面。品系是比品种更纯的群体,因此,品系被认为是杂种优势利用的最好形式。现代的品系繁育实际上也是围绕品系进行的一系列繁育工作。配套系杂交利用是品系培育和杂交利用的最高级形式,其是用系统的方法培育和组装多个品系,使多品系杂交产生最大的杂种优势和互补效应。

2. 品系的分类

根据动物育种历史发展和品系建立方法,可将品系大体分为5大类。

(1)地方品系　通常指的是,由于各地自然生态条件、人文环境和社会经济条件等差异,在同一品种内部经长期选育而形成的具有不同特点的地方类群。

我国地方品种资源丰富,各地方品种几乎都有地方品系。例如,分布在新疆区域的马鹿,按照产地以及体型外貌、生产性能的某些差异,分为天山马鹿、塔里木马鹿、阿勒泰马鹿等类型。

随着我国社会经济快速发展和人们生活水平的提高,物质和精神消费需求多样化,对鹿产品品质的要求越来越高。我国地方鹿品种(品系)鹿茸质量好、抗逆性强,通过本品种选育和开发,已经涌现出了许多区域性的“双阳梅花鹿”“西丰”等地方特色鹿品系。因此,我国丰富的地方品系在未来商业品系繁育和产业发展中的作用将越来越明显。

(2)单系　是指来源于同一只卓越系祖(往往是公鹿),并且具有与系祖相似的外貌特征和生产性能的高产鹿群。通过近交和选择建立亲缘群,使系祖的优良品质成为群体的共同特点。单系建系具有速度快、遗传稳定等优点,在历史上对品种改良起到过重大作用,但其由于过分强调血统,遗传基因较窄,逐步被多血统、强调性能的个体选择为主的品系建系所取代。

例如:长白山梅花鹿是在抚松型梅花鹿的基础上,采用个体表现型选择、单公群母配种和闭锁系育等方法,经过18年选育,在位于长白山脚下的通化县培育成功的新品系。

(3)近交系　是指通过连续几代高度近交(全同胞或半同胞交配)繁育,后代群体平均近交系数在37.5%以上的高纯度群体。近交系具有遗传稳定、基因高度纯合、系间杂交优势明显等优势,然而,由于高度近交、衰退严重、淘汰率高,以致建系成本过高,经济效益不显著,因而未能广泛使用。此外,一些性状,如繁殖性状、生活力等,对于近交非常敏感,采用近交很容易导致有害基因纯合,近交衰退造成的损失严重。

(4)群系　20世纪40年代以来,随着遗传力学说和数量遗传学理论的发展和应用,大家不再过分强调血统,品系选育也转入了以性状、性能为主,采用群体闭锁继代选育方法建系,其获得的品系就叫作群系。该方法用继代选育的方法,由群体到群体,逐代改变基因组合、调整基因频率,最终育成性状突出、遗传稳定的新品系。群系建系之初,往往需要在一个品种内或杂交类群中选择若干头公鹿和一定数量的母鹿组成基础群，汇集携带所需要的优势性状的个体，因此，有时也称之为多系祖品系。

(5)专门化品系　由于遗传育种技术和基因的连锁不平衡的限制，当前还很难培育出一种同时满足多种要求的“全能”品种或品系。采用系统的方法，有计划地培育出多个各具有某一优良性状的品系，再根据杂交优势和性状互补的原则，组装各品系，获得同时体现多个或多组优良性状的商品杂种群体，这种繁育方法就是配套系繁育，各品系就是专门化品系。专门化品系建立在特定配套杂交体系基础之上，通常分为专门化父本品系和专门化母本品系，对于肉鹿来说，通常父本品系突出肥育性状，母本品系突出繁殖性状。对于鹿来说，以专门化品系为核心的配套繁育杂交体系将逐步取代传统的纯种繁育体系。

3. 建立品系

建立品系是品系繁育的核心和前提。根据育种历史发展和实践，品系建立方法可分为系祖建系法、近交建系法、群体继代选育建系法 3 种方法。

(1)系祖建系法　系祖建系法强调血统，选择和确定系祖，为系祖选配母系，从大量后代中选择系祖的继承者，合理采用亲缘选配、同质选配等选配方法，经过连续多代繁育，形成与系祖具有共同特点、高产而一致的亲缘群体。

1)选择和确定系祖　系祖必须满足以下条件：必须具有独特的优点，如所选性状表型值超过群体均值 3 倍标准差（X ± 3SD）；优秀性状遗传稳定，最好运用后裔测定或同胞测定等方法证实系祖突出性能的可遗传性，同时运用测交的方法排除系祖未携带不良基因；其他性状也应该符合品种标准和育种目标，无损征与遗传缺陷；必须具有一定数量的优秀后代，因此，系祖最好是公鹿，因为它的后代数量很容易做到，找到符合要求的继承者相对要容易得多。

系祖可以通过筛选得到，也可以通过培育获得。

首先是筛选。对于一个系谱记录完整、性能测定实施到位而且规模较大的群体，通过认真查找和分析各项生产性能资料，寻找突出个体或家系。

其次是培育。若寻找不到合适的系祖，也可以进行培育。一般在生产中采用同质选配的方法，让群内最优秀的公母鹿进行交配，或引进优秀种鹿，其中选留继承种鹿并经后裔测定符合要求的个体为系祖。系祖选择的时机，当突出的个体已经死亡或因年老不能再做种用，但留下许多优秀后代，是选择系祖的最佳时期。

2)选配　系祖建系的选配原则是以同质选配为主导，谨慎辅以异质选配,灵活运用亲缘选配和重复选配。应选择在血统上与系祖无亲缘关系,又与系祖有相似特点的优良母鹿交配。继承母鹿多是系祖半同胞后代,为了降低近交系数,也可适当选择一些与系祖无亲缘关系的、主选性状同质的母鹿。要灵活运用亲缘选配:最初几代,应尽量避免近交或适当采用远交,以免把缺点固定下来;在近交固定阶段,如果系祖确实优秀,群体对近交的耐受性强,则可加速近交或高度近交(如与系祖回交),使系祖的优良品质迅速固定。在实际工作中,若发现非常好的选配组合,可以采用重复选配,即重复选定同一公母鹿配种。总之,建系过程中,交替采用近交和远交相结合的方式,但始终应是同质选配。

3)扩群保系　至于各世代与配母鹿的数目,最初与系祖交配的母鹿不必过多,后续世代可以逐渐增加与配母鹿数目。为了扩大群体和维持品系的稳定,可采取建立支系、控制近交和重新建系等方法。育种实践中,要求选留公鹿全面继承系祖的一切优良特性是困难的,同时也为了避免因选择不当造成系祖优秀性状的丢失,可以从第一世代选留 3 ~4 个继承公鹿,每个继承者各配 10 ~20 只母鹿,建立 3 个以上的支系,使品系内具备一定的遗传结构。建系初期,通过近交和选择育成一个高产、一致的小群相对容易,在扩大鹿群时,要控制近交,过度近交会使品系群分化,破坏品系的整齐度,这时可实行系内闭锁和支系间循环的交配制度,对系内母鹿可在控制主要性状一致的前提下,与外系公鹿交配,或用本系公鹿与外系母鹿交配,以检验本系的种用价值。在保证质量的前提下迅速扩大数量,要有 100 头左右来自 3 个以上支系的母鹿和 2 ~3 只优异公鹿作为品系的核心,扩繁、推广和利用。也可在原品系的基础上,继续探索建立新系,以不断提高鹿群质量。

(2)近交建系法　近交建系法是选育、维持和繁殖优良种鹿的重要方法之一。在养鹿业中,可通过高度近交来建立高纯度的近交系,然后再在近交系之间实行经济杂交,生产高产、一致的商品代鹿。历史上,利用近交培育出了许多著名的优良家畜品种,如英国的短角牛、莱斯特羊等,即使现代品系育种,较为缓和的近交仍然是常用的育种手段,尤其是在鸡的纯系和专门化品系培育上广为应用。在动物育种上,因培育近交系的经济代价很高,尚未普遍推广。

近交建系与系祖建系都属于亲缘建系,但二者在基础群选择、近交程度和近交方式等方面都存在一定的差别。

1)基础群　由于近交系淘汰量大,要求最初的基础群要足够大,母鹿越多越好，但公鹿数量不宜过多，以免后代群体中分化出过多的纯合类型，影响建系的速度。基础群的成员最好是经过遗传评定为优秀的个体，各个体间选育性状一致。

2）近交方式 英、美等国几乎都是采用全同胞交配来建立近交系。全同胞交配和亲子交配产生后代近交系数相同，但前者每一亲本对基因纯合贡献相同，而后者相当于回交（遗传学为测交），更容易使隐性有害基因纯合，在增加基因纯合性方面也只有一个亲本起作用。无论采用哪种近交方式，都无法避免近交造成的诸如繁殖力、生活力和抗逆性等衰退。为了降低近交衰退和选择不当带来的风险，可考虑在基础群内再分小群，分别形成若干支系，然后综合最优秀的支系建立近交系。

3）近交程度 通常认为近交系数达 37.5% 以上的群体即可认定为近交系，也有认为近交系数达到 50% 才算是近交系。就杂交效果而言，近交系纯化程度越高，效果就越好，但维持近交系本身的费用却很高，所以，实际育种中，往往在平衡二者之间利害关系的基础上确定近交系数的范围。

4）选择与淘汰 近交建系是利用高度近交，如亲子、全同胞或半同胞交配若干世代，使优秀性状的基因快速达到纯合，通过选择和淘汰建立品系。近交必须与选择相配合，但要灵活运用它们，只近交而不选择，虽然会产生各种纯系，但优劣并存；只选择而不近交，往往会导致碰巧纯合的优秀个体得而复失。因此，建系最初几代可不急于选择，通过近交使尽可能多的基因纯合，然后再进行选择。近交也容易使群体中原本隐藏的隐性不良基因纯合而暴露出来，出现所谓的近交衰退，因此，近交建系法往往意味着严格的淘汰，但淘汰也不是那么简单，要综合考虑群体大小、经济条件和基因的连锁不平衡强度等因素，制订合适的淘汰方案。

（3）群体继代选育建系法 系祖建系和近交建系法都是基于血统的建系方法，二者共同特点是在建系之初必须有一个或少数几个品质异常突出的个体（系祖），而且选配方法也局限于近交和同质选配。这种按照血统的选育方法有着系祖不易获得、遗传基础较窄、过度依赖近交等缺点，使其应用受到很大限制。随着数量遗传学理论的发展和实践应用，育种的兴趣也由个体转移到群体，由强调血统转移到强调性状。20 世纪 70 年代中，“系统造成”的概念和建系方法从日本引入中国，后来被中国育种界定名为“群体继代选育法”。采用这种建系方法，可以根据育种目标灵活地搜集育种素材，组建基础群，闭锁繁育，每个世代按照表现型或育种值进行选种、随机交配，一代一代重复进行这些工作，直至各优良性状在后代中集中，并逐步成为群体所共有，而且群体遗传性稳定。

1）组建基础群　根据育种目标、目标性状的多少以及可选素材群的条件，组建异质或同质群体。当目标性状多而素材群内各性状都符合要求的个体很少时，基础群以异质为宜，建群后通过适当的选配使分散在不同个体的理想性状集中到后代群中。当目标性状较少时，基础群宜以同质群体为好，从而有利于提高育种效率和遗传进展。

基础群要具备一定规模，从而避免被迫近交和有利于提高选择强度。一般来说，基础群要有足够的公鹿，且公母比例合适。一般认为，为获得满意的遗传进展，鹿的每个世代以 100 只母鹿和 10 只公鹿为宜。也可以根据情况适当减少，在生产中也多采用 100 只母鹿、8 只公鹿的配种方案，但遗传进展肯定会受到一定的影响。

2）闭锁繁育　所谓闭锁，指的是组群后将鹿群严格封闭起来，不允许外来种鹿迁入。闭锁的目的是为了使群体趋向纯合，在不显著影响群体纯合的速度前提下，有时为了补充新的性状和减少近交，也可以适当引入外血，半开放式闭锁繁育。

在选配方案上，可采用以家系为单位的随机交配，避免全同胞和亲子交配。如果鹿群较大，也可完全采用个体选配，适当照顾家系，甚至采用近交。

3）选种　选种的时候要特别注意尽量保证各个家系都能留下后代，优秀家系适当多留，若群体规模比较大，也可按照个体育种值的大小进行留种。选种的关键依据就是对候选种用个体遗传基础的评估。传统方法是根据系谱和个体本身的综合选择指数进行评定，随着计算机技术的迅速发展，逐步采用更为准确的最佳线性无偏估计和多性状非求导约束最大似然法来估算育种值，这样就大大提高了选种的准确性，加快遗传进展。近年来，随着全基因组测序技术、芯片技术等高通量技术的快速发展，使动物个体的遗传基础越来越透明。运用分子育种技术实现了早期选种，遗传进展迅速加快，大大缩短了育种周期。

4）品系的应用　品系的应用主要体现在专门化品系与配套系杂交。

由于传统的纯系繁育和品种间杂交无法满足现代养鹿业对“全能”而“一致”商品鹿生产的需求，20 世纪 50 年代末、60 年代初，各国开始探索新的品系繁育思路和杂交利用途径，人们不再像以前一样去追求全能的通用品系，而是把全部选育性状培育任务分配至若干品系，单个品系承担单个或少数几个性状，再通过杂交试验寻找最优的杂交组合模式，这种繁育体系被称为配套系杂交繁育，单个品系就叫作专门化品系。从理论上比较了全能性通用品系和配套系繁育方法，认为培育专门化品系的遗传进展速度总要比培育通用品系快，尤其是当两个专门化品系分别选育的性状呈负遗传相关时，其进展更快。另外，专门化品系纯度高于品种，建系目的更为明确，交配效果更加明显。因此，通过专门化品系配套杂交生产的商品代，杂交效果远远优于品种间杂交。在马鹿的育种过程中，主要采用的是三系配套杂交，主要的杂交模式如下：

表3-1　纯种繁育体系的三系配套杂交

种类	编号	主要性状	三系配套杂交			简写
			母系母本	母系父本	父系父本	
马鹿	A	产茸	东北马鹿	塔里木马鹿	天山马鹿清原品系	东塔天
	B	繁殖	东北马鹿	天山马鹿	塔里木马鹿	东天塔
	C	茸肉兼用	东北马鹿	天山马鹿	阿尔泰马鹿	东天阿
			塔里木马鹿	天山马鹿	阿尔泰马鹿	塔天阿

在我国现有鹿品种中，双阳梅花鹿就是在双阳型梅花鹿的基础上，通过纯种繁育体系，采用大群闭锁繁育的方法，历经23年培育出的早熟遗传性能佳的优良品种。长白山梅花鹿是在抚松型梅花鹿的基础上，采用个体表型选择、单公群母配种和闭锁系育等方法，经过18年培育成功的新品系。

第四节　鹿的选配

选配就是为达到繁殖年龄的种鹿有计划有目的地选择最佳配偶、实现最佳组合、期望获得优良后代的繁育过程，即有意识地组合后代的遗传基础，达到培育和利用良种的目的。优秀个体有更多的交配机会，优良基因能更好地重新结合，促进鹿群改良与提高。优良的种鹿并不一定都能产生优良的后代，因为后代的优劣，不仅取决于双亲本身的品质，而且取决于它们的配对是否合适。养鹿业中，随机交配是很少见的。不是所有个体都有相同的交配机会。

一、选配的作用和意义

选种很重要，但是种公鹿再好，它的配偶不好的话，也不能达到预期繁育的目的。当然最优秀的公鹿与最优秀的母鹿交配，其后代也未必能继承其父母的所有优点,因为一个性状的表现会受到多种因素的制约,控制父亲优良性状的基因很有可能依赖母亲的某些基因作用才能表达出来,所以选配也是相当重要。当群体里面出现新的变异的时候,经过选配固定这一变异,从而出现一种新的群体。总之,选配的意义主要概括为以下5点:

第一,选配能创造必要的变异,为培育新的理想型创造条件,改变群体的遗传结构。

第二,选配能够使优良性状得到固定,稳定其遗传性。

第三,选配能够把握变异的方向,并且加强某种变异。

第四,可以避免非亲和基因的配对。

第五,控制近交程度,防止近交衰退。

选种的作用是定向改变鹿群各种基因的频率。而选配的作用是有意识地组合后代的遗传基础。动物育种的成效取决于选种的科学性和准确性,以及选配的合理性和有效性。选种的科学性与准确性直接影响育种的成效,选配的合理性与有效性直接影响育种的进度。

二、选配的分类

选配可分为选型交配和种群交配两大类。

(一)选型交配

有两种形式,包括选同交配(同质交配)和选异交配(异质交配)。

1. 同质交配

选择性状相同,表型特征一致或育种值相近似的公母鹿相交配,以期获得相似后代。

(1)作用　使亲本的优良性状稳定地遗传给后代,并在群体中增加具有这种优良性状的个体。

(2)应用　①杂交育种的后期。在杂交育种的后期,目标性状一旦出现杂交就要停止。以后的交配就必须利用与目标性状一致的个体进行交配。也就是要进行同质交配。②固定和发现优良性状时。目标性状一旦出现,为了让目标性状迅速在群体中固定下来,同质交配势在必行。

2. 异质交配

选择具有不同优异性状的公母鹿交配;或者选择同一性状,但性状优劣程度不同的公母鹿交配。

(1)作用　综合双亲的优良性状,丰富后代的遗传基础,创造新的类型,提高后代的生产力。

(2)应用　主要应用于新品种培育的初期。在新品种培育的初期,要创造出新的变异类型,只有通过杂交的方式,也就是异质选配的方式才能创造出所需要的类型。

3. 同质交配与异质交配的关系

同质交配与异质交配的关系两者是相对而言的。如两头鹿交配,均为黄色毛,因此,就毛色性状选择属同质交配;而一个体型大,一个体型小,就体型来讲又属于异质交配。另外,两者互为条件,长时间的同质交配可增加群体中遗传性稳定的个体,为异质交配打下基础,相反,异质交配的后代群体应及时转向同质交配,使新获得的性状得到控制。

(二)种群间的交配

种群间的交配也有两种形式,包括同种群间的交配和异种群间的交配。

1. 同种群间的交配

选择同种群的个体进行交配,在育种上称作纯种繁育。

例:东北梅花母鹿×东北梅花公鹿→纯种东北梅花鹿

纯种指鹿本身及其祖先都属于同一种群,而且都是有该种群所特有的形态、特定生产性能。

一般把级进杂交四代以上的也作为纯种。

同种群间的交配应用:巩固种群的遗传特性,使固有的优良性状得以保持和发展;提高种群的现有品质(包括数量和质量)。

2. 异种群间的交配

选择不同种群的个体进行交配,也叫作杂交,所得个体称杂种。

(1)不同品种(品系)之间的杂交　称为近缘杂交。

例:东北马鹿(♀)×天山马鹿(♂)→F1(东天马鹿)

F1 表现出明显的杂交效果,体型显著大于母亲体型;鹿茸的生长速度显著高于父本,饲料利用率显著优于母本。

(2)不同种的杂交　称为远缘杂种。

例:东北马鹿(♀)×东北梅花鹿(♂)→F1(马花鹿)

F1 表现出明显的杂交效果,鹿茸产量显著高于亲本,且后代具有正常的生育能力。

异种群间的交配应用:使基因重新组合;产生杂种优势;可改良低产种群的生产方向,提高生产力;杂种后代群体具有较大的变异,有利于选择和培育,是育种的好材料。

三、杂交的分类

依据杂交的目的分为两大类，一种是以培育新品种为目的，另一种以提高经济效益为目的。

（一）以培育新品种为目的的杂交方式

1. 级进杂交（改良杂交、吸收杂交或改造杂交）

（1）概念　连续 n 代使用同一品种的公鹿和另一品种的母鹿来进行杂交。最后得到的鹿群基本上与一个品种相同，但也吸收了另外一个品种的个别优点。

（2）实质　通过杂交，以动摇被改良品种的遗传性，并使杂种母鹿一代复一代地与改良品种进行回交，使改良品种的血统份额随代数增加一级一级向改良品种靠近，最后使之发生根本性的变化。

（3）模式图

A 品种（♀）× B 品种（♂）

↓

AB（♀）× B 品种（♂）

↓

ABB（♀）× B 品种（♂）

↓

…………

级进杂交的外血份额 $\frac{2^n-1}{2^n}=1-(\frac{1}{2})^n$

（4）注意事项　级进杂交以 3～4 代为宜，若杂交太多，会出现某些基因不相容的现象。

2. 导入杂交（引入杂交）

（1）概念　一般在原种群局部范围内引入不高于 1/4 的外血，以便在保持原有种群基本特性的基础上克服个别缺点而采取的杂交。

适用范围：原有种群的生产性能基本能满足社会生产需求，但还有局部缺点，通过纯种繁育无法克服，可采用导入杂交。

（2）实质　改良种群的某些缺陷，但并不改变甚至有意识地保留它的其他特征和特性。

(3)模式图

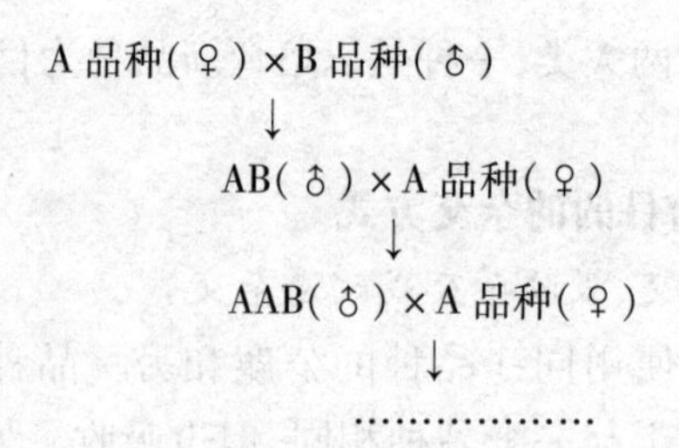

外血份额:$(\frac{1}{2})^n(n\geqslant 2)$,即要求外血的份额不能高于1/4。

(4)注意事项　①针对原有种群的具体问题严格选择导入的外来品种。②引入雄性种鹿的遗传性一定要稳定。③对于特定地区用导入杂交时,必须在保留一定规模的地方良种纯繁的基础上进行,限定范围在育种场内进行少量杂交,切忌在良种产区普遍流行。

(二)以提高经济效益为目的的杂交方式

1. 简单杂交(又叫二元杂交)

(1)概念　以两个品种个体进行杂交,杂交一代利用杂种优势取得高于纯种繁育的新产品叫简单杂交。

(2)实质　选用能够产生最大配合力的 2 个品种或品系间的杂交。最大的特点是利用 F1 代的杂种优势,而没有利用父本或母本的单独优势,故称为简单杂交。

A 品种×B 品种→AB

(3)适用范围　开展二元杂交时,以当地最多的品种或品系作为母本,然后经过杂交试验,引进可以产生最大特殊配合力的品种或品系作为父本。

例:梅花鹿与马鹿种间杂交

天山马鹿(♂)×东北梅花鹿(♀)→F1 代

F1 代出现明显的杂种优势。

例:马鹿与马鹿亚种间杂交

东北马鹿(♂)×塔里木马鹿(♀)→F1 代

F1 代出现明显的杂种优势。

2. 复杂杂交(三元、四元等)

(1)概念　把 3 个或 3 个以上种群参加的杂交叫复杂杂交。

(2)实质　能够产生最大配合力的 3 个品种或品系间的杂交。一般是利用具有杂种优势的 F1 代做母本,以第 3 个品种做父本,再次产生杂种优势。

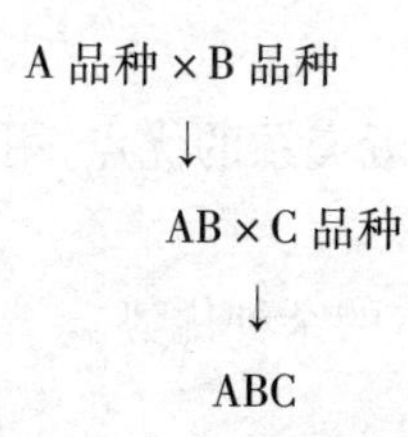

3. 轮回杂交

(1)概念　轮回使用几个品种的种公鹿与它们相杂交产生的各代杂种母鹿相杂交,始终保持杂种优势的存在。最后使用的种公鹿叫末端公鹿。

(2)实质　利用杂种后代及其母本的杂种优势。

(3)模式图　(3 个品种 A、B 和 C)

A(♀)×B(♂)(1/7)

↓

AB(♀)×C(♂)(2/7)

↓

ABC(♀)×A(♂)(4/7)

↓

AABC

含义:4/7 血统来自产生该个体的父亲。

2/7 血统来自产生该个体的祖父。

1/7 血统来自产生该个体的曾祖父。

(4)轮回杂种鹿各世代的遗传基础组成估计

$$K = \frac{a}{2^n - 1}$$

K:轮回杂种遗传组成的平衡系数。

n:参加轮回杂交的品种数。

a:按 1、2、4、8、16……N 的几何等级数。

例:三个品种轮回杂交后,轮回杂种鹿群的遗传平衡系数

$$K = \frac{1}{2^3 - 1} \cdot \frac{2}{2^3 - 1} \cdot \frac{4}{2^3 - 1} = \frac{1}{7} \times \frac{2}{7} \times \frac{4}{7}$$

(5)轮回杂交的优点　利用母鹿在繁殖性能方面的杂种优势,每代都引入种公鹿,交配双方的遗传差异较大,始终都能保持较强的杂种优势。

缺点:①连续轮回三代以后,杂种优势开始下降。②种公鹿的利用率太低。

4. 生产性双杂交(又叫四系杂交)

(1)概念　通过两次杂交,结合4个近交系的优点,用4系杂交种作为生产用。

(2)实质　利用杂种后代母本和父本的杂种优势。

(3)模式

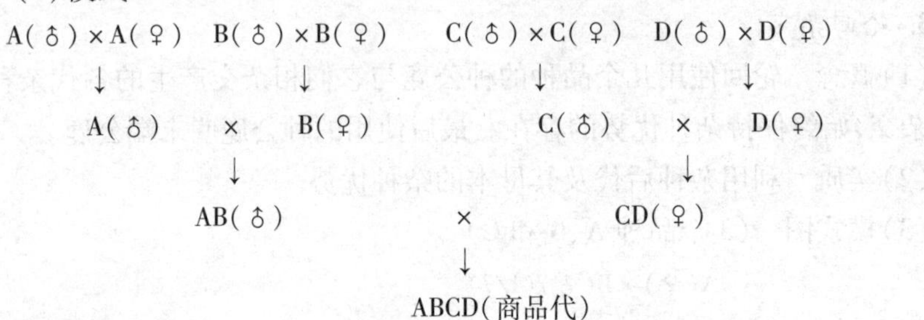

实施步骤:

第一步,首先通过高度近交建立7~8个近交系。

第二步,采用轻度近交,保持固定已建立的近交系。

第三步,通过杂交配合力的测定,筛选父母本的杂种组合。

第四步,进一步筛选和确定生产性能上的最佳杂交组合。

由于鹿特殊的染色体遗传机理,所以不同鹿种之间、不同鹿亚种之间都不存在生殖屏障,不但可以正常交配,而且其后代能够正常地生长发育,并且依然具有正常的繁育机能。这一特征是其他物种所不及的。

四、选育效果好坏的度量

早在20世纪80年代,生物统计学的奠基人高尔登发现数量性状遗传中的回归现象,直到1940年腊胥根据不同的数量性状,其子女的表型值对双亲平均表型值的回归系数不同,从而回归系数就等于遗传力,于是就可以得到下面的一个回归方程:

$$(o-\bar{o})=(p-\bar{p})h^2$$

$$R=Sh^2$$

o—代表子女均值。

$\bar{o}$—代表群体的均值。

p—父母均值。

$\bar{p}$—父母所在群体的均值。

$(o-\bar{o})=R$　R—代表子女均值高出全群的部分,也叫选择反应。

$(p-\bar{p})=S$　S—代表父母均值高于全群的部分,也叫选择差。

h—遗传力。

第五节 选育过程中存在的问题与解决办法

目前，虽然我国的养鹿业有了长足的发展，但是依然存在很多问题值得我们思考。

首先，一些不适合于产业发展的法规政策直接限定了鹿产业的发展。我国人工驯养的梅花鹿、马鹿多达几十万只，人工选育品种已经国家鹿遗传资源委员会审定并向社会发布，但是人工养殖鹿种及其鹿产品生产和销售依然受野生动物法管制，这样直接禁锢养鹿业向茸肉兼用、肉用化发展，驱使我国原本占主导地位的国际鹿产品市场份额急剧减少，目前就连国内市场都受到国外鹿产品的严重冲击。要改变这种现状，就得改变现有的法规政策，从法规政策上理顺和保障养鹿业发展。

其次，盲目引入外血，对鹿地方品种遗传资源造成严重冲击。中国鹿地方品种资源很丰富，每一个地方品种或品系都具有典型的特点特征。随着全球信息经济的迅速发展，一些外国的鹿种也陆续被引入。本来引入外血适当地利用，可以改良本地品种，克服某些缺点，并且创造出新的变异类型，无可厚非。但是，国外许多鹿种在产茸、产肉性能方面并没有专业选育，仅凭体型体重来判断产茸、产肉性能而被引入，盲目杂交改良我国已取得一定选育基础的鹿群，有失偏颇，与实际需求是相悖的。另外，严重影响了本地品种的遗传资源的纯度。我们应改变这一现状，避免盲目引进外血，科学论证，制定科学的育种目标和方案，加强本品种选育。

再次，目前推行的种间杂交导致鹿品种遗传资源浪费。从20世纪80年代开始，利用马鹿杂交改良梅花鹿，用天山马鹿、塔里马鹿、阿勒泰马鹿杂交东北马鹿等，提高梅花鹿、东北马鹿产茸性能，相对于梅花鹿、马鹿来说确实提高了产茸性能。但是，对梅花鹿、东北马鹿群体产茸性能的选育是否达到很高、再选育就很难提高的地步？可以肯定地说，应该还没有达到这种程度。那么，要是两个群体选育尚未达到生产性能和一致性都很高的情况，种间杂交就很难取得预期目的。相反，从遗传资源角度去分析，种间杂交引起基因混杂，最终导致遗传资源面变窄。所以，在目前养鹿生产中，这种种间杂交方式值得商榷。

最后，我国养鹿业应从以产茸为主的单一生产模式向茸肉兼用、肉用化多元化方向发展。长期以来，我国生产的鹿茸主要用于医药保健市场和出口贸易，也就依赖和受制于医药保健市场以及出口贸易。养鹿业的发展速度和产茸总量(含进口鹿茸、走私鹿茸)很难与我国医药保健市场需求增量、出口贸易增量协调发展。以产茸为主的我国养鹿业受医药保健市场、出口贸易限制总是起伏不定，养鹿者效益无法保证，阻碍着我国养鹿业发展，致使我国从世界养鹿第一大国已经降低为第二，而没有鹿资源、养鹿历史很短的新西兰以产鹿茸、鹿肉，养鹿为主的多元化生产模式成为世界养鹿第一大国。所以，借鉴新西兰养鹿业的经验，在现有的养鹿基础上，引导养鹿业向茸肉兼用、肉用化发展，是我国养鹿业发展的重要途径。

第四章　鹿的生殖特性与繁殖技术

初生仔鹿生长发育到一定年龄，在公鹿睾丸和母鹿卵巢中能分别产生有生殖能力的精子和卵子时，称为性成熟。公鹿或母鹿在性成熟后开始表现出性行为，出现各自的生理特征，如公鹿长了茸角、母鹿乳房增大等。性成熟后，公、母鹿有交配欲望，进行交配后能受胎繁殖。鹿性成熟的早晚与鹿的品种、性别、栖息条件、饲养管理和个体发育状况等因素有关。鹿体成熟标志着个体本身的各个器官和系统已基本达到了生长发育的完成时期，这是鹿参加配种，特别是公鹿初次参加配种时间的重要理论依据。

第一节　生殖特性

一、鹿的生理特点

（一）性成熟、体成熟和经济成熟

通常情况下，只有性成熟的公、母鹿才具有繁育后代的能力。鹿的性成熟即在鹿生殖上和生理上的发育完成。性成熟的公、母鹿可以生成具有受精能力的精子以及卵细胞，并表现出部分性行为。性成熟还将伴随着第二性征的出现，如公鹿开始长出茸角、母鹿乳房增大等一系列现象。性成熟后的公、母鹿开始出现交配欲望。交配后能受胎并繁殖后代。一般来说，母鹿的性成熟在16~18月龄，即生后第二年秋季性成熟，公鹿28~30月龄性成熟。鹿的性成熟时间与鹿的品种类型、性别、遗传品系、营养条件、栖息条件、饲养方式以及个体的发育状况有关。如无特殊情况，梅花鹿要早于马鹿，而母鹿性成熟也要早于公鹿。同一品种的鹿中，营养状况好的个体相对来说发育也会快一些，相应的性成熟时间也会早一些。

性成熟时，鹿机体尚未达到成年，过早参加繁育，影响鹿的正常发育及其生产性能的发挥。鹿机体各组织器官发育完善，功能完备，体型基本定形，即体成熟。梅花鹿母鹿一般体成熟3岁，公鹿4岁。马鹿母鹿一般体成熟4岁，公鹿5岁。体成熟在性成熟和经济成熟之后。梅花鹿母鹿的初配年龄约为16月龄，马鹿母鹿的初配年龄约为28月龄。

鹿参加繁育，始于经济成熟，晚于性成熟，早于体成熟。一般适配年龄：母鹿为28月龄，即生后第三年秋季，公鹿40月龄。

（二）鹿是季节性多次发情的动物

鹿每年只有一次发情交配季节。每年秋季至初冬发情交配，到第二年夏初开始产仔。

（1）公鹿的生殖季节性　公鹿的睾丸和其他生殖器官随季节性的变化而变化。夏季睾丸萎缩，体积和重量显著缩小，且不产生精子；从8月左右开始，睾丸逐渐膨大，到配种期达到最大。5~7月的睾丸重量平均为81.4克，变动范围为60~100克；8~10月睾丸平均重为136.2克，变动范围为100.6~178.0克，配种期比生茸期要大68.1%（67.7%~78.0%）。性激素分泌也在呈季节性变化。在配种期其雄性激素的（如睾酮）含量比较高，配种结束下降到最低，到生茸前期雄性激素含量略有上升（1.9毫克/毫升），待茸萌生后，雄

性激素又下降到最低(0.09 毫克/毫升)。茸开始成熟时,雄性激素的分泌量又开始增长。

(2)母鹿生殖的季节性　母鹿生殖器官和激素呈季节性变化。母鹿在繁殖季节(发情、妊娠、哺乳)生殖器官重量较大,在非繁殖季节较小。对于母鹿而言,卵细胞成熟并被排出卵巢是母鹿性成熟的重要标志之一。卵细胞起源于卵巢的生殖上皮,它的生成分为 3 个阶段,即增殖、生长和成熟。在增殖期内,卵巢的生殖上皮产生原始卵泡并逐步发育成初级卵母细胞,其中周围的卵泡细胞由单层增殖为多层。紧接着,初级卵母细胞继续发育,在数层的卵泡细胞中出现裂隙。这时由初级卵母细胞发育成的次级卵母细胞则进一步发育,裂隙逐渐结合成一个大的空腔,称之为卵泡腔,腔内充满卵泡液,此时卵母细胞被挤向一侧,位于卵丘内。整个卵泡体积增大,紧贴卵泡腔的上皮细胞形成颗粒膜并分泌卵泡素。

卵泡在继发育的过程中,卵丘与颗粒膜之间的联系逐步减少,卵泡壁的一部分凸出卵巢表面,在触摸时具有波动感和弹性感,即为成熟卵泡。接下来的过程中,腔内的卵泡液继续增多,压力进一步加大,再加上卵泡液中含有的茸白水解酶,其作用于细胞壁可使之变薄,卵泡随之破裂,成熟的卵细胞就会随同卵泡液被卵巢排出。

排卵后,破裂的卵泡壁收缩、下陷,内部充满血液形成红体,随后变成黄体。黄体存在的时间长短取决于卵细胞受精与否。如果卵细胞未受精,则黄体不久就萎缩退化;如果卵子已经受精,黄体就会继续生长,这时的黄体被称为妊娠黄体,直到妊娠末期才逐渐萎缩。

(3)鹿被毛内色素的季节性　鹿的阴囊、鼻、面颊和前额等部位被毛内色素沉淀进行着季节性变化,这与性活动和血浆睾酮的水平变化密切相关。前额色素 5~9 月着色最浅,随后着色迅速加深,在 12 月达到最深,1~2 月着色缓慢变浅,随后在 2~3 月急速变浅。据测定这个变化与血浆中睾酮变化相关。阴囊部皮肤色素 9~12 月保持最深,5~6 月明显消退。鼻部和面部在发情后 1 个月达到最大着色强度。在这几个部位中,头部色素沉积较为明显,是公鹿性活动的一个信号。

二、鹿的生殖结构

近几年来,我国的养鹿业发展迅速,除了国家对农民发展特种养殖业从资金到技术上的大力扶持之外,一些先进的繁殖技术,如人工授精技术、同期发情技术、胚胎移植技术等也极大地推动了我国养鹿业的发展。这些技术是基于鹿生殖系统的解剖学的研究而应用的。因此，了解并学习鹿的生殖系统是很有必要的。

(一)母鹿

国内对梅花鹿、马鹿的卵巢、输卵管、子宫、阴道等解剖学结构已有较为系统的研究。大体来说其结构特征与牛、羊等反刍动物相似，但是鹿的雌性生殖系统也有部分独有的特点。

成年雌性梅花鹿的卵巢，为略扁平的椭圆形，青年雌性梅花鹿的卵巢呈鸽卵形，老年鹿卵巢逐渐皱缩变薄。输卵管为子宫角尖端延续的一条迂曲的管道，输卵管长度18.64厘米±1.42厘米。梅花鹿属于子宫角内妊娠动物，伪子宫体较为明显，其子宫为双角子宫。由于子宫角中右角比左角要大一些，因此在右角内的妊娠机会也就较大。梅花鹿的两个子宫角呈典型的绵鹿角状，角管连接位置有一处明显的“乙”状弯曲，子宫角中有4～6个子宫阜，位于子宫角的两端较小，中央的较大，怀孕时子宫阜发育成为母体胎盘，子宫角内壁被一长4～6厘米的纵隔对分为二，角间沟明显；子宫体质地较为柔软，长2.02厘米±0.53厘米，子宫体短小；梅花鹿的子宫颈有4～6个横向皱襞彼此楔合，使得管腔闭锁很紧，子宫颈长为6.01厘米±1.17厘米。梅花鹿阴道长为15.11厘米±1.36厘米。

马鹿的卵巢呈扁椭圆形，平均长1.5～2.1厘米，宽0.75～1.1厘米，高1.0～1.5厘米。卵巢主要是由表皮生殖上皮细胞以及内部结缔组织构成的基架，以及基架内数个大小不等发育不同程度的卵泡所构成。输卵管伸直长度平均为15.1厘米。马鹿子宫角的中隔长度为8.99厘米±1.88厘米，子宫角长度为17.0厘米±3.2厘米，弯曲度大于牛、羊的子宫角；子宫颈长5.5厘米±0.7厘米，粗3～4厘米，壁厚，质地坚硬，呈棒状，子宫颈突出于阴道，形如菜花。尿生殖前庭由尿道外口延伸至阴门，长度为10.5厘米±2.2厘米，右前庭腺开口位于尿道口两侧。

母鹿的生殖器官包括卵巢、输卵管、子宫、阴道、尿生殖前庭及阴门等；公鹿生殖器官包括睾丸、输精管、副性腺、尿生殖道、阴茎等。

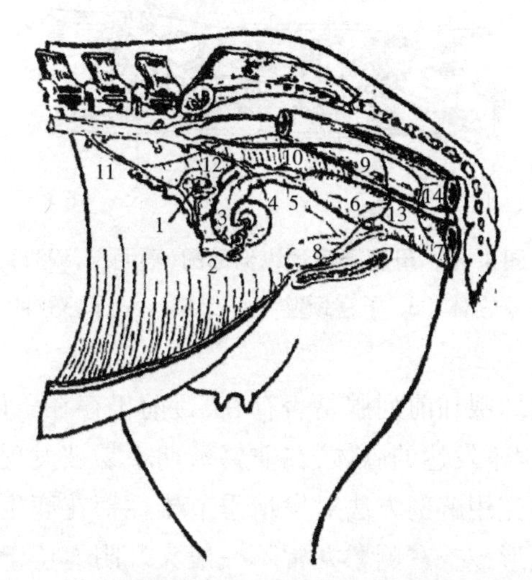

图 4－1　母鹿的生殖器官（侧面，葛明玉，1982）

1. 卵巢　2. 输卵管　3. 子宫角　4. 子宫体　5. 子宫颈　6. 阴道　7. 阴门　8. 膀胱　9. 直肠　10. 子宫阔韧带　11. 卵巢动脉　12. 子宫动脉　13. 尿生殖动脉子宫支　14. 会阴动脉

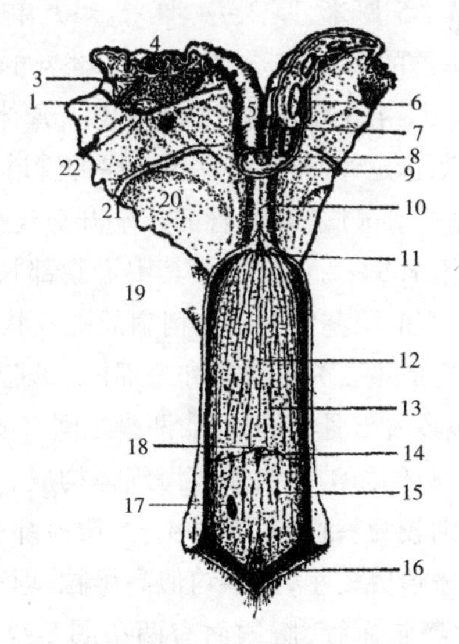

图 4－2　母鹿的生殖器官（背面，葛明玉，1982）

1. 卵巢　2. 卵巢囊　3. 漏斗　4. 输卵管　5. 子宫角　6. 子宫阜　7. 角间沟　8. 纵隔　9. 子宫体　10. 子宫颈　11. 子宫颈外口　12. 阴道　13. 卵巢冠管口　14. 尿道外口　15. 前庭大腺管口　16. 阴蒂　17. 前庭大腺　18. 阴门　19. 膀胱　20. 子宫阔韧带　21. 子宫动脉　22. 卵巢动脉

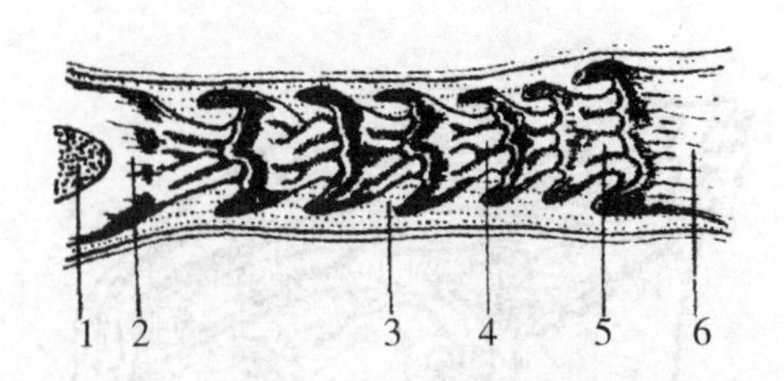

图 4-3　母鹿子宫颈纵剖面图（葛明玉，1982）

1. 角间纵隔　2. 子宫体　3. 子宫颈壁　4. 皱襞　5. 子宫颈阴道部　6. 阴道

（二）公鹿

对于鹿类尿道球腺和前列腺是否存在，目前仍存在争议。有人认为尿道球腺是退化了的、很不发达的腺体，在非繁殖期不易被发现；有人则认为根本无尿道球腺。有研究用解剖方法对发情季节雄性梅花鹿生殖器官研究表明：睾丸为略扁的椭圆形，左、右侧睾丸常不一般大。阴囊位于两股之间，离最后两个乳头约为 2 厘米，长 10 ~ 12 厘米，左右宽 7 ~ 8 厘米，前后厚 5 ~ 5.5 厘米。没有明显的阴囊颈，这一点与鹿的类似。睾丸位于阴囊中，长轴垂直的位于阴囊中，为略扁的椭球形，质地坚实而不硬。梅花鹿的睾丸比牛、马的睾丸小，长 6 ~ 7.2 厘米，宽 4 ~ 5 厘米，厚 3 ~ 4 厘米，睾丸单个重量平均为 47.5 克，每对睾丸重量约为体重的 0.075%。附睾位于睾丸的后缘，分为头部、体部、尾部 3 部分。头宽 3.0 ~ 4.0 厘米，体宽 0.5 ~ 0.7 厘米，尾宽 1.5 ~ 1.8 厘米。梅花鹿输精管由附睾管延伸而来，是一条壁厚的管道，输精管的末端逐渐变粗形成膨大部，称为输精管壶腹，输精管的末端开口连接尿生殖道的精阜。输精管长 67 ~ 72 厘米，粗 1.8 ~ 2.0 毫米。其中壶腹部长 4.5 ~ 5.5 厘米，最大宽度 0.6 ~ 0.8 厘米。鹿的阴茎体呈两侧稍扁的圆柱状，无“乙”状弯曲，坚实，表面覆盖白膜，内部构成主要为纤维体和海绵体。阴茎根以左右两脚附着于坐骨结节，脚的外面包裹着坐骨海绵体肌，两脚之间有尿生殖道通过。阴茎体由两脚合为一个整体，腹侧面沟内由尿道海绵体构成。阴茎尖端呈钝圆锥形，比较尖，其余部分粗细较为一致，末端由 4 ~ 6 瓣海绵体皱褶组成，皱褶下纤维层很硬，呈软骨状，尿道突较小，大小约似高粱粒，埋在皱褶中，阴茎背侧有两条细的韧带和动脉静脉血管，腹侧面有两条阴茎缩肌。阴茎体长约为 34.6 厘米，粗为 2.3 厘米。梅花鹿的精囊腺为鸽卵形，为成对的腺体，表面光滑。梅花鹿的精囊腺和阴茎形态结构与牛、马等动物的明显不同。鹿的包皮长 7.5 ~ 9.0 厘米，包皮口位于脐后约 10 厘米处，外周被有稀疏的硬毛。包皮前肌起于包皮前部的腹外筋膜而止于包皮；包皮后肌有两条，由包皮口开始，沿阴茎两侧向后部延伸，宽 1.5～2.0 厘米，呈扁平的带状，终止于阴囊后部的腹壁上。

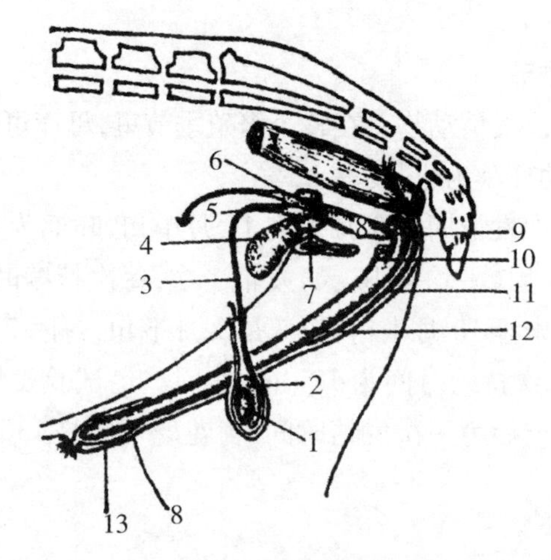

图 4－4　公鹿的生殖器官（侧面，马德山，1986）

1. 睾丸　2. 附睾　3. 输精管　4. 膀胱　5. 输精管壶腹部　6. 前列腺体部　7. 精囊腺　8. 尿生殖道　9. 尿道球腺　10. 左阴茎脚　11. 阴茎缩肌　12. 阴茎体　13. 包皮

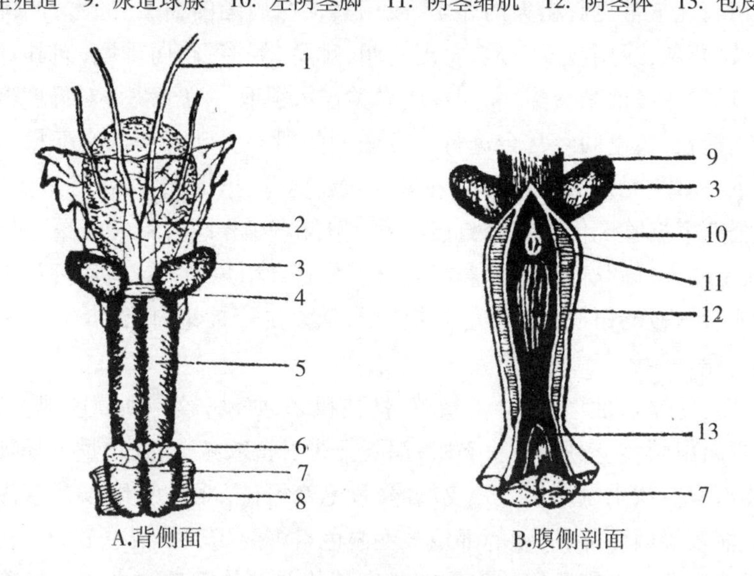

图 4－5　公鹿骨盆部生殖器官（马德山，1986）

1. 输精管　2. 输精管壶腹部　3. 精囊腺　4. 前列腺体部　5. 骨盆部尿生殖道　6. 尿道球腺　7. 球海绵体肌　8. 坐骨海绵体肌　9. 膀胱颈　10. 精阜　11. 射精口　12. 尿生殖道肌层　13. 倒“V”形褶

第二节　发情

一、鹿的发情季节

鹿是季节性多次发情动物。在整个繁殖季节里，母鹿可多次发情，可以多次配种，一直到成功怀孕为止。

一般来说梅花鹿发情期为9月末到11月中旬，旺期为10月中旬。其发情周期为每隔1～3周（平均为16天）发情1次，每次持续时间18～36小时。马鹿发情期在8月末至10月中旬，旺期是9月下旬，每隔2～4周（平均约为18天）发情1次，每次持续时间为12～24小时。经试验发情后12小时交配最容易受孕。母鹿产后第一次发情时间，梅花鹿一般是130～140天，马鹿一般是115～130天。

二、发情表现

（一）公鹿发情表现

进入秋季，没有去茸的公鹿脱去鹿茸皮，露出光滑而坚硬的骨质化角。有角的发情公鹿常常挺起粗大的鹿角，或用其顶撞周围的树干、灌木，或挑起身边的树枝、藤条，或用前蹄扒地，发出吼叫，呲鼻，泥浴，趋向母鹿，向其宣示自己强健，诱使母鹿前来交配，向同性或异类宣示领地。为了获得对母鹿群的控制权和交配权，公鹿间经常会进行十分激烈的殴斗。胜者获得交配权。但多数情况下，去茸、无角的公鹿通过吼叫、卷唇、呲鼻、扒地、磨角盘等威慑对方。获胜的公鹿根据胜况依次划分自己领地范围和交配母鹿，常常会尾随母鹿群活动，或是融入母鹿群，维护母鹿群安全。公鹿会用角蹭掉或者用门齿啃掉周围树干或者树枝的树皮，留下明显的标记，辅以足腺标记自己的领地，警告其他入侵公鹿。

发情公鹿兴奋性增加，异常敏感，性情粗暴，好动，容易顶撞鹿、物品或者人。常常露出阴茎，频尿，摆头斜眼，泪眼开张。食欲减退，采食量下降甚至绝食，身体消瘦。饮水量增加。颈皮增厚，颈毛变粗长，颈围变粗，颜色变深。公鹿的鼻、前额等面颊部、阴囊等部位被毛内色素沉淀随着发情季节的变化而变化，这与性活动和血浆睾酮的水平变化密切相关。前额色素进入9月着色最浅，随后着色迅速加深，在12月达到最深，1～2月着色缓慢变浅，随后在2～3月急速变浅。阴囊部皮肤色素9～12月保持最深，5～6月明显消退。鼻部和面部在发情后1个月达到最大着色强度。在这几个部位中，头部色素沉积较为明显，是公鹿性活动的一个信号。

发情公鹿在整个繁殖季节均处于发情状态。公鹿性行为表现为求偶、爬跨、交配、射精等过程。当发情公鹿闻到母鹿发情气味（尿液、阴道分泌物、泪腺分泌物等），卷唇、呲鼻，追逐发情母鹿。前肢搭在发情母鹿的肩上，阴茎插入阴门，很短时间完成交配过程。射精时间很短，常常1～2秒。但是交配频率很高。

图4-6　发情公鹿

（二）母鹿发情表现

母鹿发情的基本表现包括3个方面，即行为变化、生殖道变化以及卵巢的变化。行为变化主要表现在母鹿兴奋性强，对外界反应非常敏感，频繁张望，坐立不安，不时有遛圈现象，食欲下降，愿意接近公鹿，但拒绝公鹿的爬跨交配。母鹿发情表现是多种多样的，包括兴奋不安、游走、吧嗒嘴，有时会发出鸣叫，愿意接近公鹿但是拒绝交配。母鹿的发情期一般也可分为3个阶段，即发情前期、发情盛期以及发情末期。

1. 发情前期

卵巢内黄体萎缩，有新的滤泡发生，子宫颈口微张，分泌液稍增加。此时卵子尚未成熟和排出，性欲表现不明显。母鹿行为较为正常。

2. 发情期

（1）发情初期　母鹿频繁张望，兴奋不安，摇臂翘尾，游走不定，食欲下降甚至少食，有的低声鸣叫，喜与公鹿相互尾随。但公鹿爬跨时，又不愿意接受交配。外生殖器官表现为外阴部皱褶开始减退，阴唇充血、红肿，阴道分泌液不多，黏液稀薄，牵缕性差。此期梅花鹿可持续4～10小时，马鹿4～9小时。

(2)发情旺期　母鹿急骤走动，摆尾，排尿频繁，有时发出吼叫声，求偶明显，愿接受爬跨。当遇到公鹿追逐爬跨时，便站立不动。臀部向外抵、举尾等待交配。此时母鹿泪窝开张，分泌出一种难闻的特殊气味（情臭）。其外生殖器红肿强烈，分泌黏液量增加，呈黄色、透明状稀液，牵缕性增加。此时性欲强的经产母鹿，甚至追逐同性鹿。但初产母鹿发情不明显，交配欲望不强烈，要靠公鹿追配，必要时得截鹿助配。此期梅花鹿持续8~16小时，马鹿持续5~9小时。卵巢排卵完成。

(3)发情末期　母鹿逐渐转为平静，不再接受爬跨，有的甚至回头扒咬公鹿。阴道分泌黏液量减少且变得黏稠，牵缕性变差，此期梅花鹿可持续6~10小时，马鹿可持续3~6小时。

3. 休情期

交配后的母鹿生殖生理相对处于静止期。其特点是黄体逐渐萎缩，滤泡逐渐发育。生殖机能由兴奋状态转入平静状态。卵巢、子宫、阴道等器官都恢复正常。

鹿的发情是由多种因素共同作用的，但是发情启动以及变化的周期性主要是靠着温度和光照而控制的。

(三)影响发情因素

1. 品种及其选育程度

不同品种鹿发情时间不一样。对于同一品种，选育程度不一样，发情时间也有差异。通过选育，缩短发情时间，集中发情，有利于繁殖。

2. 生殖器官发育健全程度及其功能

鹿的生殖器官发育不良或有缺陷，性激素分泌就不正常，鹿不发情或者发情不正常。

3. 光照

在自然界中，每到春分和秋分时，昼夜时数相等，时差为零。从春分到夏至，日照时间逐渐延长，昼夜时差逐渐增加；过了夏至日照时间逐渐缩短，昼夜时差也逐渐减少；过了秋分，日照时间继续缩短，昼夜时差出现负增加；过了冬至，日照时间增长，昼夜时差减少。这种光照周期的季节性变化，年年恒定不变。但昼夜时差强度在随纬度变化而变化。高纬度区昼夜时差大，否则反之。光照时差周期性变化着，因此，鹿长期生活在一定的环境中，对这种变化产生了适应性，形成了性活动周期性变化的生物学特性。这是鹿长期适应自然以及自然选择的结果。每年长日照时期正是鹿的乏情期，短日照时期则为鹿的发情期。光照时差周期性变化通过视网膜的视神经产生神经冲动，再通过神经中枢达到丘脑下部、垂体调节睾丸（卵巢）轴，控制鹿性活动呈现季节性变化。

4. 温度

9月以后日照时间显著缩短，气温也开始下降，这样的自然条件引起鹿的发情。母鹿较适宜的发情温度为4～8℃，其中5～6℃利于母鹿集中发情。如果平均气温高于10℃将影响母鹿的发情，使整个配种期延迟。气温是影响母鹿发情的因素之一。因此，为正确了解和掌握有利于母鹿发情的气温条件，每年配种季节来临之前要经常与当地气象部门取得联系，掌握当地季节的气温变化情况，并根据气温条件的变化情况，采取有效的措施，以促进母鹿的发情、配种。对于圈养鹿来说，在临近发情期的一段时间内，气候的变化尤其是气温突然变冷也会引起鹿群出现发情性骚动；在鹿群进入发情期后，长时间的降雨或气温升高，则会延迟鹿的发情期。

5. 营养因素及其饲养条件

营养因素影响着母鹿群的发情是否正常。营养供给充足、体质良好的母鹿群体，卵子成熟速度快，排卵周期正常，发情时间统一且较早。在发情季节，哺乳负担过重的母鹿发情较其他母鹿迟缓；而营养不良、瘦弱或患病的母鹿发情较晚，严重者甚至不发情。饲养条件不好，能引起性机能失调。因此改善鹿的饲养管理，采取有效的措施对公、母鹿的发情均有促进作用。

三、鹿的发情鉴定

鹿的发情鉴定是鹿的繁殖过程中的一项极其重要的技术环节。技术人员用正确的发情鉴定方法能够得到母鹿的许多信息，如：母鹿是否处于发情期、发情期是否正常、处于发情期的哪个阶段等一系列问题。由此可以进行下一步的繁殖过程。由于母鹿的品种不同或每个个体存在差异，发情的特点也不尽相同，因此对于个体应独立对待。目前常用的鹿的发情鉴定方法有以下3种：

1. 直接观察法

直接通过外部观察母鹿的发情表现，就可以基本确定其是否处在发情的初期或盛期。采用此方法时应注意从开始就进行每日多次定时的观察，观察过程要细致。每次时间应在1小时左右，时间太短将难以了解母鹿的行为状态，不能准确判断其处于哪个发情阶段。

2. 试情法

试情法是根据母鹿对于试情公鹿的性行为反应来对其是否处于发情期和处于发情期的哪个阶段进行判定的方法。试情公鹿可选择训练得当的年长公鹿、带试情布的公鹿、做过输精管结扎或阴茎扭转手术的公鹿个体。试情法操作简便,结果明显,是进行鹿的人工授精时采用最为广泛的发情鉴定方法。

3. 直肠触摸法

在马鹿的人工授精技术中也可以采用直肠触摸法进行发情鉴定。主要过程为先对母鹿进行保定,将直肠内灌入肥皂水,用手掏出直肠内粪便,将手伸入直肠中,通过直肠壁触摸来找到卵巢的位置,进而判断卵巢的大小、形状以及卵泡的形态变化,以便更准确地确定母鹿发情所处时期。

四、同期发情技术

(一)同期发情机理

自然条件下,鹿科动物季节性发情,有固定的发情周期。母鹿的发情周期从卵巢的机能和形态变化方面可分两个阶段,即为卵泡期和黄体期。卵泡期是在周期性黄体退化继而血液中黄体酮水平显著下降之后的时期,此时卵巢中卵泡迅速生长发育,最后成熟并导致排卵。此时母鹿也出现行为上的特殊变化(即性的兴奋期和接受公鹿交配的时期称为发情期)。在发情周期中,卵泡期之后,破裂卵泡发育为黄体,随即便出现一段较长的黄体期。在黄体期内,受到黄体分泌的孕激素(黄体酮)的作用,卵泡的发育成熟受到抑制。母鹿性行为处于暂时静止状态,不表现发情。在未受精的情况下,黄体维持一段时间之后即行退化,这段时间通常为十余天,随后出现另一个卵泡期。

因此,卵泡期到来的前提条件为黄体期的结束,相对高的孕激素水平可抑制发情,一旦孕激素水平降到某个低阈值,卵泡就会迅速开始生长发育,与此同时母鹿在外部表现发情特征。因此,同期发情的中心问题是控制黄体的寿命并同时终止黄体期。如应用某项技术或手段能使一群母鹿的黄体期同时结束,就能引起它们同时发情。

现行的同期发情技术通常有两种途径,均是依靠添加外源激素来实施的。

第一种是向一群待处理的母鹿同时施用一定剂量的孕激素,以此来抑制卵泡的生长发育和母鹿发情,经过一定时期后同时停止施用孕激素,随之引起同时发情。在这种情况下,当施药期内,如黄体发生退化,外源孕激素就会代替内源孕激素(黄体分泌的黄体酮)的作用,因此造成人为的黄体期,实际上是延长了发情周期,推迟发情期的到来,为以后引起同时发情创造一个共同的基准线。

另一个途径是利用性质完全不同的一类激素即前列腺素（PG）使黄体溶解，中断黄体期，停止母鹿黄体酮的分泌，从而促进垂体促性腺激素的释放来引起发情。在这种情况下，实际上是缩短了发情周期，使发情提前到来。

（二）同期发情

同期发情处理是动物胚胎工程中的一项重要技术，在实际生产中，这类新技术的应用也对动物繁育发展方面起到极大的推进作用。同期发情又被称为同步发情，简单来说就是利用某些激素制剂人为控制并调整一群母畜发情周期的进程，使之在预定的时间内集中同步发情，同步排卵，以便同期授精。

1. 同期发情的意义

同期发情是将原来群体母畜发情的随机性人为地将其改变，使之集中在一定的时间范围内，在鹿的繁殖工作上，通常可以将发情集中在结束处理后的2～5天。而对于茸鹿来说，它们是季节性繁殖动物，在技术上要求将一个群体的母鹿发情集中在一天或者几个小时之内，要求的技术性更强，要做到同步发情。

（1）同期发情有利于推广人工授精，促进茸鹿品种的改良　常规的人工授精需要对个体母鹿做发情鉴定工作，这对于生产规模较大、群体数量较多的鹿场是难以实现的。同期发情理论上可以省去发情鉴定这一费时费力的工作环节。冷冻精液、人工授精是技术性强的工作，需要进行动物繁育工作的人员具有相当的专业知识和生产实际经验，对于部分饲养厂，由于种群过于分散或者交通方面的原因，往往达不到齐备的人员条件。特别是在小规模且较为分散的饲养中，在相关掌握发情鉴定、人工授精知识的专业人员人数不多的情况下，对母鹿群做发情鉴定、适时适量输精就显得较难开展。同期发情的推广可以在一定程度上解决部分问题。

（2）同期发情有利于节约管理开支、便于组织和管理生产　母鹿在同期发情处理后，可进行同期配种，随后的一系列繁殖工作，如配种、分娩及新生仔鹿的管理、培训、出售等一系列的饲养管理环节都可以按时间安排有计划地进行，从而使得各个时期生产管理环节规范化、模式化、简单化。可以减少管理开支、降低生产成本、节约劳动力和其他连带费用，形成现代化的规模生产，有助于按质按量按时完成生产计划，这对于比较大规模的茸鹿养殖场有着很大的应用价值。

（3）同期发情可以提高母鹿群的繁殖率，促进母鹿提前发情配种　对母

鹿进行同期发情处理,不仅有着控制群体发情时间的作用,而且具有诱发发情的作用,特别是针对一些生理乏情和初配母鹿或是部分由于某种原因自然条件下长期处于不发情状态的母鹿,用激素处理同期发情可以很好地诱导这些母鹿发情并且可以恢复乏情母鹿的生理生殖机能,适当解决母鹿繁殖方面的问题。

(4)同期发情可以作为其他繁殖技术和科学研究的重要基础和辅助手段　由于移植新鲜的胚胎受胎率高于冷冻胚胎,一个供体可获得数枚至数十枚胚胎,这就需要一定数量发情周期与供体母鹿相同或接近的受体母鹿。此外,胚胎移植过程中,胚胎的生产和移植往往不是在同一地点进行,也要用同期发情技术在异地使供体和受体母鹿发情周期同期化,从而保证胚胎移植的顺利实施。

2. 同期发情的理论基础及应用

(1)母鹿生殖生理特点　母鹿的生殖器官主要由卵巢、输卵管、子宫、子宫颈、阴道等组织结构构成。卵巢主要由表皮生殖上皮细胞和内部结缔组织构成的主要基架和基架内部的许多大小不等、处在不同发育时期的卵泡所构成,其主要功能是产生卵细胞以及分泌激素,包括雌激素和孕激素。

母鹿性成熟的重要标志之一就是有成熟的卵子排出。卵细胞起源于卵巢生殖上皮,它的生成分为 3 个阶段,分别为增殖、生长、成熟。在第一个阶段也就是增殖期内,首先,卵巢上的生殖上皮细胞分化产生的原始卵泡发育成初级卵母细胞。其中,周围的卵泡细胞由单层增殖为多层。接着,初级卵母细胞继续发育,在数层的卵细胞中间开始出现裂隙。这时,初级卵母细胞发育成的次级卵母细胞进一步发育,出现的裂隙逐渐形成一个大的空腔,称为卵泡腔,卵泡腔内充满卵泡液,与此同时,处于卵丘内的卵母细胞被挤向一侧。整个卵泡的体积增大,紧贴卵泡腔的上皮细胞形成颗粒膜,并分泌卵泡素。

卵泡在接下来的发育过程中,卵丘与颗粒膜之间的联系越来越少,卵泡壁的一部分凸出卵巢表面,在外部触摸时,会有弹性感和波动感,即称为成熟卵泡。接下来,腔内的卵泡液继续增多,卵泡内液压继续加大,以及细胞壁在卵泡液中的蛋白水解酶水解后变薄,卵泡随即破裂,卵子随同卵泡液被卵巢排出。

卵子排出后,破裂的卵泡壁收缩下陷,中间充满血液进而形成红体,进而慢慢变成黄体。黄体存在的时间长短取决于是否受精,如果卵子已受精,黄体就会继续生长,此时的黄体被称为妊娠黄体,在妊娠末期才会逐渐萎缩;如果

卵子未受精，则黄体不久后就会萎缩退化。

(2)母鹿同期发情的机理　发情周期是雌性哺乳动物普遍拥有的一种生理现象。从前一次排卵期到下一次排卵期之间的时间长度称为一个发情周期。鹿科动物是季节性发情动物，以我国马鹿为例，我国的马鹿在每年的秋季发情，在发情季节中，母鹿有其相对固定的发情周期。母鹿的发情周期有2个阶段，分别为卵泡期以及黄体期，具体表现在卵巢的技能和形态上的变化。卵泡期就在周期性黄体退化，继而血液中黄体酮水平显著下降之后，卵巢中卵泡迅速生长发育，最后成熟并导致排卵的时期，此时母鹿也出现行为上的特殊变化，在外观上会表现出性行为的兴奋以及接受公鹿的交配行为。在发情周期中，卵泡期之后，破裂卵泡发育形成黄体，随即会出现一段较长的黄体期。黄体期内，在黄体分泌的黄体酮作用下，卵泡的发育成熟受到抑制，母鹿外部表现为性行为的静止，不表现发情。在未受精的情况下，黄体维持一定时间之后即行退化，随后出现另一个卵泡期。

因此，黄体期的结束是卵泡期到来的前提条件，相对高的孕激素水平，可抑制发情，一旦孕激素水平降到低限，卵泡即开始迅速生长发育，并在外部表现发情。在鹿的养殖过程中，同种的一群母鹿中，每个个体的发情进程一般是不同步的。比如某一时刻，有些鹿可能正处于发情周期的排卵期，另一部分处于非排卵期。此外，即使处于同一时期，具体的天数也可能不同。在内部上看，同期发情的中心问题是控制黄体的寿命并同时终止黄体期。如果能使一群母鹿的黄体期同时结束，就能引起它们同时发情。

3. 同期发情使用的激素

上面说同期发情的核心问题是控制黄体的寿命，通过激素处理的方法一般来说有2种，一种是施用孕激素，另外一种是施用前列腺素，这两种激素一般来说都可以打断母鹿的自然发情周期，但原理却完全不同。

孕激素的作用原理是，给母鹿施用孕激素后，使其血液中的孕激素保持较高的水平，从而抑制了卵巢中卵泡的生长发育和发情，使得母鹿总是处于人为的黄体期。有时卵巢中的黄体已经消失，意味着母鹿自身产生的孕激素水平已经下降，但是由于人工施加的孕激素仍在动物体内发挥着作用，母鹿就不会排卵发情，这就相当于延长了发情周期，从而推迟了发情期。一般来说，当孕激素处理时间达到母鹿黄体寿命时，被处理的所有母鹿卵巢中的黄体都已消失，此时就应集体停止用药，则它们会同时进入卵泡期，同时排卵发情。

而相对应的，前列腺素的作用原理和孕激素存在不同，前列腺素是用溶解卵巢中的黄体,降低母鹿自身产生的孕激素的水平,中断黄体期,从而提前进入卵泡期,这样就人为地缩短了发情周期,使得发情期提前到来。但通常情况下,使用前列腺素有一个缺点,就是有少数母鹿不能同时发情,原因是前列腺素只对发情周期后一段时间内产生的黄体有溶解作用,而对发情后接下来的短时间内的新生黄体没有溶解作用。因此,用前列腺素处理后,总有部分母鹿无反应,对于这些母鹿需要做二次注射处理。有时候为了使一群母鹿有最大程度的同期发情率,第一次处理后的母鹿不予以配种,经过 10 天左右后再对全部母鹿进行第二次处理,可以显著提高同期发情率。

同期发情处理时使用的激素主要是上述孕激素以及前列腺素两类,但是为了使发情同期和同期排卵更有效,进而提高受孕率,在使用上述两类激素处理的基础上,可以配套使用其他激素。

4. 同期发情的处理方法

(1)孕激素埋植法　孕激素需要连续处理一段时间才有效,而人们不可能每天都给母鹿注射激素,于是在生产实践中往往采用的是另外一些行之有效的方法。孕激素埋植法就是将一定量的孕激素制剂装入管壁有小孔的塑料细管中,利用套管针或者专门埋植器将药物埋植入耳背皮下,塑料细管中的孕激素制剂就会从小孔不断地渗出进入血液,经过一定时间,在埋植处做切口将药管同时取出,从而达到同时停药的目的,此时还要同时对于同一批次的母鹿进行注射促性腺激素。在埋植法处理中,塑料管也可被硅橡胶管锁替代,硅橡胶有微小的孔,药物可以缓慢渗出。

(2)孕激素阴道栓塞法　栓塞物可用泡沫塑料块或者硅橡胶环,后者为一螺旋钢片,表面敷以硅橡胶。栓塞物中包含一定量的孕激素制剂。将栓塞物放在子宫颈外口处,其中激素即可渗入,被子宫吸收进入血液。经一段时间后,将同一批次的母鹿体内栓塞物取出从而达到停药的目的,与此同时注射促性腺激素。

在接受孕激素处理后的数天内,大多数母鹿有卵泡发育,并开始发情排卵。

(3)前列腺素法　前列腺素的给药方法有 2 种,分别是子宫注入法和肌内注射法,前者用药量少,效果明显,但在注入时难度较大。后者虽然操作较为容易,但是用药量需要适当增加。

用前列腺素处理后,一般比用孕激素处理的母鹿发情晚 1 天左右,在用前列腺素处理的同时,可注射促性腺激素。

5. 影响同期发情效果的因素

同期发情技术是一项综合性的技术措施,需要制订合理的方案按照一定步骤有序地展开,有很多因素都可以影响到技术实施的效果,其中包括如下几个方面:

(1)母鹿所处的生理状态　被处理的母鹿质量,是影响同期发情效果的决定性因素之一,其中也包括母鹿的年龄、健康状况、膘情、生殖系统状态等几个方面。好的同期发情处理,如果想达到预期的效果,只有在母鹿处在身体状态良好、生殖机能正常、无疾病以及在良好的饲养条件下才能达到。

(2)施用激素的质量　在对母鹿进行同期发情处理中所用到的孕激素类的埋植物或阴道栓方面,我国相关厂家并未做到标准化、规模化生产,因此产品的质量和同期发情的效果就难以得到保证,而在生产中所施用的进口的激素产品,价格昂贵。而由于国内在这一方面企业发展慢,产品质量由于生产规模较小就会存在批次间差异大、不稳定的问题,同期发情技术的实施就难以得到保障。

(3)处理方案的选择　不同的鹿种对于激素的药剂药量,埋植深度、时间等方面的要求也不尽相同,应结合所养殖的鹿种以及当地条件等方面在实际生产生活中摸索出最佳的组合方式。

(4)对于同期发情处理后的输精环节,同样影响同期发情的效果　由于同期发情处理的一批次母鹿数量一般来说较大,接下来的输精工作量一般很大,对于每头母鹿的输精质量的一致性就不容易保证,同时,精液的品质也极大地影响母鹿的受胎率。

鹿是季节性繁殖的动物,因此必须在鹿的繁殖季节即将到来前做好准备进行处理,掌握好处理的时间,才能取得相对良好的同期发情效果。

同期发情处理的母鹿一般来说数量较多,在实际操作过程中,较短时间内处理如此数量的母鹿,对于技术人员来说也是不小的考验。如果输精技术人员连续输精数头后手臂酸累,就会影响输精的手感,从而影响输精的准确性,受胎率也会随之受到影响。

配种后母鹿的饲养管理也是影响同期发情效果的重要因素之一,配种后的一段时间内,应小心看护母鹿,避免强烈的应激而造成受精卵不能顺利着床而流产,引起不必要的经济损失。在母鹿的饲料方面,应加强营养物质的补充,保证胎儿有足够的营养物质供给。同时注意不能使母鹿受到惊吓,引起流产。

总的来说，鹿的同期发情技术是利用外源激素处理母鹿，通过控制个体的发情的时间和排卵来调整整个鹿群的发情时间，目的是充分发挥母鹿的生殖能力，另一方面也是方便统一生产管理，有计划地控制母鹿群的进一步工作。茸鹿的同期发情技术是一项综合性很强的技术手段，一般来说存在3个先决条件。第一是必须了解并详细掌握有关茸鹿的生殖方面的知识。只有了解了这些基本的知识，才能在不同条件下对不同个体或者群体采取适当的技术措施，提高生产效率。第二是需要了解并掌握有关同期发情技术中相关激素的知识，在同期发情技术中，外源激素起着核心作用，对于使用的激素的效价、半衰期，以及可能造成的负面影响，和被处理母鹿可能产生的反应、预期效果等，要做到心中有数。在生产过程熟练之后更可以有的放矢，在达到最佳效果的前提下进一步降低成本。否则，盲目地使用不合理的剂量，不仅不能有效控制鹿群的发情，还有可能会造成母鹿的生殖生理技能的紊乱。第三是对于被处理的母鹿应该有良好的生殖状况和体况、良好的饲养环境，这些是同期发情处理成功的前提。在出现极个别母鹿差异时要认真观察判断，毕竟种群中每个母鹿的个体存在着生殖状况和生理状况的差异。

五、排卵

大多数母鹿在性欲结束后排卵。一般母鹿排卵是在发情结束后16～36小时。

根据形态结构的变化，一般将卵泡发育分为原始卵泡、初级卵泡、次级卵泡、三级卵泡和成熟卵泡5个阶段。原始卵泡为卵泡发育的起始阶段，由一层扁平或多角形的体细胞（前颗粒细胞）包围着停留在核网期的卵母细胞组成。启动发育的原始卵泡卵母细胞开始增长，前颗粒细胞由扁平变为立方形（柱状）颗粒细胞，形成初级卵泡。初级卵泡继续发育，卵母细胞继续增长，颗粒细胞增生变成二层，继而变成多层，此阶段为次级卵泡。在颗粒细胞增长的同时，从卵巢基质细胞和前颗粒细胞中分化出卵泡膜细胞，形成卵泡膜，包括卵泡内膜和卵泡外膜。在初级卵泡的末期，次级卵泡的早期，卵母细胞和颗粒细胞之间开始形成透明带，并随卵泡的发育继续增厚。随着次级卵泡的生长、发育，颗粒细胞之间逐渐出现多个不规则的间隙，间隙不断变大，最终汇集成一个新月形的腔，称为卵泡腔，进入三级卵泡阶段。卵泡腔中充满着卵泡液，卵泡液不断增多，腔不断增大，卵泡的体积也不断增加，并逐渐突出于卵巢表面。三级卵泡出现的另一个特征是，颗粒细胞分化为卵泡壁颗粒细胞和呈放射状包围卵母细胞的卵丘细胞。由于三级卵泡形成了卵泡腔，故又称为有腔卵泡，而次级卵泡以前为无腔卵泡。目前将启动生长的原始卵泡到形成卵泡腔以前的卵泡统称为腔前卵泡。因此,一个完整的成熟卵泡由卵泡外膜、卵泡内膜、基底膜、颗粒层、卵丘－卵母细胞复合体、卵泡腔和卵泡液组成。

在胚胎发育期,原始生殖细胞迁徙到生殖嵴中形成原始性腺。在性别分化以后,雌性胎儿的原始性腺分化为原始的卵巢。原始生殖细胞分化为卵原细胞,然后开始减数分裂进入初级卵母细胞阶段。在卵泡形成前,大量中肾细胞持续流向胎儿卵巢形成群落,成为卵泡细胞的前体来源。原始卵泡上的前颗粒细胞数为 16 个。一旦形成原始卵泡,卵母细胞就被维持在一个严格受控制的环境中,与血流中任何潜在的有害物质隔离。没有进入到原始卵泡的卵母细胞就会退化。原始卵泡构成胚胎出生后的卵巢生殖细胞库,其数量随年龄的增加而下降。

在初情期前、妊娠期的大部分时间、产后期、发情周期及非繁殖季节内,都存在卵泡波。梅花鹿 1 波周期的卵泡波出现在第 0 天,2 波周期的卵泡波分别出现在第 5 天和第 10 天,3 波周期的卵泡波分别出现在第 0 天、第 9 天和第 17 天。北美马鹿的卵泡波在 2 波周期的第 0 天和第 10 天出现,在 3 波周期的第 0 天、第 9 天和第 16 天出现。欧洲马鹿在第 1 天和第 14 天都有明显的波出现。卵泡波发生的关键现象之一是卵泡优势化。每个卵泡波中优势卵泡的生长都伴随着小卵泡和中等大小卵泡数量和生长的显著下降,只有大卵泡退化或被破坏时,小卵泡才生长。卵巢上 99% 以上的卵泡的命运都是闭锁退化。卵泡发育的多数阶段都可发生闭锁。未选择卵的去除可能是一种进化机制,确保含有最健康的卵母细胞的卵泡排卵。

卵巢功能受系统(内分泌)和局部(旁分泌和自分泌)因子的反馈机制调节。系统因子包括垂体促性腺激素和性腺类固醇激素。旁分泌和自分泌因子包括多种生长因子及一些未知的蛋白质(或肽)。

卵泡发育早期缺乏对促性腺激素的敏感性。卵泡形成卵泡腔以后,才对促性腺激素有依赖性。在卵泡的形成中,促卵泡激素(FSH)起着重要作用。FSH 和雌二醇(E2)可诱导卵泡内膜细胞上的促黄体激素(LH)受体增加,使卵泡对 LH 的敏感性增强。在卵泡生长期间,FSH 受体数目保持不变,而 LH 会促进卵泡内膜细胞合成雌激素前体——雄烯二酮,因而与 FSH 共同促进雌二醇的合成。卵泡内膜细胞只合成雄激素,后者转移到颗粒细胞转化成雌二醇。LH 对卵泡的最后成熟排卵和颗粒细胞黄体化起着重要作用。

在整个卵子发生期间,卵母细胞通过间隙连接与周围的颗粒细胞相连,颗

粒细胞之间也互相连接。间隙连接是一种高度特化的膜结构，这种连接使小分子代谢物和调节物得以在颗粒细胞和卵母细胞之间转移。颗粒细胞一方面可以为卵母细胞提供营养，另一方面通过分泌一些生长因子来调节卵母细胞的生长、成熟和受精。反过来，卵母细胞也可分泌一些特异性的因子来调节颗粒细胞的增生、分化及其功能。因此，卵母细胞和颗粒细胞之间形成复杂的旁分泌、自分泌调节系统，如果卵母细胞与颗粒细胞之间的对话被削弱，那么卵泡发育就停止。

六、超数排卵

超数排卵是提高优秀母鹿繁殖力的有效方法。通过超数排卵技术，可以充分挖掘母鹿的繁殖潜力。在胚胎工程中，高质量和充足的胚胎源是实现胚胎移植的基础，大量胚胎的获取就离不开超数排卵技术。因此，高效稳定的超数排卵方法是获得充足卵源，充分发挥胚胎移植的实际应用效果，提高优良母鹿繁殖速度的技术支撑和保障。超数排卵技术在畜牧生产、濒危动物物种保存和生物工程等研究中发挥着重要的作用。

对于哺乳动物，每个发情周期，卵巢中都有大量的卵泡开始生长，但是真正能够发育到排卵阶段的卵泡仅占原始卵泡总数的0.1%～0.2%，其余的卵泡则闭锁退化。研究表明，卵巢上卵泡的发育是动态变化的，而雌性动物的生殖潜力远远没有被开发挖掘出来。

超数排卵是母鹿在一个发情期内，应用外源促性腺激素，诱导卵巢内多个卵泡发育，并排除具有受精能力的卵子，比自然发情可获得更多成熟卵泡的一种方法，简称“超排”。通过外源性激素的注入，提高血液中促性腺激素浓度，降低发育卵泡的闭锁，增加早期卵泡发育到成熟卵泡的数量，从而使雌性动物每次排卵数目增加。应用超数排卵技术，可以充分挖掘母鹿的繁殖潜力，为接下来的胚胎移植工作提供充足的胚胎。总体来说超数排卵技术是胚胎移植过程中不可或缺的一个重要环节。同时也是转基因动物生产和动物克隆等研究中应用的一种重要的技术环节。

1. 超数排卵的理论基础及应用

(1)卵泡的形成和发育　卵泡由一个居于核心的卵细胞及周围的颗粒细胞以及卵泡膜细胞所组成。卵巢的卵泡形成是一个高度协调的生理过程，卵泡的生长和发育受多种因素的控制。近年来，人们对卵泡生长发育的内分泌调控机制的认识开始发生变化。传统的观点认为，卵泡的生长发育主要受促性腺激素和性腺类固醇激素的调节。新的研究发现，卵巢内部还存在着许多其他激素和细胞因子，在卵泡的发育中起着不可缺少的调节作用。

卵泡发育是一个以形态变化为特征的生长过程，同时伴随着卵泡功能的分化，原始卵泡一旦启动生长，便是一个连续不断的发育和分化过程，要么变成优势卵泡，使卵子排放与成熟，要么中途闭锁，每个性周期启动生长一组原始卵泡，同时生长启动的多数卵泡将不会达到排卵阶段，而是在发育过程总的不同时期发生凋亡。

卵泡发育是一个漫长的过程，包括许多复杂的卵母细胞和它周围卵泡细胞的变化。卵泡生长和成熟过程的各期如下：原始卵泡—窦前卵泡—排卵前卵泡。卵母细胞成熟包括减数分裂的恢复和完成，以及细胞质、细胞核、细胞膜、透明带和卵丘细胞的成熟变化。卵母细胞发育并不仅仅是一个生长过程，它涉及表现型物质变化，包括原有胞浆器官重组、新细胞器形成和产生受精和胚胎发育特异性的分子，这些复杂变化的意义之一就是满足卵泡细胞的营养需求。

哺乳动物的卵巢卵泡闭锁现象是非常普遍的，调控机制也相当复杂。近年来许多研究指出，卵泡闭锁实质就是卵泡中发生了细胞凋亡，其中卵泡颗粒细胞凋亡是导致卵泡闭锁直接的诱导因素。

卵泡发育和闭锁的调节是一个复杂的过程，包括内分泌因素（促性腺激素）和卵巢内调节因子（性激素、生长因子和细胞因子）在控制卵母细胞的命运（增生、分化和细胞程序性死亡）中的相互作用。

卵泡的生长发育受多种因素调节。首先是促卵泡生长激素（FSH）和促黄体生成激素（LH），卵细胞本身在内分泌激素的调控下有序地生长、发育，相关基因在不同的时空准确无误地表达，靠的就是 FSH 对整个过程的调控作用。LH 同样也参与卵泡生长发育的调控，如雌激素的产生依赖 LH 和 FSH 的协同作用，排卵前卵泡的最后成熟与排卵也主要取决于 LH，但是就整体而言，FSH 的重要性要远远超过 LH。然后是类固醇类的激素。卵巢分泌的类固醇类激素，包括雌激素、孕激素和雄激素，除作用于中枢调节促性腺激素外，在卵巢水平上，类固醇激素能直接调节卵泡发育成熟，生长因子也在卵泡的生长发育过程中起着重要的调节作用。生长因子是由多种组织细胞产生的小分子多肽，作用主要是刺激卵巢可以细胞增殖分化、促进雌二醇和黄体酮产生及卵子成熟。此外卵泡的生长发育还受细胞因子、抑制素激活素等的影响。

（2）卵泡发育的内分泌调控　以梅花鹿为例，梅花鹿在发情之前，垂体开始分泌促性腺激素，刺激卵泡的生长和成熟，并诱导卵泡产生雌激素。紧接着

在雌激素的作用下,母鹿外部表现出生殖道充血,黏液增多,并引起性兴奋和性欲的现象。当雌激素的分泌达到一定量之后,会反作用于垂体,抑制垂体产生促卵泡素。与此同时,雌激素刺激垂体前叶分泌的促黄体素和雌激素协同作用,使发育的卵泡成熟而排卵。排卵之后,在促黄体素的作用下,在排卵窝处形成黄体,在催乳素作用下黄体产生孕激素,它首先抑制垂体产生促卵泡素,同时抑制促黄体素的产生,抑制卵泡的发育、排卵和发情等表现,维持妊娠子宫的生理变化。如果排卵后没受孕,黄体就会退化,分泌孕激素的机能消失,垂体又开始产生促卵泡素,从而进入另一个发情周期。如果受孕,则在分娩后产生促卵泡素,并出现发情表现。

(3)生殖内分泌变化　以欧洲马鹿为例,在非繁殖季节,欧洲马鹿血浆中黄体酮浓度处于基础水平,但是当繁殖季节到来时,会急剧增加。首次排卵后,血浆黄体酮浓度迅速上升到 3 ~4 纳克/毫升,并维持数天。当黄体酮浓度降低到低于 3 ~4 纳克/毫克时,表明开始第二个发情期和第二次排卵,排卵时黄体酮浓度最低。而对于梅花鹿来说,在梅花鹿的发清周期中,血浆的促卵泡素水平从发情前第 16 天到第 10 天缓慢升高后就一直处于平稳状态,促黄体素从发情前第 12 天就开始缓慢上升,到发情当天达到峰值,发情后第 2 天又明显下降,之后变化不显著。研究表明,促黄体素在发情前和发情后,都处于低稳定水平,但发情时出现高峰。雌二醇在发情前第 8 天和第 2 天分别有 2 个分泌峰,在发情当天显著下降,到发情后第 2 天下降到最低,研究表明雌二醇在整个发情前后都未出现高峰,但在发情前 12 小时出现一个小峰,发情后 12 小时出现一个小峰。在发情的 24 小时内各时间上促卵泡素、促黄体素、雌二醇含量没有明显变化,并且与发情当天没有差异。这表明,梅花鹿发情期血浆中促黄体素、雌二醇含量的时相变化与其他研究过的鹿科动物及反刍家畜基本相同。

2. 超数排卵的方法及改进

(1)反刍动物超数排卵的方法　目前超数排卵技术最常采用的是 FSH 递减法和孕马血清促性腺激素(PMSG)法。FSH 递减法是指在发情当天后一般 12 ~13 天,3 天 6 次或 4 天 8 次递减注射 FSH,间隔 12 小时,发情同时肌内注射 LH。PMSG 法是指在发情周期的适当时间一次性肌内注射 PMSG,发情后肌内注射适量前列腺素(PG)。也可以使用羊用阴道内黄体酮释放装置,用阴道栓放置器将其放入供体鹿阴道深部。到目前为止,有关牛、羊超排的资料很多。超数排卵技术在牛、羊上也相对较为成熟,用于绵羊、山羊超排的外源激素主要就是 FSH 和 PMSG。

(2)反刍动物超数排卵方法的改进

1)FSH 法　因 FSH 需要多次注射程序烦琐,而且在驯化程度不是很高的鹿科动物上,多次注射引起的应激也会影响超排效果,为简化 FSH 的注射程序,尝试将其溶于聚乙烯吡咯烷酮(PVP)中一次注射,在国内绵羊上曾经有过相关报道,效果显著。同时也可放置孕激素阴道栓,阴道栓是一种持续释放黄体酮的装置,将其置入母鹿阴道中可缓慢释放黄体酮。因为雌激素类药物可以抑制优势卵泡并启动心得卵泡波同步发生,然后注射促卵泡素,进行超数排卵。使用雌二醇,血浆中必须具有一定量的黄体酮以活动卵泡波发生。为此,在放置阴道栓黄体酮释放达一定量前,注射雌二醇时应同时注射黄体酮制剂,这说明雌激素对超数排卵有明显的促进作用。放置含黄体酮阴道栓的同时注射雌激素和黄体酮,4 天后采用 FSH 超排处理并在 48 小时后注射前列腺素,这种方法在奶牛上取得了良好的效果。所以在梅花鹿上应用此种方法有不错的前景。

2)PMSG +　抗 PMSG 法用 PMSG 超排时,由于其半衰期比较长,所以大量应用 PMSG 处理时会带来一些副作用,如造成卵巢肿大,不排卵的卵泡增多,使雌二醇分泌增多。胚胎发育早期外周血中高雌二醇水平,形成不利于早期胚胎发育的雌激素主导的子宫环境。PMSG 抗体具有高度专一性,进入体内与 PMSG 相遇形成大分子抗原抗体复合物,能迅速中和 PMSG,降低外周血浆中 PMSG 的浓度,使外周血浆中的雌二醇维持在一个较低的水平,使卵母细胞和早期胚胎正常发育,从而提高胚胎回收率和可移植胚胎的数量。

3. 影响超数排卵效果的因素

(1)激素因子　首先是激素制剂的半衰期,PMSG 是妊娠马属动物子宫内膜杯状细胞所产生的一种糖蛋白激素,最初在山羊的胚胎移植和生产中被广泛应用,其在动物体内半衰期远远高于 FSH,大量使用时容易引起卵巢肿大,不排卵的卵泡增多,胚胎发育和运行异常,以及黄体退化等现象。其次是激素的种类、品质以及注射途径,国内外关于这方面的报道有很多,都证实了超排效果因激素种类、品质、注射途径的不同而使效果大大不同,大量试验结果表明用 FSH 处理,在排卵率、受精率、优质胚胎产量上要优于 PMSG 处理,FSH 的纯度对超排的影响也特别重要,不同厂家因剂型不同 FSH 的纯度也就不同,一般来说高纯度的 FSH 超排效果要好于低纯度的。在羊上静脉注射时,激素作用快,羊排卵同期化好,且比肌内注射激素用量要少,而对于鹿来说,因

其野性较大,又因吹针法注射剂量不好控制,所以可以采用把鹿固定在一定的空间范围,人手持带有麻醉针的长杆,等到鹿经过人身边时,直接进行肌内注射麻醉,此方法避免了吹针注射法带来的不确定性。再次,超数排卵受 FSH 和 LH 受体的影响。FSH 和 LH 共同调节卵泡的生长发育,在发育的最初阶段,颗粒细胞上没有 LH 受体,仅有 FSH 受体,这时卵泡对 FSH 极为敏感,而在一定程度上不受 LH 的影响,在卵泡发育的晚期,颗粒细胞出现 LH 受体,此时,超排药物中的 LH 才起作用,因此超排时两者比例不用,对超排效果产生很大的影响。

(2)母鹿生理状况　超排的效果还受母鹿接受超排处理时的生理状况影响。首先是卵巢状态。国内外的研究结果表明,母鹿在进行超排处理前,卵巢上有黄体明显比卵巢无黄体发育的供体超排效果好。用促性腺激素超排时,有优势卵泡的存在会降低排卵数和可用胚数量,卵巢上有卵泡的存在使开始时卵巢上的卵泡波处于不同生长发育阶段,先发育的卵泡有可能成为优势卵泡,优势卵泡在排卵前会分泌雌二醇,雌二醇对中枢神经系统有负反馈调节作用,使内源 FSH 的分泌受到抑制,而此时超排处理的 FSH 也是减量注射的,这样发育晚的卵泡由于 FSH 的不足而发育受到影响。此外优势卵泡还通过生成黄体分泌孕激素来抑制发情活动。因此,卵巢状态对超数排卵的效果有很大的影响。

在营养方面,营养因素对动物排卵率和繁殖机能有重要的影响,短期内的影响更加明显,严重的营养不良可导致动物自身的促性腺激素水平的下降,引起动物类似"垂体切除"的后果。超排时营养单一、匮乏会造成供体胚胎退化,甚至回收不到胚胎。但是也有研究结果表明,过多的能量摄入会降低超排反应,减少胚胎产量。

接受超排处理的母鹿的品种、年龄,也是影响超排效果的重要因素,在其他反刍家畜上,进行超排的母畜一般选择有一胎以上繁殖史的成年母畜,不宜对无繁殖史的青年母畜或过老的母畜进行超排,原因是老龄化的母畜发情期出现不稳定,卵巢机能退化,对外部激素的刺激也随之降低。不同品种的母畜对激素的敏感度也不同。

由于超排时使用外源激素调控体内生理活动,因而体内的激素水平对于超排的影响就很显著。外源激素的注射时间、配比浓度、注射量都要根据内源激素的量确定,以此达到最佳效果。此外,接受超排处理的母畜应激状态也对该次超排处理的效果有一定的影响。

第三节　配种

鹿的配种可分为自然交配和人工授精。无论是哪一种交配方式，都要选用最优秀的种公鹿进行配种。好的种公鹿要求体型大、膘情好、性欲强。另外，对种公鹿的茸型也有一定的要求，鹿茸要相对大而粗，茸质地嫩。4 锯以上的花公鹿，三杈茸鲜重在 3.5 千克以上；4 锯以上的马鹿四杈茸鲜重要求达到 7.5 千克。

一、配种期

梅花鹿的配种期在 9 月上旬到 11 月上旬，旺期为 9 月下旬至 10 月中旬。马鹿的配种期在 8 月下旬至 10 月中旬，旺期为 9 月中下旬。

二、配种方式

目前生产中有自然交配和人工授精。

（一）自然交配

1. 单公单母配种法（定时放对配种法）

把发情的母鹿和经挑选的种公鹿自原圈拨到指定圈中，让其自然交配。应用时应注意要确切掌握母鹿其发情情况。通过外生殖器官、行为等观察判定其发情情况或在母鹿圈中放入一头专用试情公鹿（有性欲而无配种能力的公鹿，如初角公鹿、幼龄公鹿或失去配种能力的公鹿）试情，若母鹿允许试情公鹿爬跨时即可配种；对于挑选出指定配种的公鹿要进行精液检查；合理安排已受配母鹿组群工作。

2. 单公群母配种法（公鹿常驻法）

配种前，先将母鹿依据生产性能、年龄、体质分成配种小群，每群以 20 ~ 25 只为宜。选定 2 ~ 3 只预配公鹿，一次只放入一只公鹿。在配种初期，每隔 4 ~ 5 天更换一次公鹿。到母群发情旺期 2 ~ 3 天更换一次。若该公鹿 1 天已交配 3 ~ 4 次，尚有母鹿还要配种，应将这些母鹿拨出与另一只种公鹿交配。公、母比例和公鹿更换时间须根据公鹿的配种能力和母鹿发情情况而定。配种时，必须注意公、母鹿比例（指当天发情母鹿与种公鹿比例），及时观察和调整。若在当天发情母鹿多达 3 ~ 4 只，就应将其拨出与另外一只公鹿交配。育种核心群的母鹿应以同一只公鹿进行复配，做到科学地选种选配。充分利用优良种公鹿，有利于育种工作开展。这种方法所需要圈舍较多，但受配率高（95% 以上），而且鹿群质量和生产力都有明显提高。

3. 群公群母配种法

(1)群公群母一次合群,配种期间不更换种公鹿　该法以每50~60只母鹿为一配种群,公、母比例1:(3~4)。配种开始时,一次将公鹿全部放入母鹿群中让其自然交配。在配种过程中,应及时发现病鹿和性欲不强的公鹿并拨出,每天早晚定期哄赶鹿群,截鹿助配,以免王鹿霸群,造成失配。

(2)群公群母混群配种,中期更换公鹿　该法是在配种初期,公、母鹿按1:(5~6)比例混群,待配种旺期按公、母比例1:(3~4)放入种公鹿配种;到配种后期即70%母鹿已受配时,再按1:7的比例留公鹿,待全部受配为止。这是一种原始的、不完善的自由交配式,在配种季节应加强管理,以防公鹿霸群,造成失配;同时做好配种记录工作,以便确定仔鹿亲缘关系。这样就可以确保受胎率在80%以上,双羔率为6%左右。

(3)放养大群配种法　该法适用放牧群配种。每群母鹿数不超过200只,公、母按1:(3~5)混群。每天放牧时合群,归牧时分成若干小群,使每只公鹿都有配种机会。此法几乎不占用圈舍设备,简单易行,漏配率低,受胎率高于90%,双胎率也高。但是不利于选种,易造成近亲繁殖,种公鹿体力消耗大,伤亡事故多,配种后期体质恢复慢,饲养粗放,适宜放牧养鹿。

4. 配种期应注意的问题

第一,配种前一定做好整群工作。鹿群按年龄和发育程度进行分群,淘汰繁殖力低、产茸质量不高的种鹿。将母鹿按25~35只组群。

第二,建立昼夜值班制度。有专人看管,防止争偶角斗现象,定期哄赶鹿群,防止王鹿霸群。

第三,不参加或未参加配种的公鹿应置于上风圈内,配种完的公鹿不应放回未参加配种群中,否则会因嗅到母鹿的气味引起殴斗。

第四,配种期间,让鹿定时饮水,防止刚配种完立即饮水,使鹿生病。

第五,配种结束后,应立即将公鹿拨出,分别予以精心饲养管理,以恢复体况,使其安全越冬。

第六,检修圈舍,垫平运动场。

(二)人工授精

鹿的人工授精是指用器械采取种公鹿的精液,再用器械把精液输入到发情母鹿的生殖道内,以代替公、母鹿自然交配的一种方法。

人工授精意义体现在:1只种公鹿在自然配种条件下只能负责15~25只母鹿的配种任务,若采其精液制成冻精,则可生产300~500支细管冻精,能满足 250 ~ 350 只母鹿的配种,效率提高了十几倍。这样不仅使优良基因得到了充分利用,还通过冻精把优良基因保存起来,为保护种质资源服务。圈内麻醉发情母鹿,人工授精减少了种公鹿间殴斗以及对配种母鹿的骚扰,同时用品质好的冻精输精比自然交配的受精效果好。目前国内马鹿人工授精率在 90% 左右(不包括育成鹿),而自然交配的受胎率在 85% 左右;梅花鹿的人工授精率为 55% ~ 65%,有些偏低,而自然交配的受胎率在 95% 左右。方便了本品种的改良,克服了种内或种间因体型差异而不能进行自然交配的困难。使用高产优质的、遗传性能稳定鹿的精液通过人工授精杂交改良低产鹿,杂交改良效果明显,如乌兰坝马鹿品种茸重性状的杂种优势率:父本为天山马鹿,母本为乌兰坝马鹿,1、2、3、5 锯分别为 5.97%、16.35%、8.35%、6.94%,F1 比母本增茸分别为 93.6%、57.5%、45.3%、50.6%。人工授精可以提供完整的配种记录及预产期和系谱,通过谱系清楚地进行选配,提早进行后裔鉴定,缩短世代间隔,大大缩短选育时间,加速了鹿的育种进程。人工授精不受时空限制,可以异地进行,减少鹿伤亡和疾病的传播,使生产经营者可不必为没有优秀种公鹿而苦恼,利用优秀种公鹿冻精或鲜精来为自己的低产鹿配种。

1. 种公鹿与发情母鹿准备

种公鹿:选择具有本品种典型特征特性、年龄适中、生产性能优秀的公鹿供采精用。

输精母鹿:选择年龄 3 岁以上、无繁殖障碍的母鹿。母鹿配种前,每年 8 月下旬至 10 月下旬对母鹿群进行短期优饲。此间母鹿每日饲喂精饲料 1 千克,其中豆饼 30%、玉米 60%、麦麸 10%、钙粉 15 克、食盐 15 克。每日早、午、晚各饲喂 1 次,同时要给足青饲料,主要为胡萝卜、柞树枝叶等。特别在夜间要给足青粗饲料,量以到翌日早上还有剩余为宜,促使母鹿增膘,配种前母鹿达到九成膘。每圈饲养繁殖母鹿 25 ~ 30 只。

2. 发情鉴定

采用公鹿试情法。试情公鹿选择年龄 2 ~ 5 岁,性情温驯,性欲旺盛,经 1 ~ 2 周调驯,听从试情员指挥的鹿。试情公鹿放入母鹿圈中,每日试情 2 ~ 3 次。试情方法是把试情公鹿拨入母鹿圈内,公鹿一一嗅闻母鹿,当公鹿爬跨母鹿而母鹿站立不动时,即为母鹿进入发情盛期,此时试情员立即把公鹿拨走,记下发情的母鹿号,等待人工输精。

3. 采精

(1)保定　一般采用麻醉保定。麻醉药物为鹿眠宁。肌内注射,剂量为

1.5～2.5毫升/100千克体重。注射后7～10分鹿平稳躺卧，待自行平躺后3～5分实施采精处置。

（2）采精前处理　首先使鹿呈侧卧姿势，排出直肠内宿粪，剪掉阴茎基部周围的长毛，用清水冲洗阴茎、阴筒及包皮，再用生理盐水冲洗，直至干净，然后用灭菌脱脂棉擦干包皮、阴筒及龟头。

（3）采精　用电刺激采精仪。将电极棒用水蘸湿，徐徐伸入直肠，深度为20厘米左右。并着力使电极棒尖部紧贴直肠腹面，将电压调至零位，打开电源开关，使电压由低向高，并在每档通断交替刺激5～10次，再升一档，每次通电5秒，当电压通到射精档位时，一般在电压为4～6伏时射精，可在该档继续交替刺激使其射精，用多个集精杯分段接取精液。集精杯要放在40℃保温广口罐里，随用随取。

（4）苏醒　采精后解除麻醉，可用苏醒药物。一般采用与麻醉用的鹿眠宁注射液等量的苏醒灵注射液使其苏醒，1/2静脉注射，1/2肌内注射。注射后1～5分鹿苏醒站立。

4. 精液品质检查

用精子自动分析系统、显微镜等。精液在稀释前后和冷冻前后进行质量标准检查。项目包括精子活率、密度、pH、数量、畸形率、顶体完整率、运行情况等。

5. 精液稀释

精液稀释、平衡：根据精子活率、密度和采集的精液量，确定稀释倍数和稀释液数量。细管冷冻精液。稀释液配方：

配方Ⅰ：12%蔗糖液75毫升，新鲜鸡蛋黄20毫升，甘油5毫升，青霉素、链霉素各10万国际单位。

配方Ⅱ：基础液：葡萄糖3克，柠檬酸钠2.5克，双重蒸馏水100毫升；取基础液80毫升，加20毫升鲜鸡蛋黄，取其40毫升加甘油6毫升，青霉素、链霉素各10万国际单位。

6. 精液超低温冷冻

一支细管冻精解冻后有效精子数不少于3 000万。稀释时将与精液等温（30℃）的稀释液沿精液试管壁缓缓加入，并慢慢摇动试管使其混合均匀，精液稀释后用硫酸纸封好管口，再用棉花包好试管，放入装有200毫升与精液等温（30℃）的水杯中，放入5℃的冰箱中缓缓降温平衡3～5小时。完成平衡后，再将精液用抽装机抽取于细管内（细管采用0.25毫升或0.5毫升的）。

精液冷冻:镜检挑选活率0.8以上的精液,确定稀释倍数,将与精液等温的不同成分和甘油浓度的稀释液分降温前1次、降温过程中2次或平衡前1次沿精液试管壁缓缓加入,混匀。在0℃冰箱中水浴降温平衡5小时。在冰箱中将平衡好的精液吸入0.25毫升细管,聚乙烯醇粉封口,置于液氮面2厘米的冷冻架上,盖好容器盖,冷冻5分,投入液氮中。抽样并在35℃的水浴锅中解冻20秒,镜检,活率0.35以上的精液标记装入纱布袋保存。

7. 人工输精

(1)人工输精方法和部位

直肠把握:一只手握紧呈锥形,将直肠内灌入肥皂水,慢慢地深入直肠,排除宿粪。把手伸入直肠,通过肠壁轻轻握住子宫颈,使颈口握在手心里,另一只手持安装好细管精液的输精枪,缓缓伸入子宫颈口,两手配合将精液注入子宫颈口过2~3个皱褶处。

应用圆筒开膣器:把已麻醉的预输精母鹿抬到输精台上(也可以用一个平板放在水泥饲料槽上)身体与头向下倾斜呈30°。术者将已消毒好的自制圆筒开膣器蘸上生理盐水,缓缓伸入阴道,开亮灯泡,使开膣器前方位置紧靠子宫颈口。术者呈下蹲姿势,通过圆筒开膣器查找子宫颈口,另一只手持已装好精液的输精枪,通过圆筒开膣器,伸入子宫颈口2~3个皱褶处,随之将精液注入,再慢慢取出输精枪,给母鹿注苏醒药物即输精结束。

(2)适时输精时间　在母鹿接受试情公鹿爬跨,即母鹿站立不动时,经8~12小时;也可在母鹿第1次接受爬跨后3~5小时再试情1次,直到母鹿接受爬跨但又不动,即母鹿稍有接受爬跨时当即予以输精。

8. 影响鹿人工授精技术的几个因素

(1)需有健康、有繁殖能力的母鹿群　接受授精的母鹿应是健康、有繁殖能力的。配种期母鹿不能过瘦或过胖。因为体质较差,致使生殖系统机能发育不好,造成不发情;即使有发情表现,由于不排卵、延迟排卵或排出无受精能力的卵而不能受精;即使有时受精了,3个月前胚胎容易死亡,造成妊娠终止。过胖的母鹿,由于能量饲料给予得过多,造成脂肪沉积,致使卵巢发生脂肪变性,使卵巢内分泌机能发生障碍,产生不孕,并且性欲和发情表现不显著,呈不完全性发情周期,直肠检查卵巢体积较小,且没有卵泡和黄体。在泌乳期应加强饲养管理,增加粗蛋白质的供给量,其水平在16%~18%,粗饲料应以青绿多汁为主,并对需配种的母鹿登记造册,合理组群。对育成母鹿的人工授精,应在其成年体重的75%以上为宜,这就需要在仔鹿的育成阶段加强饲养管理，短期内（10个月左右）达到成年体重的75%或更高，有利于繁殖。

（2）需有良好的精液（冻精或鲜精） 使用品质优良、符合标准的冷冻精液是保证受精和胚胎发育的重要条件。精液的冷冻是利用液氮（-196℃）作为冷源，将鲜精经过一系列处理，保存在超低温的条件下，以达到长期保存的目的。精液品质实际代表着本品种及其个体本身的特征，应生产力高、遗传力高、遗传性能稳定。每一输精剂量在解冻后需达到以下标准：有效精子数为3 000万个/支以上，活力0.3以上。

现在输精的精液一般为冻精，用鲜精输精也是可以的，若利用同期发情技术，使用冻精或鲜精均可。冻精用起来比较省事；鲜精必须根据鹿的发情情况，进行采精、输精，在限定的时间内（36~48小时）使用完。虽然有人做过假阴道采精，但有些问题还没有解决好。

（3）需要精湛的人工授精技术 输精过程是人工授精的最后一个环节，适时而准确地输精，将已解冻的精液输到恰当部位，是提高受胎率的保证。因此在输精前，应做好对母鹿是否发情、何时输精、输精方法及次数，以及严格的卫生操作规程等方面的准备工作。

（4）需要综合配套技术的应用 鹿人工授精是一项综合的配套技术，需多方面协同工作，领导重视十分关键。鹿的养殖综合配套技术——饲料的组成、疾病防治、饲养管理等在其人工授精技术中同样发挥着重要作用。

三、胚胎移植技术

胚胎移植技术可以定向培育特别优秀、经济价值高的种用公鹿，为大面积推广人工授精提供优良精液，同时，胚胎移植也是保护马鹿资源的有效手段。

（一）供、受体鹿的选择和饲养管理

选择生产性能优秀、健康、体形高大、繁殖机能正常、无传染病的供体鹿。在具体选择过程中应对其进行直肠检查，淘汰子宫、卵巢有病变的鹿，膘情在七成以上，年龄为4~6岁。供、受体鹿泌乳性能良好者，上一产季和连续两年必须产、带成活仔鹿，供、受体鹿无流产史，无难产、助产情况，且选性情温驯、驯化程度高的鹿。供、受体鹿在移植前6周断奶，开始补饲，保持体况适中。在移植前3~4周，喂给切碎的胡萝卜，并且在日常饲料中添加微量元素，保证在移植时有七成以上膘情，受体鹿单独组群饲养，保持环境相对稳定，避免应激反应。对妊娠的受体要加强饲养管理，避免应激反应；妊娠受体在产前3个月要补充适量的维生素、微量元素，适当限制能量摄入，避免难产。

（二）供试公鹿的选择及饲养管理

供精公鹿选择生产性能优秀的个体，单圈饲养，每天喂3个鸡蛋，4千克胡萝卜，2千克大葱，1千克混合精饲料和优质苜蓿干草，任意采食。

试情公鹿的管理：选用3岁未与母鹿交配过、温驯的公鹿，在同期处理前15天进行训练，每天3次专人定时赶入供试母鹿群内试情。

（三）同期发情

对受体鹿分2批间隔1天埋植阴道硅胶栓（CIDR），指令为发情0天，受体埋植CIDR的同时肌内注射2毫克雌二醇及黄体酮50毫克，埋植第12天早晨取出CIDR，同时肌内注射脑下垂体（PG）2毫升，孕马血清促性腺激素（PMSG）750国际单位/只。在同期发情处理期注意观察。如发现CIDR脱落，记下圈号，适时补救。第1批受体母鹿埋植CIDR后1天对供体鹿埋植CIDR。

（四）超排方法

对供体鹿在埋植CIDR的第9天早晨开始肌内注射促卵泡素（FSH），每日早、晚各1次，间隔12小时，4天共计8次，采用减量法总剂量7.5毫克。在第11天早、晚各1次肌内注射前列腺素共4毫升，在第12天取出CIDR。

（五）人工授精

（1）采精　采精时，首先应用鹿眠宝3号，将公鹿麻醉，掏出宿粪，将阴茎洗拭干净。然后将探棒插入直肠，开启电源，以频率50赫兹电源通电刺激，由低到高，通断电间隔5秒，阴茎很快即可勃起和射精。

（2）稀释　精液采出后，立即做精液品质检查，合格的精液用自制稀释液稀释5～10倍，降温，然后保存在－3℃的环境中或制成冻精。

（3）试情　选取与供体发情期相近的母鹿作为受体。在撤掉CIDR的第2天下午开始试情，每隔2～3小时试情1次。当母鹿稳定站立并接受试情公鹿爬跨时，即开始记录站立接受爬跨时间。

（4）输精　供体马鹿用牛用颗粒输精枪在开始站立接受爬跨至18小时，麻醉后采用左侧卧式直肠把握法一次输精，输精量为3 000万有效精子。

（六）采胚

（1）发情母鹿血清的制备　用离心管取发情母鹿全血，应用离心机4 000转/分离心10分，用注射器吸取血清，放入水浴锅中56℃，30分灭活，再应用离心机4 000转/分离心10分，吸取血清，用小瓶分装，放入冰箱冷冻保存备用。

（2）冲胚液的配置　配置浓缩D－PBS液高压灭菌后低温保存。用时取

A、B 原液各 100 毫升，缓慢加入 800 毫升灭菌蒸馏水混匀，而后取 100 毫升加入丙酮酸 36 毫克，葡萄糖 1 克，发情马鹿血清 10 毫升，及抗生素混匀，用 0.22 微米滤器灭菌后混入大瓶备用。

（3）冲胚前的准备工作　采胚在输精后 6 天进行，冲胚前 12 小时停止喂食，将供体马鹿应用"鹿眠宝 3 号"全身麻醉，左侧卧放上工作台，排空直肠中粪便，检查卵巢黄体数量，清洗擦净外阴部。

（4）冲胚　胚胎的回收采用非手术法，术者左手在直肠内握住子宫颈，右手使用子宫颈扩张棒扩张子宫颈，用金属芯将冲卵管送入子宫角。冲胚管前端插入子宫角后，抽出金属芯，给气囊充气固定冲胚管。封闭送气管，通过冲胚管进液口向子宫内注入冲卵液约 40 毫升，按摩子宫，打开出液管，不停按摩子宫使胚胎随液体流出，收集在集卵杯中，反复冲洗，每侧用液 300 毫升。冲完一侧后放出气囊内空气，重新装入金属芯，送入另一侧子宫角，重复上述操作程序。

（5）检胚、装管　在室温下的净化室中，应用立体显微镜从回收液中检胚，将找到的胚胎用吸管吸出放入装有 PBS 的保存液滴的小皿中，然后进行胚胎的净化和等级鉴定。经净化、等级鉴定后的可用胚，用 0.25 毫升的塑料精细管分 3 段吸入新鲜的 PBS，中段含胚胎，再将细管装入胚胎移植枪，套上移植用塑料套管和外套备用。

（6）胚胎的移植　选择同期发情明显的受体母鹿，用鹿眠宝 3 号麻醉后，左侧卧用直肠把握法将移植枪通过子宫颈，送至有黄体侧子宫角上 1/3 处（大弯或大弯深处）植入胚胎，然后缓慢抽回移植枪。

第四节　妊娠

母鹿经过交配后不再发情，一般视为其受孕了。另外，从外观上可见受孕母鹿食欲增加，采食量增大，膘情愈来愈好，毛色光亮，性情变得温驯，行动谨慎、安稳，到翌年 3～4 月时，在未进食前见腹部明显增大者可有 90% 以上的为妊娠。但是仅仅根据上述生理的和行为的表现来判定母鹿是否妊娠是远远不够的。目前，在鹿牧业上普遍使用直肠检查法、免疫学诊断法、黄体酮水平测定法等方法检测母鹿妊娠情况，这些方法都可以在养鹿实践中加以应用，这对鹿的早期妊娠诊断、减少空怀率是非常有益的。

一、妊娠期

这一阶段为每年的11月下旬至翌年的4月下旬，但是由于鹿的品种和个体差异会有所不同。其特点是胎儿生长发育迅速，妊娠后期更为显著，胎儿重量的80%以上是在妊娠的最后3个月内获得的。一些资料表明，梅花鹿在妊娠后期体重增加10~15千克，初孕母鹿则增加15~20千克，而初孕马鹿增重则可达30千克以上。因此，如果将母鹿妊娠期划分为前期和后期，则前期侧重饲料的质量，而后期则侧重饲料的数量。妊娠后期，由于胎儿骨骼的迅速发育和母体需要为哺乳做准备，妊娠母鹿对于钙的需求量很大，因此需要饲料提供大量的钙和磷，如果供应不足容易造成胎儿骨骼发育不良和母体骨钙损失过多，引起产后瘫痪。

母鹿妊娠后发情停止，随着胎儿的生长发育，其形态、生理、新陈代谢和行为等都会发生一系列明显变化。在妊娠初期，食欲逐渐恢复，采食量逐渐增大；在妊娠中期，食欲旺盛，日渐增膘，被毛日渐平滑，饲料的消化、吸收、利用率明显提高，同化作用明显增强；在妊娠后期，性情变得温驯，行动谨慎，沉静安稳。到翌年3~4月，在母鹿空腹时，除了个别太肥胖者外，可观察到左侧肷窝不凹陷或凹陷不明显，90%以上为妊娠。

茸鹿的妊娠期长短与茸鹿的种类、胎儿的性别和数量、饲养方式及营养水平等因素有关。但时间相对固定。梅花鹿平均为229天±6天，怀公羔的231天±5天，怀母羔的228天±6天，怀双胎者224天±6天，比单胎的短5天左右；各类马鹿的妊娠期基本相同，如东北马鹿243天±6天，天山马鹿244天±7天，其中怀公羔的245天±4天、怀母羔的241天±5天。

妊娠母鹿临产前一段时间，乳房日渐膨大，东北马鹿和东北梅花鹿的乳房膨大期分别为26天和20天左右，一般怀公羔和怀双羔的膨大期较长。此期的妊娠母鹿时常回头望腹、喜躺卧和群居。

二、鹿的妊娠诊断

对鹿进行妊娠早期(30~45天)诊断，可以对妊娠鹿加强饲养管理，有利于提高仔鹿的成活率。同时对非妊娠鹿降低饲养标准，或视情况加以淘汰，以减少不必要的浪费，增加经济效益。

1. 诊断依据

鹿的妊娠诊断，主要以卵巢、子宫和胎胞的变化为依据。

(1)卵巢变化方面　空怀母鹿卵巢呈静止状态，两侧卵巢体积大小基本相同，没有黄体和卵泡存在。妊娠鹿一侧卵巢有黄体存在，一般来说该侧卵巢

比另一侧大。

(2)子宫变化方面　空怀母鹿子宫位于盆腔,两子宫角细而对称,角间沟不明显。妊娠鹿子宫壁较厚,有弹性,表面滑润,内有液体感。两子宫角不对称,角间沟消失。

(3)胎胞变化方面　子宫内是否有胎胞是判断妊娠与否的主要依据,妊娠鹿40天可摸到子宫内存在胎胞,大小如同鸽卵或鸡卵,随妊娠日龄增加而增大,并随着子宫角伸向腹腔。

2. 诊断方法

随着科学的发展,家鹿的妊娠诊断变得越来越先进,如内分泌分析、妊娠特异茸白测定,阴道及子宫颈黏液检查、尿液碘酒法、超声波技术及直肠触摸法等。由于鹿经济价值较高,且带有一定的"野性",妊娠诊断较家鹿困难,而且开展得也很不普遍,较常用的有外观诊断法、超声波诊断法和直肠触摸诊断法。

(1)外部观察法　指的是用外部观察方法诊断母鹿是否妊娠,是最古老也是最简便易行的方法。首先观察受配母鹿在下个发情期是否发情,如不发情有可能受孕。这种方法对发情规律正常的母鹿有一定的参考价值,但不完全可靠。因为有的母鹿虽没有受孕,但发情症状不明显或者不发情,有的母鹿虽然受孕但仍有发情表现(假发情),而且鹿为群养,所以给观察带来一定困难。

其次,母鹿妊娠3个月之后变得安静,食欲增加,体况变好,毛色光润。因此,细心观察比较也能做出诊断。妊娠6~7个月即3~4月,母鹿腹围有所增大,下腹部比较饱满。妊娠后期不仅腹部明显增大,而且在腹壁外可以见到胎动,乳房也开始发育。这些症状在妊娠中后期才能出现,不能做到妊娠早期诊断。

(2)超声波诊断　有腹部诊断和直肠诊断2种。腹部超声波扫描需将鹿麻醉后保定。有人对妊娠50天的母鹿进行腹部超声波扫描,诊断准确率为100%。有人对162只赤鹿在妊娠30~110天时进行超声波直肠扫描,鹿站立保定,用马用的5兆赫传感器进行扫描,插入直肠时通过一个不易弯曲的不锈钢扩张器,扫描时用Goneepe实时超声波仪。每次扫描均记录在录像带上,以便测量子宫直径、鹿膜囊直径、胎儿头尾长度、头部直径、鼻长、胸深、胸宽等。诊断准确率为100%,分娩日期估测值与实际分娩日期之差在13天之内。

(3)直肠触摸法　就是将手伸入母鹿直肠内,通过触摸子宫、卵巢和胎胞的变化诊断母鹿是否妊娠。只是梅花鹿直肠触摸进行妊娠诊断,必须手小

(手呈锥形,最大周径不超过19厘米)才行。哈尔滨特产所、安徽铜陵鹿场对妊娠45~100天的马鹿、梅花鹿用此法进行妊娠诊断,准确率为80%~90%。这也与诊断者的技术、经验有关,技术熟练、经验丰富者诊断准确率可达95%以上。

第五节 产仔

鹿的产仔季节一般在每年的5~8月,产仔高峰期主要集中在5月15日至6月15日,有80%以上的妊娠母鹿产仔。这个时期的饲养管理就显得尤为重要。鹿的产仔期可根据配种期推算。梅花鹿的预产期推算公式是"月减5,日加23",马鹿为"月减4,日加15"。这"月、日"是最后一次配种期。如梅花鹿是10月15日最后一次配种,预产期为6月8日。若日加23或15后的数值大于30,运算后日减30进1月,余数为日数。优化妊娠末期母鹿以及初生仔鹿的饲养管理,对于提高仔鹿的存活率、减少母鹿疾病的发生以及对仔鹿未来的生长发育有着极为重要的意义。

一、母鹿产仔前征兆

首先是乳房膨大,开始并不明显,只能看到乳头比较红,以后逐渐膨大。但乳房的发育程度不一样,其大小也不一样,但是有的鹿直到临产乳房也不大,这个时间阶段维持15~20天。然后在这期间还会伴随着采食量的变化,产前2~7天,喜欢舔食精饲料渣,而不愿离开料槽,其他鹿常常在饲槽边或粗饲料堆边,有时就地趴在那里。产前1~2天少食,产前5~10小时有的鹿甚至绝食,如果发现母鹿的临产症状是突然绝食时,就应该注意在短时间内极有可能临产。有的鹿产前1~2天喜好遛圈,初产鹿和个别比较不稳定的鹿不明显,或无此征候,母鹿遛圈比较明显的是在鹿群比较安静时,饲养员进圈才能发现,如果外人进圈鹿群受惊扰就不易发现。遛圈的鹿常常喘息,有的鹿甚至跛行。有的鹿不遛圈也喘息。在临产前1天左右的时间里,母鹿膨大的腹部突然变小,有的甚至认为已经产完了。这是因为胎儿进入盆腔的缘故。在临产前1~3天,大多数的鹿都出现塌臀。鹿的尾根部后背平时是中间高两侧低或几乎是平的。瘦鹿尾根两侧有稍凹陷的沟,而体型较胖的鹿没有。临产鹿尾根背侧椎骨两侧出现很大的沟并且尾椎下陷,病鹿尾椎骨与两侧髋骨头几乎像要脱离一样,胖鹿则表现为平的或稍有陷窝,有的鹿从尾根背部往前10厘米左右两侧各有一陷窝。母鹿行走低臀谨慎。经产母鹿在临产前1~8天经常舐乳头、背部和臀部，鹿舐的次数有多有少，因鹿而异。被舐过的乳头像被仔鹿吃过奶一样，初产鹿几乎没有。在产前，母鹿的阴道口会流出蛋清样黏液，一般也不易发现，因为母鹿随时会舐掉，只有长时间细心观察才能发现。

以上几种临产征兆，除乳房膨大外，其他症状有的鹿不一定都能表现出来，有的鹿表现不明显而且还与母鹿的营养状况、驯化程度有关。

二、正常的生产过程和产位

首先排出淡黄色鹿水泡（也叫第一鹿水泡），不同的鹿对其反应不同。有的鹿会回头撕破，有的鹿水泡在产道内自行破裂而流出体外，有的受惊扰后落地，有部分初产鹿或有恶癖的鹿在产下水泡时惊恐万状，急转圈想甩掉它，或者突然在圈中奔跑引起鹿群惊慌。

第一鹿水泡掉下后，0.5～2 小时开始出现第二水泡，第二水泡为浅黄色，内有蹄尖呈白色，随着母鹿的用劲，两前肢向外排出的同时，水泡破裂，胎儿头部伏于两前肢的腕关节之上产出。大多数都是这种胎位产出，叫正产；有的鹿是尾位产出，也叫倒产。起始出现水泡都是一样的，只是两后肢先产出阴门外。由于尾根阻碍整个胎儿产出，因此整个生产过程经历的时间就比较长。

第二水泡多在经产鹿产程短时易出现。产程长的鹿，水泡内的鹿水已在产道内流出。而对于分娩过程经历的时间，母鹿正常头位产，从鹿蹄露出开始到胎儿全部产出 10 分至 2 小时，初产鹿为 0.5～4 小时，正常尾位分娩为 1～8 小时。产程长短与母鹿娩力、胎儿大小、胎位正常与否有直接关系。

第六节　繁殖中存在的问题与解决办法

一、配种期注意的问题

种公鹿的配种能力表现在两个方面：第一是性欲旺盛；第二是精液品质优良，精子密度大、活力强，与母鹿交配受胎率高。种公鹿性欲不强的原因是多种多样的，如性器官发育不全、缺少运动等，营养不良也是重要原因之一。

1. 加强公鹿饲养

营养是维持公鹿产生精子和保持旺盛配种能力的物质基础。在饲喂种公鹿时，要保证充足的营养。

种公鹿性欲的强弱，直接受内分泌系统以及神经系统的支配。实践证明，种公鹿的营养不良能影响脑垂体的正常分泌及性器官机能的正常运行。因此要提高种公鹿的性欲，增强其配种能力，应适当提高种公鹿的营养水平。要提高采食量,促进发情,饲料就要多样化,要增加蛋白质、各种维生素和矿物质的供应。

根据长期观察所见,配种期公鹿喜欢采食甜、苦、辣及维生素丰富的青绿多汁饲料。此时粗饲料喂给以瓜果类、根茎鲜枝叶、青草、青贮玉米等多汁饲料最好。精饲料以豆饼、燕麦、麸皮等为主,这些饲料既能满足公鹿的能量需要,又含有足够水平的蛋白质以及丰富的钙、磷、维生素群,有利于促进精子的生成和提高活动能力。

公鹿的饲养一般是按生产期特点分段进行的,饲料尽量多样化。精饲料主要是豆饼、大豆、高粱、玉米、麦麸。粗饲料主要是柞树叶、青干草和一部分青贮饲料、青刈玉米、青刈大豆、青绿多汁和块根类饲料。饲喂时应定时喂给,分时间段多次添加饲喂,但每次添加量不宜过多。

在配种期的种公鹿饲养过程中要不断改进调料技术和饲喂方法,增加饲料种类,尽量做到多样化,以提高适口性。如:饲喂瓜类、根茎类多汁饲料时应事先洗净切碎,然后混合在精饲料中喂给,也可与精饲料混合调制成干粥状喂给。

2. 加强管理

鹿的配种期正是8月末至11月初之间。马鹿的配种期较梅花鹿早10~15天。这个时期饲养性质上发生了显著变化。公鹿在这一时期的生理特点是性冲动十分强烈,经常进行激烈的争偶斗争,消化机能紊乱,食欲急剧下降,且能量消耗极大,经过配种期的公鹿一般体重都减轻15%~20%,此时应设法增进公鹿的食欲。另外在母鹿发情集中的旺期,每天发情的母鹿占总数的12%~15%,多数母鹿发情后,为保证受胎率要连续交配2~3次。在自然交配状况下,无论采用哪种方式配种,种公鹿的配种负担都是比较重的。根据对鹿的人工采精的情况可以判断,公鹿一次射精量约2毫升,每毫升精液中约有20亿的精子。每天配种2~3次的公鹿,其射精量为4~6毫升,配种次数越多公鹿的体力消耗越大。此外非配种公鹿之间顶架也很激烈,也消耗能量。所以要妥善地安排公鹿的饲喂、饮水、休息、放牧、运动、日光浴等生活日程,促使公鹿养成良好的生活习惯,以增进健康,同时提高配种能力。

在配种和配种前的阶段,要定时多次检查公鹿的体况,不能过肥或者过瘦,种公鹿在配种期过肥则爬跨力不强,不能很好配种。反之公鹿体质过于瘦弱,其配种能力和配种效果都较差。配种前对种公鹿要做好兽医、卫生检查工作,对于那种营养状况极为不良,上一年度配种性欲不高,新生小鹿患有疾病

和鹿茸质量很差与患过重大疾病的公鹿不应分配其参加配种。

种用公鹿和非种用公鹿应分别进行管理。在锯茸时期,按选配标准选好的种公鹿在配种前就应单独放入种鹿圈内加强饲养管理,供给青刈、大豆、胡萝卜等优质饲料,但要在一定程度上限饲来保持种公鹿处于中等体况。公鹿在配种前必须把二茬茸锯完,以便减少顶架引起死亡。

另外在自然交配方面,配种场地的选择上,群公鹿、群母鹿的配种应在大圈内进行。大圈好处:"王鹿"不能霸占全部母鹿,同时能减少公鹿间的争夺顶架。大圈配种母鹿活动范围较大,不致因公鹿猛烈追求爬跨而受伤。非种用和后备种用公鹿应养在离母鹿群较远的圈舍内,防止其受异味刺激引起强烈的性冲动而影响食欲或相互打斗而受伤。参加过配种的公鹿暂时不能与未参加过配种的公鹿混群。

3. 种公鹿的合理使用

饲养公鹿的目的在于配种和产茸,公鹿精液品质的优劣和使用年限的长短不仅与饲养管理有关,而且在很大程度上取决于初配年龄。

在初配年龄上,刚刚达到性成熟的幼龄公鹿虽然已经具有繁殖能力,但还不适宜参与配种,如过早开始配种,会影响公鹿本身的生长发育。所产仔鹿体小而弱,生长缓慢,而且还会影响鹿茸的产量。过晚配种往往引起公鹿自淫和母鹿厌配。根据目前生产情况和饲养管理水平,母鹿最好在 3 岁开始配种;3 ~4 岁为公鹿最有效利用期,个别良种能利用到 6 ~7 岁。

在利用强度上,种公鹿利用过度会显著降低精液品质,影响受胎率,降低鹿茸产量。如公鹿长期不配会致使其性欲不旺、精液质量差,造成母鹿不受胎,因此必须合理利用种公鹿。种公鹿的交配次数不宜过多,每只公鹿每日交配不超过 2 只,以交配 4 次为宜。公鹿的配种活动以清晨及黄昏最为频繁。对于人工授精来说,种公鹿的采精也不宜过于频繁。

二、妊娠期母鹿需要注意的问题

通常胎儿都是在母鹿妊娠后期迅速增重,因而母鹿妊娠后期就显得尤为关键。经产的母鹿妊娠后期将增重 10 ~ 15 千克,初次妊娠的育成母鹿增重 15 ~25 千克,这说明初次妊娠的育成母鹿身体仍处于发育阶段,因此未成年妊娠母鹿要比成年母鹿多饲喂一些才能满足需要。在妊娠最后两三个月,如果营养不全或缺乏,会导致胎儿生长缓慢,活力不足,同时也影响到母鹿的健康和生产。妊娠后期,胎儿不仅增重大,且增重所需的营养物质也较高。同时母体代谢增强,也要有较多的营养物质。因此,对于妊娠期特别是妊娠后期母鹿的饲养管理是否恰当，对鹿群的发展及以后的生产有着重要的意义。

在妊娠中后期应对所有母鹿进行一次全面检查，调整鹿群，将体弱及营养不良的母鹿拨入相应的鹿群或单独组群，由专人进行饲养管理。

整个母鹿群进入妊娠后期，必须加强管理，每圈只数不宜过多，母鹿妊娠后期由于鹿群拥挤容易发生流产事故。对于长20米、宽12米的圈舍可放入18只母鹿。此外，必须使鹿群经常保持安静，避免各种惊动和骚扰炸群。饲养员和相关人员进出圈舍或接近鹿群也应事先发出信号，防止对鹿群产生惊吓。

在环境方面，鹿舍内要经常保持清洁干燥，采光良好。垫草应当柔软、干燥、发暖，并要定期更换。必要时注意舍内空气的流通，同时也要注意舍内温度，温度不能有大幅度的变化，以防止鹿群疾病的发生。鹿圈内不能积雪存冰，降雪后应立即清除。

对于各项管理工作都要精心细致，对妊娠母鹿进行调教驯化时一定要注意稳群。每天要定时驱赶母鹿运动，可在上午10点和下午4点分别驱赶其运动半小时，运动量也不宜过大。这样能够起到驯化母鹿的作用，同时也可以减少母鹿难产的发生。在这期间饲养工作人员要做好产仔工作，如检修圈舍、铺垫地面、设置仔鹿保护栏和水槽、料槽等。

配种与妊娠初期的母鹿对能量饲料的要求不高，但为了保持良好的体况，使母鹿具有旺盛的性欲和发情征兆，以及配种后达到受孕后胚胎能够顺利着床发育，为使母鹿保持良好的繁殖机能和体能，在其日粮中应含有充足的维生素和蛋白质。由于鹿的配种及妊娠初期正好与天然牧草结实收获期相符合，因此上述问题不难解决。在一阶段，应以容积较大的粗饲料和多汁饲料为主，精饲料为辅，使母鹿瘤胃进一步扩张，为下一阶段胎儿迅速发育、饲料进食增加做准备。块根、块茎和瓜类多汁饲料对处于这一饲养阶段的母鹿是十分必要的。一般供给量为母梅花鹿每天每只1千克左右，母马鹿为3千克左右。精饲料中蛋白质饲料应占30%～35%，禾本科籽实占50%～60%，糠麸类占10%～20%。

在饲喂次数上，圈养母鹿一般每天饲喂精、粗饲料各3次，饲喂时精饲料在先，粗饲料在后。在管理技术上，对配种母鹿应施行分群管理的制度，一般每群以30只左右为宜。在配种期间应有专人值班，观察和记录配种情况，并防止配种期发生意外伤害事故。同公鹿一样，交配对公、母鹿都是比较激烈的活动，刚交配过的公母鹿都不应立即大量饮冷水，以免造成异物性肺炎等意外情况。母鹿受配后应及时记录交配时间及交配情况，为预估产期及观察母鹿是否妊娠作依据。饲养规模较大，负有选种、育种任务的鹿场还应认真记录好配种公、母鹿的编号，记录要登在特定的鹿繁殖性能记录表上，以备将来进行选种、选配。

母鹿妊娠后性格变得安静，食欲良好，被毛光亮，体重增加，至妊娠后期体重增长更快，此时饲料中提供的养分应同时能够满足"母子"的需要。在制定日粮高营养水平的条件下对妊娠的不同阶段有所区别。妊娠前期，供给饲料的容积可大些，如可供应较多的粗饲料，妊娠后期由于孕体（胎儿、胎水及胎膜构成的综合体）体积及重量迅速增加，为了防止因饲料体积过大，肠胃挤压子宫内孕体而造成的胎儿流产，应在饲喂时选择体积较小、质量好、适口性强的饲料。对多汁饲料和粗饲料的饲喂必须适量。在临产前的15～30天应适当降低母鹿的能量摄入量，防止母鹿过肥，产力下降及胎儿初生重过大引起的难产，以便胎儿顺利娩出。

在妊娠期间精饲料中豆饼粕含量为30%～40%，其余为谷物饲料。饲喂数量随妊娠期的不同而有所变化，以母梅花鹿为例，妊娠期的前（1/4）、中（1/2）、后期（1/4）精饲料喂给量，每只每日分别为1.0千克、1.1～1.2千克、1.5千克；相应的母马鹿分别为1.5～2.0千克、1.5～2.0千克、2.0～3.0千克。母鹿在妊娠期间的饲喂次数仍以每天3次为宜，每次饲喂间隔应当均匀和固定，如每天的早上5～6点、中午11～12点、晚上5～6点各喂1次。如白天只喂2次，由夜间补饲1次干草等粗饲料。青粗饲料的来源应多样化，腐败发霉的饲料要严禁饲喂。对圈养鹿，此时亦要创造条件进行适当放牧或运动，以增强母鹿的体质。对妊娠后期的母鹿严禁断食、断水、殴打、强行驱赶或惊吓、强行关闭等，以防引起母鹿流产。

三、母鹿哺乳期应注意问题

母鹿在产仔前1个月（3～4月），应在舍内进行人为驱赶鹿增加运动量，但不要剧烈运动。在运动的同时应适当换人、换穿着衣服的颜色，以增加其适应环境的能力。母鹿产仔期间则应保证产仔圈周围和产房的安静，设仔鹿保护栏或小床。如果个体养鹿户做不到这一点，要在产仔棚里墙根处铺些干净垫草。另外还要备些药品，个体养鹿户还应备好牛、鹿奶，最好有初乳。日夜看管，特别是临产鹿的看护，要留心观察，做好记录。个体养鹿户，鹿比较多时也必须做好记录，一旦发现异常情况及时处理。

仔鹿出生后，很快就可以挣扎着站起来，几小时内就可以自行行走了。为了提高仔鹿的存活率,确保仔鹿吃到初乳就显得尤为重要。新出生的仔鹿免疫机能不完善,而初乳中不仅含有比常乳更为丰富的营养物质,同时还含有仔鹿所需要的免疫蛋白。所以应该确保仔鹿能顺利吃到初乳。仔鹿的哺乳期约为6个月,也可在3个月后尝试用母仔分圈饲养的方式进行断奶,视母鹿的母性和仔鹿的身体状况而定。在饲料添加方面,断奶前注意补料,断奶后也应注意精、粗饲料的配比以提高仔鹿的成活率。

在饲料方面,产仔初期母鹿喂给优质、营养全面的精饲料,蛋白质饲料应占30%左右,玉米占50%左右,其他如糠麸类等占8%,食盐15克。还应添加一些矿物质饲料添加剂,如钙、磷、铁、铜等,尤其是钙、磷饲料添加剂绝不能缺少。总料量应在0.7~1千克,随日龄增加,饲料比例和量随时变化,同时喂给干净优质的粗饲料,不能喂发霉变质饲料,应尽早吃上青绿饲料。

产仔中期随着母鹿产仔数增多,同时结合仔鹿吃奶并迅速增长的特点,蛋白质饲料应增长到35%左右,总料量应在1.2~1.3千克,每日喂4次,白天3次,夜间1次,有条件的可以喂1次豆浆或用豆浆调制成的粥料。有青绿枝叶饲料的可以在上午和下午时少喂一些青绿枝叶饲料。

产仔后期母鹿以泌乳为主,每日总料量应在1.5千克左右,蛋白质饲料应占40%左右。

处在哺乳期的仔鹿生长迅速,逐渐增大,要注意及时补饲。在母鹿产前就可以在仔鹿栏内放上补饲槽,当舍内10%以上的仔鹿达到10日龄时开始进行补饲。补饲用料可将黄豆、豆饼、高粱按5∶1∶3的比例炒熟,混合后磨碎成粉状饲料,按每只50克进行补给饲喂,从开始吃料算起,10日内从50克增加到100克,10~20日为100~200克,根据实际情况逐渐增加,以后逐渐换成母鹿精饲料补饲,如果没有条件,也可将新调制好的母鹿精饲料补给一些,以后逐渐加量即可。起初会出现仔鹿不吃的状况,每天补1次,如果不吃就立即换掉,几天以后仔鹿就逐渐地采食。补饲量初期少,以后逐渐加量,要根据吃的情况适当增加,宁可少些,千万不能给量过大。注意不能在仔鹿栏外补饲。

四、断奶母鹿应注意的问题

母鹿配种期的生产关键是能否排卵及受孕,如果在配种期母鹿没能够成功受孕,就无形中增加了养殖成本,从而降低了养殖效益。因此在母鹿配种期间应多关注母鹿发情、排卵及受孕的状况,这一时期在饲养管理方面主要注意如下几个问题:

1. 及时断乳，加强营养

母鹿配种期与上一泌乳期相衔接，在8月中旬，母鹿应及时断乳，使母鹿在配种前有短期的恢复时间，以弥补泌乳期母体过量的体能消耗和体质损失，从而能够及时发情排卵，进入下一个生理循环周期。生产中对于刚断乳的母鹿，一般可采取"短期优饲"的饲养管理方法，以达到恢复其体能的目的，弥补前期消耗，保证配种期正常的激素分泌水平，从而促进母鹿正常发情、排卵、受孕和妊娠。处于配种期的母鹿性活动机能加强，在有足够营养供给的情况下能正常发情排卵。这一时期如果能量、蛋白质及矿物质元素或维生素缺乏，均会导致母鹿发情症状不明显或只排卵不发情等，缩短了一生中的有效生殖时间；营养缺乏时，严重者即使受孕也可能导致胎儿早期死亡或胚胎吸收，给生产造成较大损失。生产中配种初期母鹿精饲料添加量可参照如下标准，即梅花鹿达1.2～1.5千克，马鹿达2.0～2.4千克，后逐渐下降；同时应补充优质的粗饲料。当然配种期母鹿也不能养得太肥，保持中等体况为最佳，因为母鹿过肥会导致配种困难，同时也会影响其繁殖机能，也不利于后期的妊娠和分娩。

2. 勤于观察

母鹿配种期间应该勤于观察，防止个别公鹿顶撞母鹿、乱配及多次配，造成阴道受伤或穿肛。为了保证最大限度地使母鹿受孕，配种后公母鹿要及时分群管理，发现漏配或再次发情母鹿应及时补配。对育种鹿群还应该观察、记录参配公母鹿，做好育种记录，为产仔日期推算及日后育种打下良好的基础。

五、产仔过程常见问题及处理

1. 流产

鹿是野生动物，机械性、营养性引起的流产是很少的。马鹿对布氏杆菌病非常易感。马鹿患该病引起流产前大约1周，由阴道排出大量的豆腐花样的分泌物，应及时采病样做实验室诊断。根据疾病针对性防治。

2. 死胎

大群养鹿产死胎的情况较常见。有的死胎在产前就可以检查出来，母鹿消瘦，产前由阴道排出污秽分泌物，分娩持续时间长。产干瘪死胎的母鹿无留养价值，但近亲繁殖也可造成死胎，应排除。

3. 难产胎位、胎势和16月龄早配母鹿引起的难产较多

母鹿因肥胖或消瘦致难产较少。早配母鹿难产主要是产道狭窄，应及时助产。此外，相比于经产母鹿，初产母鹿发生难产的概率更高，在分娩时应分

配相关人员进行助产。

4. 软弱胎儿

软弱胎儿一般都足月，属于营养性先天不足。表现为一肢系部或两肢系部背部着地。一般 2～3 天便自行痊愈。但布氏杆菌病除引起母鹿流产外，还多产软弱胎儿（或早产），胎儿多呈麻痹状，虽有母乳也很难存活。

5. 扒死、扒伤仔鹿

仔鹿出生的第一天很容易招致母鹿啃咬扒死，要加强看护，最好进产圈或将恶性母鹿剔出。恶癖母鹿的行为与其母性有关。

6. 母鹿弃仔不养

母鹿弃仔不养与鹿胆小易惊受干扰有关。初产母鹿较多见，个别鹿甚至 2～3 胎弃养。因此，产仔期要保持绝对安静，避免干扰。最好在产房产仔。如遇母鹿弃仔不养，可将母仔关在一起培养母爱或找性情温驯同期产仔的母鹿代养。一母哺二仔需要关在一起。对产仔弃养的母鹿采取强制喂奶法也颇有成效，即将母鹿置于单间，一人用棍对其施加威胁，另一人驱仔鹿于母腹下吃奶，要有耐心。这样吃 3～4 次奶，母爱就可建立起来了。要求初产仔鹿必须吃上初乳。

六、仔鹿的常见病、多发病

1. 母鹿舔肛咬尾

母鹿产仔后即先舔净仔鹿身上的黏液，用嘴不断触动仔鹿的尾部。母鹿舔肛很勤，连仔鹿胎便也吃掉。有的母鹿过度舔舐，引起仔鹿肛门发炎红肿，更甚者将仔鹿肛门皮肤肌肉舔破仍继续舔，甚至连尾咬掉。对此要注意防护。发现仔鹿肛门红肿应及时肌内注射青霉素，外涂紫药水，一日 2 次，连续 2～3 天即可痊愈。对舔烂肛咬掉尾的，可涂樟脑油配制的软膏，并做一护肛罩罩于仔鹿后躯。对有舔肛癖的母鹿应予以淘汰。

2. 奶凝

因母乳不够，初生小鹿因饥饿吞食污物或因产于潮湿积水处，喝下污水，发生胃炎而致奶凝。症状：小鹿情神沮丧，停止吮奶，不愿活动，嘴端冰凉，很快进入昏迷。剖检可发现胃内有粪渣和大量奶凝块。

3. 奶泻

此病因母鹿卧于泥泞潮湿地，乳房不清洁，小鹿吮奶时感染或消化不良而引起。症状：小鹿精神倦怠、吃奶停止，粪便呈浅白色糊状，易招苍蝇。

4. 肺炎

此病因气温变化引起者少见，主要由于母仔关在狭小通风不良的产房内空气卫生不佳所致。症状：小鹿停止吃奶，张口吐舌呼吸，精神不佳。

5. 脐炎

圈内潮湿，环境卫生差，引起脐部感染化脓。故检查小鹿疾病时应注意脐部。

6. 肝炎

多发生于半月龄左右的仔鹿，由于脐部感染侵害到肝脏。症状：小鹿精神沉郁，捕捉时无反应，体温低，容易引起昏迷。

7. 小鹿坏死杆菌病

因圈内不平整，擦破蹄皮感染。症状：高度破行，蹄冠肿大，化脓坏死。

8. 肢关节溃烂

在硬地面上，由于小鹿肢关节皮肤嫩，经常跪卧引起腕关节、附关节磨破感染。症状：破行，肢关节皮肤破损，先是有炎性渗出物流出，而后化脓。

9. 直肠炎

发生于2～3月龄幼鹿，其肛门口经常结粪，拱腰努责排粪困难，检查肛门里面可发现有弥漫性炎症病灶。

10. 闭肛

发生于3月龄左右仔鹿，因严重舔肛引起肛门括约肌增生，肛门逐渐缩小，排粪纤细，最后完全闭合。施行开肛术效果良好。

以上疾病，若及时诊治处理得当，便能大大提高仔鹿成活率。但主要以预防为主，应搞好环境卫生，加强饲养管理，减少疾病发生。

第五章　养鹿环境及调控技术

在自然界中，鹿分布于特定的环境区域，能够健康生长，繁衍生息。鹿家养之后，被圈养在几十平方米的窄小天地里，生活条件发生了巨大变化。科学养鹿就需要了解鹿生存的环境条件和鹿场的建设要求，使养鹿生产环境符合鹿的生物学和行为学习性，有利于发挥鹿的生产潜力，同时对鹿场的发展和经营管理的改善也有重要意义。本章将从养鹿对环境的要求、鹿场的建造及环境调控技术三方面进行阐述。

第一节　养鹿生产对环境的要求

一、温度

温度随着不同地理位置、纬度、栖息环境、季节等条件变化而变化。决定地球上温度分布的主要因素是太阳辐射和地球表面的水陆分布。前者使得地球两极接收的辐射能比赤道地区要少。后者使得陆地比海洋增热快，但冷却的也快，从而使得大陆性气候比海洋性气候有更大的温度变化，昼夜温差和年温差都较大。大陆上气温介于 -88.3 ~ 80℃（南极大陆、沙漠土壤表面温度），大陆温度的变化幅度可达 130 ~ 150℃。

环境温度随着昼夜、季节、纬度、海波的变化而变化。大陆上气温的昼夜变化幅度较大，一般为 17℃；沙漠地带气温的昼夜变化更大，高达 40℃；高海拔地区气温的昼夜差较同一纬度的低海拔区域大。大陆性气候区的气温季节性变化较大，温带、寒带的气温季节性变化又较热带的剧烈。随着纬度增加，气温在降低。纬度每升高 1°，年均气温降低 0.5℃。随着海拔升高，气温也在降低。海拔每升高 100 米，气温就降低 0.5 ~ 1℃。

温度对鹿的生活和养鹿生产的影响，有直接的也有间接的。

温度直接影响鹿的体温。体温的高低又决定了动物新陈代谢过程的强度和特点、生长发育速度、繁殖等。间接影响如温度影响气流、降雨等，从而影响鹿生存。

温度超过鹿的适宜温区的下限或者上限后就会对其产生有害影响。环境温度越高对鹿的伤害作用越大。鹿对极温的适应，生活在高纬度地区的白唇鹿，其身体往往比生活在低纬度地区的坡鹿大。因为个体大的，其单位体重散热量相对较少（贝格曼规律）；鹿体的突出部分如四肢、尾巴和外耳等在低温环境下有变小变短的趋势（阿伦规律）；在寒冷地区和寒冷季节增加毛或羽毛的数量和质量或增加皮下脂肪的厚度，从而提高身体的隔热性能。增加体内产热量来增强御寒能力和保持恒定的体温；在低温环境下减少身体散热的另一种适应为大大降低身体终端部位的温度。通过迁徙（避寒）适应低温环境。高温主要是动物破坏酶的活性，使蛋白质凝固变性，造成缺氧、排泄功能失调和神经系统麻痹等。不同鹿种对高温的忍受限度是不同的。大多数鹿生活在 -40 ~ 50℃的环境中，最适温度为 15 ~ 30℃。否则，通过避暑、泥浴、昼伏夜出等活动适应高温环境。

温度对鹿的生理过程影响是不同的。在10~30℃时，鹿的心率、呼吸频率和代谢频率等生理过程随着温度的升高而加快。

温度对鹿的生长发育影响是不同的。在一定范围内，鹿的生长发育速度随着环境温度的上升而增加；在低温环境中会延缓鹿生长和性成熟，因此，鹿最终可能长得大一些，寿命可能会长一些。

温度对养鹿生产的影响是多方面的，如影响鹿的发情、交配、受精、胚胎成活以及动物产品生产等。环境温度在-10~0℃时采出的鹿精液品质最好，达到优良标准以上的占93.75%；环境温度在20~30℃时不能采出标准的精液。这是由于高温环境下，睾丸升温使精子受损，从而使精子活力降低的结果。但高温环境下，采精量受影响不大。高温环境条件下，阴囊和睾丸的热调节能力失去作用，使睾丸的生精机能受损，抑制精子的产生，异常精子数明显增多，造成精液品质下降。

鹿自身具有一定的温度调节能力，这种调节能力是通过中枢神经系统来实现的。例如当外界温度低于皮肤温度时，鹿就尽量减慢散热，提高代谢作用。反之，当外界温度上升接近或高于皮温时，鹿就会加快散热，降低新陈代谢作用，减少体热的产生。但一年中的空气温度变化很大，当外界温度过高或过低时，鹿体热调节机能遭受破坏，就会发病。在高温情况下，鹿体散热受阻，阻碍机体新陈代谢，容易发生热射病（即中暑）。在低温情况下，会加速鹿体的散热，常易发生感冒、肺炎和风湿症。因此，对于养鹿来说，应该控制在适宜的温度范围之内。鹿对寒冷气温有很大适应，气温在-40~-20℃的情况下均能忍受。当温度过高时可以采用泥浴散热，同时还防蚊虻等侵袭。梅花鹿怕热不怕冷，适宜温度8~25℃，温度升高时，躲在鹿房或树荫下；气温下降到-10~-5℃时，仍能自由活动，并不影响其采食。马鹿对环境条件要求不高，年平均温度2.8~5.8℃环境即可，在-40℃也可正常生活。适合不同阶段生鹿生长发育的理想温度不尽相同。幼鹿和育成鹿对环境温度反应比较敏感。如果冬季舍内过于阴冷，不但会影响鹿的生长发育，而且易导致鹿发生感冒、肺炎，有的还会造成死亡。

影响鹿散热的主要因素包括外界高温、周围物体表面温度高、湿度大、空气不流通、鹿体脂肪多、被毛厚、密集、热天驱赶、密闭的车厢和船舶运输等。因此，在养殖中应加以重视和控制。

二、湿度

鹿舍湿度对鹿的健康和鹿茸生长都有很大的影响。在高湿、高温的情况

下，鹿体热散发不出去，容易发生热射病，抵抗力下降，或饲料易发霉变质，容易诱发疾病，影响鹿的健康。在低湿低温的情况下，鹿体耐受能力较强。低湿高温况下，会造成黏膜变干和蹄龟裂，甚至使鹿茸生长减缓。适宜的湿度对养鹿来说，也是非常必要的。为了调节鹿舍环境的湿度，促进鹿茸生长，提高鹿茸产量，鹿圈舍内安装淋浴器，在春夏湿度较低的季节可以人工喷雾，调节鹿舍湿度，从而有利于鹿茸生长和鹿体健康。马鹿年平均相对湿度 40% ~ 55%。梅花鹿在生茸期内进行人工降雨增加湿度，结果表明鹿舍相对湿度为 49% ~71%，经过 1 小时人工降雨后，可提高到 59% ~81%，鹿茸产量增加 175 克左右。此外利用塑料大棚覆盖鹿舍改变温度和湿度得到再生茸产量提高 310% 的结果，但目前国内外还没有确定鹿茸生长最理想的温度和湿度条件。

三、通风

通风可以促使鹿舍内的空气流动，不断提供新鲜空气。鹿舍外的空气通过门、窗、通气口和一切缝隙进行自然交换而发生舍内空气流动；或以通风设备造成舍内空气流动。在舍内，鹿的散热使温暖而潮湿的空气上升，使鹿舍上部气压大于舍外，下部气压小于舍外，则鹿舍上部热空气由上部开口流出，舍外较冷的空气则由下部开口进入，形成舍内外空气对流。舍外有风和采用风机强制通风时，舍内空气流动的速度和方向取决于舍外风速、风向和风机流量及风口位置；外界气流速度越大，舍内气流速度越大。舍内围栏的材料和结构、配置等对鹿舍气流的速度和方向有重要影响，例如用砖、混凝土易导致栏内气流停滞。

四、光照

太阳光对动物的影响很大，一方面太阳光辐射的时间和强度直接影响动物的行为、生长发育、繁殖和健康，另一方面通过影响气候因素（如温度和降水等）和饲料作物的产量和质量来间接影响动物的生产和健康。

光照与鹿茸生长发育关系极为密切。延长光照，促进鹿分泌生长激素、催乳素、肾上腺皮质激素和甲状腺激素，这些激素可促进鹿茸生长。用短光照处理时，性激素对下丘脑和腺垂体负反馈的敏感性降低，导致下丘脑和腺垂体分泌大量的促性腺激素释放素和粗性腺激素，使血浆内雌激素和甲状腺素增加，促进钙和磷的沉积，促使鹿茸骨基质的生长，使鹿茸停止生长并骨化，导致茸角脱落。

鹿类的季节性生长是自然形成的、内在的，与光照长短有关。我国地处温带，大部分地区四季分明，短日照的冬季长达 3 ~4 个月。要用人工光源进行补充光照，使圈养鹿有连续16小时的光照时间，有利于鹿茸生长。建设鹿舍时，注意鹿舍方位应坐北朝南，冬季利于阳光照入舍内，夏季可防止强烈的太阳辐射。在受到各方面条件的限制，鹿舍不能采用南向时，可以偏东南15°~30°，但应尽量避免朝向偏西或偏西南。年日照时数保持2 600~3 000小时。光照、温度和湿度对鹿茸的生长有一定影响，日照长、温度、湿度适宜时鹿茸生长较快。

五、噪声

在自然界中，鹿是中大型肉食动物的捕食对象，也是人类狩猎的目标。鹿本身没有防御武器，逃跑是避敌的唯一方法。这使鹿的听觉、视觉、嗅觉等感觉器官异常敏锐，反应灵活，警觉性高，奔跑速度快，跳跃能力强。因此，鹿喜欢安静的环境。建造鹿场时应选在远离闹市和噪声较大的区域。

噪声对动物的影响也很大，可使动物血压升高、脉搏加快，也可引起动物烦躁不安、神经紧张。严重情况下，可以引起鹿群产生强烈应激反应，诱发鹿生病，或圈内乱跑、相互冲撞，导致死亡。建议噪声白天不要超过55分贝，夜间不超过45分贝。

六、绿化

植物在自然界的作用很重要，在动物的生活中也有着不可替代的地位。在建厂时应规划出足够的地方来进行绿化，绿化带的作用是极其重要的。

（一）补充空气中的氧

动物每昼夜需要消耗0.75千克的氧气，排出0.9千克的二氧化碳。大气中的氧气要及时补充，二氧化碳要不断排出以维持空气的正常组成成分。绿化植物在进行光合作用时，可吸收空气中的二氧化碳，放出氧气。绿化能有效地减少汽车尾气中的氮氧化合物，从而减少大气中臭氧的发生量和防止光化学烟雾的形成。柳杉、梧桐、泡桐、柑橘能吸收二氧化碳，刺槐、桧柏、女贞、向日葵等能吸收氟化氢，槐、银桦、悬铃木等能吸收硫化氢，夹竹桃、桑、棕榈能吸收汞。

（二）防尘

植物的叶面和茎的表面有的生着茸毛，有的能分泌黏液或油脂，能拦截、过滤、吸附或黏着悬浮于大气中的各种颗粒物。草地是个不平滑的、粗糙的表面，故还能使近地面气流中的颗粒物停滞在草地上。草地不仅能固定地皮表面的土壤，而且还能防止二次扬尘。

（三）防风

绿化还可起到防风的作用，特别是茂密的树林，作用更明显。因树干、树枝和树叶都能阻挡气流前进，所以气流通过树林后速度会减慢。

（四）减噪

声音在空旷的地区以300米/秒的速度向四周传播，遇到植物的阻碍时，立即由直线传播变为分散式传播，其强度变弱。

（五）灭菌

不少植物不仅能分泌黏液滞留空气中的细菌，有些植物还能释放出具有杀菌作用的植物杀菌素，因此种植树木和花草可以有效减少借助于空气的疾病传播。

（六）改善地区微小气候

植物可通过阻挡太阳辐射，调节气温与温度来改善微小气候。茂密的树冠能阻挡太阳的辐射，同时部分阳光可被树木和其他植物吸收和反射，从而使通过树叶间隙透入地面的阳光明显减少，一般只透过5%～40%。绿化地区的太阳辐射温度比非绿化地区降低14%左右，降低了炎热程度和日晒水平。

（七）净化水质

树木有吸收水中溶解物质的作用，可减轻污水对环境的污染。有试验证明，有色、有味、混浊和含细菌的污水流过森林后，水的色度降低，异味减弱或消失，透明度升高，细菌的含量明显减少。

（八）保持地面干燥

沼泽地区和地下水位高的地带，地面往往十分潮湿，而地面潮湿的环境对鹿健康不利。树木具有极强的吸取地下水分和含蓄水分的能力。因此，植树造林已成为保持地面干燥的有效措施。

第二节　鹿场建造与设备

一、鹿场选址与布局

鹿舍是鹿采食、饮水、运动、产子哺乳和休息的场所，具有防止逃跑，冬避风雪严寒、夏遮风雨烈日的作用，主要由棚舍与运动场组成。棚舍内设有寝床，运动场内设有饲槽和水槽等设施。鹿舍设计时，应充分考虑在鹿的生物学特性的基础上，以满足鹿生长发育的需求为原则，兼顾经济耐用（图5－1）。

图 5-1　鹿场俯瞰

(一) 场址的选择

选择场址时，要实地考察，综合考虑，选择最佳场所。

1. 地形、地势、土壤和气候条件

鹿野性较强，好动，所以地形上要求平坦开阔，有足够面积，除了建设鹿舍及其他相关设施外，还应有足够的运动场地。

地势选择上，一般鹿场要求建在地面干燥、向南或偏向东南的向阳区。如果是山区，则应选择不受洪水威胁、避风、向阳、排水良好的地区，平原地区可选择地势稍高、向阳斜坡之处，山区可将鹿场建在向阳暖坡上，坡度要求3%～5%，以利排水，最大坡度不能超过25%。在平原地区，鹿场应选择比周围略高的地方，最好略向南或向东南倾斜，能得到较多的阳光，并有利于排水；或者是场地中部略高，周围较平缓。在城郊，鹿场最好远离工业区，避免工业“三废”的污染和噪声的干扰，还可利用城市优势——交通、水电、通信、机械等的方便条件。总之地形应开阔整齐，场地不要过于狭长或边角太多。地下水位应在2米以下。地势上最好不要有超过5°的坡度，不能建在低洼地，以免夏天积水、潮湿、通风不良、冬天阴冷。

土质选择上，鹿场要求土质坚实，渗水性好，毛细作用小，吸湿性、导热性小，质地均匀的土壤。一般选择沙壤土，因为它既能保持场地干燥、卫生，又能保持土壤恒温，沙土或黏土都不适合。沙质土渗水性好，但低温变化大，对鹿健康不利；黏土不易渗水，常因雨造成泥泞，有碍生产正常进行。对土壤要进行化学元素分析，了解土壤中某些元素是否过量或缺乏，某些元素的过量或缺乏会引起人、鹿地方病，一般通过调查访问可以解决，如了解当地是否有克山病、大骨节病、甲状腺肿大、缺硒病、氟中毒等情况。

气候选择上，鹿场选址尽可能使场区具有稳定的、较好的小环境，它包括湿度、气候、气压、降水量、风向等因素，场内最好能保持温暖干燥、空气流通的气候条件，并有相当数量的树木，以便遮阳和防风。

2. 水源条件

鹿平时喜欢干净，生活中需要大量清洁饮水，否则极易引起一些传染病、寄生虫病、中毒或消化器官疾病等；其次，饮用水的理化性质必须合乎要求，饮用水的 pH 最好在 6.5 ~8.0。鹿一般采用自由饮水，饮水量与饲料、气候及饲养方式有关。总的来说，马鹿的饮水量大约为体重的 1/10，梅花鹿的饮水量略小于这个比例。饮水温度对鹿影响很大，冷水能刺激饮欲，满足口渴，但冬季饮用冷水能使鹿消耗体热，降低抵抗力，迫使鹿多采食饲料，这一点对老弱鹿的影响尤为明显，鹿在激烈运动之后饮用冷水也大为不利，冷水不仅能使消化道温度下降，而且还使其他器官温度下降，引起血液循环障碍，造成病理过程。特别是在配种期，因公鹿争偶互相角斗后，应防止其仓促引入大量冷水，从而导致坏疽性肺炎。过于温热的水对鹿也不利，能降低消化器官的抵抗力。鹿的饮水温度在 2 ~12℃。

所以建场前要对场地的地下水位、自然水源、水量、水质进行了解和测定，对水质要进行必要的理化检验，查其清洁程度和软硬度；对水量要求井水或泉水的量应能满足生活和生产的需要；同时应调查附近污染情况，避免工业或其他污染源对场内水源的污染。

3. 饲料条件

鹿饲养一般是放牧和舍饲相结合，以粗饲料为主，适当补充精饲料，所以鹿场内或附近最好有足够的草地和饲料来源。以梅花鹿为例，一只梅花鹿每年大概需精饲料 300 ~400 千克，粗饲料 1 200 ~1 500 千克。如果完全舍饲，需打草场5 ~10 亩，饲料地 0.5 ~1 亩，青绿多汁饲料地 0.5 亩；放牧则需 20 亩左右草地，而马鹿采食量是梅花鹿的 2 ~3 倍。因此在选择鹿场前，必须了解该地的饲料状况，以免造成饲料供应困难，影响鹿场发展。鹿场应有足够的土地和巩固的饲料基地，饲料来源充足，能保证供给各季所需的各种饲料。山区、半山区、草原区要有足够的放牧场，农区要有种植饲料的可垦荒地，并能按时收购到各种农副产品（如秸秆等）饲料。按舍饲与放牧相结合的驯养方式，平均每年每只茸鹿所需草场与耕地面积，见表 5 -1。

表 5-1 一只鹿所需饲料地面积 （单位：亩）

种类	放牧地采草场		耕地	
	山区	草原	精饲料	青绿多汁料
梅花鹿	5.0~7.5	7.5~10	0.5~0.8	0.4~0.6
马鹿	10~15	20~30	1.2~2.4	1.5~1.8

4. 交通电力条件

鹿胆小怕惊，要求环境安静，因此鹿场不可建在闹市或交通路边，但又要求交通便利，便于和外界沟通。因此，建场地点应选择距公路1.0~1.5千米、距铁路5~10千米为宜，以便于设备、饲料的供应及产品的发送，工人生活必需品的采购；同时鹿场应距电源较近，电力充足，以备生产、生活之用。

5. 社会环境

鹿场应选择在远离居民区的地方，周围不应有化工厂、工矿企业、制鞋厂、屠宰厂、鹿牧场、猪场、牛场，以免噪声及水源、空气污染，更不要在牛羊传染病污染过的地方或鹿牧场址上建场。鹿场应在居民区下风向、下水向3千米以上，避开居民区污水排放，以免复杂环境对鹿群惊扰或疾病传染。

6. 经济条件

选择建设鹿场时，还应考虑当地经济条件，如鹿产品的消费如何，当地劳力资源是否充足、廉价等。

（二）场内布局

鹿的养殖与其他动物相比较，有其自身特点。鹿的生活习惯、活动场地、厩舍建筑等都与其他动物有所不同，应根据其本身的经营特点、发展规划、养殖对象，结合场地的大小、风向、位置、坡度、水源等合理配置各类建筑，使其合理布局，便于操作，同时又节省空间，充分提高利用率。

1. 场区划分

一个规模化的标准专业养鹿场应具备养鹿生产区、辅助生产区、经营管理区和职工生活区。养鹿生产区建筑包括鹿舍（如仔鹿圈、育成圈、分娩圈、成鹿圈等）、精饲料成品库、饲料加工库；辅助生产区建筑包括农机具库、役鹿舍及其他劳动用具库；经营管理区建筑包括办公室、物资仓库、集体宿舍、食堂、招待所等；职工生活区建筑包括职工住宅楼、学校、医院、幼儿园、商店等。根据上述原则，鹿场布局时，东西宽敞的场址按职工生活区、经营管理区、生产区、粪便处理区依次由西向东或东南排列，南北狭长的场地则应自北向南或西南依次排列。生产区设在管理区的下风处和较低处(图 5－2)。

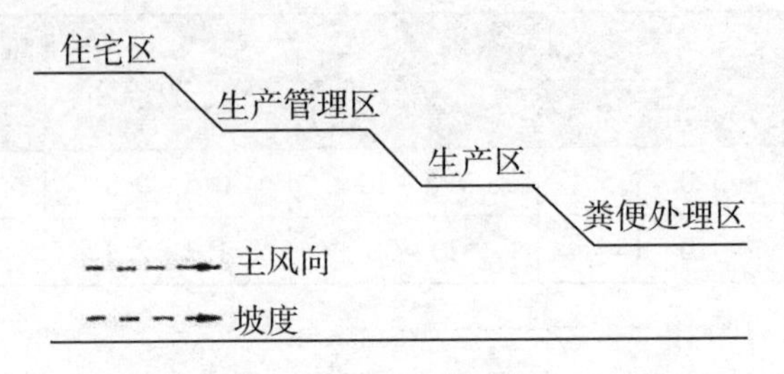

图 5－2　鹿场各区依地势、风向配置示意图

2. 主要建筑布局

鹿场一般应是东西宽、南北窄的长方形,场内 4 个区相互分开,由西向东平行排列,依次为住宅区、管理区、辅助区和养鹿区。通往公路城镇的主干道应直通生活管理区,不能先经住宅区而进入管理区;同时,应有道路不经过住宅区直接进入养鹿区,用于运送饲料,运出产品。养鹿区内以鹿舍为中心分列排布,鹿舍周围布置饲料加工室、青贮窖、饲料库等,以便生产过程中方便。其中养鹿区和其他区最好用围墙完全隔开,间隔在 200 米以上(见图 5－3)。这样安排,可使养鹿区产生的不良气味、噪声、粪尿、污水不因风向和地面流径而污染居民生活环境,避免因疾病出现而使疫病蔓延,防止住宅区生活用水经地面流入养鹿区。

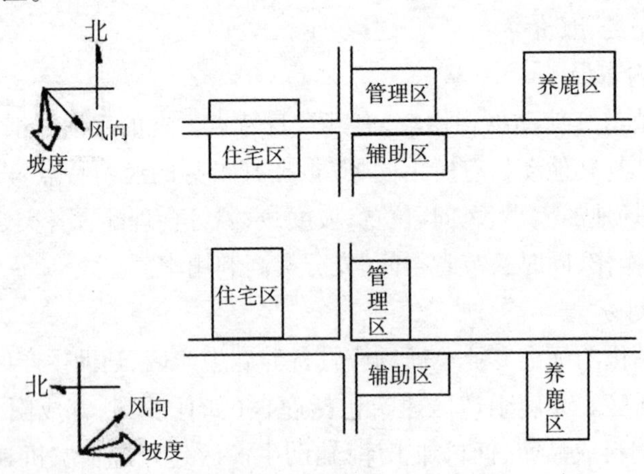

图 5－3　鹿场建筑布局

鹿舍应正面朝阳,运动场设在南面,向阳避风,保证温暖、干燥、阳光充足,各鹿舍间有宽敞的道路,以便管理人员进出及拨鹿、驯化、转群使用;精饲料库、加工室、储料室应以方便加工、取用为原则,大小适宜,方向适当。青贮窖、干草垛要处于鹿舍的高处，有一定距离，以便于防火和防粪尿污染。粪场应处于生产区的最低处的下风向，且与鹿舍有50米以上的距离，以防污染水源、饲料及传播传染病；兽医室、隔离室应处于鹿场下风口，与鹿舍有50米以上距离，以防传染疾病。如果鹿是舍饲与放牧结合，则舍内应设有直通放牧道。

二、鹿舍类型与鹿圈建造

（一）鹿舍的设计

鹿舍是养鹿场最主要的建筑，它的设计好坏直接影响整个鹿场的规划和经济效益。鹿舍是鹿的生活场所，须宜于鹿的规模饲养，防止逃跑，冬季能遮蔽严寒，防风防雪；夏季能防晒遮阳，遮风挡雨，因此设计时应从坚固实用和符合鹿生长发育需要两方面考虑。

1. 鹿舍种类和面积

鹿舍依据其用途可分为以下几种：

（1）公鹿舍　主要用来饲养种用和茸用公鹿。

（2）母鹿舍　主要用来饲养繁殖用的妊娠或空怀母鹿。

（3）育成舍　主要用来饲养断乳以后、配种以前的青年鹿，依其饲养性别不同，又可分为公鹿舍和母鹿舍2种。

（4）仔母舍　用来饲养处于哺乳期的母鹿、仔鹿。

（5）病鹿舍　用来隔离饲养鹿群中患病鹿，其一般应与其他棚舍分开，靠近兽医室，便于治疗。

鹿舍面积是指圈舍运动场和圈内通道两部分面积之和，它与所养鹿的种类、性别、饲养方式、年龄、经营管理体制、利用价值、生产能力有关。一般来说，鹿的个体越大，单只所需面积越大，例如马鹿就比梅花鹿所需面积大；鹿的性格越活泼，所需面积越大，例如同体大小的梅花鹿就比驯鹿所需面积大；相同品种母鹿所需面积比公鹿大，放牧鹿比完全舍饲鹿所需面积小；种用价值高和生产能力高的壮龄公鹿，应用大圈饲养或用小圈单独饲养；对北方冬季气候较冷的地区或夏季光照过强的南方，也应加大其棚舍宽度；公鹿长茸期和配种期，性格莽撞，好争斗，故占用面积比育成鹿大；母鹿在哺乳期与仔鹿同圈，配种期圈内增加种公鹿，圈内还要安装仔鹿保护栏，产房面积增大。

一般而言，一个长14～20米、宽5～6米的棚舍，可饲养梅花鹿母鹿20～30只，或公鹿15～20只或育成鹿30～40只，但同时需一个长25～30米、宽14～20米的运动场，而同样大小的棚舍，可养60～80只离乳仔鹿，但需加大运动场；一般而言，运动场面积是棚舍的2.5倍左右。圈养或放牧梅花鹿每只平均占用面积见表5－2。圈养鹿每只平均占用面积参考表5－3。

马鹿的棚舍一般长20～30米、宽5～6米，其运动场长30～35米、宽20米，可养公鹿10～15只，或空怀母鹿15～20只，或育成鹿20～30只。

表5－2　梅花鹿占用面积　（单位：米^2）

类别	圈养	放牧		
	棚舍	运动场	棚舍	运动场
梅花公鹿	2.1～2.5	9～11	1.4～1.7	6～8
梅花母鹿	2.5～3.0	10～12	1.5～1.8	7～9
梅花育成鹿	1.8～2.0	8～9	1.1～1.5	5～6

表5－3　鹿舍建筑面积　（单位：米^2）

类别	梅花鹿		马鹿	
	圈舍	运动场	圈舍	运动场
公鹿	2～2.5	9～11	4	21
母鹿	2.5～3	11～14	5	26
育成鹿	1.5～2	7～8	3	15

2. 采光与通风

鹿舍内光线要充足，以利于其生长，所以现在采用的圈舍形式一般是屋顶为人字形，左、右、后三面围墙的蔽圈，前面无墙壁，仅有圆形水泥柱，房前檐距离地面2.1～2.2米，后檐离地面1.8米左右，棚舍后墙留有后窗，以利通风。冬季堵上，春、夏、秋季打开。其围墙与其他鹿舍不同，要求坚固耐用，一般可用砖墙、石墙、土墙、铁栅栏等，但一般提倡使用石座砖墙，即下部底座为石墙，明石高30～60厘米，上砌实砖1.2米，以上为花砖墙。墙高：外墙高2.1～2.2米，内墙高1.8～1.9米，厚37～40厘米，墙的勒脚设防潮层，柱脚用水泥柱，沿外墙四周挖排水沟，使勒脚附近地面积水能迅速排除。屋顶要求遮阳不漏雨，泥瓦、水泥瓦、石棉瓦、塑料瓦皆可。

根据当地的地理位置和气候条件，合理利用太阳光确定鹿舍朝向，对鹿舍的温度和采光有很大影响。我国位于北纬20°～50°，太阳高度角冬季小、夏季大，所以鹿舍采取南向，冬季有利于阳光照入舍内，而夏季可防止强烈的太阳辐射。在收到各方面条件限制，鹿舍不可能采用南向时，可以偏东南15°～30°，应尽量避免鹿舍的朝向偏西或西南。

3. 鹿床与运动场地

鹿舍内地面较舍外运动场要略高一些,因此叫作鹿床。鹿床与运动场的好坏,很大程度上决定了鹿舍的空气环境和卫生状况,从而影响鹿的生长发育、健康状况及生产力高低。对鹿舍的鹿床和运动场地面基本要求是:地面坚实平坦,有弹性,不硬,不滑,温暖,干燥,有适当坡度,易排水,易清扫消毒。

鹿床地面要求从后墙根到前檐下略有缓坡,但坡度不可过大。鹿床北方多采用砖铺地面,南方则宜用水泥地面,这种地面平整易排水和清扫,但对鹿蹄有一定磨损,且夏热冬凉,所以地面冬季要铺足褥草,鹿床前檐最低点比运动场高 3 ~6 厘米,以利于排水和防止雨水回流。

运动场要求地面干燥,土质坚实,如不符要求,可用三合土、素土夯实,上铺大粒沙或风化沙即可,若地势低洼,土质黏重,则可将表土铲除,铺垫 20 厘米厚碎石,铲平压实,再铺 20 ~30 厘米厚粒沙,也可中间铺石板,四周铺风化沙。

4. 排水与防风

由鹿舍鹿床经运动场、走廊到粪尿池及围墙四周都要有排水沟,通道两边各设一道砖或水泥结构排水沟,宽 45 厘米,深 60 厘米,盖上石板盖,通向粪尿池。在走廊(通道)的一边,即后栋鹿舍的前墙(围墙的墙角),再开一条同样规格直通粪尿池的水道(图 5 -4)。

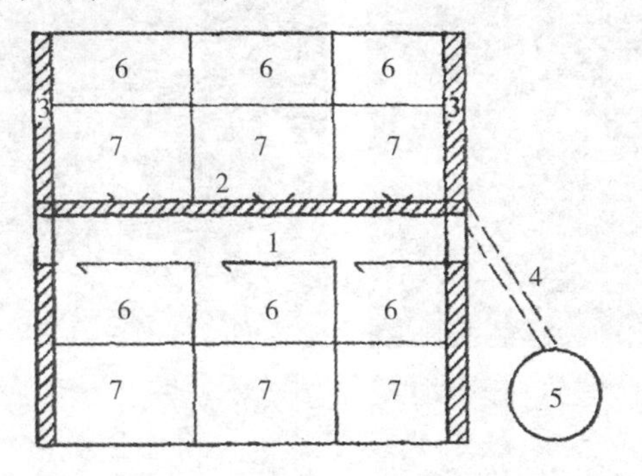

图 5 -4 鹿场排水系统

1. 走廊 2. 走廊内水沟 3. 鹿舍及运动场水沟 4. 通向粪池的暗道 5. 粪池 6. 鹿舍 7. 运动场

在鹿舍四周要建有比较坚固的围墙,有些鹿场为木杆围墙,必须坚固,防止暴风雨时被刮倒;围墙一般高 2 ~2. 5 米,可防止鹿逃跑,又可防风,有条件的地方可用预制水泥板或水泥柱修建围墙,如果墙体较矮,可在墙外密植树木,也可起到防风、遮阳作用。

5. 通道与圈门(图 5-5)

(1)走廊　鹿舍运动场前壁墙外一般设有 3~4 米宽的横道,供平时拨鹿、驯鹿及出牧时用,也是防止跑鹿、保障安全生产的防护设备,通道两端设 2.5~3.0 米宽的大门。

(2)腰隔　在母鹿舍和大部分公鹿舍寝床前 2~3 米的运动场上要设置腰隔,用于拨鹿,即来时打开,拨鹿时关闭,与运动场分开,使圈棚与运动场间形成两条道路。腰隔可为活动的木栅栏,也可以是固定的花砖墙,但必须在两侧和中间设门。

(3)圈门　为了便于拨鹿和管理,圈舍运动场须设有多个门。在运动场前墙的终端开鹿舍正门(前门),高 1.8~2.0 米,宽 1.5~1.7 米。运动场之间的旁门,开在离运动场前墙 5 米左右的围墙段。鹿舍(圈棚)之间的旁门开在隔墙的中间,宽 1.3~1.5 米,高 1.8 米。前栋鹿舍每 2~3 个鹿舍留一后门,通向后栋鹿舍的走廊,此门供拨鹿或饲养适用,规格同上。门材料最好用铁制空管(圆形的最好)制成,再用防锈漆涂抹,使之耐用。无论管材或板材,门的下面 1 米做成实的,上面做成条状的,这样既省材料,又减轻门的重量,便于启闭,还便于观察舍内情况。

图 5-5　鹿圈舍

三、鹿场机械与设备

（一）饮水槽

铁制，容积规格为长1.5米、宽0.6米、高0.3米，并有加温设备，成年鹿饮水槽上沿距地面0.7米，幼鹿饮水槽上沿距地面0.4米。

（二）饲料槽

砖石结构，水泥挂面或木制槽，规格为长10米、宽0.7米、高0.3米，成年公鹿饲槽上沿距地面0.6~0.7米，母鹿及育成鹿饲槽上沿距地面0.4~0.5米，每舍一槽。

（三）喷淋设备

两舍间墙壁上安装喷头，在夏季炎热天气，实行人工喷淋降雨。秋季气候干燥时，可采用喷淋降雨以减少舍内飞尘，净化舍内空气。

（四）暖圈

北方地区应对老、弱、病鹿冬季实行大棚暖圈饲养，圈舍面积为成年公鹿4米^2/只，成年母鹿3米^2/只，幼鹿2米^2/只，并具有一定高度，同时设有排风口。

（五）保定设备

具有一定规模的养鹿场应设置鹿保定设备及麻醉保定药品，以便收茸、产仔助产、鹿病治疗及鹿运输等。

四、鹿场的其他主要设备

（一）粗饲料棚

它主要用于储存干树叶、豆荚皮、铡短的玉米秸秆、鲜枝叶和杂草等粗饲料。粗饲料棚应建在地势高、干燥、通风排水良好、地面坚实、利于防火的地方，设有牢固的房盖，严防漏雨。饲料棚举架要高些，以利于车辆直接出入。棚的周围用木杆或砖石筑成，在一端或中间留门。一般饲料棚为长30米、宽8米、高5米，可储存树叶50吨。粉碎机或铡草机可安装于棚内或棚的附近，以便于加工饲草。

（二）精饲料库

储存精饲料的仓库应干燥、通风、防鼠，仓库内设有存放豆饼、豆粕、大豆和各种谷物的储位，以及放置盐、骨粉、特殊添加剂的隔仓或固定小间。饲料库每间面积100~200米^2，间数视饲养规模而定。

（三）饲料加工室和调料室

饲料加工室应设在精饲料库附近和调料室之间。室内为水泥地面，设有豆饼粉碎机、地中衡等饲料加工设备。调料室要做到保温、通风、防鼠、防蝇。室内为水泥地面,有自来水供应,其主要设备有泡料槽、料池、盐池、骨粉池、锅灶、豆浆机等。

(四)青贮窖和饲草存放场

青贮窖是用来储存青绿多汁饲料(如全株玉米秸或嫩枝叶等)的基础设备。青贮窖有长形、圆形、方形、半地下式、地下式、塔式等多种。以长形半地下式的永久窖较为常见。窖内壁用石头砌成,水泥抹面,其大小主要根据鹿群规模而定。容量则取决于青贮饲料的种类和压实程度。例如,铡全株玉米秸、用链轨拖拉机压得很实的,1 立方米为 600 千克。饲草存放场,主要为秋、冬、春三季(约 9 个月)用的粗饲料存放场地。存放的各种粗饲料要堆成垛,垛周围用土墙或以简易木栅围起,用砖围墙更好。树叶可以打包成垛存放,玉米秸秆不干又逢连阴雨时,不要堆成垛,码成堆即可。

(五)机械设备

鹿场常用的机械设备有汽车、拖拉机或链轨拖拉机、豆饼粉碎机、磨浆机、玉米粉碎机、大豆冷轧机、青干饲料粉碎机、青贮或青绿饲料粉碎机、块根饲料洗涤切片机、潜水泵、真空泵、鼓风机、电烘箱、冰柜、烫茸器、电扇、鹿茸切片机、电动机等。

第三节　鹿的环境调控技术

品种、饲料、疾病和环境是影响养鹿效益的四大要素。其中养殖环境是动物活动的主要场所,是影响鹿生长、发育、繁殖、健康及鹿茸产量的重要因素。随着现代养殖规模化、集约化程度的不断提高,环境因素所起的制约作用也越来越大。

在规模养殖活动中,影响养鹿的环境因素可分为 3 类:

(1)物理因素　温度、相对湿度、气流速度、光线、尘埃、气压、噪声等。

(2)化学因素　空气中的氨气及各种有害气体与有味、挥发性化合物等,如二氧化碳、硫化氢等。

(3)生物因素　指各种微生物、病原体等。

这些物理、化学及生物因素构成了养鹿舍内的复杂小气候。在这复杂小气候中,随季节、鹿种类及生长期的变化,环境调控重点也随之而变。

环境调控技术就是通过调节综合因素中的关键因子,为养鹿提供不受季节等因素局限的最佳环境，从而实现优质、高效、低耗的鹿工厂化生产。对影响鹿养殖小气候中的众多因素进行综合分析，可分为温度控制、湿度控制、通风控制、光照控制、噪声控制、排泄物清除等几部分。

一、温度控制

鹿茸生长的适宜温度为5～30℃，最适温度为15～25℃。鹿舍要注意防暑，我国养鹿除少数地区鹿场实行围栏和半放牧饲养外，绝大多数是圈养。北方由于寒冷持续时间长，鹿圈建筑采取避风向阳、坐北朝南、三壁开放式结构，目的是为了防寒保暖。南方炎热持续时间长，有些地区夏天最高气温达36～38℃，地面温度达60℃以上。这些地方建筑鹿舍应考虑避暑，宜坐南朝北，或者将棚舍建在运动场中间，夏天可以产生"过堂风"，不致酷热；饲槽、水槽也建在棚舍之内，鹿采食、饮水不受雨天影响。有条件的地方，可以在鹿舍内安装电风扇，在运动场安装自动喷水器，这些都是防暑降温的好办法。

常用的降温系统有湿帘、喷淋及雾化3种方式。其中雾化方式是应用较为广泛的一种方式。在雾化降温技术中，超低量雾化是效果最为显著的一种方式，其工作原理为：水通过特殊的雾化器雾化成小于30微米的可在空气中悬浮的雾滴，通过蒸发而降温。雾化降温的显著特点是降温快，特别适于夏季高温场所。另外，雾化法还可有效降低粉尘浓度。鹿舍加温设备有鹿舍燃煤热风炉、燃油热风炉、燃气热风炉、集中热水供暖系统、电热地板等，但加热装备主要用于幼鹿时期，用于育成期的较少。

二、湿度控制

鹿茸生长的最佳湿度为70%～80%。高湿环境为病原微生物和寄生虫的繁殖、感染和传播创造了条件，因此防潮是鹿养殖中重要的环节。具体措施如下：

第一，鹿场选址应选在干燥、排水较好的地区。

第二，为防止土壤中水分沿墙上升，在墙身和墙脚交界处设防潮层。

第三，坚持定期检查和维护供水系统，确保供水系统不漏水，并尽量减少管理用水。

第四，及时清理粪尿和污水。

第五，保持正常通风换气，并及时排除潮湿空气。

第六，使用干燥垫料，如稻草、麦秸、锯木、干土等，以吸收地面和空气中的水分。

三、通风控制

通风是保障鹿舍内环境质量的重要措施。鹿舍通风系统的合理设计不仅能及时将舍内的污浊空气排除,同时可以补充足够的新鲜空气,而且在夏季能起一定的降温作用。通风系统是现代规模化养殖实现高效生产所必不可少的,如果鹿舍通风系统的设计不合理,不仅会造成投资和能源浪费,而且影响养鹿效益。

鹿圈是开放系统。自然通风系统中,气流运动动力源于自然对流形成的热压和风压,无须安装通风设备,充分利用空气的风压或热压差,通过鹿舍的朝向及进气口位置和大小的合理设计,使鹿舍实现通风换气。充分合理地利用自然通风是一种既经济又节能的措施,同时还可避免机械噪声。

动物在生活过程中不断产热,动物作为热源使周围空气的温度升高,热空气的密度比冷空气要低,因而舍内产生向上气流,从而使动物周围的空气密度低于外界环境。而鹿舍上部的空气密度则高于外界环境,舍内外的密度差将驱使气流通过鹿舍的通气口产生对流交换,即舍外的新鲜空气通过位置较低的通气口进入鹿舍,舍内的空气则通过位置较高的通气口离开鹿舍。

整体通风系统:整体通风系统指对鹿舍内的湿、热或有害物质进行全面控制,整个空间全部参与通风换气的通风形式。鹿舍冬季换气基本都采用整体通风,因为在冬季为了保温通常鹿舍门窗紧闭,舍内的有害气体浓度会逐渐升高并弥漫充满舍内空间,影响动物健康及其生产性能,显然只有采取整体通风才能有效排除有害气体,保证鹿舍的环境质量。也有部分鹿舍在夏季也采用整体通风系统。

局部通风系统:局部通风系统顾名思义是指对一个有限空间内的部分区域进行通风换气的通风形式,局部通风系统多用于非密闭式鹿舍夏季的降温系统中。

四、光照控制

光照是鹿舍环境的重要组成部分,可通过视觉器官影响鹿的生理机能和生产性能,是鹿保持良好生产必不可少的条件之一。

光照时间与鹿茸生长关系的研究表明,一年中光照时间由短向长变化期,即春分至夏至间是鹿茸快速生长期,而光照时间由长向短变化期,即立秋至冬至间是鹿茸生长减慢甚至停止生长期。据研究报道,从每年 3 月中旬开始,补光 100 天,总补光不超过 400 小时,总光照时间不超过 1 500 小时,可以促使鹿提前脱盘长茸,提高产茸量。

五、噪声控制

由于噪声对动物的危害也很大,所以要严格控制鹿场周边的噪声污染,一般采取的措施有:

第一,选好场址,尽量避免外界干扰。不将鹿场建在飞机场和主要交通干线的附近。

第二,合理规划鹿场,使汽车等不靠近鹿舍,也可根据地形做隔声屏障,降低噪声。

第三,鹿舍周围大量种植树木,可有效降低外来噪声。据研究,30 米宽的林带可降低噪声 16% ~18%,宽 40 米发育良好的乔木、灌木林可将噪声降低 27%。植物减弱噪声的机制,一般认为是声波被树叶向各个方向不规则地反射而使声音减弱和噪声波造成树叶微振而使声音消耗。

六、排泄物清除

鹿的养殖为我们提供鹿肉、鹿茸等产品的同时也产生了大量的排泄物。这些排泄物由于具有高能、高氮的特点,使其处理起来相当烦琐。但如果不处置对环境会造成严重污染,对附近居民的日常生活带来不利影响。

鹿舍应有一定面积的运动场,运动场圈外侧应保持有一定倾斜度,以使雨水和污水排出,防止积水积尿。运动场周围墙壁设有排水孔道,在围墙外设有排污沟,污水顺排污沟排出鹿场。运动场地面要平坦,北方鹿场常用红砖铺地,这样便于清扫和消毒,同时也不泥泞;南方鹿场除用砖铺地以外,还有铺水泥地面。同时鹿场和运动场不放任何障碍物,以防鹿群受惊扰或互相追逐时发生意外,尤其在公鹿长茸和配种季节运动场更应平整,严防撞坏茸和发生蹄部外伤而感染杆菌病。

鹿舍和运动场应经常清扫和消毒,保持鹿舍和运动场卫生。春季 4 ~5 月一定进行 2 次彻底大清扫和大消毒。鹿舍消毒用 20% 石灰乳为宜。入冬前 9 月、10 月也要进行 1 次彻底清扫和消毒。鹿舍粪便和垃圾,应堆放在远离鹿舍和水源及居民点的地方,进行生物热发酵后用作肥料。

第六章　鹿的营养与饲料

鹿的食性特征是在其进化过程中形成的，动物对食物的选择性不仅和食物自身特点相关，而且还涉及动物的取食行为、消化器官的构造及消化生理。鹿是草食性反刍动物，具有家鹿反刍动物的一般生理解剖和消化特点，但在长期野生状态下生活，主要采食植物性饲料，所以具有其本身的特点。鹿的营养需要是指鹿每日对能量、蛋白质、矿物质和维生素等营养物质的需要量，也就是鹿维持生长、繁殖、生产的营养需要。现在规模养殖主要以梅花鹿和马鹿为主，其他中等体型鹿的营养需要可以参考梅花鹿，大体型的鹿可以马鹿为参考制定标准。

第一节　食性特征

鹿的食性特征是在其进化过程中形成的，动物对食物的选择性不仅和食物自身特点相关，而且还涉及动物的取食行为、消化器官的构造及消化生理。

一、鹿的食性

鹿具有广食性，为草食性动物，常年以各种植物为食。在一般情况下，鹿是不吃动物性饲料的，仅有些驯鹿在春天营养缺乏时，吃小的啮齿类动物（如旅鼠）、鱼类（如北极红点鲑）和鸟茸。

（一）鹿的植食性

1. 鹿的采食植物种类

鹿的食性较广，能采食多种灌木植物的枝叶和各种农副产品以及青贮饲料等（图6－1）。根据有关材料记载，鹿能采食野生植物达400多种，主要为木本植物和草本植物，而且还吃蕈类、地衣苔藓及各种植物的花、果和菜蔬。还有一些蕨类植物，甚至还有些是毒植物。一般而言，禾本科易消化，能提供更多能量，木本科植物则含有更多的蛋白质。特别是驯鹿，在冬天主要食用地衣，由于其胃液中含一些腹足动物（如蜗牛）具有的地衣多糖酶，所以是哺乳类中唯一能食用石蕊的动物。

在这些能采食的植物饲料中，根据鹿的种类、分布区的不同，其经常大量吃的占1/4左右。在鹿的野生植物饲料中，作用最大的是乔灌木枝叶饲料。这种饲料在鹿的各季日粮中有很大意义，特别是在夏季或者草本植物饲料质量低劣的情况下更为重要。这种饲料占鹿全年日粮的70%以上。

A. 野生状态下采食草本植物

B. 圈养条件下采食颗粒料

图6－1　采食中的驯鹿

2. 鹿采食植物的特点

鹿对植物有选择性，主要选择鲜嫩的食物，这类食物蛋白质、维生素含量高而容易消化。家养鹿对食物的选择性很小或无，但鹿仍先吃细嫩部分，后吃粗糙部分，所以家养鹿饲料要多样化，使鹿有选择的余地。

鹿对植物采食部位也有选择性。鹿主要采食植物的叶、嫩尖、花序，而粗糙的植物茎、秆留下不动。只有食物匮乏的时候才采食植物的茎和秆。除采食乔灌木的树叶外，也吃直径1~1.5厘米的枝条，冬季也吃树皮。鹿想吃其身高能达到的植物时，先用嘴把直径不超过1.5~3.0厘米的幼龄树干或灌木咬住，转头将其折断，然后采食其尖端柔软部分。鹿对饲料的选择性极强，能鉴别各种植物有毒与无毒。鹿消化系统构造特点决定了鹿吃植物性饲料这一特性不能改变，但饲料组成可以调整。

食物选择性和适口性紧密相关，但没有必然联系。适口性具有生理内涵，涉及食物的营养成分，含量消化率以及一些用于选择食物的特性，如味觉、嗅觉、视觉，触觉等。衡量食物适口性的指标是干物质消化率。但在带岭的马鹿喜食柳，不喜食紫椴，但二者干物质消化率差异不大。因此，适口性好的食物也不一定是冬季马鹿愿意选择的食物。

食性的选择和易采程度也有关系。如海南坡鹿采食频率高的种类不一定是坡鹿最喜食的。如黄茅和白茅均是坡鹿大量采食的禾本科植物，采食频率高达20%左右。由于它们的可获得性高，坡鹿仅是随机采食。马唐、山扁豆，画眉草的采食频率较低，但其可获得性更低，坡鹿对它们的喜食程度较高。

3. 影响鹿采食的因素

由于季节不同，分布区不同，鹿所采食的木本饲料和草本饲料的比例也有所不同。

（1）鹿种　舍饲条件下，因采食种类受到限制，仅几十种，各种鹿在饲料种类方面无差异。野生状态下，不同鹿品种采食植物类别有区别，且喜食食物也不同。野生的梅花鹿可采食的野生植物性饲料400余种，海南坡鹿可采食230种，驯鹿可觅食200~300种，马鹿为300余种。

（2）季节　研究证明，草食动物在食物资源水平较高时，食性特化；在食物资源水平较低时，食性泛化。鹿是季节性发情动物，发情期采食量减少。9月末猎取的2只公马鹿瘤胃中各含有1千克和1.5千克食物。发情旺期和发情末期的公鹿皮下和内脏器官均有很多积脂。而在10月末捕获的成年公鹿瘤胃中则含有12千克食物，说明发情期已过，转入正常营养。

鹿采食策略也随着季节引起的食物资源丰富度变化而改变，在冬季，由于食物缺乏，尤其是缺乏高质量的食物，鹿会被迫采食各种食物。春季草木萌发时,树的嫩叶、幼芽和青草是鹿的良好饲料,尤其是阔叶树的枝叶和禾本科的草类。鹿在夏季喜欢吃多汁的乔灌木树叶和草本植物的嫩绿部分。到了秋季,大部分草木开始枯萎,正是各种果实成熟之时,鹿除了吃一部分草类饲料外,也能吃一些多汁的灌木果实和浆果以及各种蕈类、地衣类和苔藓植物等,如楚科奇人放牧的驯鹿在早秋时非常喜食蘑菇。土中的薯类鹿也能用前蹄刨食。在冬季,除了在林中采食落叶和落实之外,鹿也吃野干草和细小树枝,甚至柔软的杨、柳树皮也变成了有用的饲料(但不吃柞树皮)。鹿可在30厘米厚的雪中掘出橡实吃。

(3)分布区域　鹿种相同因分布地区自然环境差异采食植物种类也有差异。如华南梅花鹿采食路线不定,随喜食物的多少而变,边采食边活动。采食的种类随季节而变,春季采食乔灌木的嫩枝叶、刚刚萌发的草本植物;夏秋季采食藤本、草本药材;冬季采食成熟的果实、种子、浆果及各种苔藓地衣植物,间或到山下采食农作物。四川梅花鹿采食活动常在晨昏和夜间进行。日采食路线规律性较强,黄昏时分鹿群由隐蔽地缓慢地移向较开阔的灌丛草甸或农耕地,黎明时又由灌丛草甸或农耕地返回隐蔽,采食的植物种类共计212种。一年四季主要以木本植物的芽、枝梢、嫩枝叶、花及花序、果,草本植物的茎叶、花和果实为食。

我国带岭马鹿冬季食物98.8%为木本植物的当年枝组成,针叶植物和草本植物所占比例较小,而波兰北部地区,马鹿的冬季食物主要是针叶植物和草本植物,北美马鹿的冬季食物主要是草本植物。我国马鹿不啃食树皮,波兰北部地区,马鹿不仅啃食树皮,而且将树皮作为主要食物。鹿种饲养即可根据各地植物生长种类因地制宜选择。

(二)鹿的嗜盐性

鹿所采食的植物性饲料中矿物质特别缺乏。鹿同其他有蹄类一样需要各种盐分(钠盐和钙盐),故野生鹿常到一些有矿物质来源的地方舐食。据分析有些盐碱地的土壤中含有碳酸钠、氯化钠和硫酸盐。鹿也常到小溪、小泉和其他有水处活动。鹿舐食盐碱土渗出的盐分来满足对钠盐和钙盐的需要。这些元素的缺乏能导致机体生理功能的破坏,使造血器官的功能紊乱,甚至体重下降。

分布在沿海附近的鹿也能到海边寻找含有盐分的海生植物和藻类,有时也饮海水。鹿到海边觅食藻类和海上漂浮物也说明机体对矿物质的需要。鹿舐盐以春季为甚,夏末稍差,秋季发情时加剧。鹿的这种舐盐现象主要是因为常年吃植物性饲料,而植物性饲料所合的纤维素多,矿物质少,特别是缺乏氯

和钠所致。

二、鹿的消化

鹿是草食性反刍动物,具有家鹿反刍动物的一般生理解剖和消化特点,但在长期野生状态下生活,主要采食植物性饲料,所以具有其本身的特点。

(一)鹿的摄食特征

鹿是边游走、边采食、边吞咽。鹿舌较长,运动灵活而坚强有力,舌面上乳突呈刺状,对采食和饮水起重要作用,采食时靠舌与唇及门齿的协调动作,将饲料卷入口中,并借助齿间的挤压作用和头部的上抬动作把饲料切断或拉断。采食时,舌不外露,而是靠齿垫和切齿咬住枝叶,配合头的前伸和上抬动作将食物切断,纳入口中。采食时嘴张的不大,约3厘米,以选择植物和撕咬住相应部位。仔鹿出生几天后就效仿采食。

(二)鹿的消化特征

饲料和水是提供鹿能量和物质的前体,但作为营养物质的饲料必须经过消化道的消化和吸收才能为鹿所利用。鹿对饲料的消化包括机械消化、化学消化和微生物消化3种方式。鹿的3种消化方式不是截然分开的,而是相互联系、互相协调的。根据饲料经过消化道的部位不同,又可把整个消化过程分为口腔消化、胃消化和肠消化3个阶段。

1. 口腔消化

(1)采食与饮水　鹿无上门齿,唇、舌灵活,但进食时不能像牛一样用舌将食物卷入口中,而是用唇将食物纳入口中,下门齿与上腭齿垫将食物切碎,简单地咀嚼后吞咽。鹿采食速度很快,这是在野生状态下形成的适应环境的一种本能,食物进入口腔后未经咀嚼便匆匆吞咽。家养条件下仍保持这种特点,其1天用于采食和饮水的时间只有10%左右。

(2)咀嚼　鹿采食时对饲料的咀嚼很不充分,鹿采食粗饲料时咀嚼次数多,采食多汁和精细饲料时,咀嚼次数较少。咀嚼可以破坏植物细胞的纤维索壁,暴露其内容物,使其能被消化液作用。同时咀嚼可刺激口腔内的各种感受器,反射性地引起各种消化液的分泌和胃肠道的运动,为食物进一步消化做好准备。鹿的唾液呈碱性,其中含有一定量的消化酶,对饲料进一步消化有重要意义,同时唾液还可中和瘤胃内微生物发酵产生的过量的酸。

(3)反刍　鹿一般在采食后1~1.5小时出现反刍现象,由于鹿采食时咀嚼很不充分,进入瘤胃的食物被瘤胃液浸泡和软化,在休息时返回到口腔仔细地咀嚼,这一现象叫反当。反刍可分4个阶段,即逆呕、再咀嚼、再混唾液和再吞咽。鹿每天需反刍6~8次,平均5~7小时,比采食时间多。每次咀嚼37~60次,吞咽后3~5秒再反刍一个新食团。反刍时间的长短和再咀嚼次数的多少与饲料的性质和鹿的年龄有关,采食粗硬饲料时,反刍开始较晚,再咀嚼次数多,反刍持续时间长,反之则相反。反刍是鹿的一种正常生理机能,仔鹿一般在出生后3周左右出现反刍现象。反刍也是鹿健康的标志,消化道机能异常时可引起反刍次数减少或停止,使鹿处于较危险的状态。

(4)嗳气　食物在微生物发酵过程中,可产生大量的二氧化碳、甲烷等气体。这些气体约有1/4被吸收入血液后经肺排出,一部分为瘤胃内微生物所利用,大部分通过反刍和嗳气排出体外。嗳气障碍时将引起瘤胃鼓胀,对鹿很危险。鹿的瘤胃鼓胀一般多发生在鹿采食大量豆科牧草或返青季节;鹿突然采食大量精饲料,特别是豆类饲料时,也容易致使瘤胃鼓胀。嗳气是鹿正常生理现象,是健康标志,一般每小时嗳气15~20次,只是鹿野性较强,观察不如牛方便。嗳气减少或停止是疾病的表现。

2. 胃的消化

(1)胃结构特点　鹿胃很发达,由瘤胃、网胃、瓣胃、皱胃等4个胃构成,占据腹腔3/4,其中瘤胃是4个胃中最大的一个,几乎占据整个左腹部。成年梅花鹿瘤胃容积为9~10升,马鹿20~30升。网胃呈梨状,是4个胃中最小的一个。前部与瘤胃相通,后部由网瓣孔与瓣胃相通,因胃壁上有许多片状皱褶形成的多角形小窝,很似蜂巢,故又称蜂巢胃。瓣胃比网胃略大,基本呈球状。胃壁上有许多长短不等的叶状突起形成瓣叶,所以又称重瓣胃,皱胃比网瓣胃略大,呈弯曲的梨状,前由食管沟与瓣胃相通,后有幽门通向十二指肠。皱胃是4个胃中唯一有腺体的胃,在胃底部有暗红色胃底腺,在幽门部有幽门腺,具有消化能力,所以又叫真胃(图6-2)。

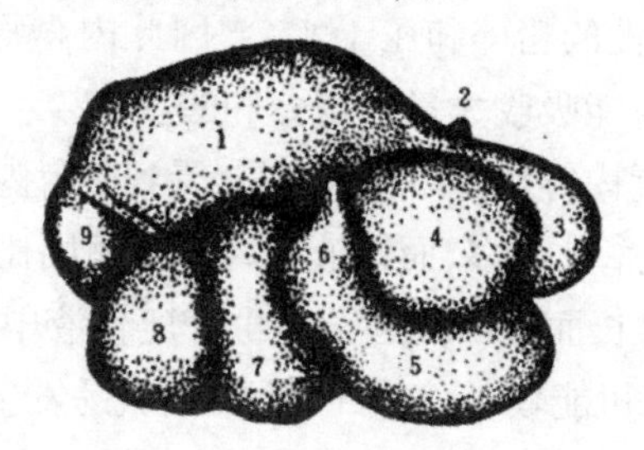

图6-2　鹿胃

1. 瘤胃背囊　2. 食管　3. 网胃　4. 瓣胃　5. 皱胃　6. 幽门　7. 瘤胃腹囊　8. 后腹盲囊　9. 后背盲囊

(2)胃消化特点

1)瘤胃消化　初生仔鹿瘤胃容积很小,仅占全部4个胃容积的23%,2周龄时也只占31%(成年鹿占74%)。里面没有微生物,以后随饲料、饮水或仔鹿与母鹿相互舔舐,微生物才进入瘤胃。仔鹿生后3~4天就能采食一些嫩草并开始反刍,说明这时瘤胃中已有一些微生物。影响瘤胃微生物的主要因素是饲料,因此在饲养过程中变更饲料要逐渐进行,使鹿有一个适应过程,更重要的是瘤胃微生物也有一个适应过程,这在生产上具有重要意义。

据实验室测定,对于一般正常饲养的梅花鹿,其瘤胃氢离子浓度为251.0~251.2纳摩/升(pH 5.6~6.6),和其他家鹿相比酸度略显高些。

据季尚仁等(1987)测定,瘤胃内水分含量为80.4%~94.2%,干物质含量为5.25%~20.13%,乳酸含量为0.10~0.18毫摩/升。瘤胃内容物中水分和干物质含量与饲料、饮水关系极大。反刍动物乳酸含量一般是较低的,在采食大量青贮玉米、可消化谷物或含较高糖分的饲料(如甜菜)时,则可出现高浓度的乳酸。

据季尚仁等(1987)对20只梅花鹿瘤胃内容物进行的测定,挥发性脂肪酸含量为114.6毫摩/升,其中64.8%为乙酸,18%为丙酸,13.4%为丁酸,1.3%为异戊酸,2.5%为戊酸。反刍动物瘤胃内容物中挥发性脂肪酸含量,以及各种挥发性脂肪酸所占比例,随饲料种类和动物生理状态的不同而发生很大的变化。喂给干草时,挥发性脂肪酸可低于100毫摩/升,而采食嫩草或淀粉含量较为丰富的饲料时,则可高达200毫摩/升。

2)网胃和瓣胃消化　鹿的网胃和瓣胃消化机能也与其他反刍动物相同。网胃内微生物量很高,饲喂后微生物数量明显增加,故对网胃的消化机能也不可忽视。瓣胃是一个"过滤器",其收缩时将食物稀的部分送到真胃,干的部分留在瓣叶间,受机械性的粉碎和压干水分,因此内容物比较干燥,但仍有较少的微生物存在。瓣胃能吸收大量的水分和酸。

3)皱胃消化　瓣胃内容物不断进入皱胃,受到皱胃内分泌的消化液的消化作用。仔鹿皱胃中凝乳酶比较多,而胃液中胃茸白酶则比成年鹿少。皱胃中分泌盐酸的机能随年龄增长而逐渐完善。新生仔鹿胃液中游离盐酸与结合盐酸含量均低,因此,胃屏障机能较弱,如果管理不当,就易发生各种胃肠疾病。

3. 肠的消化

食物经十二指肠进入小肠后,得到多种消化液的化学作用及小肠运动的机械作用,大部分营养物质被消化成可吸收的状态,并在这里被吸收。小肠的消化在整个消化过程中占着极为重要的地位。

进入小肠的消化液有胰液、胆汁和小肠液，其内含有多种消化酶，乳茸白分解酶、脂肪酶、淀粉酶。这些酶对进一步分解来自真胃的食糜有重要作用。蛋白质的最终产物是氨基酸，碳水化合物的终产物为葡萄糖，脂肪的终产物为甘油和脂肪酸，这些产物都可以在小肠中吸收。

鹿无胆囊，胆汁由肝脏内粗大的胆管汇集经胆总管流入十二指肠，对消化脂肪起着重要的作用。小肠是营养物质吸收的主要场所，各类氨基酸、葡萄糖及甘油和脂肪酸均在小肠能很好地吸收，同时对维生素、水分、微量元素有很好的吸收。

4. 大肠内的消化

大肠内含有大量微生物，能消化 15% ~20% 的纤维素，产生大量挥发性脂肪酸和可被机体利用的气体，同时大肠微生物还能合成蛋白质和维生素 B、维生素 K，大肠中的腐败菌还有分解营养物质、产生有害物质的作用，因此，如果发生便秘，会使有害物质在体内蓄积过多，吸收后易引起机体中毒。

大肠内容物中的水分主要是在大肠前段吸收的，随着大肠的蠕动，食物残渣不断浓缩形成粪便，经直肠排出体外。鹿的粪便呈椭圆形或球形，黑褐色，在大量采食青绿饲料时有时呈墨绿色。

第二节　营养需要与饲养标准

鹿的营养需要是指鹿每日对能量、蛋白质、矿物质和维生素等营养物质的需要量，也就是鹿维持生长、繁殖、生产的营养需要。现在规模养殖主要以梅花鹿和马鹿为主，其他中等体型鹿的营养需要可以参考梅花鹿，大型体型的鹿以马鹿为参考制定标准。

一、鹿的营养需要特点

因驯化时间短，鹿生理与行为方面仍保留很多野性特点，其生理变化有规律性。公鹿出生第二年会长出毛桃茸，第三年生分枝茸，一般成角茸 4 ~5 枝；人工利用情况下，多收二杠茸及三杈茸。一般情况下，公鹿于 4 ~5 月脱盘生茸，秋季(9 ~11 月)为配种期，鹿茸骨化成鹿角；翌年春鹿角自然脱落，再循环生茸。母鹿秋季发情配种，妊娠鹿于第二年 5 ~6 月产仔，7 ~8 月是仔鹿哺乳的高峰时期；在人工养殖中，一般于发情前断乳。鹿在各生理时期的营养需要有不同的特点。

1. 公鹿营养需要特点

(1)生茸期营养需求较高　鹿茸中含有较高的蛋白质(占鹿茸有机物质的70%以上)和矿物质(主要是碳酸钙与碳酸铵等无机盐类)。故公鹿生茸期需要较高的能量、蛋白质和矿物质水平。

鹿体重变化具有季节性特点。即使采食能量与蛋白质丰富的饲料,成年鹿冬季体重仍下降;夏季,野生鹿采食到营养丰富的饲料,体重逐渐恢复,公鹿鹿茸快速生长;配种前达到最大体重,鹿茸也达到最大,骨化程度非常迅速,为争偶配种做准备。鹿生茸期能量需要较容易满足,养殖中人们往往忽视蛋白质的供应,致使因蛋白质摄入不足而影响鹿茸的生长。生茸期仅70~100天,鹿茸生长非常迅速,生长快者每天可长2~3厘米长,重量增加200克。此期鹿增重也非常快,故蛋白质营养不足会限制鹿茸生长,甚至达不到正常生长量的一半。鹿生茸期对微量元素与维生素的需求也较高,野生或放牧鹿在夏季采食的饲料种类相对较多,不易造成缺乏。人工圈养时,有些鹿场或养殖户所用饲料单一,很容易缺乏某些微量元素或维生素,应补加维生素及微量元素添加剂,以增强鹿的体质和抗病力,最大限度地发挥鹿的生茸潜力。

(2)发情期及越冬期营养需要量低　公鹿在发情期采食量少,性情暴躁,爱顶斗争偶。圈养条件下,为保证配种公鹿精液品质优良,一般将其与母鹿同圈饲养,补饲较高营养水平的精饲料,以补偿其体能消耗。对非配种公鹿,为减少其相互顶斗,要减少精饲料补饲量或不补饲,仅给予一定量的粗饲料,以满足其能量与蛋白质的维持需要。公鹿越冬期的营养需求低于生茸期,可按照维持需要水平供给能量与蛋白质,不影响第二年的生茸性能即可。饲料单一的鹿场,有时会发生鹿的咬毛症,主要原因是缺乏某些微量元素和维生素。所以,在非生产季节也应注意给公鹿补充微量元素和维生素,以维持鹿体健康及基本的生命活动,保证来年正常脱盘生茸。

2. 母鹿营养需要特点

(1)配种期及妊娠期　应给予配种期母鹿较高的营养水平,以补偿其在刚结束的泌乳期中过多的营养消耗,使其尽快恢复体况,促进其正常发情和排卵,但不能使配种期母鹿过肥,以免影响发情及受孕。妊娠早期胎儿生长对营养需求量不多,但须保证质量;妊娠后期应增加能量和蛋白质的供给量,以满足胎儿快速生长发育及母鹿自身储备的营养需求。在整个妊娠期,均应供给适量的微量元素和维生素。

(2)泌乳期　像所有哺乳动物一样,母鹿泌乳期营养需求是所有生理阶段中最高的，对各种营养物质的需求量都显著增加，蛋白质和能量的需要量增加的幅度更大，以满足泌乳的需要，保证仔鹿健康成长。

3. 仔鹿生长期营养需求特点

仔鹿从出生到成年，始终处于生长发育状态，应持续地给予高营养水平的饲料，以保持其健康及正常生长。

二、鹿的营养需要

1. 能量需要

鹿机体为了维持生命活动、心脏跳动、肺部呼吸、血液循环及维持体温等生产活动（如生产鹿茸等），均需要消耗一定的能量。能量不足，鹿的生长、繁殖和生产就会受到影响。机体所消耗的能量，来源于所采食饲料中的3种有机物质，即糖类、脂肪和蛋白质。据测定三大营养物质平均能值分别为17.35千焦/克、39.33千焦/克和23.64千焦/克。糖类和脂肪在鹿体内完全氧化时，所产生的能量与体外燃烧的观测值基本相等；而蛋白质在体内氧化时，因首先脱去氨基，并使其转变成尿素、尿酸或肌酐等，然后随尿排出体外，从而损失一部分能量，所以体内氧化产热值约低于体外燃烧值5.44千焦。蛋白质在体内的产热量与糖类接近，而脂肪在体内氧化的产热量为糖类或蛋白质的2倍多。因此，含脂肪多的饲料能量值较高。

鹿不同生长发育阶段及生产时期能量额需求不同，而且一年四季中，能量需求有较大的变化。梅花鹿公鹿夏季干物质的采食、代谢能摄入处于一年中的最高水平，分别为78～80克/（千克·天）和0.8兆焦/（千克·天）；秋季发情期为一年中最低水平，分别为41～60克/（千克·天）和0.36～0.56兆焦/（千克·天）；冬季处于一年中持续低谷状态，分别为70～75克/（千克·天）和0.61～0.69兆焦/（千克·天），体重为一年中最低水平，营养处于负平衡状态。在圈养条件下，梅花鹿具有自动营养调节能力，夏季体沉积加强，补偿性生长明显，北美马鹿季节生理节律与季节环境变化同步，采食高峰和体沉积高峰均发生在夏季。发情季节，马鹿的采食时间和采食量大大减少。

（1）公鹿生茸期的能量需要　鹿茸中沉积的能量很少，经测定，梅花鹿生茸期中能量浓度在15.884～16.720兆焦/千克，基本可满足鹿的能量需要。研究发现3岁梅花鹿生茸期饲粮中能量适宜水平为15.9～16.7兆焦/千克，平均每只鹿每天对消化能的需要量为29.9～31.3兆焦。成年梅花公鹿能量适宜水平约为16.8兆焦/千克，每只鹿每天对消化能的需要量为36～37兆焦。1岁、2岁、4岁梅花鹿生茸期饲粮能量适宜水平分别为17.37兆焦/千克、16.95 兆焦/千克和 16.4 兆焦/千克，平均每只鹿每天对能量的需要量分别为 28.45～28.87 兆焦、27.20～29.92 兆焦和 39.4 兆焦。

(2)公鹿越冬期的能量需要　公鹿越冬期包括配种恢复期和生茸前期 2 个阶段。公鹿为了迅速恢复体况，并为换毛、生茸储备营养，也需要一定的能量，公梅花鹿越冬期日粮能量浓度为 16.302～16.702 兆焦/千克，可满足需要。1 岁、2 岁公鹿，饲粮能量适宜浓度为 16.32 兆焦/千克、16.7 兆焦/千克，平均每只鹿每天对能量的需要量分别为 23.05 兆焦、36.86 兆焦。

(3)断乳仔鹿的能量需要　仔鹿的特点是生长速度快，生长强度大，能量代谢旺盛，因此，对能量的需求很高。王峰等报道仔鹿精饲料补充料中适宜的能量浓度为 17.15～17.99 兆焦/千克，高秀华等发现，4～10 月龄所需能量为 23.35～24.64 兆焦。

(4)育成鹿的能量需要　育成鹿仍处于生长发育的旺盛阶段，为了满足生长发育的需要，每日需从饲料中摄取一定的能量。育成鹿的精饲料中，蛋白质水平为 28%，能量浓度为 17.138 兆焦/千克时，也可满足育成鹿的能量需要。

(5)母鹿的能量需要　日粮中能量水平的高低，将直接影响母鹿的繁殖能力。一般地，日粮能量水平适宜，母鹿发情正常，乳量足，仔鹿健壮，生长发育快；而日粮能量水平过高或过低，可导致母鹿过肥或过瘦，影响正常繁殖。研究发现，梅花母鹿妊娠期精饲料补充料妊娠中期和后期适宜能量浓度分别为 16.7 兆焦/千克和 17.1 兆焦/千克，为保证胎儿正常生长发育的营养需要，妊娠中期和后期每只鹿每天分别需要供给可消化能 14.35 兆焦和 14.43 兆焦。

2. 蛋白质需要

蛋白质是机体的结构物质，各种器官之所以具有特异的生理功能，主要是因为该组织器官的蛋白质种类及其存在形式不同。蛋白质还是机体组织更新，构成活性调节物质如酶、激素、免疫抗体及各种运输载体的成分。此外，蛋白质还可氧化分解供能。

鹿日粮中蛋白质数量比质量重要，因为不论喂给什么样的蛋白质，都总有部分蛋白质经瘤胃微生物作用，变成微生物蛋白再被鹿吸收利用。鹿瘤胃微生物群能合成各种氨基酸，所以鹿对蛋白质要求不如猪、鸡那样严格。但供给鹿必需的蛋白质，对于微生物群把植物蛋白质转化成动物蛋白质还是十分重要的。

在我国圈养模式下，梅花鹿具有自动营养调节能力，不同季节蛋白质需要不同,即使供给营养丰富的全价饲料,圈养梅花鹿也会自动进行营养调节。成年梅花鹿夏季可消化蛋白质摄入量处于一年中最高水平,为 8 ~ 10 克/(千克·天),补偿性生长明显,秋季发情期为 1.14 ~ 3.0 克/(千克·天),冬季处于一年中持续低谷状态,为 3.0 ~ 3.6 克/(千克·天)

(1)公鹿生茸期的蛋白质需要　鹿茸中蛋白质含量占干物质的 57.6%,由 17 种氨基酸组成,其中必需氨基酸含量高达 21.57%。因此,饲料中蛋白质水平高低均影响鹿茸的产量和质量。早期金顺丹等提出蛋白质需要量的估测方程,结果表明,公梅花鹿生茸期蛋白质需要量随年龄的增长呈递减趋势(表 6-1,表 6-2)。

表 6-1　不同年龄公梅花鹿生茸期蛋白质需要量与氮能比例

年龄(周岁)	粗饲料蛋白质水平(%)	精饲料蛋白质水平(%)	氮能比(克/千克)
1	22	27	13
2	20	26	20
3	19	24	11
4	15	19	9
5	14	18	8

表 6-2　不同年龄梅花鹿生茸期所需蛋白质(CP)的估测方程

年龄(周岁)	回归方程 CPR:蛋白质水平需要量,W:体重(千克),$\triangle W$:日增重(千克)	回归方程 A:鹿茸产量(千克)
1	$CPR = 6.66W + 112\triangle W - 12.5$	
2	$CPR = 4.38W + 82.49\triangle W - 1.22$	$CPR = 4.5W + 2.2A - 0.3$
3	$CPR = 4.58W + 29.96\triangle W + 25.2$	
4	$CPR = 6.96W + 22.5\triangle W - 5.67$	$CPR = 4.6W + 92A - 2\,590$

为了得到更精确的数据,科学家做了大量的工作。高秀华等发现,3 岁梅花鹿生茸期饲料中蛋白质的适宜水平为 19%,平均每只鹿每天可消化蛋白质的需要量为 388 ~ 394 克。1 岁、3 岁、4 岁、5 岁以上梅花鹿生茸期日粮中的蛋白质适宜水平分别为 22.44%、19%、15.9% 和 16.6%。泌乳期精饲料补充料中较适宜的蛋白质水平为 23.6%。每只鹿每天需要可消化粗蛋白质为 200 ~ 210 克。配种期种公鹿日粮中蛋白质的数量和质量均可影响公鹿性器官的发育与精液品质。公梅花鹿每次射精量为 1.45 毫克,干物质含量占 2% ~ 10%,而干物质的 60% 以上为蛋白质,因此,对蛋白质需要量较高,一般精饲

料中蛋白质水平不低于20%。

(2)公鹿配种期的蛋白质需要　种公鹿日粮中蛋白质数量和质量均可影响公鹿性器官的发育和精液品质,一般精饲料中蛋白质水平不低于20%。

(3)公鹿越冬期的蛋白质需要　公鹿越冬期除需要一定的能量外,也需要蛋白质等营养物质维持体况,通常情况下,蛋白质需要量占精饲料的13.5% ~18.2%。

(4)幼鹿和育成鹿的蛋白质需要　王峰等认为,3月龄以上幼鹿和育成鹿蛋白质的需要量占精饲料的28%。刘佰阳等研究不同蛋白质水平精饲料对梅花鹿仔鹿营养物质利用率的影响,发现梅花鹿仔鹿精饲料中适宜的蛋白质水平为21%,随后同组王欣等研究发现,梅花鹿仔鹿精饲料中适宜的蛋白质水平为14.26%,每只每日平均可消化粗蛋白质62.39克。公仔鹿越冬期的适宜蛋白质水平为15.66%,每只每日平均可消化粗蛋白质65.89克。

(5)母鹿的蛋白质需要　妊娠母鹿在怀孕后期,由于胎儿生长迅速,氮的沉积量很大,一般来说,胎儿和子宫内容物的干物质中蛋白质占65% ~70%,而且母体氮沉积量也较大,增重较多,通常在整个妊娠期内增重10~15千克,母马鹿增重20~25千克。杨福合等研究发现,母梅花鹿妊娠期精饲料补充料中,妊娠中期和后期适宜的蛋白质水平分别为16.6%和20.3%,为保证胎儿正常生长发育的营养需要,妊娠中期和后期每只鹿每天分别需要供给可消化蛋白质85~90克和140~145克。对于泌乳鹿,通常情况下,日泌乳1.02升的母鹿每日需要蛋白质248~283克。

3. *矿物质需要*

矿物质是鹿体组织的重要组成成分。除维持生命外,鹿的产品,如乳、肉、茸中都含有一定量的矿物质。

鹿需要的矿物质主要有钙、磷、钾、钠、氯、镁、硫、钴、铜、铁、锌、锰、硒等十余种。各种矿物质在鹿的营养上都具有特殊作用,它们相互作用,相互影响,某些元素间有的为协同作用,也有的为拮抗作用。大部分矿物质元素超过安全量后,都将给鹿造成危害,甚至中毒。但饲料中矿物质不足也会影响鹿正常的生长发育和繁殖。如饲料中钙、磷不足或比例不当,会引起鹿的钙、磷缺乏症,繁殖期的母鹿表现为胎儿发育不良,泌乳不足,骨质疏松,产后瘫痪;公鹿表现为精液品质下降,性欲减退,产茸量降低;幼鹿表现为维生素D缺乏症,同时血钙、血磷含量低,肌肉神经兴奋性增高,肌肉、心肌收缩加剧,幼鹿出现痉挛、抽搐等病症。鹿所需的矿物质营养,均从饲料中摄取。

(1)镁　鹿体内含镁不多,70%存在于骨骼中。镁的主要功能是活化各种酶,与碳水化合物及钙、磷代谢有密切关系,植物性饲料中含镁较多,能满足鹿的需要。

(2)铁、铜、钴　这3种微量元素都与造血机能密切相关。

铁是血红蛋白、肌红蛋白、铁蛋白、血铁黄素、转铁蛋白以及所有含铁酶类的合成所必需的元素,其中血红蛋白中所含的铁是鹿全身含铁量的70%~80%。鹿对铁的利用率较高,饲料中的铁可满足成年鹿的需要,但仔鹿往往需要补充。如鹿场将清洁的黄土放在舍内,任鹿自由舔食,也是个补铁办法。当然补充硫酸亚铁、糊精铁、右旋糖酐铁更好。

铜作为许多酶的组成成分,其活化物直接参与体内代谢,维持铁的正常代谢,有利于血红蛋白的生成和红细胞的成熟。对于骨细胞、胶原和弹性蛋白形成都不可少。鹿铜元素缺乏时,机体多种含铜酶活性降低,导致种种代谢障碍,发生运动失调的进行性瘫痪,即所谓晃腰病。

钴是维生素B_{12}的组成成分。鹿长期食用低钴饲草时易出现钴缺乏症。表现为巨细胞性贫血,毛质脆而易折断。

(3)锌　锌存在于鹿的各器官组织中,是多种酶和胰岛素的组成成分,参与蛋白质、碳水化合物和脂肪的代谢。缺锌时会导致皮肤角化不全,生殖能力降低。

(4)锰　锰存在于鹿的肝、脾和骨骼中,作为多种糖、脂肪和蛋白质有关的代谢酶组成成分发挥作用。缺锰时表现为骨营养障碍和繁殖障碍。

(5)碘　碘主要存在于甲状腺中。碘的功能是构成甲状腺素。甲状腺素是调节新陈代谢的重要物质,对鹿的生长和繁殖均有重要作用,碘不足时新生仔鹿出现甲状腺肿大、全身黏液性水肿,影响成鹿繁殖的机能。

(6)硒　硒存在于鹿的体细胞中,肝、肾中硒的浓度最大。主要作用是作为谷胱甘肽过氧化物酶的组成成分发挥抗氧化作用,保护细胞膜结构和功能正常。缺硒时仔鹿出现白肌病和肝坏死。

(7)钙、磷　是鹿必需的营养元素,王峰研究了3岁梅花鹿生茸期日粮中的钙、磷的适宜水平,试验结果表明,以鹿茸产量和鹿茸干、鲜比为主要依据,3岁梅花鹿生茸期日粮中适宜的钙、磷水平分别为0.89%和0.52%;日粮钙、磷水平对锯茸时鹿茸血清中的钙含量有影响,而对磷的含量影响不大。郜玉钢日粮钙水平超过0.74%时,不利于梅花鹿对营养物质的消化代谢,因此在生产中不宜添加过多的钙饲料。毕世丹研究了梅花鹿生长期及生茸期锌的需要量,试验认为梅花鹿生长期日粮锌的适宜添加量为15毫克/千克(日粮总含

量80.13毫克/千克)左右，生茸期日粮锌的适宜添加量为40毫克/千克(日粮总锌含量98.97毫克/千克)左右。鲍坤研究不同形式的铜对雄性梅花鹿血清生化指标及营养物质消化率的影响，筛选出梅花鹿日粮中最适宜的添加铜源为蛋氨酸铜；吉林地区梅花鹿生长期日粮铜的适宜添加量为15～40毫克/千克(日粮总铜含量21.21～45.65毫克/千克)左右；生茸期日粮铜的适宜添加量为40毫克/千克(日粮总铜含量46.09毫克/千克)左右。

4. 维生素需要

维生素是鹿机体代谢过程中不可缺少的一类有机化合物营养。许多维生素还是辅酶或辅基的组成成分。维生素种类很多，通常分为脂溶性维生素和水溶性维生素两大类，常用的有14种。

凡能溶于油脂及脂溶性溶剂的维生素统称为脂溶性维生素，包括维生素A、维生素D、维生素E、维生素K。

水溶性维生素主要有维生素B族及维生素C。维生素B族包括维生素B_1、维生素B_2、维生素B_3(泛酸)、维生素B_4(胆碱)、维生素B_5(烟酸)、维生素B_6(吡哆醇)、维生素B_7(生物素)、维生素B_{11}(叶酸)、维生素B_{12}(钴胺素)。成年鹿瘤胃中微生物能够合成B族维生素，以满足机体的需要，因此，不需要饲料供给。幼鹿由于瘤胃机能不够健全，仍需从饲料中加以补充。

维生素广泛存在于水果、蔬菜和青绿植物饲料中。在正常的饲养条件下，鹿不会缺乏维生素，而只有在饲养管理不善、鹿舍阴暗潮湿、光照不足、饲料单一或鹿消化机能紊乱的情况下，才会发生维生素营养的缺乏，导致鹿产生相应的疾病。

(1)维生素A(视黄醇)　维生素A仅存在于动物体中，而植物体中存在的则是胡萝卜素。胡萝卜素在动物肠壁和肝脏中，受胡萝卜素酶的作用可转变为维生素A，参与机体内各种机能活动或储存备用。胡萝卜素有多种，但对动物营养意义较大的为β－胡萝卜素。

成年公鹿各时期对维生素A的需要量分别为：配种期5 000～7 000国际单位，恢复期8 000～10 000国际单位，生茸前期5 800～8 250国际单位，生茸后期7 800～10 000国际单位。或分别需要胡萝卜素：20毫克、40毫克、24毫克、40毫克。妊娠母鹿每日需胡萝卜素不得少于18国际单位；泌乳母鹿每日的维持需要为10毫克胡萝卜素；仔鹿则需3～5毫克。

(2)维生素D(钙化醇)　维生素D为类固醇衍生物，在动物营养上较为重要的是维生素D_2、维生素D_3。维生素D_2仅存在于植物性饲料中，生长中的

植物不含维生素 D_2，但随着植物的成熟，其中的麦角固醇经紫外线照射而转变成维生素 D_2。酵母中也含有维生素 D_2。维生意 D_3 是动物皮肤内的7－脱氢胆固醇经紫外线照射后转变而成的。

公鹿各时期对维生素D的需要量分别为：配种期700～900国际单位，恢复期950～1 100国际单位，生茸前期950～1 200国际单位，生茸后期800～1 000国际单位。泌乳母鹿的维生素需要为每千克日粮干物质中含维生素D 100国际单位。

（3）维生素E　又名生育酚，多存在于植物组织中，谷物胚、胚油和胚芽中均含有较多维生素E，豆类及蔬菜的含量亦颇丰富，青绿饲料和优质干草都是维生素E的良好来源，动物性饲料则含量极少。维生素E不仅有利于鹿体正常的繁殖机能，还能够改善肉质。

（4）维生素K　维生素广泛存在于自然界中，常见的有维生素 K_1 和维生素 K_2，维生素 K_1 在绿叶植物（苜蓿、菠菜等）、鱼粉及动物肝中含量较丰富，维生素 K_2 存在于微生物体内。维生素 K_3、维生素 K_4 是人工合成的，效力强于维生素 K_1，维生素 K_3 的效力是维生素 K_1 的2倍，是维生素 K_2 的4倍。

成年鹿瘤胃微生物可以合成大量的维生素K，一般情况下不会出现维生素K缺乏症。

（5）维生素B族　包括维生素 B_1、维生素 B_2、维生素 B_3、维生素 B_4、维生素 B_5、维生素 B_6、维生素 B_7、维生素 B_{11} 和维生素 B_{12}。成年鹿瘤胃微生物能够合成B族维生素满足机体需要，因此不需依靠饲料供给。但仔幼鹿由于瘤胃机能不够健全，仍需从饲料中加以补充。

（6）维生素C　又名抗坏血酸，广泛存在于新鲜水果、蔬菜和青绿植物性饲料中，动物体内可由单糖合成足够的维生素C，一般情况下也不易发生维生素C缺乏症。

5. 水的需要

水对鹿非常重要，保证饮水对于保证鹿体健康，提高生产力具有重要意义。在夏季，梅花鹿每只每日需水8～10升，马鹿10～15升。冬季饮水量为夏季的一半左右。鹿的需水量，受年龄、生产时期、生产力、日粮组成、进食量以及环境温、湿度等多种因素的影响。

鹿的饮用水以地下水和泉水为最佳。要求透明、无色、无臭、清洁，温度在2～12℃，pH 6.5～8.0，无毒、无害，水中的固形物含量应低于0.25%。固形物含量达1.5%时可降低鹿的生产性能。当沙门菌、大肠杆菌和藻类等有害

微生物含量高时,可引起机体发病。饮水中氯化物、硫酸盐等含量在1 000毫克/千克以下。

饮水中的安全上限见表6-3。

表6-3　水中毒素上限表

元素或化合物（千克）	安全上限（毫克/千克）	元素或化合物（千克）	安全上限（毫克/千克）	元素或化合物（千克）	安全上限（毫克/千克）
砷	0.2	铜	0.5	镍	1.0
镉	0.05	氟化物	2.0	硝酸盐	100
铬	1.0	铝	0.1	亚硝酸盐	10.0
钴	1.0	汞	0.01	矾	0.1

三、不同鹿种饲养标准

因鹿为半驯养状态,饲养试验起步较晚,至今国内外还没有制定出一个科学的饲养标准。

(一)鹿不同生理时期的能量与可消化粗蛋白质推荐量

目前,我国对各种鹿种的营养需要仍在继续研究中。中国农业科学院特产研究所根据几十年的生产经验制定了鹿不同时期的能量与可消化粗蛋白质推荐表,见表6-4。

表6-4　鹿不同生理时期的能量与可消化粗蛋白质推荐量

鹿种	生理时期	能量(兆焦,消化能)	可消化粗蛋白质(克)
梅花鹿	断乳仔公鹿	17.84~24.64	160~260
	1岁公鹿生茸期	28.45~28.87	290~320
	1岁公鹿越冬期	22.80~23.26	140~160
	2~3岁公鹿生茸期	27.20~29.92	330~360
	2~3岁公鹿越冬期	23.80~26.82	200~230
	成年公鹿生茸期	38.07~39.75	340~370
	成年公鹿越冬期	27.05~29.66	210~240
	母鹿妊娠前期	19.72~20.39	130~150
	母鹿妊娠中期	20.75~21.85	150~170
	母鹿妊娠后期	19.50~20.80	170~290
	母鹿泌乳期	24~25	200~240

续表

鹿种	生理时期	能量(兆焦,消化能)	可消化粗蛋白质(克)
马鹿	断乳仔公鹿	—	330~500
	1岁公鹿生茸期	—	570~610
	1岁公鹿越冬期	—	390~410
	2~3岁公鹿生茸期	—	650~710
	2~3岁公鹿越冬期	—	470~500
	成年公鹿生茸期	60~62(代谢能)	700~780
	成年公鹿越冬期	57~58(代谢能)	510~540
	母鹿妊娠前期	—	354~380
	母鹿妊娠中期	51~59(代谢能)	360~410
	母鹿妊娠后期	—	468~510
	母鹿泌乳期	81(代谢能)	480~560

(二)放牧鹿及美洲马鹿的估计营养需要

Larry 等制定的放牧鹿及美洲马鹿的估计营养需要,见表6-5。

表6-5 放牧鹿及美洲马鹿营养需求量(干物质基础)

营养物质	生长期					妊娠期		泌乳期	
	维持	生茸	3~6月	6~9月	9~12月	中期	后期	前期	后期
粗蛋白质(%)	7~10	16	18~20	16~18	12~14	12~14	14~16	14~16	15~14
消化能(兆焦/千克)	2.2	2.43	3.09	2.87	2.65	2.43	2.65	2.87	2.76
总消化养分(%)	50~52	55	68	64	59	57	59	64	61
钙(%)	0.35	1.40	0.60	0.55	0.50	0.50	0.50	0.70	0.60
磷(%)	0.25	0.70	0.30	0.30	0.30	0.40	0.40	0.40	0.40
钾(%)	0.65	1.0	0.65	0.65	0.65	0.65	0.65	1.0	1.0
镁(%)	0.20	0.40	0.25	0.25	0.25	0.25	0.25	0.25	0.25
铜(毫克/千克)	15	25	20	20	20	20	20	20	20
锌(毫克/千克)	50	150	100	100	100	100	100	100	100

续表

营养物质	生长期					妊娠期		泌乳期	
	维持	生茸	3～6月	6～9月	9～12月	中期	后期	前期	后期
铁(毫克/千克)	50	200	200	200	200	200	200	200	200
碘(毫克/千克)	0.30	1.0	0.50	0.50	0.50	0.50	0.50	0.50	0.50
钴(毫克/千克)	0.10	0.30	0.20	0.20	0.20	0.20	0.20	0.20	0.20
硒(毫克/千克)	0.20	0.30	0.25	0.25	0.25	0.25	0.25	0.25	0.25
维生素A(国际单位/千克)	2 900	4 400	4 000	4 000	4 000	4 400	4 400	4 400	4 400
维生素D(国际单位/千克)	550	1 100	1 000	1 000	1 000	1 100	1 100	1 100	1 100
维生素E(国际单位/千克)	22	44	33	33	33	44	44	44	44

(三)新疆马鹿试行标准

我国地方也根据自己的饲养经验,制定了地方标准,见表6－6、表6－7。

表6－6 新疆马鹿试行饲养标准(公鹿)

体重(千克)	日粮中干物质(千克/天)	代谢能(兆焦/天)	粗蛋白质(%)	可消化蛋白质(克/天)	钙(克)	磷(克)	胡萝卜素(毫克)	维生素A(毫克)
种公鹿标准								
200	3.25	41.5	19	617	38	19	23	16.5
220	3.55	45.3	19	674	42	22	28	17.4
240	3.85	49.1	19	731	45	25	33	18.2
260	4.15	52.9	19	788	48	30	39	19
恢复期生产公鹿标准								
200	3.25	49.7	20	660	39	20	25	17
220	3.72	54.8	20	744	43	22	31	18
240	4.07	59.9	20	814	47	25	37	19
260	4.35	65.2	20	885	51	27	45	20

续表

体重（千克）	日粮中干物质（千克/天）	代谢能（兆焦/天）	粗蛋白质（%）	可消化蛋白质（克/天）	钙（克）	磷（克）	胡萝卜素（毫克）	维生素A（毫克）
生茸期标准								
200	3.40	49.9	21	703.5	40	21	30	17.5
220	3.80	55.8	21	798	45	22	35	18.5
240	4.20	61.6	21	871.5	49	25	40	19.1
260	4.55	66.8	21	855	57	27	45	21
发情控制期生产公鹿标准								
200	1.76	25.8	15	264	32	18	20	12
220	1.95	28.6	15	292.5	36	22	22	13.5
240	2.11	31.0	15	316	40	26	24	14
260	2.28	33.5	15	342	45	30	26	15
育成公鹿标准								
80	1.84	29.8	22	409	22	16	15	9.1
110	2.53	41.0	22	497	27	19	17	9.8
140	3.22	53.1	22	596	32	21	20	10.5
170	3.91	63.3	22	693	38	23	23	12

表6-7 新疆马鹿试行饲养标准(母鹿)

体重（千克）	日粮中干物质（千克/天）	代谢能（兆焦/天）	粗蛋白质（%）	可消化蛋白质（克/天）	钙（克）	磷（克）	胡萝卜素（毫克）	维生素A（毫克）
配种期母鹿标准								
180	3.04	38.5	17	516	32	20	20	16
200	3.20	40.5	17	544	36	22	22	16.8
220	3.68	46.7	17	625.6	42	26	26	17.5
240	4.00	50.7	17	680	47	28	28	18.2
妊娠期母鹿标准								
180	3.12	39.5	18	562	36	22	22	16.2
200	3.32	42.1	18	598	42	24	26	17.1

续表

体重（千克）	日粮中干物质（千克/天）	代谢能（兆焦/天）	粗蛋白质（%）	可消化蛋白质（克/天）	钙（克）	磷（克）	胡萝卜素（毫克）	维生素 A（毫克）
220	3.91	49.6	18	704	47	26	31	18.0
240	4.25	53.9	18	765	52	30	37	18.6
哺乳期母鹿标准								
180	3.24	41.1	19	615	38	24	23	16.4
200	3.66	45.6	19	684	45	28	28	17.5
220	4.14	52.5	19	786	50	32	34	18.4
240	4.50	57.1	19	855	56	36	40	19.0
发情控制期生产母鹿标准								
70	1.76	22.3	20	352	23	17	14	8.8
95	2.15	27.3	20	430	27	19	16.5	9.7
125	2.58	32.7	20	518	32	22	18	10.3
150	3.01	38.2	20	602	38	25	21	11

第三节　饲料配制与生产

饲料配制是采用不同来源的饲料原料，依据鹿的营养需要或饲养标准，进行合理的饲料搭配混合，以满足鹿不同生理期及不同生产要求的营养需要；饲料配制既要最大限度地利用饲料营养物质，发挥鹿最大的生产潜力，又要符合经济生产的原则，以最低的生产价格，生产出最大的价值。

一、常用饲料

饲料的营养价值，不仅决定于饲料本身，而且还受饲料加工调制的影响。科学的加工调制不仅可以改善适口性，提高采食量、营养价值及饲料利用率，并且是提高养鹿经济效益的有效技术手段。

（一）青绿饲料

青绿饲料指天然水分含量60%以上的青绿多汁植物性饲料。一般有以下特点：青绿饲料粗蛋白质较丰富，品质优良，其中非蛋白氮大部分是游离氨基酸和酰胺，对鹿的生长、繁殖和泌乳有良好的作用。干物质中无氮浸出物含

量为40% ~50%,粗纤维不超过30%。青绿饲料含有丰富的维生素,特别是维生素A原。矿物质中钙、磷含量丰富,比例适当,尤其是豆科牧草,还富含铁、锰、锌、铜、硒等必需的微量元素。青绿饲料易消化,鹿对青绿饲料有机物质的消化率可达75% ~85%,还具有轻泻、保健作用。青绿饲料干物质含量低,能量含量也低,应注意与能量饲料、蛋白质饲料配合使用,青绿饲料补饲量不要超过日粮干物质的20%。

常见的青绿饲料有:天然牧草:野草;栽培牧草:主要有苜蓿、三叶草、草木樨、紫云英、黑麦草、苏丹草、青饲玉米等;树叶类饲料:槐、榆、杨等树的树叶;叶菜类饲料:苦荬菜、聚合草、甘蓝等;水生饲料:水浮莲、水葫芦、水花鹿、绿萍等。铡短和切碎是青绿饲料最简单的加工方法,不仅可便于鹿咀嚼、吞咽,还能减少饲料的浪费。一般青绿饲料可以铡成3厘米长的短草。

(二)粗饲料

干物质中粗纤维含量在18%以上的饲料均属粗饲料。包括青干草、秸秆及秕壳等。

1. 干草

干草是青绿饲料在尚未结籽以前刈割,经过日晒或人工干燥而制成的,较好地保留了青绿饲料的养分和绿色,是鹿的重要饲料(图6-3)。优质干草叶多,适口性好,蛋白质含量较高,胡萝卜素、维生素D、维生素E及矿物质丰富。不同种类的牧草质量不同,粗蛋白质含量禾本科干草为7% ~13%,豆科干草为10% ~21%。调制干草的牧草应适时收割,刈割时间过早水分多,不易晒干;过晚营养价值降低。禾本科牧草以抽穗到扬花期,豆科牧草以现蕾期到开花始期即有1/10开花时收割为最佳。青干草的制作应干燥时间短,均匀一致,减少营养物质损失。另外,在干燥过程中尽可能减少机械损失、雨淋等。

图6-3 青干草

2. 秸秆

农作物收获籽实后的茎秆、叶片等统称为秸秆(图 6－4)。秸秆中粗纤维含量高,可达 30% ~45%,其中木质素多,一般为 6% ~12%。能量和蛋白质含量低,单独饲喂秸秆时,难以满足鹿对能量和蛋白质的需要。秸秆中无氮浸出物含量低,缺乏一些必需的微量元素,并且利用率很低,除维生素 D 外,其他维生素也很缺乏。

图 6－4　秸秆(左为玉米秸,右为麦秸)

3. 秕壳

秕壳指籽实脱离时分离出的荚皮、外皮等。营养价值略高于同一作物的秸秆,但稻壳和花生壳质量较差。

(三)糟渣类饲料

酿造、淀粉及豆制品加工行业的副产品。水分含量高,可达 70% ~90%,干物质中蛋白质含量为 25% ~33%,B 族维生素丰富,还含有维生素 B_{12} 及一些有利于动物生长的未知生长因子。

1. 啤酒糟

鲜糟中含水分 75% 以上,干糟中蛋白质为 20% ~25%,体积大,纤维含量高。鲜糟日用量不超过 10 ~15 千克,干糟不超过精饲料的 30% 为宜。

2. 白酒糟

因制酒原料不同,营养价值各异,蛋白质含量一般为 16% ~25%,是肥育肉鹿的好原料,鲜糟日喂量 15 千克左右。酒糟中含有一些残留的酒精,对妊娠母鹿不宜多喂。

3. 豆腐渣、酱油渣及粉渣

多为豆科籽实类加工副产品,干物质中粗蛋白质含量在 20% 以上,粗纤维较高。维生素缺乏,消化率也较低。由于水分含量高,一般不宜存放过久。

（四）多汁类饲料

多汁类饲料包括直根类、块根、块茎类（不包括薯类）和瓜类。含水量高，为70%～95%，松脆多汁，适口性好，容易消化，有机物消化率高达85%～90%。多汁饲料干物质中主要是无氮浸出物，粗纤维仅含3%～10%，粗蛋白质含量只有1%～2%，利用率高。钙、磷、钠含量少，钾含量丰富。维生素含量因饲料种类差别很大。胡萝卜、南瓜中含胡萝卜素丰富，甜菜中维生素C含量高，缺乏维生素D。只能作为鹿的副料，可以提高鹿的食欲，促进泌乳，提高肉鹿的肥育效果，维持鹿的正常生长发育和繁殖。多汁类饲料适宜切碎生喂，或制成青贮料，也可晒干备用（但胡萝卜素损失较多）。

（五）蛋白质饲料

干物质中粗纤维含量在18%以下，粗蛋白质含量为20%及20%以上的饲料。对鹿禁止使用动物性饲料，主要是植物性蛋白质饲料、单细胞蛋白质饲料和非蛋白氮饲料。

1. 植物性蛋白质饲料

植物性蛋白质饲料主要包括豆科籽实、饼粕类及其他加工副产品。

（1）豆科籽实　豆科籽实蛋白质含量高，为20%～40%，较禾本科籽实高2～3倍。品质好，赖氨酸含量较禾本科籽实高4～6倍，蛋氨酸高1倍。全脂大豆为提高过瘤胃茸白时，可适当地热处理。大豆生喂不宜与尿素一起饲用。

（2）大豆饼粕　粗蛋白质含量为38%～47%，且品质较好，尤其是赖氨酸含量高，但蛋氨酸不足。大豆饼粕可替代幼鹿代乳料中部分脱脂乳，并对各生理阶段鹿有良好的生产效果。

（3）棉籽饼粕　由于棉籽脱壳程度及制油方法不同，营养价值差异很大。完全脱壳的棉仁制成的棉仁饼粕粗蛋白质可达35%～40%，而由不脱壳的棉籽直接榨油生产出的棉籽饼粕粗纤维含量达16%～20%，粗蛋白质仅为20%～30%。棉籽饼粕蛋白质的品质不太理想，赖氨酸较低，蛋氨酸也不足。棉籽饼粕中含有对鹿有害的游离棉酚，鹿如果摄取过量或食用时间过长，可导致中毒。在幼鹿、种公鹿日粮中一定要限制用量，同时注意补充维生素和微量元素。

（4）花生饼粕　饲用价值随含壳量的多少而有差异，脱壳后制油的花生饼粕营养价值较高，能量和粗蛋白质含量都较高，但氨基酸组成不好，赖氨酸、蛋氨酸含量较低。带壳的花生饼粕粗纤维含量为20%～25%，粗蛋白质及有效能相对较低。

(5)菜籽饼粕　有效能较低,适口性较差。粗蛋白质含量在 30% ~38%,矿物质中钙和磷的含量均高。菜籽饼粕中含有硫葡萄糖苷、芥酸等毒素,在鹿日粮中应控制在10%以下,肉鹿日粮应控制在20%以下。

(6)其他加工副产品　加工淀粉的副产品,粗蛋白质含量较高。玉米蛋白粉由于加工方法及条件不同,蛋白质的含量变异很大,在25% ~60%,蛋白质的利用率高,氨基酸的组成特点是蛋氨酸含量高而赖氨酸不足,应与其他饲料搭配使用。

2. 单细胞蛋白质饲料

单细胞蛋白质饲料主要包括酵母、真菌及藻类。以酵母最具有代表性,其粗蛋白质含量40% ~50%,生物学价值较高,含有丰富的 B 族维生素。鹿日粮中可添加1% ~2%,用量一般不超过10%。

3. 非蛋白氮饲料

非蛋白氮可被瘤胃微生物合成菌体蛋白,被鹿利用。常用的非蛋白氮主要是尿素,含氮46%左右,相当于粗蛋白质288%,使用不当会引起中毒。用量一般与富含淀粉的精饲料混匀饲喂,喂后1 小时再饮水。6 月龄以上的鹿日粮中才能使用尿素。

(六)能量饲料

能量饲料指干物质中粗纤维含量在18%以下,粗蛋白质含量在20%以下的饲料,是鹿能量的主要来源。主要包括谷实类及其加工副产品(糠麸类)、块根块茎类及其他。

1. 谷实类饲料

谷实类饲料主要包括玉米、小麦、大麦、高粱、燕麦、稻谷等。其主要特点是:无氮浸出物含量高,一般占干物质的66% ~80%,其中主要是淀粉;粗纤维一般在10%以下,适口性好,可利用能量高;粗脂肪含量在3.5%左右;粗蛋白质一般在7% ~10%,而且缺乏赖氨酸、蛋氨酸、色氨酸;钙及维生素 A、维生素 D 含量不能满足鹿的需要,钙低磷高,钙、磷比例不当。

(1)玉米　玉米被称为"饲料之王",其特点是:含能最高;黄玉米中胡萝卜素含量丰富;蛋白质含量8%左右,缺乏赖氨酸和色氨酸;钙、磷均少,且比例不合适。

所以玉米是一种养分不平衡的高能饲料,但是一种理想的过瘤胃淀粉来源。玉米可大量用于鹿的精饲料补充料中,成年鹿饲以碎玉米,摄取容易且消化率高;100 ~150 千克以下的鹿,以喂整粒玉米效果较好;压片玉米较整粒喂鹿效果好，不宜磨成面粉。

(2)高粱　能量仅次于玉米，蛋白质含量略高于玉米。高粱在瘤胃中的降解率低，因含有鞣酸，适口性差。但高粱喂鹿易引起便秘。

(3)大麦　蛋白质高，品质亦好，赖氨酸、色氨酸和异亮氨酸含量均高于玉米；粗纤维较玉米多，能值低于玉米；富含B族维生素，缺乏胡萝卜素和维生素D、维生素K及维生素B_{12}。用大麦喂鹿可改善鹿、黄油和体脂肪的品质。

(4)小麦　与玉米相比，能量较低，但蛋白质及维生素含量较高，缺乏赖氨酸，B族维生素及维生素E较多。小麦的过瘤胃淀粉较玉米、高粱低，鹿饲料中的用量以不超过50%为宜，并以粗碎和压片效果最佳，不能整粒饲喂或粉碎得过细。

2. 糠麸类饲料

糠麸类饲料为谷实类饲料的加工副产品，主要包括麸皮和稻糠以及其他糠麸。其特点是除无氮浸出物含量(40%～62%)较少外，其他各种养分含量均较其原料高。有效能值低，含钙少而磷多，含有丰富的B族维生素，胡萝卜素及维生素E含量较少。

(1)麸皮　包括小麦麸和大麦麸等。其营养价值因麦类品种和出粉率的高低而变化。粗纤维含量较高，属于低能饲料。大麦麸在能量、蛋白质、粗纤维含量上均优于小麦麸。

麸皮具有轻泻作用，质地膨松，适口性较好，母鹿产后喂以适量的麦麸粥，可以调节消化道的机能。

(2)米糠　小米糠的有效营养变化较大，随含壳量的增加而降低。粗脂肪含量高，易发生酸败。为使米糠便于保存，可经脱脂生产米糠饼。经榨油后的米糠饼脂肪和维生素减少，其他营养成分基本被保留下来。肉鹿采食适量的米糠，可改善胴体品质，增加肥度。但如果采食过量，可使肉鹿体脂变软变黄。

(3)其他糠麸　主要包括玉米糠、高粱糠和小米糠，其中以小米糠的营养价值较高。高粱糠的消化能和代谢能较高，但因含有单宁，适口性差，易引起便秘，应限制使用。

3. 块根、块茎饲料

块根、块茎类饲料种类很多，主要包括甘薯、马铃薯、木薯等。按干物质中的营养价值来考虑，属于能量饲料。

(1)甘薯　又称红薯、白薯、地瓜、山芋等，是我国主要薯类之一。甘薯富

含淀粉,粗纤维含量少,热能低于玉米,粗蛋白质及钙含量低,多汁味甜,适口性好,生熟均可饲喂。

(2)马铃薯　又称土豆,盛产于我国北方,产量较高,成分特点与其他薯类相似,与蛋白质饲料、谷实饲料混喂效果较好。马铃薯储存不当发芽时含有龙葵素,采食过量会导致鹿中毒。

4. 过瘤胃保护脂肪

许多研究表明,直接添加大量的油脂(日粮粗脂肪超过9%)对反刍动物效果不好,油脂在瘤胃中影响微生物对纤维的消化,所以添加的油脂采取某种方法应保护起来,形成过瘤胃保护脂肪(图6-5)。

最常见的产品有氢化棕榈脂肪和脂肪酸钙盐,不仅能提高鹿生产性能,而且能改善产品质量和鹿肉品质。

图6-5　过瘤胃保护脂肪

(七)矿物质饲料

矿物质饲料一般指为鹿提供食盐、钙源、磷源的饲料。

食盐的主要成分是氯化钠,用其补充植物性饲料中钠和氯的不足,还可以提高饲料的适口性,增加食欲。鹿喂量为精饲料的1%~2%。

石粉和贝壳粉是廉价的钙源,含钙量分别为38%和33%左右,是补充钙营养的最廉价的矿物质饲料。

磷酸氢钙的磷含量18%以上,含钙不低于23%;磷酸二氢钙含磷21%,钙20%;磷酸钙(磷酸三钙)含磷20%,钙39%,均为常用的无机磷源饲料。

(八)饲料添加剂

饲料添加剂的作用是完善饲料的营养性,提高饲料的利用率,促进鹿的生产性能和预防疾病,减少饲料在储存期间的营养损失,改善产品品质。

1. 氨基酸添加剂

除幼鹿外一般不需额外添加，但对于高产鹿添加过瘤胃保护氨基酸，可提高产量。

2. 微量元素添加剂

微量元素添加剂主要是补充饲粮中微量元素的不足。对于鹿一般需要补充铁、铜、锌、锰、钴、碘、硒等微量元素，需按需要量制成微量元素预混合剂后方可使用。

3. 维生素添加剂

鹿体内的微生物可以合成维生素 K 和 B 族维生素，肝、肾中可合成维生素 C。需考虑添加鹿体内不能合成的维生素 A、维生素 D、维生素 K。

4. 瘤胃发酵缓冲剂

碳酸氢钠可调节瘤胃酸碱度，碳酸氢钠添加量占精饲料混合料的 1.5%。氧化镁也有类似效果，两者同时使用效果更好，用量占精饲料混合料的 0.8%。

二、饲料的配制

（一）饲料配制原则

1. 必须考虑鹿的饲养标准或营养需要量

饲养标准制定出了鹿在不同生物学时期的营养需要量，它是建立在大量饲养试验、消化代谢实验结果之上，结合生产实际给出的鹿能量、蛋白质及各种营养物质需要量的定额数值。目前，在我国颁布的国家或地方标准中已有梅花鹿或马鹿的饲养标准，在设计饲料配方时，应根据具体情况，适当利用饲养标准或者营养推荐需要量所列数值进行参考，以便更好地发挥鹿的生产性能。

2. 饲料成分及营养价值表

饲料成分及营养价值表客观地反映了各种饲料的营养成分和营养价值，特别是鹿对其的消化代谢率，用它可科学准确地提供配制饲料的理论计算值，对促进饲料资源的合理利用、提高鹿的生产效率和降低生产成本有重要作用。在配制饲料时，先应结合饲料成分及营养价值表，计算所设计饲料配方是否符合各物质规定的要求，以进行调整。对于同一饲料原料，由于生长季节、地区及品种等的不同，其营养成分也不尽相同，有条件的单位可进行常规饲料成分分析，如没有条件，可选用平均参考值进行计算。计算混合饲料的营养成分往往与实测值不同，在大型生产场应配制后再检测，保证鹿饲料营养成分供给的平衡准确性。

3. 配合饲料应考虑日粮的适口性及鹿采食的习惯性

鹿对饲料的选择性较大，有些对鹿适口性差的饲料配比过多，会引起鹿拒食，设计饲料配方时应选择适口性好、无异味的饲料，对适口性差的饲料可少加或添加调味剂，以提高其适口性，如鱼粉、玉米蛋白粉、棉籽饼等，应限制在一定比例。同时应结合生产实际经验，考虑饲料的适口性及鹿采食的习惯性，合理调配日粮，使鹿爱吃。

4. 必须结合鹿不同生物学时期的生理状态、消化生理特点选用适宜的饲料

鹿为反刍动物，可消化大量的粗饲料，但由于鹿不同生物学时期生理特点不同，选配饲料时应充分考虑，如在生产公鹿越冬期可大量选用粗饲料，仅需视体况条件供给精饲料，有的鹿场仅饲喂粗饲料就可满足鹿越冬营养需要，对于母鹿妊娠后期营养需求大，应选用高能蛋白质饲料进行配置，同时应适当减少饲料容积，减少因采食食物体积过大而对胎儿造成挤压。

5. 所选饲料应考虑经济的原则

应尽量选择营养丰富而价格低的饲料进行配合，以降低饲料成本，同时饲料的种类和来源也应考虑到经济原则，根据实际情况，因地制宜、因时制宜地选用饲料，保证饲料来源的方便、稳定。

6. 组成日量的饲料原料尽可能多样化

在进行日粮配合时，作为单一的饲料原料，如能量饲料、蛋白质饲料及含矿物质、微量元素丰富的饲料等，它们所能提供的营养物质过于单一，有可能配不出所需营养的日粮，如单一的玉米、麦麸就配不出含蛋白质20%的日粮，所以在日粮配合时，尽可能有较多的可供选择的饲料原料，以满足不同的营养需求。

7. 全面考虑

在配合饲料时，易忽视粗饲料的营养供给，应当把粗饲料与精饲料作为一个整体考虑配合，使日粮营养成分均衡齐全。

（二）饲料配制应考虑的因素

1. 日粮类型

鹿的日粮类型配合应把粗饲料看作基础饲料，在满足粗饲料的基础上决定补加相应的精饲料日粮。由于鹿是反刍动物，能大量利用粗饲料，在草叶丰富的夏秋季节，仅营养丰富的牧草就可以满足其营养需要，但在我国以生茸为主要目的的饲养条件下，精饲料的补充可起到增茸的目的。粗饲料具有较大的体积，可使鹿有饱感，在采食量的调节上也有很大作用。在什么时候用什么

日粮类型，对生产效益的发挥有关键作用。

2. 饲料采食量

进行饲料配方设计时，应知道鹿所需采食的数量，营养浓度不同的日粮，鹿采食相同的数量将导致其采食的营养物质不一样，所以在进行配方设计时，应首先考虑鹿的采食量。例如欲使生茸梅花公鹿每天采食380克蛋白质，如果其日粮采食量为3.5千克，则日粮蛋白质浓度为10.86%；如果每天仅采食2.5千克，则日粮蛋白质浓度须增加为15.2%，才能达到所要求的每日蛋白质的进食量。

日粮的物理浓度、加工方式、毒性、适口性等均影响鹿的采食量，在进行饲料配合时均应考虑。比如高粱含有单宁，添加时不应超过10%，玉米蛋白粉不易大量饲喂鹿等，以免影响其预期采食量及饲喂效果。

3. 能量需要

在设计饲料配方时，应首先考虑能量需要，然后再考虑蛋白质、矿物质及维生素等营养物质的需要。提供能量的饲料在日粮中所占比例最大，在设计饲料配方时，如果首先考虑其他营养物质，一旦能量不平衡，则需要重新调整各类饲料的组成；如果首先满足能量的需要，对蛋白质、矿物质及微生物的不足，可采用各类添加物来补充，而不必调整所有的饲料原料的含量。

4. 精粗比

在鹿的饲料配制时，应考虑精饲料与粗饲料的比例关系，一般应尽量利用粗饲料，但为了最大限度发挥生产潜力及满足鹿某一生理时期的营养需要，精饲料的补充也是必不可少，当然也不必过大，以免加大了投入比例，造成生产浪费。圈养条件下，非优质粗饲料在生茸期及母鹿妊娠后期比例一般为35%~40%，如果再大就难以满足生产的需要，造成不必要的损失或生产性能下降。

(三)饲料配合方法

饲料配合的常规方法有交叉法、代数法和试差法，试差法可用于多种原料、多种指标的计算，因而是最常用的饲粮配合方法。交叉法又称为方块法，主要适用于原料种类少，尤其是在应用浓缩饲料时的2~3种原料的配合时，其特点是快速、简便。代数法的特点与交叉法相似，凡是可用交叉法计算的均可用代数法。

有研究者研制的茸鹿饲料配方优化系统，能够完成最初设定的功能，采用该系统计算饲料配方，速度快，约束条件全面，输出信息完备，能够根据实际条件得出符合营养要求、成本最低的饲料配方。

(四)我国鹿种日粮构成和配制

由于篇幅所限,本书只列出部分标准里的饲养要求。

1. 马鹿日粮构成和配制

《东北马鹿养殖技术规程》中有关马鹿饲养的内容。

(1)公鹿

1)日粮组成　见表6-8至表6-11。

表6-8　种公鹿精饲料表　[单位:克/(天·只)]

饲料种类	生理阶段				
	配种前期	配种期	越冬期	生茸前期	生茸期
豆饼、豆科籽实	300	200	400	1 000	1 800
禾本科籽实	800	800	900	2 000	2 200
糠麸类	200	—	200	300	200
食盐	25	25	30	35	30
磷酸氢钙	25	25	30	30	40

注:各时期所需添加维生素、矿物质、氨基酸等类添加剂用量按使用说明添加。

表6-9　种公鹿粗饲料表　[单位:克/(天·只)]

饲料种类	生理阶段				
	配种前期	配种期	越冬期	生茸前期	生茸期
青绿多汁料	3.0	3.0	4.0	4.0	4.0
干粗饲料	5.0	4.0	7.0	7.0	6.0
块根、块茎及瓜果类	1.0	1.0	4.0	3.0	—

表6-10　生产公鹿精饲料表　[单位:克/(天·只)]

饲料种类	生理阶段			
	维持期	越冬期	生茸前期	生茸期
豆饼、豆科籽实	300	400	1 000	1 800
禾本科籽实	800	900	2 000	2 200
糠麸类	200	200	300	200
食盐	20	30	35	30
磷酸氢钙	20	30	30	40

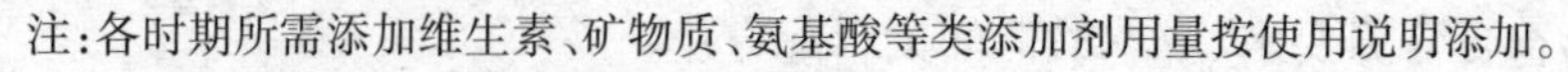

注:各时期所需添加维生素、矿物质、氨基酸等类添加剂用量按使用说明添加。

表 6-11 生产公鹿粗饲料表 [单位:克/(天·只)]

饲料种类	生理阶段			
	维持期	越冬期	生茸前期	生茸期
青绿多汁料	3.0	4.0	4.0	4.0
干粗饲料	5.0	7.0	7.0	6.0
块根、块茎及瓜果类	1.0	4.0	3.0	—

2)公鹿饲喂配比 见表6-12、表6-13。

表 6-12 种公鹿的饲喂情况表 (单位:%)

饲喂时间	饲喂量									
	配种前期		配种期		越冬期		生茸前期		生茸期	
	精饲料	粗饲料	精饲料	粗饲料	精饲料	粗饲料	精饲料	粗饲料	精饲料	粗饲料
8:00	35	25	50	25	35	20	35	25	35	25
12:00	—	30	—	30	—	30	—	30	—	30
16:00	30	20	—	20	30	20	30	20	30	20
22:00	35	25	50	25	35	30	35	25	35	25

表 6-13 生产公鹿的饲喂情况表 (单位:%)

饲喂时间	饲喂量							
	维持期		越冬期		生茸前期		生茸期	
	精饲料	粗饲料	精饲料	粗饲料	精饲料	粗饲料	精饲料	粗饲料
8:00	50	25	35	20	35	25	35	25
12:00	—	30	—	30	—	30	—	30
16:00	—	20	30	20	30	20	30	20
22:00	50	25	35	30	35	25	35	25

(2)成年母鹿

1)日粮组成 见表6-14和表6-15。

表 6-14 成年母鹿精饲料表 [单位:克/(天·只)]

饲料种类	生理阶段		
	配种和妊娠初期（9~10月）	妊娠期（11月至翌年4月）	产仔哺乳期（5~8月）
豆饼、豆科籽实	800	800	900
禾本科籽实	400	500	500
糠麸类	600	600	700
食盐	35	40	35
磷酸氢钙	30	40	30

表 6-15 成年母鹿粗饲料表 [单位:克/(天·只)]

饲料种类	生理阶段		
	配种和妊娠初期（9~10月）	妊娠期（11月至翌年4月）	产仔哺乳期（5~8月）
青绿多汁料	5.0	3.0	6.0
干粗饲料	7.0	5.0	6.0
块根、块茎及瓜果类	3.0	1.5	—

2）母鹿饲喂情况 见表 6-16。

表 6-16 母鹿饲喂情况表

饲喂时间	饲喂量					
	配种期		妊娠期		哺乳期	
	精饲料	粗饲料	精饲料	粗饲料	精饲料	粗饲料
8:00	50	25	40	25	40	20
12:00	—	30	30	30	30	30
16:00	50	20	30	20	30	20
22:00	—	25	—	25	—	30

（3）仔鹿

1）日粮组成 见表 6-17 至表 6-20。

表 6-17　哺乳仔鹿精饲料表　[单位:克/(天·只)]

饲料种类	日龄			
	20～30 日龄	31～50 日龄	51～70 日龄	71～90 日龄
豆饼、豆科籽实	60～120	160～240	300～360	360～480
禾本科籽实	30～60	90～120	150～180	180～240
糠麸类	10～20	30～40	50～60	60～80
食盐	2	4	8	10
磷酸氢钙	2	4	8	10

注:各时期所需添加维生素、矿物质、氨基酸等类添加剂用量按使用说明添加。

表 6-18　离乳仔鹿精饲料表　[单位:克/(天·只)]

饲料种类	月份				
	8 月	9 月	10 月	11 月	12 月
豆饼、豆科籽实	300	400	500	500	600
禾本科籽实	200	200	200	300	400
糠麸类	100	100	100	100	100
食盐	10	10	10	10	10
磷酸氢钙	10	10	15	15	15

表 6-19　育成仔鹿精饲料表　[单位:克/(天·只)]

饲料种类	育成公马鹿				育成母马鹿			
	1 季度	2 季度	3 季度	4 季度	1 季度	2 季度	3 季度	4 季度
豆饼、豆科籽实	800	900	1 000	1 000	800	800	800	800
禾本科籽实	400	500	500	500	300	400	400	400
糠麸类	600	600	600	600	500	600	600	600
食盐	15	20	20	25	15	20	20	25
磷酸氢钙	15	15	20	25	15	15	20	25

表 6-20　育成仔鹿粗饲料表　[单位:克/(天·只)]

饲料种类	育成公马鹿				育成母马鹿			
	1 季度	2 季度	3 季度	4 季度	1 季度	2 季度	3 季度	4 季度
青绿多汁料	1.5	4.0	12.0	4.0	1.5	4.0	1.5	4.0
干粗饲料	1.5	3.0	2.5	4.0	1.5	2.5	2.0	3.5
块根、块茎及瓜果类	0.6	—	—	1.0	0.5	—	—	1.0

2)仔鹿饲喂情况　见表 6-21。

表 6-21　仔鹿饲喂情况表

饲喂时间	饲喂量					
	哺乳仔鹿		离乳仔鹿		育成鹿	
	精饲料（出生后 20~30 天）	精饲料（出生后 31~90 天）	精饲料	精饲料	精饲料	精饲料
5:00	—	—	25	20	—	—
7:00	50	35	—	—	—	—
8:00	—	—	—	—	40	25
9:00	—	—	25	20	—	—
12:00	—	30	—	—	—	30
13:00	—	—	25	20	—	—
16:00	50	—	—	—	30	25
17:00	—	—	—	20	—	—
22:00	—	—	—	—	—	—
24:00	—	—	—	—	—	—

2. 梅花鹿日粮构成和配制

本书列出北京市的地方标准《梅花鹿饲养技术规范》中的日粮构成和配制。

(1)精饲料日粮标准

1)成年公鹿日粮标准　见表 6-22。

表 6－22　成年公鹿日粮标准　[单位:千克/只]

时期	头锯	2 锯	3～6 锯	7 锯以上
配种期	0.75	0.7	0.3	0.5
越冬期	0.8	0.75	0.7	0.75
生茸前期	0.8～1.5	0.8～1.5	0.8～1.6	1.0～1.8
生茸期	1.5～1.75	1.6～1.8	1.7～2.0	2.0～2.25

2)成年公鹿日粮配比　见表 6－23。

表 6－23　成年公鹿日粮配比

时期	玉米(%)	豆粕(%)	麦麸(%)	大豆(熟)(%)	盐(克)	磷酸氢钙(克)
配种期	65	20	15	—	20	20
越冬期	70	20	10	—	20	20
生茸前期	50	30	15	5	20	20
生茸期	40	40	10	10	25	25

3)母鹿日粮标准　每只初配母鹿日粮标准见表 6－24,每只成年母鹿日粮标准见表 6－25。

表 6－24　初配母鹿日粮标准

时期	日喂量(千克)	玉米(%)	饼粕(%)	麦麸(%)	盐(克)	磷酸氢钙(克)
配种期	0.8	60	30	10	15	15
妊娠期	0.75	62	30	8	15	15
哺乳期	1.0	55	35	10	20	20

表 6－25　成年母鹿日粮标准

时期	日喂量(千克)	玉米(%)	饼粕(%)	麦麸(%)	盐(克)	磷酸氢钙(克)
配种期	1.0	60	30	10	20	20
妊娠期	0.8	60	30	10	20	20
哺乳期	1.2	55	35	10	25	25

4)离乳仔鹿和育成鹿日粮标准及配比　每只离乳仔鹿和育成鹿日粮标准及配比见表 6～26。

表 6-26　离乳仔鹿和育成鹿日粮标准及配比

项目	日喂量（千克）	玉米（%）	豆粕（%）	麦麸（%）	熟大豆（%）	盐（克）	磷酸氢钙（克）
9~10	0.3~0.75	40	40	10	10	10	10
11~12	0.75~0.8	40	40	10	10	15	15
1~2	0.8~0.9	45	35	10	10	15	15
3~4	0.9~1.0	40	40	10	10	15	15
5~8	1.0~1.2	40	40	10	10	15	15

5）粗饲料日粮标准　见表 6-27。

表 6-27　粗饲料日粮标准　［单位：千克/只］

离乳仔鹿	育成公鹿	成年公鹿	育成母鹿	成年母鹿
0.5~2.5	3~4	3~4.5	2.5~3.5	3~4

二、饲料生产

饲养规范中对鹿饲料的要求是玉米、高粱蒸煮成整粒熟料或粉碎粉料，大豆应浸泡成或蒸煮制成整粒熟料或研磨成豆浆，豆浆应煮熟，豆饼、葵花饼、菜籽饼粉碎成粉料，再用水泡软后饲用，豆粕应熟制，黄干玉米秸、豆秸、干草等粉碎制成粗粉，用水泡软。下面具体介绍饲料调制方法和技术。

（一）饲料加工调制方法

1. 大豆饲料的加工

（1）机械处理

1）浸泡　将大豆用足够的水浸泡，以使其膨胀软化。

2）磨碎　将大豆或浸泡后膨胀软化的大豆用磨碎机械磨成大豆粉或豆浆。

3）制浆　将大豆粉添加适量的水，然后加热制成稀浆，或者将豆浆加热，制成熟豆浆，将浆液拌入精饲料或者直接饮饲。这种方法不仅可提高大豆的适口性，而且可使大豆中的抗胰蛋白酶的活性丧失，从而提高蛋白质的利用率。在公鹿的生茸期和母鹿产仔哺乳期饲喂熟豆浆，效果很好。按 100~300 克/（天·只）饲喂即可。

（2）发芽　在大豆中加入适量的温水，24 小时后大豆就会渐渐萌芽。大豆发芽后，会使蛋白质部分分解，但糖分、维生素与各种酶相应增加，在冬季缺乏青饲料的情况下，可适当地使大豆发芽饲喂。

2. 饼粕类饲料的加工

(1)湿润与浸泡　湿润法可用于豆粕的加工,浸泡法可用于豆饼的加工,均有利于豆粕和豆饼的软化及泡去有毒物质。

(2)蒸煮　将湿润后的豆粕或浸泡后的豆饼用蒸煮或高压蒸煮的方法,可以进一步提高饼粕饲料的适口性,提高其消化率,同时还可破坏抗胰蛋白酶的活性。蒸煮成黄褐色为好。

(3)磨碎　将豆饼或豆粕直接用粉碎机粉碎,然后再用蒸煮的方法进行加工调制。

3. 禾本科籽实类饲料的加工

(1)磨碎、压扁与制粒　玉米、大麦、小麦、高粱等籽实具壳皮,直接饲喂后鹿如果咀嚼不完全而进入胃肠时,就不容易被各种消化酶或微生物作用,而整粒随粪便排出。因此,需采取磨碎、压扁或制粒等加工方法。磨碎程度应适当,过细形成粉状饲料,适口性反而变差,在胃肠里易形成黏性面状物,很难消化。过粗则达不到粉碎的目的,以直径 1 ~2 毫米为宜。

制粒是将籽实饲料用颗粒机制成颗粒料,便于补饲。放牧的茸鹿可不用饲槽,就地撒喂即可。

(2)湿润　用水将粉碎的饲料润湿、搅拌,有利于咀嚼和提高适口性。

(3)发芽　大麦发芽后,部分蛋白质分解为氨化物、糖分、维生素,各种酶增加,纤维素也增加,但无氮浸出物减少。在冬季缺乏青饲料的情况下,为使日粮具有一定的青饲料性质,可以适当地应用发芽饲料。

籽实发芽有长芽与短芽之分,长芽(6 ~8 厘米)以供给维生素为主,短芽则利用其中含有的各种酶,以供制作糖化饲料或提高适口性。

(4)糖化　饲料糖化可用加入麦芽的方法,或利用各种饲料本身存在的酶来进行。各种籽实中含有各种酶,在干燥条件下无活性,有适当的水分并保持适当的温度(60 ~65℃,为糖化酶作用的最佳温度),经 2 ~4 小时就可以完成。糖化的饲料可增强适口性并提高消化率。

4. 糠麸类饲料的加工

(1)制粒　是将糠麸利用颗粒机制成颗粒料。糠麸制成颗粒后,营养价值有一定的提高。

(2)湿润　糠麸用水湿润后,便于采食,或者同其他精饲料拌匀,有利于提高适口性。

(3)蒸煮　将糠麸或与其他精饲料调拌后进行蒸煮,可提高其消化率。

(二)粗饲料的加工技术

1. 机械处理

粗饲料经过机械处理后,可以提高采食量,减少浪费,提高粗饲料的利用率。有以下几种机械处理方法:

(1)切短　切短有利于咀嚼,便于拌料,减少浪费,提高利用率。切短的秸秆拌入适量的糠麸后,能增强适口性,提高鹿的采食量。长短要适中,太短不利咀嚼和反刍。一般以切短至3~4厘米为宜。

(2)磨碎　磨碎能提高粗饲料的消化率。有些粗饲料(苜蓿)磨碎后,在日粮中占有适当的比例可提高采食量,从而减少能量的消耗。

(3)碾青　碾青是将干、鲜粗饲料分层铺垫后用磙子碾压,挤出水分,以加速鲜粗饲料干燥的方法。

2. 化学处理

机械处理只是改变了粗饲料中的某些物理性质,对粗饲料的利用和营养价值的提高有一定的作用,但不如化学处理的作用大。化学处理是指用氢氧化钠、石灰、氨、尿素等碱性物质处理秸秆等粗饲料,以打开纤维素、半纤维素与木质素之间的酯链,使之更易被瘤胃微生物所分解,从而提高消化率。

(1)氢氧化钠处理　草类的木质素在20%的氢氧化钠溶液中形成羟基木质素,24小时内几乎完全被溶解。一些与木质素有联系的营养物质如纤维素、半纤维素被分解出来,从而提高秸秆的营养价值。具体方法:用8倍于秸秆重量的2%氢氧化钠溶液浸泡12小时后用水冲洗,直至水液为中性止。此法虽保持原有的结构与气味,鹿也喜爱采食,而且营养价值提高,有机物质消化率约提高24%,但此法费时费水费力,且需做好氢氧化钠的防污处理,故应用较少。一般多采用2%氢氧化钠溶液喷洒的方法(每吨秸秆300升溶液),随喷随拌,堆置数天,不经冲洗而直接饲喂。此法处理后,秸秆有机物质的消化率约提高15%,饲喂后无不良后果,只是饮水增多,所以排尿也多。此法不用水冲洗,故应用较为广泛。

(2)氢氧化钙处理　氢氧化钙(石灰)法效果比氢氧化钠差。秸秆处理后易发霉,但石灰来源广,成本低,钙又是鹿所需的矿物质元素之一,故也可使用。如再加入1%的氨,能抑制霉菌生长,可防止秸秆发霉。

(3)微生物处理　即饲料微贮的加工技术。具体步骤如下:

1)菌种的复活　秸秆发酵活干菌每袋3克装,可处理麦秸、稻秸1吨或青秸秆2吨。在处理使用前,将活干菌剂倒入200毫升水中充分溶解,然后在常温下放置1~2小时,使菌种复活。

2)将复活的菌剂倒入充分溶解的0.8%~1.0%的食盐水中拌匀 一般1吨麦秸或稻秸中用食盐9~12千克,自来水1 200~1 400千克,使储料含水量控制在60%~70%。如果贮存1吨玉米秸,食盐用量为6~8千克,自来水用量为800~1 000千克(实际为将复活菌剂溶解在生理盐水中)。

3)把用于微贮的秸秆铡成3~5厘米长 便于压实,并可提高微贮窖的利用率。

4)在窖底铺上20~30厘米厚的秸秆,均匀喷洒菌液水 压实后再喷洒菌液压实,逐层进行,直到高于窖口40厘米时再封口。封口之前,在最上面一层均匀撒上食盐粉,压实后盖上塑料薄膜,食盐用量为每平方米250克,其余与青贮窖封口方法相同。

秸秆微贮温度为10~40℃,春、夏、秋三季都可制作。封窖21~30天后,便可完成微贮过程,取出可饲用。

(4)氨处理 即氨化饲料的加工技术。

1)无水液氨氨化处理 将秸秆堆垛起来,上盖塑料薄膜,接触地面的薄膜应留有一定的余地,以便四周压上泥土,使之成密封状态。在垛的底部用一根管子与装无水液氨的罐相连接,开启罐上的压力表,按秸秆重的30%通进液氨。氨气可迅速扩散至全垛,但氨化速度很慢,处理时间取决于气温。气温低于5℃,需8周以上;5~15℃需4~8周;15~30℃需1~4周。饲喂前要揭开薄膜晾1~2天,使残留的氨气挥发。不开垛可长期保存。

2)农用氨水氨化处理 用含氨量15%的农用氨水氨化处理,可按10%秸秆重的比例,把氨水均匀喷洒在秸秆上,逐层堆放逐层喷洒,最后将堆好的秸秆用薄膜封紧。

3)尿素氨化处理 由于秸秆中存在尿素酶,加进尿素即可分解尿素产生氨,从而起到氨化作用。加进尿素后,用塑料膜覆盖。按秸秆重量的3%加进尿素,将3千克尿素溶解于60千克水中,均匀地喷洒在100千克秸秆上,逐层堆放,用塑料薄膜盖紧。

4)碳酸氢铵氨化 将稻草切短,按10%~12%均匀拌入碳酸氢铵和一定量水分,塑料薄膜密封。20℃需3周,25℃需2周,30℃则需1周时间即可完成氨化过程。如果贮存温度低于10℃,则需5周以上时间。试验表明,一般以不低于20℃贮存为好。

秸秆经氨化处理后,颜色棕褐,质地柔软,鹿采食量可增加20%,干物质消化率提高10%左右，粗蛋白质含量有所增加，对鹿生产性能的提高有一定的作用。

(三)蛋白质的加工技术

蛋白质的加工技术即过瘤胃保护技术。目前常用的保护过瘤胃蛋白质的方法有：甲醛保护、单宁保护、氢氧化钠保护、丙酸保护、乙醇保护等化学保护方法；干热、热压、膨化、培炒等热处理方法；蛋白质包被、化合物包被、聚合物包被等物理方法，以及现今认为最环保、保护效果最好的糖加热复合保护处理，现分述如下：

1. 化学方法

化学保护方法所采用的化学药品很广泛，有甲醛、单宁、乙醇、戊二醛、乙二醛、氯化钠、氢氧化钠和苯甲叉四胺等。其作用原理是利用它们与蛋白质分子间的交叉反应，在酸性环境是可逆的特性。目前常用的化学药品主要有甲醛、氢氧化钠、锌盐和单宁，且主要用于蛋白质过瘤胃保护。

(1)甲醛处理　甲醛保护蛋白质的理论基础是甲醛与蛋白质可发生化合反应，形成酸性溶液中可逆的桥键，使得处理后的蛋白质在瘤胃弱酸环境中处于不溶解状态，因而微生物难以对其降解利用。而在到达真胃酸性较强的环境时桥键断裂，在小肠中被水解、消化、吸收。大多数研究表明利用甲醛处理蛋白质饲料能显著降低蛋白质在瘤胃中的降解率。

(2)单宁处理　单宁是多羟基酚类化合物，有很强的极性，与蛋白质发生两种类型的反应，一类为水解反应，在真胃酸性条件下可逆，易为家鹿消化利用；另一类为不可逆的缩合反应，降低了饲料的适口性，抑制酶和微生物活性，与蛋白质形成了不良复合物，消化率降低。

(3)氢氧化钠处理　在研究中发现，当50%的氢氧化钠溶液用量占干物质的2%时，可显著降低蛋白质的瘤胃降解率，蛋白质的瘤胃降解率最低时碱液的添加量为3%，当添加量增加为4%时，保护效果不佳。

(4)乙醇处理　有研究表明，用70%乙醇处理豆饼，其蛋白质在瘤胃内的降解率显著低于未处理豆饼，但用30%、50%和90%乙醇浸泡处理对豆粕的瘤胃降解率影响不大。

除以上方法外，还有许多学者研究了戊二醛、乙二醛、氯化钠、丙酸、苯甲叉-四胺和锌盐等化学物质对优质蛋白质饲料的过瘤胃保护作用。

2. 加热处理

加热处理是降低饲料中一些抗营养因子作用的一种最常用的方法，许多学者证明加热处理可明显降低优质蛋白质饲料的过瘤胃率。

3. 复合保护处理

有大量研究表明，用戊糖保护豆粕成功降低了豆粕蛋白质的瘤胃降解率。戊糖含有多个醛或酮，加热后可以和蛋白质的氨基酸残基发生美拉德反应。所谓美拉德反应，是广泛存在于食品、饲料加工中的一种非酶褐变反应，是如胺、氨基酸、蛋白质等氨基化合物和羰基化合物（如还原糖、脂质以及由此而来的醛、酮、多酚、抗坏血酸、类固醇等）之间发生的非酶反应，也称为羰氨反应。

（四）青贮加工技术

青贮饲料是鹿的理想粗饲料，已成为日粮中不可缺少的部分。

1. 常用的青贮原料

青刈带穗玉米，玉米带穗青贮，即在玉米乳熟后期收割，将茎叶与玉米穗整株切碎进行青贮，这样可以最大限度地保存蛋白质、碳水化合物和维生素，具有较高的营养价值和良好的适口性，是鹿的优质饲料。玉米带穗青贮其干物质中含粗蛋白质8.4%，碳水化合物12.7%。

青玉米秸，收获果穗后的玉米秸上能保留1/2的绿色叶片，应尽快青贮，不应长期放置。若部分秸秆发黄，3/4的叶片干枯视为青黄秸，青贮时每100千克需加水5～15千克。

各种青草，各种禾本科青草所含的水分与糖分均适宜于调制青贮饲料。豆科牧草如苜蓿因含粗蛋白质量高，可制成半干青贮或混合青贮。禾本科草类在抽穗期，豆科草类在孕蕾及初花期刈割为好。

甘薯蔓、白菜叶、萝卜叶亦可作为青贮原料，应将原料适当晾晒到含水60%～70%，然后青贮。

2. 青贮原料的切短长度

细茎牧草以7～8厘米为宜，而玉米等较粗的作物秸秆最好不要超过1厘米，国外要求0.7～0.8厘米。

3. 青贮容器类型

青贮窖青贮，如是土窖，四壁和底衬上塑料薄膜（永久性窖可不铺衬）。先在窖底铺一层10厘米厚的干草，以便吸收青贮液汁，然后把铡短的原料逐层装入压实。最后一层应高出窖口0.5～1米，用塑料薄膜覆盖，然后用土封严，四周挖好排水沟。封顶后2～3天在下陷处填土，使其紧实隆凸。

塑料袋青贮，青贮原料切得很短，喷入（或装入）塑料，逐层压实，排尽空气并压紧后扎口即可，尤其注意四角要压紧。

图6-6　青贮设施(左为青贮塔,右为青贮坑)

图6-7　青贮(收割—粉碎—装坑—拌菌—压实—封口)

图6-8　塑料袋青贮(割草—粉碎—打包)

4. 特殊青贮饲料的制作

(1)低水分青贮　亦称半干青贮,其干物质含量比一般青贮饲料高1倍多,无酸味或微酸,适口性好,色深绿,养分损失少。制作低水分青贮时,青饲料原料应迅速风干,在低水分状态下装窖、压实、封严。

(2)混合青贮　常用于豆科牧草与禾本科牧草混合青贮以及含水量较高的牧草与作物秸秆进行的混合青贮。豆科牧草与禾本科牧草混合青贮时的比例以1∶1.3为宜。

(3)添加剂青贮　是在青贮时加进一些添加剂来影响青贮的发酵作用,如添加各种可溶性碳水化合物、接种乳酸菌、加入酶制剂等可促进乳酸发酵;加入各种酸类、抑菌剂等可抑制腐生菌的生长;加入尿素、氨化物等可提高青贮饲料的养分含量。

三、饲喂技术

1. 青贮饲料的饲喂技术

一般青贮在制作45天后即可开始取用。鹿对青贮饲料有一个适应过程,用量应由少逐渐增加,日喂量15~25千克。禁用霉烂变质的青贮料喂鹿。

2. TMR全混日粮饲喂技术

全混日粮(TMR)技术在牛、鹿等反刍动物上的应用已经成熟,在发达国家的现代化农业中应用广泛。应用TMR可以改善饲料的适口性,有效防止动物挑食,恒定适宜的精、粗饲料比在促进瘤胃发酵、提高营养物质消化率上作用显著。

长期以来梅花鹿在圈养条件下,精、粗饲料分饲,因为粗饲料适口性差、精粗比不易控制,造成瘤胃功能异常,引起生产性能下降。将玉米等农作物秸秆经过粉碎与精饲料、添加剂、营养有益因子按适宜比例混合,加工成全混合日粮(TMR)后,可有效改善粗饲料适口性,提高营养物质消化率。精、粗饲料比为55∶45时效果最好,可显著提高日粮中营养物质消化利用率、影响鹿茸产量和质量,且通过血清指标反映茸鹿体况最佳,生产性能最好。

第四节　饲料生产中存在的问题与解决办法

目前我国大部分养鹿场仍然用传统的圈养方式养鹿,规模不一,经营管理水平较低,而饲料成本占饲养总成本的60%~70%。饲养成本高成为限制我国养鹿业可持续发展的瓶颈之一。全国各地各鹿场在粗饲料的利用中基本做到了因地制宜,但粗饲料特别是青绿饲料品质差别较大。精饲料的饲养投入差别较大,而且在不同精饲料配比上也有很大的差异,因而所饲喂日粮的蛋白质、能量水平千差万别。由于封山育林及养鹿企业与相关部门难以协调的现象的存在,目前普遍存在鹿用枝叶、青草等青绿饲料匮乏的问题,在一些养殖区,甚至出现由于农村秸秆利用途径的转变而导致鹿用最常规玉米秸秆饲料严重不足。在饲料选择上基本上还是用传统饲料。粗饲料主要有各种树叶、山草、玉米秆、花生秧、红薯蔓等,精饲料主要有大豆饼、豆粕、葵花子饼、棉籽饼、花生饼等。

一、饲料生产中存在的问题

(一)饲料成本增长速度快

由于饲料、能源、材料、工时等的价格上调,开支过大,养鹿成本居高不下,与 2000 年相比,当前养鹿成本已上涨了 151%,养鹿最大的直接成本是饲料,约占总成本的 70%,相比于 2000 年,饲料成本上涨速度较快,已上涨了 159%(图 6-9)。

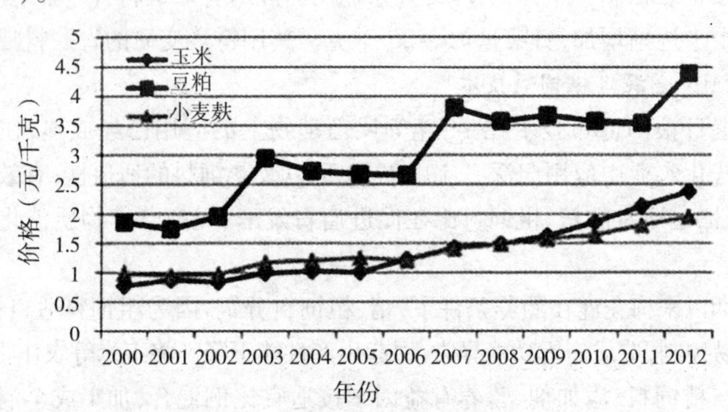

图 6-9 吉林省饲料成本价格曲线

(二)饲养科技含量低

目前,饲养梅花鹿的饲料成本为 800 ~ 1 200 元/(只·年),马鹿 900 ~ 1 500元/(只·年),导致差异的原因是饲养科技含量低,不按科学配合日粮,完全依靠各自的经验来进行饲料配比,目前还没有国内自有的营养需要量标准。

鹿用饲料存在的主要问题是蛋白质能量比失调,具体反映在:一是能量过高,玉米喂得多,鹿的脂肪沉积多;二是蛋白质过低,鹿的肌肉少。

各类饲料供给不合理,影响生产效益,如精饲料不足和过量的现象兼有。有的鹿场干物质的供给出现两极分化,公鹿严重超标,母鹿严重不足;妊娠期和哺乳期的代谢能不能满足需要，其余鹿供给水平与实际需要水平偏差不大；由可消化蛋白质的提供发现精饲料原料的配比、精粗饲料搭配等存在不合理；没有钙、磷添加剂的使用，钙、磷严重缺乏，钙、磷比例失调。

特别是一些养鹿场，把一些几乎没有太高营养价值的粗饲料（如收获后的干玉米秸）作为主要的粗饲料来饲喂鹿，养殖效益大大降低。

（三）饲料工业基础薄弱

饲料加工工业开工率低，全价配合饲料推广面仍偏小；某些技术含量高的饲料添加剂产品仍依赖进口；国外已进入工厂化生产的工业饲料，如单细胞蛋白饲料，在我国还没有进入开发阶段。鹿营养需要及饲料利用方面的研究比较分散，且集中在应用研究领域，较大的公益性研究投入相对少；由于产业规模较小，科研投入不足。

（四）饲养饲料单一

鹿在圈舍条件下进行人工饲养，所需要的营养物质全靠人们提供。如果营养物质不足或不全面，必然影响其生长发育，降低生产能力。一些养鹿户经济条件有限，常备的精饲料种类单一，数量不多。同时粗饲料的品种也很简单，而且往往质量不好，平时有什么饲料，就喂什么饲料。因此，鹿的膘情不佳，生产能力很低，并且时有疾病发生。喂鹿的饲料，应该青、干饲料搭配，精、粗饲料搭配，多种营养成分科学搭配，保证营养全价而数量充足。

（五）缺乏青绿多汁饲料

我国北方枯草期漫长，许多养鹿户到了公鹿生茸前期和生茸初期、母鹿产仔哺乳初期，尚不能为生产鹿群提供优质的青绿多汁饲料，所以，年复一年经济效益甚微。在冬季漫长的地区养鹿，必须解决青绿多汁饲料的供给问题，否则鹿群增膘复壮、发挥生产潜力都将错过关键时期。青刈玉米秸秆和青割牧草等，都可用来制作青贮饲料。养鹿户最迟也要保证生产鹿群在 3 月中旬开始吃上青绿多汁饲料，为混群产仔哺乳或生茸奠定营养基础。

（六）不注重消除饲料中抗营养性因子

大豆及其饼、粕等的饲料中含有抗胰酶物质，必须采用加热的方法予以破坏，否则会影响蛋白质的消化利用。有些养鹿户对此缺乏了解，常常用大豆及其饼、粕等进行生饲。

（七）不注重应用矿物质和维生素等饲料添加剂

矿物质元素和维生素对鹿的生长发育和物质代谢具有不可替代的重要作用，因此，在制定鹿的日粮时必须悉数搭配。在生产过程中，有些养鹿户常常

只顾精饲料和粗饲料的搭配，而忽略某些微量元素和维生素的合理添加。此外，也有的养鹿户只注意补充钙质，而忽略了相应补磷。单纯地添加石灰石粉、贝壳粉或茸壳粉等钙源性饲料，会造成钙与磷的比例严重失衡，使钙和磷的消化吸收及代谢均受到影响。

二、提高饲料生产效率的对策

（一）推广粗饲料微贮和酶解新技术，提高饲料利用率，减少精饲料消耗

用发酵活干菌处理后的玉米秸秆饲喂梅花鹿，适口性明显改善，采食量增加20%～40%，成本仅为氨化秸秆的20%、玉米青贮的25%～30%，经济效益显著。应用EM强力秸秆发酵剂处理秸秆，粗纤维消化率提高43.77%，有机物消化率提高29.4%，鹿的采食量提高20%～40%，饲料报酬提高20%。梅花鹿饲喂纤维素复合酶（每日每只50克）增茸试验，取得了鹿茸增重20%～30%、饲料粗蛋白质消化率提高7.54%、粗纤维消化率提高14.94%、饲料消耗降低7.48%的明显效果，同时鹿茸品质得到改善。

（二）科学利用非蛋白质氮类饲料资源，可以大量节约精饲料

禾本科籽实、豆科籽实及其饼粕类是茸鹿繁育期、生茸期和幼鹿生长发育期重要的补充饲料，其费用占饲养总成本的50%以上。由于鹿等反刍动物的瘤胃微生物能够利用非蛋白质氮合成菌体蛋白供鹿机体利用，因此应用尿素缓释技术制成尿素精饲料、尿素舔砖、尿素秸秆压缩饲料、尿素淀粉等饲喂鹿，能够安全有效地利用非蛋白质氮饲料合成机体蛋白质，可节约大量蛋白质类饲料，降低饲养成本。

（三）应用蛋白质饲料过瘤胃保护技术，提高饲料利用率

实践证明，采用化学调控、热处理、化学试剂保护、蛋白质包被、氨基酸包被、瘤胃外流速度调控、食管沟反射利用等蛋白质饲料过瘤胃保护技术，能够有效减少蛋白质饲料在反刍动物瘤胃内的降解，提高其在真胃内的利用率，并满足幼龄以及高生产力动物对蛋白质的需要，显著提高饲料报酬。

（四）推广应用茸鹿营养需要研究成果，开发利用茸鹿饲料添加剂、精饲料预混合饲料和全价配合饲料

目前我国已经在梅花鹿消化生理和营养需要等方面取得国际领先水平的科研成果，并已开发出梅花鹿复合添加剂、系列精饲料补充料和预混合饲料，幼鹿成活率明显提高，提高鹿茸产量29.21%，节约精饲料15.07%，公鹿平均纯增收益312.80元/只。进一步研究开发鹿用全价配合饲料，有效缓解我国养鹿业与农业争粮、与林业争地的矛盾，对促进我国养鹿业向集约化、科学化、

规范化方向可持续发展和参与国际竞争将产生重大而深远的影响。

今后随着科研投入的增加和产业需求的提高，鹿营养需要饲料利用研究将在以下几个方面开展：

第一，随着常规蛋白饲料价格的攀升，非常规蛋白质如棉粕、花生粕、玉米胚芽粕、米糠粕等的营养评价及利用特性需要进一步开展研究。

第二，开展营养在鹿消化系统不同部位的吸收、利用及营养的再分配规律研究，以及鹿瘤胃微生物特异性及其在营养物质分解、吸收、利用等方面的机制研究，从而提升鹿饲料评价准确性和营养需求科学性。

第三，开展鹿微量元素及部分维生素的需要量研究，制定出具有我国特色的梅花鹿、马鹿饲养标准或营养需要量标准，是今后鹿营养研究的重要内容之一。

第四，结合地方饲料特性和鹿的营养需要量，进一步优化梅花鹿及马鹿各生物学时期的典型饲粮配方，合理搭配饲料。

第五，开发蛋白质饲料资源。努力扩大豆类种植面积，改进油料加工工艺以提高饼粕质量和饲用效果。推广脱除棉、菜籽有毒物质技术，提高棉饼粕、菜籽饼粕做饲料的利用率。推广果园、林木、牧草间作技术，种植优良豆科牧草。扩大食品工业和屠宰场废弃物作饲料的开发与利用，尿素类非蛋白氮饲料的开发与利用，以及单细胞蛋白饲料的开发与利用。

（五）加速饲料工业的发展

饲料工业包括饲料原料工业、饲料加工工业、饲料添加剂工业、饲料机械工业和饲料工业支撑体系。目前的重点应放在新型饲料添加剂产品的研制、开发与生产，解决好规模化养殖业所需浓缩料和配合饲料，以及农户分散养殖所需预混合饲料的供给问题。

第七章　茸用鹿的生物学特性与饲养管理技术

目前,由于我国人口多,劳动力资源丰富,而草地及林区面积相对较少,饲养茸鹿主要采用圈养方式,采取放牧、散放或半散放等其他饲养方式的较少。在圈养条件下,科学地进行鹿的饲养管理,对实现高效养鹿和发展养鹿业有重要的意义。对于野性较强的鹿,生产管理者只有根据其生物学特性及生理特点,制定及实施科学经济的饲养管理措施,才能降低饲养成本,最大限度地发挥生产潜力,实现养鹿生产的高效益。

第一节 茸用鹿的生物学特性与行为特征

一、茸用鹿的生物学特性

1. 习性

鹿爱清洁，喜安静，听觉、视觉、嗅觉敏锐，善于奔跑等特性是在漫长的自然进化过程中形成的，并与环境条件如食物、气候、敌害等有关。鹿喜欢晨、昏活动，白昼、夜间休息反刍。鹿喜水，驼鹿、麋鹿常在水中采食、站立或水浴；水鹿雨天活跃，常在水洼里打“泥”；马鹿、梅花鹿喜泥浴。

2. 野性

鹿在自然生存竞争中是弱者，是肉食动物的捕食对象，也是人类猎取的目标。它本身无御敌武器，逃避敌害的唯一办法是逃跑，所以鹿感觉器官敏锐、反应灵活、警觉性高，奔跑速度快，跳跃能力强，这是一种保护性反应，是自身防卫的表现，也就是人们常说的鹿有“野性”。

3. 适应性

鹿的适应性很强，梅花鹿、马鹿能在世界各地生存。

4. 生态可塑性

鹿的生态可塑性是鹿在各种条件下所具有的一定的适应能力。鹿的可塑性大，幼鹿可塑性更大，鹿的驯化放牧就是利用这一特性来改变其野性，让其听人呼唤，任人抚摸、驱赶、牵领，选到如牛一样的温驯。

5. 繁殖的季节性

我国饲养的温带鹿，繁殖有明显的季节性，发情集中在 9 ~ 11 月，并可以延续到 3 月上旬。产仔集中在 5 ~ 7 月。

6. 草食性和反刍性

鹿是草食性和反刍性的动物，能比较广泛地利用各种植物。

7. 集群性

鹿的群体大小，既取决于鹿的种类，也取决于环境条件。食物丰富、环境安逸，群体相对大，反之则小。鹿群的组成一般以母鹿为主，带领仔鹿，在交配季节里，1 ~ 2 只公鹿带领几只或十几只母鹿和仔鹿。

二、茸用鹿的行为特征

1. 采食与饮水行为

鹿的采食有选择性，是边游走边采食边吞咽。鹿一般站立饮水，上下唇伸进水面屏气吸水，饮水有明显规律性，一般为采食后反刍前饮水，饮水量一般每天在5~20升。

2. 社会行为

社会行为主要包括群体行为、优势序列和嬉戏行为。优势序列是社会行为中的等级制，它使某些个体通过斗争在群体中获得高位，在采食、休息、蔽阳、交配等方面优先。“王子鹿”就是优势序列中的胜利者，一旦下台，会群起而攻之，所以对下台“王子鹿”要细心加以保护。

3. 活动行为

活动行为包括起卧行为、奔跑行为和争斗行为。争斗行为主要发生在交配季节，公鹿为了争夺母鹿的交配权和群体统治地位经常发生争斗，这种争斗随年龄增长而日趋激烈。所以配种季节要对公鹿严加看管。

第二节　茸用公鹿的饲养管理

茸公鹿的饲养与鹿茸和鹿肉品质都有重要关系，鹿生理活动有很强的季节性，依据其各时期不同生理及生产特点，生产上分为生茸期、配种期、恢复期和生茸前期4个时期。以上时期不是截然分开的，都是相互联系、影响，又各有特点。

一、生茸期茸公鹿的饲养管理

（一）生茸期茸公鹿的特点

公鹿生茸期是在4~8月，正处于春夏季节，代谢旺盛，需要的营养物质多，采食量大。这个时期饲养管理的好坏直接影响到鹿茸的生长和正常换毛。由于我国南北地理环境和气候条件的差异，公鹿的生茸期也不完全一样。在南方，梅花鹿从3月中旬开始脱盘生茸。在北方，4月初开始脱盘生茸，5~6月为成年公鹿的长茸盛期，6~7月为3~4岁公鹿的生茸盛期，7~8月为生茸后期和再生茸生长期。在这一时期，梅花鹿5岁以上的公鹿只用70天即可长出鲜重3.0千克的鹿茸，平均日增重约43.8克，高者达70克。在这个时期，公鹿消化能力强，新陈代谢旺盛，鹿的体重不断增加，鹿茸生长迅速，需要的营养物质多，特别是蛋白质、维生素和矿物质。马鹿从3月中旬开始脱盘生茸，生茸期比梅花鹿长，鹿茸生长更快、日增重量更大，因此需要的营养物质更多、更全面。为满足公鹿生茸的需要，不仅要供给大量粗饲料和青饲料，而且要设法提高日粮的品质和适口性。

图 7－1　长茸期梅花鹿

（二）生茸期茸公鹿的饲养

为满足公鹿生茸的营养需要，不仅应供给大量精饲料和青饲料，而且要设法提高日粮的品质和适口性。生产中要增加精饲料中豆饼和豆科秆实的比例，供给充足的豆科青割牧草和品质优良的青贮饲料及青绿枝叶饲料，增加矿物质和饮水的供应。放牧公鹿要注重精饲料补饲时的蛋白质和矿物质的供给，而圈养鹿除此以外更要注重的是营养的全价性和适口性。但需注意，精饲料中的籽实含油量不能过高，含油量过高的籽实如大豆等应控制喂量，否则不仅造成浪费，而且由于鹿对脂肪的消化吸收能力较差，大量的脂肪积聚在消化道内，与饲料中的钙反应生成脂肪酸钙，从而导致鹿茸的生长停滞、缺钙、鹿茸易倒伏等。

生茸期公鹿的精饲料可由豆饼、高粱或玉米、糠麸等组成。喂量为：种用梅花鹿 1.8～2.0 千克，生产梅花鹿 1.6～2.0 千克，头锯到 4 锯鹿 1.5～1.8 千克。种用马公鹿 3.2～3.7 千克，生产马公鹿 2.9～3.5 千克。日粮中的精饲料应由混合精饲料组成，其主要成分和组成为：豆科籽实 50%，禾本科籽实 35%，糠麸类 15%。

公鹿在生茸期的粗饲料供应，除干枝叶、大豆荚皮、玉米秸、豆秸外，舍饲的鹿应配搭一定量的青贮料，公梅花鹿日给量 2～4 千克，公马鹿为 6～12 千克；放牧公鹿应补饲育干草和青贮料，公梅花鹿日补量 1.7～3.1 千克，公马鹿为 5.1～9.3 千克。

每次喂料先精后粗，并尽量延长每次的间隔时间，以提高鹿的采食量。同时，应供给足够的优质青绿饲料，3～6 月每日给 2 次青贮料和 1 次干粗饲料，6～8月每日给 2 次青割料和 1 次干粗饲料，放牧的公鹿在每天 2 次归牧后要补给精饲料。生茸后期即头茬茸后喂给大量青割饲料，可节约精饲料 1/3。

再生茸收完后，生产公鹿全部停给精饲料，而头锯和2锯公鹿不停精饲料。

公鹿在生茸期间，一定要供给充足的水，每只梅花鹿7～8千克，马鹿14～16千克；保证食盐的供给，梅花鹿25克，马鹿35克，育成鹿25克。补盐时可设盐槽或加到饮水中。

（三）生茸期茸公鹿的管理

1. 加强营养

满足生茸期鹿体增重和生茸的蛋白质需要比其他时期高很多，营养不足时特别是蛋白质营养的不足会造成鹿茸生长缓慢，产量下降，鹿毛粗劣等。试验发现，饲喂蛋白质水平为23%的饲粮比饲喂蛋白质水平14%的饲粮，鹿茸产量提高25%。

公鹿这一时期营养物质的需求还表现在矿物质及维生素上，因此不仅需要高能蛋白质的精饲料，同时要供给鲜嫩的树枝叶，尽量使饲料种类多样化，以防矿物质及维生素的缺乏，地方性微量元素缺乏的鹿场还应添加鹿用添加剂。

2. 减少应激，防止撞伤

公鹿生茸期应减少外人参观，减少外界噪声，保持安静环境，定人定时喂料、扫圈，减少不必要的应激，防止公鹿因惊群损伤鹿角。在管理上应经常观察鹿群，及时制止顶斗、啃茸等恶癖，必要时单独隔离或调入其他鹿群，同时尽可能减少调圈，及时维修圈中突出物，减少不必要的损茸。

3. 加强卫生防疫，减少疾病

定期给圈舍消毒，防止疾病发生。对水槽、料槽及地面用3%氢氧化钠溶液消毒，饮水用0.5%漂白粉消毒，做到食槽、水槽及饮水清洁卫生，以发挥鹿应有的生产性能。

4. 防暑降温，保证饮水

夏季炎热，鹿一般早、晚采食，生产中结合这一特点，给料圈舍内应有遮阳棚让鹿躺卧，必要时应驯化鹿进行井水喷洒降温，并保证充足卫生的饮水。有条件的可设置淋浴设备或浴池，同时应及时清除粪便残物。

5. 做好市场调查，合理收取鹿茸

根据鹿自身茸生长发育特点和市场需求，合理收取二杠或三杈茸是取得良好经济效益的关键。

二、配种期茸公鹿的饲养管理

（一）配种期茸公鹿的特点

公鹿在配种期性欲强烈、消化机能紊乱、食欲下降、争偶顶撞严重;3锯以上的种公鹿性活动频繁,经常吼叫和追逐,消耗体力更大。据测定,在良好的饲养管理条件下,成年公鹿在配种期体重平均下降18.12%。公鹿的激烈性行为主要表现在有母鹿发情时,或在阴雨天及配种期的早晚时间。对此时期的公鹿必须改善饲养条件,应设法增进食欲,使其保持旺盛的精力和中等膘情,提高其配种能力和精液品质。在营养上,除了提高饲养水平外,应保持日粮的全价性。在配种季节到来前2个月就开始加强营养。

图7-2　配种鹿放牧

（二）配种期茸公鹿的饲养

配种期种公鹿的日粮应着重考虑其适口性、催情作用和饲料的品质及多样性,饲料应具有甜、苦、辣的特点,多提供含糖、维生素和矿物质多的饲料,如青割全株玉米、青割大豆、鲜嫩枝叶及瓜类、胡萝卜、大麦芽、大葱等青绿多汁和块根块茎类饲料,精饲料则搭配使用豆饼、大麦、高粱、麦麸等。精饲料的日给量为:种用花公鹿1.0~1.4千克,非种用花公鹿0.5~0.8千克,3~4岁花公鹿1.0~1.2千克,青绿多汁和块根块茎类日给量为1.0~1.5千克;种用马公鹿2.0~2.5千克,非种用马公鹿1.5~2.08千克,3~4岁马公鹿1.7~1.9千克。青绿多汁和块根块茎类日给量为3.0~4.5千克。粗饲料不限。

块根茎、瓜类多汁饲料应洗净、切碎,与精饲料混合饲喂,也可调制成稠粥饲喂。青绿饲料切短后,每天可多喂几次,能提高采食量。为了使种公鹿具备良好的种用体况,收茸后把种鹿选出单独组群,加强饲养,使种公鹿具备中等以上体况。

(三)配种期茸公鹿的管理

1. 合理供给营养

配种公鹿全面适合的营养是保持鹿良好精液品质、性欲旺盛、配种力强的关键。

2. 加强管理,防止顶斗

配种期间,注意观察种公鹿的健康状况和配种能力,及时更换公鹿。将换出的种公鹿单独组群饲养。设专人昼夜值班,经常哄赶鹿群,使发情母鹿及时交配,并且随时记录配种情况。对生产群公鹿加强看管,控制顶撞和爬跨现象。非配种公鹿和后备种公鹿,应养在远离母鹿群的上风圈舍内,防止受异性气味刺激引起性冲动而影响食欲。同时应保持环境稳定,遵守饲养规程,经常检修圈舍,防止伤鹿和跑鹿。

三、越冬期茸公鹿饲养管理

鹿的越冬期包括配种恢复期和生茸前期两个阶段,这一时期是在11月中旬至3月末,正值寒冷的季节。

(一)越冬期茸公鹿的特点

配种恢复期鹿体重较轻,体质瘦弱,形成卷腹。胃容积相应变小,非配种鹿的体重也有所下降。此时的公鹿表现性欲低落,食欲和消化机能稍有提高,热能消耗很多。因此,在配合日粮时,应逐渐加大饲料的体积,增加热能饲料的比例,同时供给一定量的蛋白质和维生素,以为生茸储备营养。做到既能使鹿体越冬御寒,也能使鹿增重复壮。

(二)越冬期茸公鹿的饲养

在日粮配合时,要求逐渐加大日粮容积,提高热能饲料比例,因此,日粮应以粗饲料为主,精饲料为辅,以锻炼鹿的消化器官适应能力,提高其采食量和胃容量。同时必须供给一定数量的蛋白质,满足瘤胃中微生物生长和繁育的营养需要。除此之外,在配种恢复期应逐渐增加禾本科籽实饲料,而在生茸前期则应逐渐增加豆饼或豆科籽实饲料。精饲料中玉米、高粱等热能饲料占50%左右,与一定量的精饲料和酒糟混喂。

精饲料的日喂量:种用花公鹿1.5~1.7千克,非种用花公鹿1.3~1.6千克,3~4岁花公鹿1.2~1.4千克。种用公马鹿2.1~2.7千克,非种用公马鹿1.9~2.2千克,3~4岁公马鹿1.9~2.1千克。

越冬期昼短夜长、天气寒冷,采食大量粗纤维后需较长的反刍时间,因此在这一时期的饲喂时间应均衡,以保证鹿有充分消化时间和良好的食欲。公鹿白天饲喂2次热精饲料、3次粗饲料,夜间喂1次热精饲料和1次粗饲料,并保证足够的饮水。在寒冷地区最好饮用温水,这样有利于机体能量的保存。许多鹿场对于豆秸、玉米秸和野干草等粉碎发酵,并混合一定数量的精饲料,并且在2月就开始逐渐增加青贮玉米的喂量。

(三)越冬期茸公鹿的管理

1. 逐渐增加营养,确保安全越冬

由于处于寒冬,体能消耗也较大,鹿场应适当逐渐提高精饲料的补加,同时供给充足的粗饲料。冬季缺乏青绿粗饲料,可用树叶、秸秆、青贮等饲喂,同时应保证饮水。对青壮年公鹿即使营养不好也能安全越冬,但对老弱鹿则应保证有相应的精饲料供给,否则易引起衰竭死亡。在生茸前期还应适当增加精饲料喂量,为鹿的脱盘生茸做好准备。

2. 调整鹿群,适当淘汰

对老弱及产茸太低的鹿适当淘汰,对产茸好但老弱的鹿应单独组群,加强营养饲喂,保证安全过冬,增加其利用年限。

3. 防潮保温,保持卫生

冬季雨雪多,潮湿寒冷,应及时清扫圈舍,保持清洁干燥,北方圈舍多冰雪,应及时清扫,以防鹿滑倒摔伤,造成不必要的伤亡。南方冬季病原菌滋生的季节,更应保持清洁,定期消毒,预防疾病发生。有条件应在圈舍铺上干燥垫草,保持温暖舒适环境。晴天驱群,让鹿适当运动。

第三节 茸用母鹿的饲养管理

我国主要茸鹿品种梅花鹿和马鹿的母鹿均不产茸,主要饲养的目的是繁殖后代。饲养的基本任务在于保证母鹿的健康,提高其繁殖性能,巩固其有益的遗传性,繁殖优良的后代,不断扩大鹿群和提高鹿群质量。生产中把一年中母鹿的生产时期划分为配种妊娠期(9~11月)、妊娠期(12~4月)和产仔泌乳期(5~8月)3个时期。

一、母鹿配种期饲养管理

(一)配种期母鹿的特点

每年的8月中下旬,仔鹿断乳后,母鹿便停止泌乳进入配种前的体质恢复阶段,这时母鹿由于哺乳体质变得较弱,母鹿发情的早晚与营养水平密切相关,为促使母鹿尽快发情,应针对母鹿的体况,加强饲养管理。9~11月是母鹿的发情时期。进入配种期，性器官与卵子、性腺都在迅速发育，性活动增强，需要蛋白质、矿物质及维生素等营养物质。但由于受性活动的影响，食欲不振，采食下降，体质减弱，所以在配种期也应加强饲养管理，才能顺利完成配种任务。

（二）配种期母鹿的饲养

保证每天纯采食时间7～8小时，归牧后补饲含蛋白质、维生素和矿物质的精饲料，并供给充足的饮水。圈养母鹿应该及时断乳，并喂给大量鲜嫩多汁的饲料，每昼夜给3次混合精饲料，供足饮水。

生产中要求这个时期的母鹿，能够适时发情，正常排卵接受交配，受胎率较高。一般地，在此时供应豆饼、全株玉米、青贮饲料、胡萝卜等，可以促进母鹿及时而集中发情，对配种工作的进行非常有利。

日粮应以容积较大的粗饲料和多汁饲料为主，精饲料为辅。精饲料中应有豆饼、玉米、高粱、大豆、麦麸等，其中豆科籽实类饲料为30%，禾本科籽实50%，糠麸类20%。精饲料日喂量：花母鹿1.1～1.2千克，马母鹿1.7～1.8千克。食盐35克，石粉30克。适当给予一定量的含有丰富维生素的根茎、胡萝卜和瓜类多汁饲料，花公鹿约1千克，马母鹿约3千克。

圈养母鹿每天喂饲3次精饲料和粗饲料，夜间补饲鲜嫩枝叶和青干草、青割粗饲料，到10月植物枯黄时开始饲喂青贮料，日给量梅花鹿为0.5～1.0千克，母马鹿2.0～3.0千克。放牧的母鹿从10月1日始，夜间补饲精饲料和粗饲料，并供足饮水。

（三）配种期母鹿的管理

1. 及时断乳，加强营养

为了使母鹿适时发情，应及时将仔鹿断乳分群，使母鹿在配种前有短期的恢复时期，以弥补泌乳期母体消耗，及时发情排卵。生产中对刚断乳的母鹿一般采取短期优饲的饲养方法，以恢复体能，弥补前期消耗，保证配种期正常的激素分泌水平，促进母鹿正常发情、排卵、受孕和妊娠。如果能量、蛋白质以及矿物质或维生素缺乏，均会导致母鹿发情不明显或只排卵不发情等，缩短有效生殖时间。母鹿在准备配种期不能喂得过肥，保持中等体况，准备参加配种。

2. 配种期母鹿应勤于观察

在配种期防止个别公鹿顶撞母鹿，及时注意母鹿发情情况，以便及时配种，同时防止乱配和漏配。对育种鹿群还应该观察、记录参配公母鹿，做好育种记录，为产仔日期推算及日后育种打下良好的基础。

3. 调整鹿群,分类饲养

配种期将母鹿分成育种核心群、繁殖母鹿群、初配母鹿群和后备母鹿群,根据它们各自的生理特点,分别进行饲养管理。对于年龄过大,繁殖能力极低或不具备繁殖条件的病弱母鹿,经检查后单独组群,并根据产仔情况决定是否留舍。配种后公母鹿分群管理,发现有重复发情的母鹿要及时复配。

二、妊娠期母鹿饲养管理

(一)妊娠期母鹿的特点

母鹿每年有235天左右妊娠期,生理负担相当重。此期母鹿除自身营养需要外,还要有保证胎儿生长发育的营养物质。妊娠期间,胎儿与母鹿体重同时增重。花母鹿增重10~15千克,马母鹿增重20~25千克。5月龄胎儿体重不足1千克,相当于初生重15%,绝对增重有限,但增长率大,后3个月胎儿绝对增重较大,而增长率较前低。

(二)妊娠期母鹿的饲养

妊娠期对母鹿的饲养,应始终保持较高的日粮水平,特别是蛋白质和矿物质的供应。在日粮体积上,宜在妊娠初期喂饲较多青绿多汁料和品质优良的干粗饲料等体积稍大的饲料;而在妊娠中后期,应选择体积小、质量好、适口性强的饲料,特别是后期在喂给多汁料和粗饲料时一定要防止因饲料体积过大压迫仔鹿而导致流产。同时,在预产期前20天左右应适当限制饲养,防止母鹿因肥胖造成难产。妊娠母梅花鹿的日粮为:混合精饲料1.0~1.5千克;多汁饲料1.0千克;青饲料1.2~2.0千克,石粉或骨粉20克;食盐20克。妊娠母马鹿的日粮为:混合精饲料1.5~3.8千克;多汁饲料2.0千克;青饲料3.0~4.5千克,石粉或骨粉40克;食盐30克。

妊娠母鹿饲喂精饲料和多汁料的次数以每天2~3次为宜,饲喂的时间间隔应相对均匀和固定;喂粗饲料每天3次,宜白天2次,夜间1次。在投饲多汁饲料时,应洗净切碎。青贮饲料和发酵饲料切忌酸性过高,严防异物刺激,引起流产。发霉变质的饲料更不能饲喂。保证供给母鹿清洁的饮水,越冬时节最好使用温水严防饲料的霉败、结冰、酸度过大或酒糟量过多。保证充足的饮水,天冷宜饮温水。

(三)妊娠期母鹿的管理

1. 分期加强营养

妊娠前期,胎儿的绝对增重小,但器官分化发育快,这一时期的母鹿的营养需要注重质量,生产中应选用多种饲料原料进行饲料配置,平衡调配,使能

量、蛋白质、矿物质和维生素营养均能满足母鹿和胎儿的要求。妊娠后期胎儿增重加大，这一时期应保证优质的精饲料，加大喂量，同时应考虑日粮容积，防止日粮容积过大，鹿采食过多挤压胎儿。妊娠后期保持适宜体况，以防过肥造成难产，产前半个月适当限食。妊娠期提供丰富的粗饲料，最好是多汁饲料或青贮饲料，有利于鹿的消化吸收。

2. 创造舒适的环境

必须经常保持鹿群安静，避免各种惊动和骚扰，注意每个圈内鹿只数不宜过多，以防惊恐或拥挤造成流产。进入鹿圈舍时，应给予信号。保持圈舍清洁干燥。妊娠后期应加铺垫草，垫草应当柔软、干燥、温暖，并要定期更换。及时清扫圈舍粪尿和雪冰，防止滑倒造成流产。

3. 适当运动，做好产前工作

每天定时哄赶鹿群运动1小时左右。妊娠后期做好产仔的准备工作，如检修圈舍，铺垫地面，设置仔鹿保护栏和小床等。

三、哺乳期母鹿饲养管理

（一）哺乳期母鹿的特点

哺乳期是母鹿代谢强度最大的时期，大多数仔鹿哺乳期90天，早产哺乳期100～110天。哺乳期母鹿营养需要除维持自身需要外，一般花母鹿每昼夜泌乳量700毫升，泌乳量高的可达1 000毫升，马鹿泌乳量更多。鹿乳汁浓度越大，营养价值越高。鹿乳的主要化学成分为干物质32.2%、乳糖2.8%、蛋白质10.9%、脂肪17.1%、灰分1.5%、水分67.7%。

仔鹿生后1个月增重将近6.6千克，平均日增重0.2千克；3月内增重21.5千克，平均日增重0.5千克，这些增重的营养物质大多来自鹿乳。需要注意哺乳期鹿的生理要求和加强哺乳母鹿饲养管理。

图7－3　母仔鹿（左为梅花鹿，右为马鹿）

(二)哺乳期母鹿的饲养

母鹿产后一般食欲较差,除保证护理卫生工作、充分供应饮水和优质青饲料外,可按产前日粮喂给。第二天开始,根据其食欲大小适当增加精饲料0.2～0.4千克。产后3天,母鹿基本恢复食欲,再增料0.1～0.2千克。这种做法的主要目的是促进母鹿采食,满足泌乳需要和仔鹿生长发育的需要,减轻母体消耗。当增料后不见泌乳增加,应逐渐减料至标准日粮。此阶段的重点是及早加强营养。哺乳花母鹿的日粮为:混合精饲料1.25～3.0千克,多汁饲料1.5千克,青粗饲料2.5～6.0千克,石粉或骨粉30克,食盐25克。哺乳母马鹿的日粮为:混合饲料1.75～2.0千克,多汁饲料2.5千克,青粗饲料8.0～15.0千克,石粉或骨粉50克,食盐35克。

另外,母鹿产后瘤胃容积逐渐变大,消化机能逐渐加强,采食量增加20%～30%,故要选择优质青绿饲料为主要日粮组成,精饲料的限量为0.8～1千克。实践证明,在母鹿泌乳初期饲喂麸皮粥或小米粥、精饲料粥,十分有利于泌乳。

在5～6月青绿饲料缺乏时可以使用青贮料,花母鹿日给量1.5～1.8千克,母马鹿4.5～5.4千克,在饲喂次数上,舍饲的泌乳母鹿每天饲喂2～3次精饲料,3次粗饲料,夜间再补饲1次。放牧的母鹿可在中午和下午归牧后补饲精饲料,在夜间补饲粗饲料。同时,阴雨天气应防止饲料发霉变质,青饲料应边割边喂。

(三)哺乳期母鹿的管理

1. 配合合理日粮,加强营养

此期日粮配合应是适口性强,易消化,优质、全价、新鲜。此期应大量饲喂青绿多汁料,有助于提高乳量和乳质。母鹿在临产前不大喜欢采食,但产后要及时喂料。按泌乳量增加而适当增加饲料量,保证泌乳的营养需要。蛋白质饲料应占精饲料的30%～50%。产后1～3天最好多喂一些催乳饲料,如小米粥、豆浆等。

2. 勤观察鹿群,加强护理

产仔期应勤观察鹿,及时发现难产母鹿进行人工助产,对于弃仔的恶癖母鹿要严格看管,必要时将其关进小圈单独饲养,预防母鹿乳腺炎和仔鹿脐炎等疾病。对吃不到初乳的仔鹿人工帮助吃到初乳,同时防止哺乳混乱现象,以防个别仔鹿吃不到或吃不饱。对弱仔及时引导哺乳或人工哺乳,以提高产仔成活率。

3. 保持环境安静卫生

保持环境安静，以免造成母鹿难产及出现母鹿弃仔的发生，同时为避免引起惊群、混乱中踩死仔鹿，应加强母鹿及仔鹿的调教驯化，增强鹿的适应性。定期消毒，预防传染病的发生。

第四节　茸用仔鹿的饲养管理

在梅花鹿饲养过程中，习惯上3月龄以前的小鹿称仔鹿或哺乳仔鹿。仔鹿的饲养水平对整体鹿群生产水平、发展方向都非常重要，关系着鹿群今后的生产性能及水平，直接影响着鹿群生产的经济效益与鹿的使用年限。所以仔鹿的饲养向来是养鹿工作者们非常重视的环节。仔鹿分为初生仔鹿和哺乳仔鹿。初生仔鹿为出生后1周内的幼鹿，哺乳仔鹿是断乳前的幼鹿。

一、仔鹿的特点

仔鹿出生后，全身体表及口腔都附有大量黏液，一般情况下，仔鹿出生后，母鹿首先舔这些黏液，仔鹿在生后10~15分就能站起来寻找乳头，吃初乳。第一次吃奶早晚是胚胎期发育好坏和生命力强弱的标志，同时也与分娩母鹿的温驯程度和母性强弱有关。仔鹿出生的最初几天，组织器官尚未发育，对外界不良环境抵抗力较差，很容易被细菌和病毒侵袭而发病，以致造成死亡。仔鹿出生前7天几乎只吃奶，7天后开始喝水。脐带在生后1周左右干枯而脱落。

仔鹿过了初生期这一关后，就进入正常的哺乳饲养阶段，仔鹿的生长发育非常迅速，仔鹿生后3个月的哺乳期内，梅花鹿仔鹿平均日增重：公鹿为220~

图7-4　仔鹿（左为梅花鹿仔鹿，右为马鹿仔鹿）

300 克，母鹿为 170 ~ 270 克；仔马鹿为 350 ~ 500 克。仔鹿在生后 15 ~ 20 天，开始随母鹿采食一些精粗饲料，同时出现反刍现象。单靠母乳不能完全满足仔鹿生长发育的需要，尤其到哺乳中后期，如营养缺乏，则会引起生长受阻，出现肢长身细、骨骼肌肉发育不良的现象，为此对哺乳期仔鹿宜尽早进行补饲。

二、仔鹿的饲养

分娩后的母鹿，应根据母鹿分娩的先后、仔鹿性别和日龄，把其分成若干群进行护理。每群母、仔鹿以 40 ~ 60 只为宜。现在大部分鹿场采取原圈产仔，小群饲养，逐步合并大群的方法，效果较好。

（一）初生仔鹿

初生仔鹿重要的是获得初乳，获得初乳的方式有以下 3 种。

1. 自然哺乳

仔鹿出生后，母鹿舔干仔鹿，如果母性不强，必要时应采取人工辅助措施。如用抹布擦干湿毛，或找已产仔的温驯母鹿代为舔干，使仔鹿及早吃到初乳。健康良好的仔鹿产出后 0.5 ~ 1 小时即能站起觅母乳，1.5 ~ 2 小时吃到初乳最为理想，最晚不可超过 10 小时。初乳的特点是水分少，干物质多，乳脂含量高，仔鹿少量吸吮即能满足。一般母鹿每隔 3 ~ 4 小时喂乳 1 次，每次不过 2 ~ 3 分。

2. 代养

初生仔鹿因各种原因如母性不强，拒绝仔鹿哺乳或初产母鹿乳汁不足或不能分泌、仔鹿体弱不能站立或母鹿分娩死亡等，得不到亲生母鹿直接哺育时，代养是提高仔鹿成活率的有效措施之一。代养母鹿宜选择性情温驯、母性强、泌乳量高的产仔母鹿。在集中分娩期，大部分温驯的待产母鹿都可被用来作为保姆鹿，一般选择分娩后 1 ~ 2 天的母鹿代养效果最好。

将需要代养的仔鹿送入代养母鹿小圈中，如果母鹿不扒不咬而且嗅舔，即可认为已被接受。同时观察仔鹿是否吃到乳汁，一般吃过 2 ~ 3 次就表明基本代养成功。代养初期对自行哺乳有困难的衰弱仔鹿须人工辅助，并适当控制保姆鹿亲仔的哺乳次数与时间，以保证被代养仔鹿的哺乳量。除对代养仔鹿细心护理外，还必须加强保姆鹿的饲养，喂给含蛋白质丰富的精饲料和优质粗饲料，以增加泌乳量。要确实掌握母乳是否能满足两只仔鹿的需要，如发现仔鹿吮乳次数频繁，同时哺乳时边吸吮、边撞乳房、边鸣叫，吮乳后仔鹿腹围变化不大，则说明母鹿乳量不足，需另找母鹿代养。代养仔鹿要适当延长单圈饲养时间，一般为 7 ~ 10 天，如两只仔母鹿一起拨入哺乳母仔大群鹿都强壮，可随同母鹿一起拨入哺乳母仔大群。

3. 人工哺乳

初生仔鹿如得不到母鹿的哺育，而且代养又未成功时，可用牛、鹿奶进行人工哺乳。人工哺育仔鹿与代养相比，付出的劳动及经济代价都较大，成活率亦较低，因此多采用二者相结合的方法，即经几次人工哺乳能站立起来自行吸吮母鹿乳汁时，尽量送给原分娩母鹿或代养。如经 1 ~2 天的人工哺乳已经习惯喂奶，不再寻找母鹿的乳头，且能与人接近，可继续进行人工哺乳，往往会培育驯化出理想的骨干鹿。

人工哺乳的关键在于保证初乳的供应，使初生仔鹿得到足够的初乳。初乳来源可采用冷藏方法保存健康母鹿的初乳代替鹿的初乳，也可人工配制。

人工哺乳的配方及配制方法：鲜牛奶 1 000 毫升、鲜鸡蛋 3 ~4 个、鱼肝油 15 ~20 毫升、沸水 400 毫升、精盐 4 克、多维葡萄糖适量。先把鸡蛋用凉开水冲开，加入食盐和多维葡萄糖搅匀，再将牛奶用四层纱布过滤后煮沸，放凉至 50 ~60℃，将冲开的鸡蛋液和鱼肝油一并倒入，搅拌均匀，冷至 36 ~38℃即可饲喂仔鹿。

表 7 –1 仔鹿人工哺乳牛奶的量 （单位：毫升）

仔鹿初生重	1 ~5 日龄	6 ~10 日龄	11 ~20 日龄	21 ~30 日龄	31 ~40 日龄	41 ~60 日龄	61 ~75 日龄
	6 次	6 次	5 次	5 次	4 次	3 次	2 次
5.5 千克以下	480 ~960	960 ~1 000	1 200	1 200	900	600 ~720	450 ~600
5.5 千克以上	420 ~900	840 ~960	1 080	1 080	870	450 ~600	300 ~520

（二）哺乳仔鹿

仔鹿生后 15 ~20 天，开始采食饲料并出现反刍。这时在保护栏中设置小槽，投给少量营养丰富的混合精饲料。其配方为：60% 的豆饼或豆浆，30% 的高粱面，10% 的细小麦麸，少量食盐和骨粉。一日 3 次，自由采食。到 30 日龄每只梅花鹿每天补给精饲料 180 克左右，到 3 个月离乳时加至 300 ~400 克。马鹿比梅花鹿多 1 ~1.5 倍。

母鹿分娩后 1 ~2 个月，常出现泌乳量急剧下降的情况，因此对正在哺育仔鹿的母鹿一定要加强饲养，适当增加营养价值高的多汁饲料，因为仔鹿的培育在很大程度上取决于所获得乳汁的质量。如果分娩后母鹿死亡或有病不能哺乳及乳汁不足时，必须采取人工哺乳或代养措施。

补饲的饲料要渐进式增加，仔鹿食量小，消化快，采食次数多，离乳仔鹿的精饲料要细致加工调制，可将大豆、玉米煮熟，一部分玉米粉成玉米面，大豆磨成豆浆，按比例混拌。离乳 2 个月内每日可喂 4 ~ 5 次，夜间补饲 1 次青粗饲料，以后逐步达到日喂 3 次。在精饲料保证的同时特别要投喂一些青绿多汁饲料。饮水要清洁、充足。此外还要注意矿物质的供给，补喂多种维生素、含硒微量元素等添加剂，在日粮中加入食盐、鹿用骨粉，可防止佝偻病、软骨症的发生。

三、仔鹿的管理

（一）产后精心护理

母鹿分娩期间，应有专人值班守护。仔鹿产下后，应将仔鹿身上的黏液擦干，让其尽快吃上初乳，然后剪耳编号，定时放回母鹿群喂乳。在仔鹿哺乳期间，应避免有异味之物触及仔鹿，如乙醇、香皂等，否则母鹿会嫌其有异味而拒哺。

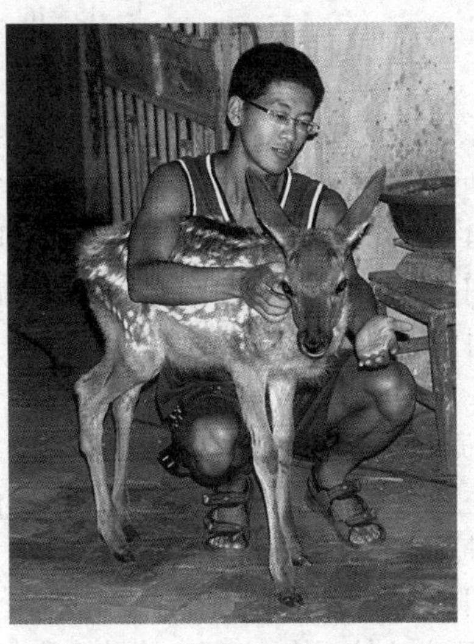

图 7－5　仔鹿护理

（二）及时人工哺乳

如果分娩后母鹿死亡或有病不能哺乳及乳汁不足时，必须采取人工哺乳措施。通常用新鲜的牛乳或山鹿乳代替，若不得不用奶粉时，须将冲泡的奶粉浓度略微提高，以适应仔鹿生长发育的需要。人工哺乳的时间、次数和哺乳量根据仔鹿的日龄、初生重和发育情况来确定。在无经验标准的情况下，仔鹿人工哺乳的数量可参照犊牛的人工哺乳量。坚持乳汁、乳具的消毒，防止乳中细菌繁殖和乳汁发生酸败。投喂量由少到多，每日每只喂 200 ~ 300 克，到断乳分群前达到每日每只500克。青饲料要切碎喂。实际上,仔鹿到了20~30日龄就开始寻找植物性饲料并能采食一些嫩绿草叶,但此时仔鹿的营养来源仍是以母乳为主。当仔鹿体重达到25千克左右时,便可以离乳,转为人工喂养。

(三)设置仔鹿保护栏

在哺乳仔鹿舍内设置仔鹿保护栏是保障仔鹿安全、减少疾病、提高成活率的有效措施。仔鹿栏各立柱间距为15~18厘米(图7-6)。

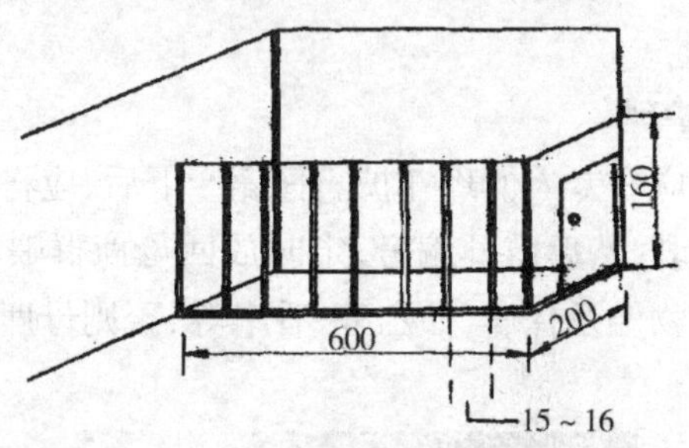

图7-6 仔鹿护栏(单位:厘米)

鹿分栏不要过急,母仔鹿分栏时,将相邻的两个圈中间设一过门。先将母、仔鹿全部赶入其中一个圈,然后再将母鹿放入另一个圈。起初可将母鹿留在仔鹿圈内1~2天,4~5天后,分开的时间最初每次1~3小时,以后逐渐延长,中午及晚间将过门打开,让母仔自由活动,方便仔鹿吃奶。要增加人鹿接触机会,投料和给水时配以口哨,使仔鹿性情稳定。

(四)勤于观察

仔鹿出生后饲养员要不断调教驯化,使人鹿亲和。让仔鹿熟悉鹿圈和跑道,经常性让母鹿带小鹿到跑道中,对人的叫喊声不惊慌,为以后鹿的分群打基础。切不可与之顶撞嬉戏,以防养成恶癖。

(五)卫生和疾病防治

人工哺乳的卫生要求比较严格,必须坚持做好乳汁、乳具的消毒。为了预防人工哺乳仔鹿患肠胃炎,应定期在乳汁中加入抗生素。仔鹿初生后15天内,观察的重点是白肌病、脐带炎、肺炎、坏死菌病,发现后要及时诊治。

第五节 茸用幼鹿的饲养管理

幼鹿即离乳后到年末转群前育成初期的幼鹿。

一、幼鹿的特点

离乳初期的幼鹿,其生活环境和饲料条件均发生了很大变化。由于留恋

母鹿开始鸣叫不安，精神、食欲均受到影响，因此饲养员要进行耐心的护理，经常进入鹿舍呼唤接近鹿群，做到人鹿亲和，开展驯化活动。

二、幼鹿的饲养

仔鹿分开单独饲养。将相邻的两个圈中间设一过门，先将母仔全部赶入其中一个圈，然后将母鹿拨出放入另一个圈，仔鹿留下。起初可将母鹿圈在仔鹿圈1～2只，每天上、下午两次全部分开，分开的时间最初每次1～3小时，以后逐渐延长，中午及晚间将过门打开，让母仔自由活动，仔鹿吃奶。当前养鹿场皆采取一次离乳方法，即在8月下旬母鹿配种期到来之前，一次将当年所产的仔鹿全部拨出，按产仔期从5月5日到6月末为止计算，则仔鹿的哺乳期最长可达110天，最短仅为55天。离乳后按仔鹿的性别、出生先后、体质强弱分成若干个离乳仔鹿群，每群最多不超过50头，放在距母鹿群较远的鹿舍中饲养，也可以将母鹿拉出到其他鹿合去配种。

在离乳时，可采取逐渐增加精饲料量和减少母鹿的饲喂次数，一次分群、离乳的方法。离乳后要逐步增加饲料的给量，不可一次突然增加过量。把仔鹿赶走，母鹿留在原圈内，保证鹿群稳定，减少应激，离乳后幼鹿处于育成阶段，如果饲养条件优良，其生长发育是非常迅速的，故宜抓紧这段时间给予丰富的营养，以促进生长发育。离乳幼鹿的日粮，应由容易消化又含有生长发育需要的各种营养物质的饲料所组成。

其精饲料配比豆类占48%、禾本科籽实占47%、糠麸类占5%。其采食量随着日龄的增长而增加，8～9月每只梅花鹿仔鹿大约能食入0.4千克箱料，马鹿仔鹿大约0.6千克；到12月梅花鹿仔鹿能达到1千克左右，母鹿仔鹿可达到1.2千克。同时应该根据离乳前仔鹿每天哺乳与采食次数，适当增加饲喂次数，随着日龄不断增大，逐渐减至成鹿的日喂次数，一般离乳初期喂4～5次精粗饲料，夜间补饲1次粗饲料，到10月减到与大鹿相同。在此期间的饲料要特别注意营养水平和日粮的全价性。

三、幼鹿的管理

（一）营养全面，保证质量

幼鹿正处于旺盛的生长发育阶段，不仅要维持生命活动，同时要提供生长发育的营养需要。因此要保证供给营养全价饲料和清洁充足饮水，保证喂给一定数量的营养全面的精饲料和足够的优质的粗饲料。特别是要保证蛋白质、矿物质和维生素的供给，必要时可喂矿物质、维生素添加剂，以防止佝偻病、白肌病等仔鹿常见的营养缺乏症。

(二)分群管理

在8月20日左右将母鹿和仔鹿一次性分开单独饲养。断乳后要按照仔鹿的性别、体质强弱、个体大小等情况分为若干个小群,分群饲养。分开后要增加人鹿接触,投料和给水者配以口哨、吆喝声,使仔鹿形成固定的条件反射,保证仔鹿性情稳定。

(三)勤于观察,加强调教驯化

仔鹿出生后饲养员要不断调教驯化,使人鹿亲和。让仔鹿熟悉鹿圈和跑道,经常性让母鹿带小鹿到跑道中,对人的叫喊声不惊慌,给以后鹿的分群打基础。切不可与之顶撞嬉戏,以防养成恶癖。

(四)保持清洁,安全过冬

仔鹿圈应经常清扫,保持清洁,同时定期消毒,防止仔鹿疾病。冬季更要保持圈舍内干净,无粪尿、积雪,必要时加铺垫草,保暖防寒,使仔鹿有一个舒适、安静的环境。

第六节　茸用后备鹿的饲养管理

后备鹿即生后第二年的幼鹿,也称为育成鹿。这是从幼鹿饲养到成鹿饲养的一个过渡阶段,公母鹿的育成期为1年左右,其中公鹿较母鹿育成期长。后备鹿是鹿群的后备力量,对后备鹿的培养情况,直接关系到鹿群生产力及其发展,不管从发展生产还是育种角度都必须十分重视后备鹿的培育。

一、后备鹿的特点

后备鹿与幼鹿相同,仍处于生长发育的旺盛阶段,其生长发育快、可塑性大,一般经过1年的育成期,花公鹿的平均体重可达50~55千克,相当于成年公鹿的50%左右,育成母鹿生长发育比公鹿快,能达到成年母鹿的70%左右。相对幼鹿,瘤胃的发育最为显著。

二、后备鹿的饲养

饲养管理好的后备公鹿第二年就可以长出分杈茸,后备母鹿16个月就可以配种怀孕,实现生产。做好后备鹿的工作对以后鹿茸高产及多产仔有着重要的意义。后备鹿具有独立生活的能力,比仔鹿和幼鹿更有适应能力、抗病力,在生产中往往被生产者忽视,因此对后备鹿的常规饲养管理外还要特别注意保证营养。

满足后备鹿的营养需要,是后备鹿培育中的首要问题。在日粮配合上精、粗饲料比例应适当,合理搭配。精饲料过多,影响消化器官的发育,结果对粗饲料的适应性差;精饲料过少,不能满足幼鹿生长发育所需要的各种营养物质,将直接影响到鹿的健康和生产性能。在有条件的地方,5~10 月进行放牧饲养对育成鹿的生长发育更有好处。放牧群的精饲料仍按原量供给,同时还须补给一定量的干粗饲料。

三、后备鹿的管理

(一)保证营养供给

后备鹿生长发育快,应适当添加精饲料,保证营养供给,育成期梅花鹿精饲料的喂量为 0.8~1.5 千克,马鹿为 1.5~2.5 千克,视鹿具体生产时期及膘情而定,精饲料过多会影响瘤胃的发育,从而降低了其对粗饲料的适应性;精饲料太少,可能使营养供给不足,致使鹿生长发育迟缓。后备鹿粗饲料以优质树叶为好,可采食适量的青贮,但不宜过多,过多会使瘤胃容积不足,可能影响生长。发育好的母鹿 16 月龄即可初配,对受胎育成母鹿,其一方面要实现自身的生长发育,另一方面要提供胎儿的营养物质,负担较重,在妊娠期间应加强营养,特别是妊娠后期,更应加强营养,满足胎儿生长发育和为泌乳而储备的营养需要。对未受孕母鹿及公鹿要提供足够的优质粗饲料,视膘情、体型及发育特性适当补饲精饲料。

(二)分群分期加强管理

后备鹿应分为公母鹿群进行饲养管理,在不同季节,不同生产目的的条件下应有不同的饲养管理模式。后备母鹿到第二年秋天应根据月龄及发育情况决定是否参与配种,在配种前应加强营养,提高日粮水平,保证正常发情排卵,使配种期达到适宜的繁殖体况。

(三)防止爬跨,积极采取相应措施

育成鹿在配种期也有互相爬跨现象,容易造成不必要的体力消耗,甚至可能出现直肠穿孔而死亡。育成公鹿的爬跨现象在气候骤变、阴雨后变暖时表现更为强烈。因此,在管理上必须制止个别早熟鹿乱爬乱配,影响正常发育。对育成鹿的管理人员要固定,必须注意看管,防止顶撞等。

在生产中注意:配种期降低精饲料的饲喂量;气候骤变、阴雨后变暖时投喂一些新鲜树叶或青草或者精饲料,以分散其注意力;除了日常管理经常出现的声音,尽量避免其他偶然的声音,给鹿提供安静舒适的环境。

(四)增加运动量,增强体质

增强后备鹿的运动量,增强其自身的体质和抗逆性。有放牧条件的可以

结合放牧加强对后备鹿的运动,无放牧条件的每天在圈内保证2~3小时的哄赶运动,夜间最好也哄赶一次。

第七节　茸用鹿饲养管理中存在的问题与解决办法

我国养鹿场对鹿实施的饲养方式因地区、饲料条件、饲养目的、饲养鹿的种类、自身条件等的不同也有所不同。

一、存在的问题

与传统养殖业相比,我国当前的养鹿业仍处于低级阶段,在许多方面还很不成熟,存在的问题主要有以下几个方面:

第一,饲养数量少,规模小,大部分没有形成规模化、产业化、专业化生产。

第二,生产繁育体系不健全,良种缺乏。品种改良和选育工作薄弱,良种繁育体系不健全,种和商品不分,致使良种匮乏。种鹿存栏量少,远不能满足市场的需求。

第三,鹿群结构比例不协调。存栏母鹿多,生产用种公鹿少,导致种鹿价格居高不下。

第四,鹿场饲养重数量的增长,不注重鹿群质量的提高,鹿群饲养管理落后,不能发挥良种潜在的生产性能。

第五,国家没有出台鹿种动物福利政策。动物福利是促进鹿牧业发展不可缺少的重要措施。而我国没有相关政策,并且广大养殖户盲目追求利益,忽视了鹿的福利。

二、解决办法

(一)推广良种茸鹿,优化茸鹿种群结构和年龄结构,发挥鹿群生产潜力

近20年来,中国鹿科技工作者已经培育出多个茸鹿的品种或品系,如双阳品种梅花鹿、西丰品种梅花鹿、长白山品系梅花鹿、四平品种梅花鹿、敖东品种梅花鹿、兴凯湖品种梅花鹿、塔里木品种马鹿等。目前已经在它们的主产区建立良种繁育基地,适应北鹿南养、东鹿西调的发展需要,应用现代繁育技术(如同期发情技术、超数排卵技术、人工授精技术、胚胎移植技术等),快速扩繁和推广饲养上述良种茸鹿,将从根本上提高我国鹿群质以及鹿产品质量和产量,增强在国际市场的竞争力。

我国以生产鹿茸为主要目的,目前已驯养梅花鹿、马鹿、水鹿、白唇鹿、坡鹿、驯鹿等约50万只,其中梅花鹿30万只,马鹿10万只,其他茸鹿10万只。

年产鹿茸约120吨,梅花鹿茸占50%,马鹿茸占40%,其他鹿茸占10%,鹿茸优质率仅占40%左右。其中人工培育的居国际水平的梅花鹿和马鹿品种或品系饲养量只有约8万只,而鹿茸优质率可达70%以上。因此大力推广饲养人工培育的梅花鹿和马鹿良种,必将大幅度提高我国鹿茸的产量和质量。李春义等研究并确定了以生产鹿茸为目的的鹿场其梅花鹿或马鹿最佳种群结构:梅花鹿公鹿76%,梅花鹿母鹿24%;马鹿公鹿63.4%,马鹿母鹿36.6%。梅花鹿最佳年龄结构为:幼龄公鹿14.2%,1~3锯公鹿19.2%,4~8锯公鹿26.35%,9锯以上公鹿16.3%;幼龄母鹿5.4%,成年母鹿18.6%。马鹿最佳年龄结构为:幼龄母鹿7.1%,成年母鹿26.6%;幼龄公鹿11.4%,1~3锯公鹿15.3%,4~9锯公鹿25.2%,10锯以上公鹿11.9%,使鹿群保持最佳的种群结构和年龄结构,能够发挥鹿群最大的生产潜力,获得最大经济效益。

(二)利用人工哺乳技术,提高仔鹿成活率

在养鹿生产实践中,一般仔鹿出生后大都能自行哺其母乳。但经常出现新生仔鹿因为哺不上母乳最终夭亡的现象,每年因此而死亡的仔鹿占死亡仔鹿总数的25%左右,导致在自然哺乳情况下,梅花鹿的繁殖成活率为80%左右,马鹿繁殖成活率为60%左右,严重影响养鹿效益的提高。吉林农业大学养鹿场在仔鹿出生后,采用全哺乳期人工哺乳牛初乳和常乳的方法,使仔鹿成活率达90%以上,并可以做到仔鹿早期补饲,生长发育良好,驯化程度高,利于其后天管理,断乳后的仔鹿成活率达到98%~100%。

(三)应用计算机管理程序,完善网络建设,跟踪国内外信息,建设高效的配套服务体系

我国的养鹿场应尽快应用计算机管理程序,健全完善各种新技术设计、统计分析、筛选佳值,以指导养鹿生产获取最佳效益,并进一步建立健全县、市、区种鹿场或繁育中心及鹿业协会网站,在此基础上尽快建立省级和国家级网站,以便迅速准确地通报联系鹿及鹿销售、技术培训、疫病防治、饲料供应、繁育技术、产品加工技术及等级规格标准等信息交流,实现对养鹿业全面细致的高效优质服务,使我国养鹿业在健康有序的轨道上可持续发展。

(四)建立科学的免疫程序,推广应用生物药品有效防治鹿类疾病

根据调查分析,我国人工驯养的梅花鹿和马鹿由于疾病死亡的鹿占总死亡率的36%~51%,各种应激性疾病和传染病的危害尤其严重。应用各种生物疫苗(菌苗)能够对鹿群的传染病进行有效的预防、诊断和治疗,使养鹿业免遭重大经济损失。例如,应用提纯结核菌素和布氏杆菌凝集反应抗原能够分别准确有效地诊断鹿群的结核菌病和布氏杆菌病的发病情况;应用破伤风类毒素能够紧急预防和治疗破伤风;应用 TM 微生态制剂可有效预防和治疗仔鹿传染性腹泻。按照特定免疫程序正确使用坏死杆菌病疫苗、伪狂犬病弱毒冻干苗、狂犬病 ERA 弱毒疫苗、钩端螺旋体疫苗、魏氏梭菌基因工程苗、精制破伤风类毒素、布氏杆菌鹿型 5 号菌苗、卡介苗等能够有效预防特异性传染病,为保护环境、维护公众和动物健康、促进养鹿业可持续发展提供科学安全的保障。

(五)制定并遵守鹿的福利政策

学习国外的经验,制定符合我国国情的福利政策。下为新西兰鹿福利中有关饲养管理的内容。

1. 尊重鹿的行为和生活习性

为了提高养鹿的经济效益,有必要了解自然条件下鹿的行为和生活习性,并将它们应用到具体的养殖实践中去。在人工养殖条件下,更应使鹿极大地保持它们原有的自然习性和生活方式,这样才符合鹿的福利政策,并能提高整个鹿群的生产力。例如在母鹿妊娠后期,应将母鹿调入更大的鹿舍,尽量减少外界的干扰,同时为新生仔鹿提供具有保护作用的隔离间等。

2. 饲养管理

饲养管理包括鹿的饲养设施、疾病防治、食物、谱系管理等各方面。在鹿的整个养殖过程中,须经过仔鹿断乳、打耳标、不同生长阶段体重体尺测量、药浴、结核检疫及其他管理。有助于鹿饲养管理和使应激降低的措施如下:

第一,必须保证鹿在鹿舍内有足够的运动场地可以自由活动。

第二,通往鹿舍的通道应逐渐变窄,鹿舍的入口处与圈门大小相匹配。当鹿群进入鹿舍时,会自然形成一个狭长的鹿队,以防止鹿互相拥挤和践踏。通道应建在靠近鹿舍的一侧,宽度要大于鹿的体长,使鹿在通道内可以自由转动。经过多年的经验积累,较好的设计方案就是在一排鹿舍外建一个大的围栏,这样便于鹿分成多个小群,易于饲养管理。

第三,分隔各棚舍的隔板间应留有一定的间隙,尤其是上半部分,便于不同舍内的鹿互相交流,有利于维持安静状态。

第四,不同种类的鹿应采用不同的管理方式。赤鹿是最容易饲养的品种,它们能极大地忍受惊吓、饲养密度过大和圈舍过度拥挤等不良因素。饲养员可以通过直接触摸鹿体的方式来增加与鹿的感情,提高饲养管理质量;站鹿有喜光的习性,它们比较喜欢在光线较强的地方活动,为了防止站鹿在圈内奔跑

速度过快，而造成一些意外伤害，鹿舍之间应使用黑色隔板，并在圈舍中向阳的方向建一个缓坡；马鹿及杂交后代要饲养在有较大活动空间的鹿舍内，以便满足它们善于活动的生活习性。

第五，鹿舍内饲养的鹿不应过多，鹿舍的过度拥挤或外界的惊扰极易造成鹿炸群，导致伤亡事件（鹿骨折、损伤鹿茸、撞死）的发生；更严重时会伤害饲养员，给养殖者带来较大的经济损失。为了有效地完成鹿的各项管理任务，要求操作者要有娴熟的技能，尽量通过缩短操作时间来降低鹿的恐惧程度，减少意外事件的发生。

第六，当对鹿进行各项测量和治疗时，操作者的信心和把握程度是至关重要的。因此，操作前务必要准备好所需的器械和药品，这样才能更快、更有效地完成各种操作。

第七，赤鹿对物体的分辨能力较其他鹿显得稍弱些，当给赤鹿称重时，只有依靠外力才能将它推入地秤中间，准确地称出其体重。最好的操作方式就是操作者站在鹿后腿的外侧，并与鹿的臀部保持一定的角度，使劲用胯部挤鹿的臀部，使鹿移入指定的地点。操作过程中切记不要站在鹿的正后面，防止鹿踢到操作者。

第八，对于性情暴躁的鹿，操作者应学会先给离它最近的鹿进行处理，然后逐渐向它靠近后再进行。

第九，饲养员进鹿舍时需戴安全帽，穿防护服。一些饲养员使用挡板，也有些饲养员设计了一种钉在木棍上的受精媒介物，可较容易地将鹿拨入不同的鹿舍。

第十，进入鹿舍之前，应给鹿一个提示（比如打口哨），以免对鹿造成惊吓。

第十一，对鹿进行各种管理时，不要背对着鹿，防止因注意不到鹿的活动情况而造成意外的伤害。

第十二，对鹿进行驯养时，最好不要轻易更换饲养员。

第八章　肉用鹿的饲养管理技术

鹿肉是高蛋白、低脂肪、低胆固醇的美味健康食品，清香淡雅，容易消化，既是膳食佳品，又具有滋补治疗作用，食疗食养兼备，从古至今都为人们推崇。鹿肉食品在古代贵族宴席中居重要地位，早在公元前1100年的周朝就将鹿肉作为宴席的主要食品。清代始创的“满汉全席”有“红烧鹿筋”“烤鹿尾”等，在当代鹿产品直接烹调食用及配成药膳为食已达百种。鹿肉可用腌、卤、水煮、清蒸、滑炒、干煸等方法制成多种名菜。

随着鹿饲养量的不断扩大及饲养成本降低，鹿肉将成为养鹿业的重要产品，占有重要的地位。除中国、日本、韩国等亚洲国家养鹿主要以鹿茸为主外，西方国家养鹿主要以鹿肉及狩猎娱乐为主。随着国内人民生活水平的普遍提高，消费观念和肉类消费结构的逐步转变，追求具有保健滋补作用的高档肉食正逐渐成为时尚。鹿肉为高档美味佳肴，它的保健和营养价值正在逐渐被人们所认识，优质鹿肉的需求量日益增加。在国际市场上鹿肉的销售价格一直居高不下。我们应该总结经验教训，借鉴国外优秀发展模式，扬长避短，勇于创新，走联合、创新、开发、多样、规范的发展道路。根据我国的生态特点，分析目前我国养鹿业的发展现状，制定出适合我国国情的发展模式。

第一节　肉用鹿的饲养管理

一、肉用鹿种

我国鹿种资源丰富，种类繁多，家养数量巨大。肉用鹿种可以利用的有东北梅花鹿、双阳梅花鹿、西丰梅花鹿、长白山梅花鹿、东北马鹿、天山马鹿、塔里木马鹿、阿尔泰马鹿、清原马鹿、甘肃马鹿等品种，还有驯鹿、白唇鹿等。这些自然形成的鹿种，给研究和开发肉用鹿提供了资源保障，同时也给本品种选育或者杂交茸肉兼用型、肉用型个体选育肉鹿品种奠定了种质基础。

梅花鹿初生重5.78千克，6月龄达到50.27千克，12月龄达到53.51千克，为初生重的9.26倍。塔里木马鹿公鹿初生重10.2千克，12月龄132.3千克，为初生重的12.97倍，24月龄177.2千克，为初生重的17.37倍，36月龄227.7千克，为初生重的22.32倍。清原马鹿初生重为14.54千克，哺乳期的2~3月龄时体重达58.3千克，日增重0.55千克；离乳期的5.5月龄时体重达112.8千克，日增重0.56千克；育成时的10.5月龄体重为139千克，日增重0.18千克。甘肃马鹿纯种初生重(12.55±1.64)千克，8月龄增加到(61.40±5.04)千克，为初生重的4.89倍。甘肃马鹿与天山马鹿杂种初生重(13.65±2.01)千克，8月龄增加到(71.10±6.12)千克，为初生重的5.14倍，模型估算出杂种马鹿和纯种马鹿的最大体重分别为67.27千克和59.18千克，最大月增重分别为15.07千克和12.82千克，说明杂种马鹿比纯种马鹿具有较强的生长优势。

表8-1　经济杂交鹿的日增重比较

杂交组合	性别	样本量	初生重（千克）	180日龄体重（千克）	增重（千克）	日增重(克·天)
东北梅花鹿	♂	12	6.00	50.20	44.20	245.6
	♀	11	5.60	39.51	33.91	188.3
天山马鹿	♂	10	17.12	116.22	99.10	550.6
	♀	12	16.48	109.00	92.52	514.0
花·马F1	♂	13	7.40	61.04	53.64	298.0
	♀	12	6.40	48.11	41.71	231.7
马·花F1	♂	12	15.50	87.10	71.60	397.8
	♀	12	12.87	81.31	68.44	380.2
花·马·花F2	♂	15	6.30	55.78	49.48	274.9
	♀	15	6.10	81.31	40.21	223.0

以上是茸用鹿选育数据，但可以间接说明鹿生长发育速度很快，肉用化性能和选育基础很好。

二、改变群体结构

现今养鹿是以取茸为目的，鹿的群体结构基本上是公鹿多，母鹿少，母鹿占群体的20%～30%。所以，现有鹿扩群速度很慢。在鹿茸生产规模不扩大的基础上，基础母鹿扩群至50%～60%，每年将会多繁殖30%仔鹿用于育肥。这是目前改变养鹿现状有效的方法之一。

三、饲养方式

我国的鹿养殖有圈养、圈养放牧和半散放3种饲养方式，大部分养鹿场采用圈养的方式。

（一）圈养

圈养也叫圈养舍饲，就是指将鹿养在人工建筑的有一定面积的圈舍里，不仅人工直接喂给专门采集来的饲料，而且鹿的一切活动受人直接监督和限制，只能在人的直接干预下生长和繁殖。圈养方式具有集约化经营管理的特点，这样便于科学管理、易于观察每个鹿的生长及健康情况，便于对鹿的疾病采取预防和治疗措施，同时为鹿的选育和品质改良及其他一些技术措施的实施等提供便利条件。圈养鹿的饲养成本相对较高，必须为圈养鹿提供充足的饲料，否则会影响鹿的生长发育。此外，养鹿场还要求有一定的人力和物力，并有足够的饲养管理设备。

（二）圈养放牧

圈养放牧是在圈养的基础上发展起来的，是圈养和放牧相结合的一种养鹿方式。放牧鹿群须从幼年开始调教，经过调教的鹿群在放牧场上可自由采食。每天经过一定时间放牧以后，仍将鹿群赶回圈舍内，进行人工补饲。放牧可以充分利用天然饲料，增加鹿的运动量，促进其生长发育，特别是能够节省人力和人工饲料，从而降低养鹿的成本。圈养放牧适合在牧草比较丰盛的草原地区或山区、半山区、丘陵地区。夏秋季节将鹿群赶出去放牧，冬春季节再赶回圈舍内饲养。

（三）半散放饲养

半散放的养鹿方式是利用天然障碍或人工修建的大型围栏或电牧栏把鹿养在有丰富饲料来源的大面积场地内，场内应有简易的鹿舍和一定的饲养管理设备。春、夏、秋三季散放，定期给鹿群补饲一部分饲料；冬季将鹿群赶至简易鹿舍内进行人工饲养。根据草场质量的好坏，应在几个固定的地方定时补饲精饲料和食盐，这样也便于观察鹿群的各方面情况。半散放饲养管理简单，消耗的人力较少，饲养成本较低。但半散放要求备有大量用于建筑的围栏器材，而且半散放鹿群多半是自由交配，自然繁殖，缺乏人工控制，在选种选育上有一定难度，如不采取有效措施，鹿群容易出现退化现象。这种管理方式过于粗放，仔鹿成活率低，成年公鹿的伤亡也很大。应根据自然条件、生产目的和性质以及鹿群的驯化程度等情况来综合考虑鹿群的饲养方式。

四、育肥

至8月中下旬，一次将仔鹿全部拨出，断乳分群。但对晚生、体弱的仔鹿，可推迟到9月10日断乳分群。分群时，应按照仔鹿的性别、年龄、体质强弱等情况，每30～40只组成一个离乳仔鹿群，饲养在远离母鹿的圈舍里。

离乳初期仔鹿消化机能尚未完善，特别是出生晚、哺乳期短的仔鹿不能很快适应新的饲料。因此，日粮应由营养丰富、容易消化的饲料组成，特别要选择哺乳期内仔鹿习惯采食的多种精粗饲料；饲料量应逐渐增加，防止一次采食饲料过量引起消化不良或消化道疾病；饲料加工调制要精细，将大豆或豆饼制成豆浆、豆沫粥或豆饼粥。根据仔鹿食量小、消化快、采食次数多的特点，初期日喂4～5次精粗饲料，夜间补饲1次粗饲料，以后逐渐过渡到成年鹿的饲喂次数和营养水平。4～5月龄的幼鹿进入越冬季节，还应供给一部分青贮饲料和其他含维生素丰富的多汁饲料，同时应注意矿物质的供给，必要时可补喂维生素和矿物质添加剂。

育成鹿仍处于生长发育阶段，也是从幼鹿向成年鹿过渡的阶段，此时鹿虽已具备独立采食和适应各种环境条件的能力，饲养管理也无特殊要求，但营养水平不能降低，要根据幼鹿可塑性大、生长速度快的特点，进行定向培育。

育肥鹿的日粮配合，应尽可能多喂些青饲料，但在1岁以内的仍需喂给适量的精饲料。精饲料喂量和营养水平，视青粗饲料的质量和采食量而定。精饲料喂量梅花鹿0.8～1.4千克，马鹿1.8～2.3千克。育成鹿的基础粗饲料是树叶、青草，以优质树叶最好；但可用适量的青贮替换干树叶，替换比例视青贮水分含量而定，水分含量在80%以上，青贮替换干树叶的比例应为2∶3；在早期不宜过多使用青贮，否则鹿胃容量不足，有可能影响生长。

育肥鹿应按性别和体况分成小群，每群饲养密度不宜过大。育成公鹿在发情季节也有互相爬跨现象，体力消耗大，有时还会穿肛甚至死亡。育成期应继续加强驯化。

第二节 肉用鹿饲养中存在的问题与解决办法

一、养鹿肉用化发展的必要性

(一)实现养鹿业健康、快速、持续发展

我国传统养鹿业以获取鹿茸为主要经济目的。由于鹿茸的销售受国际市场的制约,对养鹿业的冲击很大。加之国内鹿茸、鹿肉等鹿产品的综合开发利用落后,造成鹿产品市场价格波动较大。随着养鹿业在世界范围的蓬勃兴起,原鹿茸生产方面较落后的,而以生产鹿肉为主的新西兰、加拿大、澳大利亚等国,先后开展了鹿茸生产的研究与开发,对我国的鹿茸生产造成威胁。在这种形势下,要想与之抗衡,就必须在重视鹿茸生产的同时,大力发展鹿肉生产,开发鹿肉产品市场。这样,既可以增强鹿产品在国际市场的竞争力,也可以在鹿茸市场出现波动的情况下,有足够的缓冲和应变能力,取得较好的综合效益。

(二)满足国内外市场需求

随着人民生活水平的普遍提高、消费观念以及肉食消费结构的转变,追求具有滋补保健作用的高档肉食正逐渐成为时尚。鹿肉作为高档美味佳肴,具有高蛋白、低脂肪、低胆固醇等特点,肉质细嫩、清香淡雅、风味独特,既是膳食佳品,又具有滋补治疗作用,食疗食养兼备,从古至今都为人们所推崇,其需求量和消费量将迅速增加。这无疑给发展肉鹿生产及开展鹿肉制品的研制和开发提供了难得的机遇,尤其是目前国内外还没有真正培育成功肉用鹿品种。新西兰肉鹿,只是因其鹿数量大而进行捕杀野生鹿,在这种形势下开展肉鹿品种培育、发展肉鹿生产将成为今后养鹿业向前发展的突破口。

鹿肉一直是国际市场供不应求的商品。欧洲、美洲人都喜食鹿肉,特别是德国、美国、澳大利亚、瑞士、英国等,这些国家鹿肉消费量较大,本国生产的鹿肉供不应求,均大量进口。在国际市场上,优质鹿肉的销售价格为10~12美元/千克,国内市场也高达50~100元/千克。从世界范围来看,除中国、日本、韩国等亚洲国家养鹿以鹿茸为主外,西方国家养鹿主要以生产鹿肉及狩猎娱乐为主。

(三)实现资源高效利用及可持续发展

我国有草原及草山、草坡约3.33亿公顷,是农业生产大国,每年农区约生产适于做饲料的农作物秸秆5.7亿吨。可见,丰富的草场、农副产品和农作物秸秆资源以及优质牧草栽培面积的逐步扩大,均可为发展肉鹿产业提供充足

的饲草饲料资源。鹿具有采食性广和耐粗饲等特点,可大量利用高粗纤维秸秆,使秸秆等资源得以有效利用。牛、羊等草食性动物能吃的饲料鹿都能吃,牛、羊不能吃的枝叶饲料鹿也喜食。鹿的饲养成本低,饲料利用率和转化率优于其他草食家畜,单位饲料生产的肉要比牛肉、羊肉多。

二、肉用鹿饲养中存在的问题

(一)现时法规制度与养鹿生产冲突,阻碍了养鹿业向肉用化方向发展

1989年实行的《中华人民共和国野生动物保护法》中规定,梅花鹿、马鹿等属于国家重点保护动物。作为国家重点保护的动物,饲养、繁育、贩运、屠宰、加工及其产品销售、消费受到严令禁止,对鹿业的突破性发展造成了严重的障碍。2001年卫生部下发的《关于限制野生动植物及其产品为原料生产保健食品的通知》规定,鹿只能用作医药加工,更是限制了鹿的肉用化发展。专家反复论证饲养鹿是否应该称为家畜,但时至今日,所有的限制都没有丝毫的松动,反映出我国的法规管理与经济发展的冲突。

(二)养鹿产业结构不合理

受传统生产观念束缚,长期以来我国养鹿业以生产鹿茸为主要经济目的,重茸用、轻肉用,产品单一,鹿茸是主要产品,鹿肉、鹿血、鹿皮等属副产品,养鹿成本较高。我国鹿存栏数量虽然很大,但饲养管理方式主要为农户小规模散养,饲养分散、管理粗放、饲养周期长。鹿肉生产加工尚未形成专业化和规模化生产体系,这也影响了某些先进实用养鹿技术的应用,制约了优质肉鹿生产及其产业的发展。目前还没有很好地开展鹿肉生产,鹿产肉率低,鹿肉品质不佳,安全性难以保证。鹿肉市场基本上是空白,在市场及饭店出售的鹿肉多为老弱病残的淘汰鹿。

(三)肉鹿良种化程度较差

虽然我国鹿品种资源比较丰富,但尚未培育出专门的优良肉用鹿品种,缺乏对鹿改良后的产肉性能进行系统研究。我国多年来开展了大量的鹿品种选育,但注重的是产茸性能,很少考虑肉用性能,优质肉鹿良种繁育体系尚未建立。

(四)研究开发明显滞后

目前,我国肉鹿及鹿肉研究还没有很好地开展起来。肉用鹿品种繁育、规模化饲养及饲料研发、优质鹿肉生产等技术研究明显滞后,对很有开发前途的鹿肉的研究还刚刚开始,没有对发展肉鹿业起到科技先行的促进作用,反过来又影响了肉鹿产业的发展。

(五)鹿肉国内外市场开拓不力

国外肉用市场,特别是欧洲市场上不乏鹿肉,鹿肉品质、销量、价格都很好。作为养鹿大国,唯独缺少有影响、知名度高的中国名牌鹿肉等鹿产品,失去了国际市场上应有的份额。国内肉用市场,几乎没有鹿肉销售,仅有的是淘汰鹿的加工肉,因而需要开拓国内外市场。

三、肉用鹿饲养中存在问题的解决办法

(一)理顺现时法规制度与养鹿生产,促进养鹿业向肉用化方向健康发展

首先要明确国家重点保护野生动物的状态应该是野生的(包括自然保护区、动物园)和离体保存的组织(生殖细胞、体细胞、基因等),充分认识到人工驯养(饲养、繁育及产品开发)具有社会需求和经济价值的野生动物是保护动物资源的最好方式之一。其次,加强野生动物资源保护管理与加大人工驯养动物力度,二者并不矛盾。有矛盾的话,那只是管理上混乱引起的。最后,动物资源的保护是受社会经济条件限制的,纯粹的动物资源保护是不现实的。目前,人工驯养的中国东北梅花鹿、天山马鹿、乌苏里貉,远离了濒危威胁就是很好佐证。

国家林业局于2003~2005年曾3次公布了梅花鹿、马鹿等54种人工驯养繁殖技术成熟、可商业性驯养繁殖和经营利用的陆生野生动物名单。2011年卫生部批复了吉林省上报的《关于明确部分养殖梅花鹿副产品作为普通食品管理的请示》,开发利用养殖梅花鹿副产品作为食品应当符合我国野生动植物保护相关法律法规。根据《食品安全法》及其实施条例,以及卫生部《关于普通食品中有关原料问题的批复》和《关于进一步规范保健食品原料管理的通知》等有关规定,除鹿茸、鹿角、鹿胎、鹿骨外,养殖梅花鹿其他副产品可作为普通食品。这一规定无疑为鹿养殖业发展提供了契机,加快了肉鹿养殖步伐。这就意味着经过人工驯养繁育的鹿可以人工饲养,能够合法地进入市场,这为大力发展肉鹿产业提供了良好的机遇。要把鹿当成猪和牛那样去看待,把养鹿业定位在畜牧业上,主推茸肉兼用鹿和肉用鹿。把过去靠鹿茸"单腿"独撑鹿业的格局改为茸肉兼用的"双腿"前行,增强养鹿产业的市场应变和竞争能力,以综合效益取胜。发展茸肉兼用的养鹿业,积极开发鹿肉生产,改善人们的肉食结构,发展鹿肉出口贸易,将取得显著的经济效益、社会效益和生态效益。

(二)培育肉用鹿品种,生产优质鹿肉

我国多年来开展了大量的鹿品种选育,已培育出6个优良品种(品系)

[双阳梅花鹿品种(1986)、长白山梅花鹿品系(1993)、天山马鹿清原品系(1994)、西丰梅花鹿品种(1995)、乌兰坝马鹿品种、兴凯湖梅花鹿品种(2003)等],但注重的都是产茸性能,没有考虑肉用性能。苏联为了提高驯鹿的产肉率,于20世纪60年代初开展了驯鹿各类型间的杂交;新西兰于80年代初进行了欧洲赤鹿(母)与北美马鹿(公)的杂交试验,提高产肉率15%。但目前还没有哪一个国家培育出肉用鹿品种。因此,我们要制订详细、切实可行、可操作性强的育种计划,充分利用我国鹿种资源比较丰富的优势,纯种繁殖与引进国外产肉性能好的优质良种鹿进行杂交改良并重,培育出适合我国特点的肉用型鹿品种或肉茸兼用型品种,形成健全的肉鹿良种繁育和供应体系,为我国肉鹿业的发展建立良好的种源基础。

在目前的科学设备和技术水平条件下培育肉鹿品种,主要是利用本品种选育或杂交选育。梅花鹿肉质细腻、适口性好,但体型小,产肉量低(16月龄可产精肉:公鹿35千克、母鹿20千克);马鹿具有适应性和抗病性强,耐粗饲、生长速度快、产肉量高(16月龄净肉:公鹿80千克、母鹿45千克)。根据选育目标进行本品种选育,可以选育出优质肉用品种。也可以进行种间或亚种间杂交,如花·马杂交(母梅花鹿×公东北马鹿)、马·马杂交(母东北马鹿×公天山马鹿)。这样,通过杂交把二者的优良性状固定于一体,形成新类型,同时与马·马杂交产生的后裔组成自繁选育群,进行理想型的选择和培育,就可能培育出肉鹿品种。

(三)采用繁殖新技术,提高生产水平

养鹿业生产的主要任务是在努力增加鹿的数量的同时积极提高鹿茸、鹿肉的质量,以便生产更多、更好的鹿产品来满足人民生活水平日益提高和市场经济不断发展的需要。要增加鹿的数量、提高鹿的品质必须通过鹿的繁殖才能实现,因此掌握好鹿的繁殖技术,搞好鹿的繁殖工作是养鹿业中不可忽视的重要环节。采用繁殖新技术,如同期发情、超数排卵、人工授精、性别控制技术提高母鹿繁殖力,从而提高养鹿生产水平。

(四)提高饲养管理水平,生产高效、优质鹿肉

培育出优质肉鹿、生产出优质鹿肉、建立完善的市场体系,才能保证肉鹿业产生良好的经济效益。因此,要借鉴国内外先进生产经验,着力研究与开发肉鹿生产配套技术,提高肉鹿生产能力,实现肉鹿业健康、稳定和可持续发展。

引起养鹿成本上升的各因素中饲料所占比重最大,为70%~80%。因此,要有效地利用饲草资源和开辟饲料来源,大力推广全价饲料,充分利用青贮、氨化等技术加工秸秆，使饲料多样化，制定并完善饲养操作规程，实施科学饲养管理，提高饲料转化率，降低饲料成本，从而降低养鹿成本。要大力提倡并扶持发展规模化肉鹿生产，使肉鹿产业向品种产业化、饲养规模化、加工系列化、管理科学化方向发展，确保鹿肉大批量生产，均衡上市，全年供应。

（五）防治疾病，生产高效、优质的鹿肉

随着养鹿业的发展，养鹿数量越来越多，鹿与外界环境接触更加广泛，鹿病种类也不断增加，有的鹿场死亡率高达10%以上（含应淘汰而没淘汰的鹿），鹿病成为养鹿生产的重要风险之一。如结核病、肠毒血症、坏死杆菌病、巴氏杆菌病、布氏杆菌病、大肠杆菌病、副结核病、放线菌病等。只有积极防控疾病，不断净化鹿群，保证鹿群健康，才能正常生长发育和生产，才能够保证生产高效、优质的鹿肉。

（六）建立肉用鹿及其肉品的行业标准，保障养鹿业向肉用化方向健康发展

近年来有机农业在世界范围内迅速发展，质量安全成为制约农产品流通的主要因素。在我国，肉用鹿的产品标准缺乏有效的产品检验、检测体系，没有相应的市场准入制度。近几年由于国内鹿产品没有统一的出口标准，没有可靠的质量保证，在贸易洽谈中无章可循，因而对贸易成交率产生许多负面影响，致使鹿产品在韩国、东南亚及欧美的销售渠道一直不够畅通。而新西兰国内的标准与国际通行的标准接轨，因此产品一直畅销于国际市场。为了保证鹿产品能够紧跟市场变化，新西兰政府除了修订、制定一系列相应的标准外，还强化了检验、检测部门的职能，以保证各种标准的顺利执行。所以，建立肉用鹿及其肉品的行业标准，是保障养鹿业向肉用化方向健康发展的基础。

（七）研制开发优质鹿肉产品，提高鹿肉深精加工水平

肉鹿业的产业化发展有赖于高新技术的支持，提高科技成果转化率是实现我国肉鹿产业化的主要推动力。因此，要加速国内外肉鹿生产科技成果的开发、转化和国外新品种、新技术的引进、推广工作，通过多种形式大力开展肉鹿生产科技培训，使肉鹿业的发展步入依靠科技进步的轨道。

鹿肉品质的优劣既是鹿肉生产效率的评价指标，更是鹿肉消费的潜在动力。应围绕提升鹿肉品质，抓好鹿肉生产的各个环节，研究制定肉鹿生产和鹿肉产品的相关标准，建立并推行鹿肉生产全程质量控制体系。以规模化、现代化的屠宰加工厂为依托，采用成熟和保鲜等技术，研究开发现代化的肉鹿屠宰加工工艺。

应用现代肉品加工技术，研制开发优质、安全的鹿肉产品。我国传统的鹿肉食品花色品种少，加工费时费工，产品质量不尽如人意，特别是肉质偏老、有异味、口感不好，营养在加工过程中流失较多，这是影响鹿肉消费大众化的一个因素。要将现代肉制品加工中的半成品、预制品和成品加工技术应用于鹿肉加工，研究开发鹿肉的烹调加工方法，开发出特色鹿肉产品，实现鹿肉药膳和菜肴市场的国际化、品位化、方便化和大众化，进而扩大市场份额，以销促产，实现鹿肉在加工过程中的增值。

第九章　鹿的保健与疾病防治技术

鹿病的发生也是有一定规律可循的，对于不同年龄、性别、季节与种别，鹿病都有其发生的特点。随着集约化养鹿业的发展，为了提高生产力，减少因疫病对鹿场带来的损失，就要坚持“预防为主、防重于治”的方针和原则，搞好饲养管理、防疫卫生工作，才能确保鹿群健康发展和提高生产效益。

第一节 鹿的保健技术

一、鹿病的发病特点

鹿病的发生是有一定规律可循的,对于不同年龄、性别、季节与种别,鹿病都有其发生的特点。

鹿的年龄不同则易感染的疾病也有所不同,仔鹿吃母乳时,由于有母源抗体的保护,有一定的免疫力,可抵抗疾病。但仔鹿对不良环境、营养不良和疾病的抵抗力极差,故易患疾病,如仔鹿肺炎、佝偻病、仔鹿下痢等。老龄鹿由于免疫功能下降,抗病力弱,故易感染疾病,且死亡率较高。母鹿多发生难产、乳腺炎、缺乳症、胎衣不下、子宫内膜炎等疾病。对于公鹿主要是茸病多发,外伤病也常有发生。

季节变化引起的鹿病主要是由于饲草、饲料与季节变化关系密切,易发生消化道疾病、呼吸系统疾病。鹿的品种中马鹿比花鹿抗病力强,故发病率低于花鹿。

二、鹿场卫生防疫措施

鹿场的卫生防疫措施是保持鹿体健康、提高生产力的重要保障,要建立完善的防疫制度,防止疫病的发生。随着集约化养鹿业的发展,为了提高生产力,减少因疫病对鹿场带来的损失,就要坚持"预防为主、防重于治"的方针和原则,搞好饲养管理、防疫卫生工作,才能确保鹿群健康发展和提高生产效益。

1. 饲料管理制度

严禁从疫区购买饲料,防止饲料在运输、储存中被污染而发生变质。对可疑饲料要经过专业人员检验,方可应用。饲料加工过程也要搭配合理,防止中毒病或营养代谢病的发生。

另外饲料储存地要通风、干燥,严防野兽、老鼠等窜入饲料地。

2. 饲料卫生

在选择鹿场时,要远离交通要道和居民区,有利于隔离。地面要平整,便于清扫,定时消毒食槽、饮水器等。要保持鹿舍清洁卫生,每天清扫一次,要有固定的饲养管理人员。鹿舍内的垫草、粪便和废弃物应送往远离水源和鹿舍等处,进行无害化处理。发现病鹿及时隔离治疗,死鹿要焚烧或深埋。

3. 饮水卫生

水是维持生命的主要因素。水在动物体内占55%~60%,水能溶解动物

体内的生物物质，运送营养，排除废物。所以给鹿足够饮水对于保持鹿健康、提高生产力有重要意义，饮水不足可发生消化不良、代谢产物不能排出、中毒、生长缓慢等。鹿的饮水温度在2～12℃。

4. 用具卫生

鹿的饲养用具包括饲料粉碎机具和蒸煮器具、笼箱、饲槽、水槽、料桶。这些器具的卫生都会影响鹿的健康，需要加强兽医卫生管理和监督。

5. 环境卫生

环境对鹿的生命及健康息息相关，包括大气、土壤、建筑物等非生物因素和动物、植物、微生物等生物因素。因此，要求鹿舍、运动场在内的整个外环境不断进行更新和净化，以维持动物的正常生产与繁育。

三、制定合理的免疫程序

免疫接种是激发鹿产生特异性抗体，防治鹿病发生的有效措施。包括预防接种和紧急接种。预防接种是指为了防患于未然，在平时有计划地给健康鹿群进行预防接种。预防接种采用疫苗、菌苗、类毒素等生物制品使鹿产生自动免疫。常用的疫苗有弱毒疫苗、灭活疫苗等。根据疫苗的种类不同，常采用皮下注射或肌内注射的方法。

紧急接种是指在发生某种传染病时，为了迅速扑灭疾病的流行而对尚未发病的鹿群进行应急性免疫接种。紧急接种对控制和扑灭口蹄疫、狂犬病、魏氏梭菌病、鹿巴氏杆菌病、结核病等具有重要作用。紧急接种时，应确保鹿群正常无病的才能接种疫苗。对病鹿则进行隔离治疗或淘汰，不再接种疫苗。

四、及时发现疫情并尽快确诊

鹿场一旦发生传染病，要进行实验室细菌学诊断、动物接种实验和免疫学诊断。送检的病料应采取发病部位，包括肝、脾、肾、心、脑、脊髓、肠胃内容物等。注意无菌操作，依据流行病学的发病特点及实验室诊断最终确诊。

五、隔离和封锁

在传染病发生时，将病鹿和可疑感染鹿以及健康鹿隔离饲养，以切断传播途径，控制传染源，从而切断传染病的流行。对某些疫病发生还应向相关部门报告，对隔离的鹿群应分开饲养，专人饲养。饲料、用具等不能混用，出入口设消毒槽。可疑感染的鹿隔离1周后未发现疫病可解除隔离，而感染鹿群要进行相应治疗，恢复健康后可解除隔离。在爆发某些烈性传染病，如炭疽和口蹄疫等传染病时，除进行隔离外，还应划区封锁。封锁应在流行早期，封锁区域设立标牌，设岗监督，严禁行人、车马、鹿通行。封锁区内要严加消毒，对死亡的鹿焚烧或无害处理。最后一只病鹿死亡后3周方可解除封锁。

六、消毒

消毒是指用物理或化学的方法消灭人和动物周围的病原微生物,以切断传播途径,阻止疫病流行,这是综合性防治措施中的重要一环。消毒主要有3种方法:预防消毒、临时消毒和终末消毒。

预防消毒是预防传染病发生,在疫区内对鹿场、食具进行消毒。主要是应用漂白粉、草木灰、生石灰溶液定期消毒圈舍、用具等。临时消毒是指对于较强的细菌性传染病如炭疽、结核等用5%氢氧化钠热溶液或含2%~3%活性氯的漂白粉溶液等进行消毒。一般的传染病如布氏杆菌病、大肠杆菌病等,用4%氢氧化钠热溶液或20%生石灰水溶液等进行消毒。终末消毒是指解除封锁后进行的彻底消毒,消毒要彻底仔细,必要时应翻新地面。

七、鹿病治疗的原则

对病鹿的治疗,要以尽早治疗,减少损失为原则。对症治疗,在药物选择上,要用首选药物,连续治疗,按规定时间给药。在实际治疗中,可将传染病按病原分类,如由细菌引起的传染,常可选用磺胺类药物或抗生素等制剂。发生病毒性传染病时,在有条件的情况下可用特异性免疫血清和中草药,在病毒病的治疗中有重要作用。

第二节 鹿病诊断技术

一、鹿病的基本检查

鹿病的基本临床检查法主要包括:问诊、视诊、触诊、叩诊和听诊。应用时要注意机体与各个器官之间的紧密联系,以及机体与外界环境的关系,只有综合起来进行研究和分析,最后才能做出正确的诊断。

视诊是用肉眼或借助器械去观察病鹿的精神状态、食欲变化、粪便性质以及发病部位的性质和程度的检查方法。问诊就是以询问的方式,请饲养管理人员讲述发病情况和经过。问诊的主要内容包括:现病历、既往史、平时的饲养管理、使役情况及发病期间的变化。触诊就是用手指、手掌乃至拳头,直接触摸患病组织和器官的状态,通过感觉进行疾病检查。如检查体温,应以手背进行。检查局部炎症,肿胀的性质,将五指并拢,放在被检部位上,先在患部周围轻轻滑动,再逐渐接触患部,随后再加大压力,触诊时要手脑并用,边摸边加以分析。叩诊是通过敲打病鹿体表,通过其振动发出的声音而判断被检器官

病理变化的一种方法,可以检查动物浅在体腔及体表的肿物或肺部的病变。叩诊动物体的不同部位时,可产生3种基本的叩诊音,即浊音、清音、鼓音。听诊就是用听音器听取动物内脏器官活动发出的音响,以诊断内脏疾病的方法,听诊的方法可分为直接听诊法和间接听诊法2种。直接听诊法就是在动物体表上放一听诊布做垫,将耳朵直接贴于动物体表的相应部位,进行听诊。间接听诊法就是应用听诊器对动物的肺脏、心脏和胃肠道进行检查的方法。听诊时要保持安静,其他人员不要随意走动。

二、一般检查

一般检查包括容态、皮肤、可视黏膜及体温的检查。

(一)容态的检查

观察精神状态:健康动物表现灵活,反应敏锐,眼睛明亮。而精神状态异常可表现为抑郁或极度兴奋,抑郁时可见发病动物耳耷头低,对周围冷淡,对刺激反应迟钝,常躲在角落里躺着。兴奋是动物大脑兴奋性增高的表现,如患狂犬病时则表现异常兴奋。营养状况是饲养管理好坏及疾病过程的具体表现,如很快消瘦,多见于急剧腹泻;渐进性消瘦,多由于各种慢性病(如结核,阿留申病)引起;发育落后,除先天性的外,多与饲料供给量不足及品质不良有关,特别是蛋白质饲料不足。

(二)被毛和皮肤的检查

健康鹿被毛整齐平滑,有光泽,不易脱落。但要注意区别疾病和正常换毛,患病鹿往往被毛粗乱,失去光泽,长短不一。如患有寄生虫病时,被毛大量脱落,动物维生素缺乏时,则被毛暗淡无光。皮肤检查包括皮肤的颜色、弹性、温度及有无肿胀等。皮肤颜色可参照可视黏膜的颜色变化,当动物皮肤黄疸色则可疑肝病,当皮肤发绀色则可疑呼吸系统疾病。皮肤的温度可用手背感觉,皮肤温度增高见于一切热性病,皮肤温度降低,见于严重的脑病、衰竭症及营养不良。健康鹿皮肤弹性好,用手拉起后,很快恢复,当发生脱水或慢性皮肤病时,皮肤拉起后,皱褶恢复很慢。但应注意老龄鹿的皮肤弹性差是很自然的。

(三)可视黏膜的检查

可视黏膜的检查包括眼结膜、鼻黏膜、口腔黏膜、外阴部及阴道黏膜的检查,临床上主要是眼结膜的检查,可根据眼结膜颜色变化判断发病原因。

眼结膜潮红是结膜下毛细血管充血的特征,见于各种热性病;小血管充盈特明显而呈树枝状,见于脑炎及血液循环障碍等;眼结膜苍白是各型贫血的特征,急性苍白见于急性失血、肝、脾大血管破裂,传染性贫血等;眼结膜黄染是血液内胆红素增多的结果，见于各种肝脏疾病、寄生虫病等。

（四）体温检查

鹿的健康体温：38.0～39.0℃。体温在某些生理因素影响下，可引起一定程度的生理性变动，如幼龄鹿高于成年鹿，妊娠期鹿体温高于空怀时的体温，肥胖鹿体温高于营养不良鹿的体温。此外，当被检鹿兴奋、紧张、运动时，可使体温暂时轻度升高。排除生理因素的影响，动物体温变化即为某些疾病引起的。

体温的测量方法：使体温计水银柱降至35.0℃以下，用消毒棉擦拭并涂以润滑剂，一手将鹿尾根部提起，并推向对侧，一手持体温计缓缓插入肛门中，插入后设法防止体温计脱落，经3～5分取出，读取水银柱上端的读数即可，用后将水银柱再次甩到35.0℃以下，消毒备用。

根据体温升高的程度，可分微热（体温升高1.0℃），中等热（体温升高2.0℃），高热（体温升高3.0℃），最高热（体温升高3.0℃以上）。根据鹿体温发热的过程可分为以下几种热型：稽留热：在一昼夜内体温变化不超过1℃，持续高热称稽留热，如大叶性肺炎、流行性感冒、肾炎等。弛张热：在一昼夜内体温变化超过1℃，高低温差显著，不易恢复到常温，称弛张热，见于小叶性肺炎、败血症等。间歇热：有热期与无热期交替出现的称为间歇热，见于血孢子虫病等。回归热：高热与无热反复出现，并有一定的规律性，见于慢性结核病等。

三、系统检查

（一）循环系统

循环系统的活动和全身机能有密切关系，循环系统发生疾病时，往往引起全身机能紊乱，而同时其他系统疾病也同样影响循环系统，因此，循环系统的检查对疾病的诊断有重要的意义。

1. 心脏检查

检查心脏搏动主要用触诊的方法，检查时，应注意其位置、频率，特别是强度的变化。

心脏的听诊是诊断心脏疾病的重要方法。正常心音的音质纯正，第一心音主要产生于心室收缩之际，二尖瓣、三尖瓣骤然关闭时震动所产生的，持续时间长，音调较低，而第二心音主要产生于心室舒张之际，肺动脉瓣和主动脉瓣关闭震动所产生的，音调短促、清脆。心音的病理性改变，包括心音的频率、强度、性质和节律的变化等。

心音增强:第一、第二心音同时增强,见于心脏病初期的代偿性机能亢进,发热性疾病、轻度贫血或失血等。第一心音增强,较多表现为第二心音减弱,较难听取,见于大失血、休克、虚脱等,第二心音增强见于左心室肥大、急性肾炎、慢性肺泡气肿等。

心音减弱:第一、第二心音同时减弱,表现在心肌收缩力减弱,如心脏衰竭、渗出性胸膜炎、心包炎和慢性肺泡气肿等。第一心音减弱几乎很少见,心音性质改变表现心音混浊,主要是由于心肌及其瓣膜变性,使其震动能力改变引起的心肌损害等。

心音的分裂:因病理原因而使正常心缩期和心舒期分裂开两个声音,第一心音分裂主要是心肌损害而引起的,第二心音分裂见于心脏血丝虫感染等。

心律不齐,常见于心肌的炎症,可能由于营养不良、代谢紊乱、发热性疾病或某些传染病所致。

2. 脉搏检查

脉搏的检查可以了解心脏活动和血液循环状态,检查部位可利用位于肱骨内侧面接近肘关节的桡动脉或股动脉,当心脏收缩力加强,搏出血量增多则脉搏越大,可见于心机能良好,当脉搏小,搏动无力则心力衰竭。

当脉数超出上述正常范围时,可视为疾病的反映,脉搏数高于正常值,见于热性病、心肌炎等,脉搏数减少常见于各种毒物中毒和脑水肿等。

(二)呼吸系统

呼吸系统疾病较多,故此系统机能的检查十分重要,包括呼吸类型、呼吸节律、呼吸困难及上呼吸道的检查等。

1. 呼吸类型

呼吸类型可分为胸腹式呼吸、胸式呼吸和腹式呼吸。健康鹿一般为胸腹式呼吸。病理状态下胸式呼吸可见于急性腹膜炎、腹腔积液等腹腔疾病,腹式呼吸大多是由于胸腔疾病而引起,如胸膜炎、肠腔积液等。

2. 呼吸节律

健康鹿呼吸有一定节律,即每次吸气与呼气之间的间隔相等。在病理状态下呼吸节律被破坏,吸气延长,常表现为气流吸入时受到障碍,见于上呼吸道狭窄性疾病。间歇呼吸(毕欧特氏呼吸)深呼吸和呼吸暂停交替出现,标志病情严重,见于脑膜炎等。深长呼吸(库期茂多氏呼吸)呼吸深长,呼吸数减少,有呼吸杂音,见于中毒病、大失血等症。

3. 呼吸困难的检查

呼吸困难有3种表现形式：吸气性呼吸困难、呼气性呼吸困难和混合性呼吸困难。吸气性呼吸困难，主要是上呼吸道狭窄，气体发生障碍，见于鼻炎、咽炎等。呼气性呼吸困难，由于肺泡弹性减退或细支气管狭窄，使气体排出障碍引起的疾病，见于慢性肺泡气肿、细支气管炎等。混合性呼吸困难，见于肺炎、胸膜炎等。此外，心源性、血原性、中毒性、中枢神经性等因素均可引起混合性呼吸困难。

4. 上呼吸道检查

上呼吸道检查包括鼻液、鼻腔、呼出气体、气管等的检查。鼻液和呼出气体的检查对诊断有一定的意义，健康鹿见不到鼻液，呼出气体无异味，而在疾病状态下，会有大量鼻液出现，如肺炎、鼻炎等。

（三）消化系统

鹿消化器官的状态可以通过其食欲、饮欲、口腔、食管、腹部检查、排尿状态及粪便检查等加以判定。

1. 饮食欲检查

食欲减少或废绝见于消化器官本身的疾病、高热性疾病、感冒及营养缺陷等，长期食欲亢进可见于糖尿病、消化系统寄生虫病等。某些消化系统疾病、营养和代谢障碍及微量元素缺乏会引起异嗜现象，如软骨病、佝偻病、维生素缺乏症等。饮欲亢进见于剧烈腹泻、多尿及呕吐等，饮欲减少见于伴有昏迷的脑病和某些胃肠病。

2. 口腔检查

口腔检查主要注意流涎、气味、口唇、黏膜的温度、湿度、颜色，舌和牙齿等，一般用视诊、触诊、嗅诊等方法进行。

3. 食管检查

当动物有咽下障碍时，可进行食管检查，检查时应注意有无食管炎、食管梗塞、食管损伤及食管内寄生虫等。

4. 腹部检查

最常用的方法是视诊、触诊、听诊，如有必要可进行腹腔穿刺等检查。腹围膨大见于腹膜炎、积液、积气等。腹围缩小见于急性腹泻、长期发热等。触诊可确定胃肠异物，腹腔穿刺以判定是渗出液还是漏出液，内容物是否含有粪便、尿液等。

5. 粪便检查

排粪障碍主要表现便秘、腹泻等。粪便检查应着重检查粪便的硬度、形状、颜色、气味及混合物，当消化不良或胃肠炎时粪便变稀，出血性胃肠炎则粪便带血。

（四）泌尿系统

泌尿系统的检查包括排尿次数和动作的观察，肾脏检查、膀胱检查及尿道检查等。排尿是一种神经反射动作，排尿中枢位于腰荐部脊髓内，排尿动作异常大多与泌尿系统疾病有关，如排尿努责、不安、疼痛等，多见于膀胱炎、尿道结石和包皮炎。排尿次数增多而每次排尿量并不减少，是肾小球滤过机能增强或肾小管重吸收减弱的结果，见于慢性肾炎、糖尿病、尿毒症等。

肾脏检查主要是通过体表进行腹部深部触诊及尿沉渣的检查，如感到肾肿大，压之敏感并有波动感，提示肾盂肾炎、肾盂积水等。肾脏质地坚硬，体积增大，表面粗糙不平，可提示肾硬变、肾肿瘤、肾结核、肾及肾盂结石等。肾萎缩时其体积显著缩小，多提示先天性肾发育不全及慢性间质性肾炎等。

在膀胱的检查中，较好的方法是膀胱镜检查，借此可直接观察到膀胱黏膜的状态及膀胱内部的病变，也可根据观察输尿管口的情况，判定血尿或脓尿的来源。

尿道的检查可通过外部触诊，直肠内触诊和导尿管探诊进行检查。尿道的病理状态最常见的是尿道炎、尿道结石、尿道狭窄、尿道损伤等。

（五）神经系统

神经系统检查，包括精神状态、运动机能和感觉机能等。

精神兴奋，临床上表现不安，易惊，对轻微刺激即产生强烈反应，多见于脑膜充血、炎症，颅内压升高及各种中毒病。精神抑制为中枢机能障碍的另一种表现形式，见于各种热性病、脑水肿、脑损伤、贫血等。对于运动机能的检查，临床上要注意强迫运动、共济失调、痉挛、麻痹等。鹿的正常感觉是由感觉神经支配的，当感觉神经传导过程中发生障碍时，会引起异常而导致感觉过敏、减退或消失。感觉过敏多提示脊髓膜炎、脊髓背根损伤。感觉减退或消失多为脊髓横断性损伤，如挫伤、压迫及炎症等。全身感觉减退或消失常见于各种疾病引起的昏迷。

四、疾病治疗的基本方法

（一）保定

保定方法可分为人力保定法、机械保定法和化学保定法，对动物保定时，工作人员应熟悉情况，缓慢接近，应手带小棍或其他物体供防护用。鹿的保定法常用的有绳套保定、推板挤压保定、吊绳保定、机械保定和化学保定法等。

（二）投药法

1. 消化道投药

一般多为散剂拌在饲料里，让鹿自己采食，投药时要尽量拌匀，也可溶于水中，让鹿饮用。人工经口投药，必须在保定好的情况下进行。

2. 皮下与皮内注射

皮下注射即将鹿的皮肤提起，然后将药液迅速注入皮肤的褶皱里即可，这种给药方法同样要求保定好鹿。皮内注射是将药液注射到鹿的皮肤内。鹿的保定可选择麻醉药，即将鹿麻醉后再将药物注入。

3. 静脉注射

将药液直接注入静脉血管内，治疗效果明显，药物发挥作用迅速，奏效快，但排泄也快。鹿的静脉注射多在耳静脉或颈静脉处注射，注射时局部剪毛、消毒，注射药液速度要缓慢。

4. 腹腔内注射

仔鹿多选择这种方法，特别是仔鹿下痢、因发热脱水、静脉血管不好注射时，加上仔鹿皮肤难以进针，因而需通过腹腔给药，药物如葡萄糖、林格液等。注射部位可选在右侧肷部中央或乳房前。

（三）灌肠法

灌肠法包括浅部灌肠和深部灌肠，浅部灌肠可排除直肠积粪，治疗直肠炎；深部灌肠是一种将大量药液经肛门灌入前部肠管和胃内的方法，适用于肠套叠和排出胃内毒物等。

（四）麻醉法

为使手术顺利进行和确保手术中动物的安静及安全，手术前应对动物进行麻醉，麻醉方法有局部麻醉法和全身麻醉法。

1. 局部麻醉

局部麻醉包括表面麻醉、浸润麻醉、传导麻醉和椎管内麻醉。可根据鹿手术部位选择麻醉方法。

2. 全身麻醉

全身麻醉药可经鼻、口吸入、内服，经直肠灌注、静脉注射、腹膜内注射等方法将药物投入鹿体内，对中枢神经系统产生暂时性的抑制作用，从而使动物全身不感疼痛，保证手术的顺利进行。

五、病料的采取、运送及检验技术

鹿的传染病在流行期间，采取病料做实验室检查，以便对病料做出诊断与鉴定。因此，需要从病鹿或尸体采取病料，并进一步做微生物学和病理学检验，以便确诊。

在采取细菌检验用病料时，应始终保持无菌，严防污染，病料采取后保存于4℃冰箱或冰瓶中，在24小时内送检。病料的采取，除因初诊可偏重采取病料，否则应全面采取，心、肝、脾、脑、肾、肺等实质器官以1～1.5厘米大小为宜。

病料运送的原则是及时送检，并将盛有病料的容器放在装有冰块的保温瓶内，用笔记录病料的名称、采取日期、保存方法等，并且病料最好由专人送检，并要避免高温和日光直射，以防腐败和病原体死亡。在送检病料的同时，附上送检单、尸体剖检记录，以供检验单位参考。

病料的检验技术包括细菌学、病毒学、血清学和病理组织学中的一般检验技术。

（一）细菌学检验技术

1. 简单染色法

（1）涂片　先滴一滴无菌水于载玻片中央，用无菌接种环从斜面菌种上挑取少许菌体，与载玻片上的无菌水混合均匀，涂成直径1～1.5厘米大小的薄层。如果为液体，可直接用无菌接种环从液体中挑取一环，于载玻片中央涂成薄层即可。

（2）干燥　涂片后可自然干燥，也可在酒精灯火焰高处略加热，使之迅速干燥。

（3）固定　高温固定，手持载玻片一端，标本面向上，在酒精灯的火焰外侧快速来回移动3～4次，每次3～4秒。注意载玻片温度不要超过60℃。固定的目的是将细菌杀死，使细菌黏附在载玻片上，染色时不致脱落，同时还可改变菌体对染液的通透性，增强染色效果。

（4）染色　固定好的涂片或抹片即可进行染色，好的染色片应贴标签，注明菌名、材料、染色法和日期，封存。

（5）镜检　用油浸物镜观察。

2. 美蓝染色法

将碱性美蓝染液滴加于已干燥固定好的涂片、抹片上，使其覆满整个涂抹面，经2～3分，用常水缓缓冲洗，至冲下的水无色为止。甩去水分，用吸水纸吸干或自然干燥。镜检，细菌被染成蓝色。

3. 革兰氏染色法

(1)染色　在已干燥固定好的涂片、抹片上滴加草酸结晶紫溶液于涂、抹面上，染色1~2分，水洗。

(2)媒染　滴加革兰碘液作用1~2分，水洗。

(3)脱色　滴加95%乙醇于抹片上，脱色时间根据涂抹面的厚度灵活掌握，多在20~60秒，水洗。

(4)复染加沙黄水溶液数滴，染色2~3分，水洗。

(5)吸干或自然干燥。

(6)镜检　革兰阳性菌呈蓝紫色，革兰阴性菌为红色。

4. 细菌的分离培养

第一，右手持接种棒，使用前须用酒精灯火焰灭菌，灭菌时先将接种棒直立灭菌，待烧红后再横向持棒烧金属柄部分，通过火焰3~4次。

第二，用接种环无菌取样，或取斜面培养物或取液体材料和肉汤培养物一接种环。

第三，接种培养平板时以左手掌托平皿，拇指、食指及中指将平皿盖揭开成20°左右的角度(角度越小越好，以免空气中的细菌进入平皿中将培养基污染)。

第四，将所取材料涂布于平板培养基边缘，然后将多余的细菌在火焰上烧灼，待接种环冷却后再与所涂细菌轻轻接触开始划线。

第五，划线时应防止划破培养基，以45°为宜，在划线时不要重复，以免形成菌苔。

5. 肉汤增菌培养

为了提高由病料中分离培养细菌的机会，在用平板培养基做分离培养的同时，多用普通肉汤做增菌培养，病料中即使细菌很少，这样做也多能检查出。另外用肉汤培养细菌，以观察其在液体培养基上的生长表现，也是鉴别细菌的依据之一。其操作方法与斜面纯培养相同，无菌取病料少许接种增菌培养基或普通肉汤管37℃下培养。

6. 穿刺接种

半固体培养基用穿刺法接种，方法基本上与纯培养接种相同，不同的是接种针挑取菌落，垂直刺入培养基内。要从培养基表面的中部一直刺入管底然后按原方向垂直退出，若进行硫化氢产生试验时，将接种针沿管壁穿刺向下即

使产生少量硫化氢,从培养基中也易识别。

(二)病毒学检验技术

病毒学检验技术包括病毒增殖培养、血清学检查、沉淀试验、补体结合试验和中和试验等来鉴定病毒。

1. 病毒诊断用病料的采集

要从病料中成功地分离出病毒,很大程度上取决于正确的采样。标本采集时间尽可能早,一般这个时期标本含病毒量多,病毒检出率高。标本采集应放到无菌容器中。各种病料,例如血液、鼻咽拭子、粪、尿、脓汁、水泡液、皮肤病变、脊髓液和活体穿刺材料以及剖检时采取的组织,均可用于病毒分离。一般应从感染部位采取。

许多病毒对热及酸敏感,故在采集材料时应特别注意。应采取新鲜材料,并立即置 -70 ~ -60℃下冰冻。此外,在用这些病料接种组织培养物或试验动物分离病毒时,时间尽量要短。如无其他方法,可将组织标本低温冰冻后置 -20℃保存,等待取来干冰后再贮藏和送往实验室。也可应用 50% 甘油,某些病毒在此种溶液中能比其他一些病毒存活得更久。将小块组织、粪或黏液装入小瓶内,再向瓶内注满 50% 甘油,并贮存于 6℃。

组织标本应以无菌器械在无菌条件下采取。如果想要了解组织中的病毒分布,则必须应用分开的器械采取每个组织。经常应用紧盖的灭菌旋帽瓶子贮存可疑的组织和液体。

2. 细胞培养液

细胞培养液是供脊椎动物细胞培养用的营养物质,它是血液血清构成成分的模式,主要包括以下成分:

电解质:维持培养液的等渗性。

缓冲液:保持培养液中生理性的氢离子浓度。

氨基酸:细胞生长必需的物质。

维生素:起辅酶的作用。

葡萄糖:作为能量和合成物前体的来源。

血清:含有重要的生长激素、微量元素和其他明确的物质,这对细胞良好的生长是必要的。

酚红:作为 pH 指示剂而加入。

抗生素:防止培养细胞培养液的微生物污染。

3. 细胞来源

细胞培养根据细胞的来源、染色体特性及传代次数可分为3种类型。

(1)原代和次代细胞培养　采用机械和胰蛋白酶等处理离体的新鲜组织器官,制成分散的单个细胞悬液,加入营养液后,分装培养管中培养,活细胞将贴壁并开始生长繁殖。当与邻近细胞接触时,生长繁殖即停止,数天后形成单层细胞,称为原代细胞培养。将原代细胞培养物用胰蛋白酶或EDTA处理消化后,再洗下分装至含新鲜培养液的培养管中继续培养,即为次代培养。

(2)二倍体细胞株　原代细胞经过多次传代仍能保持二倍体特性,称二倍体细胞株。

(3)传代细胞系　是能在体外无限期传代的细胞系,来源于肿瘤细胞或细胞株传代过程中变异的细胞系。如Vero(传代非洲绿猴肾)细胞系、Hela(人子宫颈癌)细胞、BHK21(传代地鼠肾)细胞、EPC(鲤鱼上皮瘤)细胞等。

4. 组织培养

将人或动物离体活组织或分散的活细胞,模拟体内的生理条件在试管或培养瓶内加以培养,使之生存和生长,称为组织培养。广义上的组织培养技术包括组织块培养、单层细胞培养、器官培养等。

(1)组织块培养　将组织剪切成小块后,接种于培养瓶。培养瓶可根据不同细胞生长的需要做适当处理。例如预先涂以胶原薄层,以利于上皮样细胞等的生长。如果原代细胞准备做组织染色、电镜等检查,可在做原代培养前先在培养瓶内放置小盖玻片,小盖玻片要清洗干净,在消毒前放置,并在放入组织块前预先用1~2滴培养液湿润瓶底,使之固定。

(2)单层细胞培养　静止的试管培养是病毒学中最常用的方法。这些培养物是用胰酶分散的组织制备的(来自适用的特殊来源,如肾、睾丸、皮肤、肿瘤以及其他组织)。这种培养物内含有小的细胞团块和单个细胞。将组织用剪刀剪碎,并用盐水冲洗,除去血细胞和细胞碎屑后将其置于胰酶溶液内,并用磁力搅拌装置不断搅拌。当细胞分散时(具体时间随胰酶消化的温度和所用组织而不同),稍予离心沉淀,用营养液冲洗2~3次,除去胰酶,用几层纱布过滤后进一步稀释,使每层中含有足够量的细胞,以保证良好的生长(细胞的具体数量随细胞种类而不同),并分装培养于试管内。

(3)器官培养　用于接种可疑病毒材料的器官培养物,也可以如前所述那样直接用病变组织制备。

组织培养对很多病毒敏感,但不同病毒的复制需要不同的宿主细胞,现仍没有一个细胞系对所有感染的病毒都敏感。因此,恰当地选择细胞以分离标本中的病毒是非常重要的,至今用于水生动物病毒的细胞株已达到数十种。

第三节 鹿的主要疾病防治

一、鹿的传染病

(一)鹿结核病

结核病是由结核分枝杆菌引起的一种人鹿共患传染病,该病严重危害养鹿业,是一种慢性传染病,结核杆菌在鹿体内形成坏死病灶或在不同组织中形成肉芽肿。

【病原】结核分枝杆菌与一般革兰阳性菌不同,革兰氏染色不易着色,而抗酸染色为红色,本菌为专性需氧菌,对营养要求严格,最适 pH 6.4 ~7.0,在添加特殊营养物质培养基上才能生长,生长缓慢,特别是初代培养,一般需 10 ~30 天,分枝杆菌对外界环境的抵抗力很强,在干燥的环境中可存活 6 ~8 个月。

【症状】该病是慢性消耗性疾病,病程长,一般要拖几个月甚至更长时间,危害大。发病初期病鹿变化不大,随后出现食欲逐渐下降,进行性消瘦,精神萎靡,拱背,咳嗽,被毛不整,有的病鹿还会出现贫血,不爱运动,低热等。该病多为散发性或地方性流行。当饲养环境不良或与病鹿共同饲养时都可能会促进本病的发生。结核病有多种形式,肺部结核是肺部受侵害时,病鹿表现先干咳,后湿咳,呼吸困难,体力下降。淋巴结核主要表现为体表淋巴结肿大。肠型结核表现腹泻与便秘交替发生,粪便呈半液状,混有黏液甚至血丝。乳腺结核可见一侧或两侧乳腺肿胀,触诊可感到有硬块。

【防治】结核病应以预防为主,应加强鹿群的饲养与卫生管理,不与家鹿接触,结核病患者不能担任饲养员,做好日常消毒工作。另外加强鹿自身对疾病的抵抗力,对仔鹿接种疫苗,淘汰病鹿,减少疾病的发生。对鹿舍定期消毒,定期检疫。治疗一般用链霉素、异烟肼、利福平和乙胺丁醇配合使用,一般需持续治疗 3 ~6 个月。

(二)鹿的巴氏杆菌病

鹿的巴氏杆菌病是由多杀性巴氏杆菌引起的一种急性传染病,又称鹿出血性败血症,病鹿以急性败血症或肺炎为主要特征。

【病原】本菌对营养要求较严格,在普通培养基上生长缓慢,在加有血液、血清或微量血红素的培养基中生长良好。巴氏杆菌抵抗力不强,在阳光中暴晒10分或在56℃15分或60℃10分,可被杀死。

【症状】病鹿体温升高至41℃以上,食欲废绝,呼吸急促、脉搏加快,鼻镜干燥,耳下垂,精神沉郁,反刍停止,严重者口鼻流血拌泡沫液体,后期粪便带血,病程1~2天。急性者未发现症状便已死亡。鹿的巴氏杆菌病可分为3种类型:败血型,多见于水鹿,病鹿表现腹痛下痢,粪便恶臭并混有黏膜和血液,一般病程为24小时,病鹿死亡。水肿型,多见于水鹿、牦鹿,头、颈、胸前出现皮下水肿,病程12~36小时。肺炎型,此型最常见,主要表现咳嗽,呼吸困难,胸区按压有痛感。

【防治】该病的确诊需进行细菌学鉴定及动物试验。初步诊断可根据鹿死亡快、脏器出血等做出诊断。预防本病应加强鹿场的日常卫生管理,提高鹿群的抗病能力,对鹿舍要搞好清洁卫生,注意消毒,对已发病的鹿可用青霉素肌内注射,成鹿每次200万单位,每日2~3次;也可口服金霉素或土霉素,每千克体重30~50毫克;磺胺类药物对本病也有较好的治疗效果,成鹿每次8~15克,口服,每日2次,连服2天。此外可进行强心、补液等对症疗法。

(三)布氏杆菌病

布氏杆菌病也是一种人鹿共患的慢性传染病,由布氏杆菌引起。其基本症状以睾丸炎、流产和乳腺炎为主要特征,部分病例有关节炎等症状。

【病原】布氏杆菌呈球形、球杆形或短杆形,革兰染色阴性,此菌专性需氧,对外界抵抗力较强,在污染的土壤和水中可存活1~4个月,皮毛上2~4个月。对消毒剂抵抗力不强,2%苯酚、来苏儿可于1小时内杀死本菌。

【症状】发生本病时,多呈慢性经过,早期无明显症状,日久可见食欲减退,体质瘦弱,皮下淋巴结肿大。有的病鹿出现关节肿大,关节增生,关节畸形。母鹿表现为流产,在妊娠初期感染的,多在6~8个月流产,在交配前感染的较少流产。流产胎儿多为死胎,流产前后从子宫流出褐色或乳白色的脓性分泌物,有时带恶臭,产后母鹿常有乳腺炎、胎衣不下和不孕症等症状。公鹿多出现睾丸炎,单侧或双侧睾丸肿大,不愿运动,喜卧,站立时后肢张开。有的患鹿膝关节肿大,呈多发性关节炎症状,并有不同程度的跛行。该病治疗效果较差,病鹿应予以淘汰,对于本病应以预防为主。

【防治】鹿群每年进行1~2次血清学诊断。尤其是疫区的鹿场,阳性鹿要隔离饲养,鹿舍定期消毒,对产房及母鹿分泌物严格消毒。对鹿群可接种5号疫苗,皮下注射250亿活菌。免疫期暂定1年。对价值较昂贵的种鹿可在

隔离条件下进行治疗。可用土霉素、金霉素、四环素等治疗。

(四)鹿坏死杆菌病

鹿坏死杆菌病是由坏死杆菌引起的一种慢性传染病。本病主要是由于外伤引起皮肤黏膜感染,也可通过消化道创伤、锯茸的损伤、产道伤口以及脐带炎而感染,对养鹿业造成重大损失。

【病原】坏死杆菌是一种厌氧菌,革兰染色阴性。为多型性杆菌,不能运动、不产生芽孢和夹膜。抵抗力不强,一般消毒剂均能在短时间内将其杀死。

【症状】本病主要表现外伤引起局部红肿,化脓以致溃烂,气味恶臭,形成坏死灶。鹿蹄部损伤引起跛行。初期精神沉郁,体温升高,食欲不佳,当细菌继发感染到肝、肺、胸腔黏膜、腹腔黏膜时机体逐渐消瘦,病鹿精神沉郁、食欲减退、呼吸困难。死后剖检,肝脏上可见大、小不等的坏死灶,肺脏和胸膜粘连,甚至大部分坏死烂掉,并有特殊的恶臭气味。仔鹿脐带创口感染时,初期外感无明显症状,病程稍长则表现排尿拱腰,被毛蓬乱,后脐部有硬块或呈拳头大肿胀,从脐带处流出恶臭脓汁,如不及时治疗会上行感染腹腔至死亡。

【防治】加强饲养管理,减少鹿的蹄部损伤;应定期接种鹿坏死杆菌疫苗。当鹿发生该病时,应及时处理,清创可用3% ~5%过氧化氢或1%高锰酸钾溶液冲洗,然后在创面撒布碘仿、硼酸等量混合粉末或四环素粉、高锰酸钾粉等,也可涂以磺胺软膏等,视病情一般2~3天处理一次,均能收到良好的效果。对病情较重的鹿配合局部治疗的同时,多采用抗生素治疗。一般青霉素、多黏菌素等按成年鹿200万~250万单位用量,可以肌内注射,仔鹿酌减。土霉素、四环素等可做内服用,剂量可按每千克体重0.05克。若全身疗法和局部创口疗法同时进行,则可取得很好的效果。

(五)鹿狂犬病

鹿狂犬病是一种人兽共患急性传染病。以神经兴奋性增强、意识障碍及发生麻痹为特征,死亡率极高。随着养鹿业的发展,鹿狂犬病的病例不断增多,给养鹿业带来了重大经济损失。

【病原】鹿狂犬病的病毒颗粒呈子弹状,有囊膜及膜粒。狂犬病毒在外环境中较稳定,但是均对热不稳定,对日光中的紫外线照射敏感,均易被去垢剂灭活。

【症状】鹿狂犬病可分为兴奋型、沉郁型和麻痹型3种类型。兴奋型:突然发病,表现为尖叫不安,啃咬自己或其他鹿,顶撞围墙,对人有攻击行为,病鹿鼻镜干燥,结膜潮红;后期表现为后躯不完全麻痹,倒地不起,病程1~2天,转归多死亡。沉郁型:病鹿精神不振、呆立、拒食、离群、行走蹒跚、流涎、卧地不起,5~7天死亡。麻痹型:后躯无力,站立不稳,走路摇晃,常倒下后呈犬坐姿势,病后期倒地不起,强力驱赶时拖着后肢爬动,病程较长。

【防治】加强鹿的饲养管理。鹿场不能养犬或接种狂犬病疫苗。病鹿已出现明显症状,应当扑杀处理,不宜治疗。刚被患鹿咬伤的,可隔离并保定后处理局部伤口,通常使用硝酸银腐蚀剂或烧烙法,并立即进行狂犬病疫苗注射及对症治疗。

(六)鹿口蹄疫

口蹄疫是由口蹄疫病毒引起的一种急性、热性、高度接触性传染病。该病多流行于冬、春季节。口蹄疫病毒耐低温,对外界环境抵抗力较强,对鹿群影响较大。感染母鹿大量流产和胎衣不下,子宫炎与子宫内膜炎,分娩出的仔鹿也迅速死亡。

【病原】口蹄疫病毒有7个血清型,病毒可长距离经气雾传播,依赖于风向及风速,特别是低温度及高湿度、阴暗的天气。此病感染率很高。

【症状】病鹿在口腔内形成散在的水疱,水疱很快破溃形成烂斑,体温升高到40~41℃,有时可持续6~8天,精神沉郁,流口水,食欲废绝,反刍停止。四肢患病时,皮肤、蹄叉与蹄间同时出现病变,出现口蹄疮与溃烂,严重时蹄匣脱落,患鹿出现明显的跛行。

【防治】预防口蹄疫的发生很重要,鹿场平时除做好一般消毒及清洁卫生外,在周围有牛、鹿或猪等口蹄疫发病时,应自行封锁鹿场,加强鹿场的管理,严防外来人员带病入场;同时应用口蹄疫疫苗预防接种,严禁由病区购进饲料。鹿场发生口蹄疫时,应立即报告有关部门进行隔离封锁,隔离病鹿,并在隔离下实行治疗。由于本病可传染给人,所以也应注意个人防护。对发病鹿应进行隔离治疗,给病鹿易消化的柔软饲料,以保护口腔和胃肠黏膜;对口腔、唇和舌面糜烂或溃疡可用0.1%高锰酸钾液冲洗消毒,并涂上碘甘油;对皮肤和蹄部的患部通常采用来苏儿冲洗,再涂以抗生素软膏并包扎。为了防止并发症,可采用5%~10%氯化钙、葡萄糖酸钙静脉注射100~150毫升,每天1次。此外,可应用青霉素80万单位肌内注射,每天2次,以防止继发感染。

(七)鹿钩端螺旋体病

钩端螺旋体病是由钩端螺旋体引起的一种人鹿共患传染病,过去通称为鹿的血尿病,其特征是出现短期的发热、黄疸、贫血、倦怠和无力。

【病原】革兰染色阴性,培养特性与细菌相似,需厌氧培养,常用镀银染色法染色,染液中金属盐黏附于螺旋体上,使其变粗而显出黑褐色。

【症状】病鹿表现发热、尿血和贫血。病程不等,临床多见急性经过,表现为精神沉郁,食欲减退或废绝,反刍停止,被毛粗乱,体温升高到41℃以上,频排血红蛋白尿。病初两耳下垂,可视黏膜黄染,黄疸,肢体倦怠无力,血液稀薄,红细胞减少,血沉加速,心肺机能均有相应的变化。后期大多躺卧,呼吸困难,窒息而死。

【防治】预防本病应做到不在低洼地区放牧,做好鹿场防鼠工作,提前做好预防注射,患鹿则一般认为用链霉素、土霉素或金霉素有一定的疗效。链霉素(每千克体重10~20毫克,每日分2次肌内注射)或金霉素(每千克体重30~100毫克,每日分2次口服),使用青霉素必须在病初当体温上升至40℃以上每日150万~250万单位大剂量肌内注射时才能有疗效,同时予以强心补液。

二、鹿的普通病

(一)胃肠炎

鹿胃肠炎是指由于饲养管理不善引起的,如饲料卫生和质量差,饮水不洁,饲料配制不当,或经常变更饲料。另外,如环境不好、天气变化等原因引起胃肠黏膜表层发炎,致使胃肠的蠕动和分泌功能失调、引起消化机能紊乱、全身状况变化不大的疾病。

【症状】鹿的胃肠炎一般发病急,病程短,如不及时治疗易发生死亡。鹿主要表现突然减食,精神沉郁,耷耳,离群,被毛逆立,鼻镜干燥,反刍停止,腹部卷缩,触诊敏感,病初便秘,粪便干燥,后期转为下痢,粪便黏稠,此时患鹿拒绝饮食,饮水增加,常回视腹部。

【防治】预防本病应注意饲料质量和饮水卫生,加强饲养管理,建立健全饲养管理制度,提高饲养管理人员水平。治疗原则为清理胃肠,保护胃肠黏膜,制止胃肠内容物腐败发酵,维护心脏机能,解除中毒,增强抵抗力。患鹿则可给中性盐、蓖麻油等轻泻剂,减轻胃肠负担,补液可用5%葡萄糖溶液。也可内服磺胺脒,每次10~15克,每日2~3次。

(二)瘤胃膨胀

由于鹿采食了大量易于发酵的饲料,瘤胃内产生大量气体,排气发生障碍而引起瘤胃急剧臌胀的疾病。此外,在食管梗塞、瘤胃积食时,也可继发本病。

【症状】本病多出现于进食数小时后,病情发展十分迅速,明显症状为腹围急速增大、反刍与嗳气完全停止。病鹿烦躁不安,呼吸加快,张口喘息,如不及时治疗,死亡率也较高。触诊腹壁紧张并有弹性,以拳压不留痕迹。叩诊时瘤胃部呈现鼓音。呼吸频率随病情的恶化而不断增加,每分可达60~100次,常见张口伸舌,呈现喘气状态。心搏频率明显增加,每分可达120~150次,两心音几乎不可分辨,呼吸音变粗。

【防治】预防此病,应注意饲料定时定量饲喂,不能把一天的料一次性喂给;另外不喂发霉变质的饲料。急性瘤胃膨胀的治疗应对症治疗,迅速排除瘤胃内气体,制止胃内容物继续发酵产气,并恢复瘤胃的正常机能,必要时可给予强心剂以改善心脏机能状态。为排气及制止发酵,可给予鱼石脂6~8克,或福尔马林6~8毫升,以温水调服。腹围显著膨大,呼吸高度困难的危急病例,应进行放气处理,一般用套管针或无套管针(用粗大注射用针头代替亦可)于左肷部、肠骨外角与最后肋骨之间将针与皮肤垂直穿刺腹壁直达于瘤胃内,左手固定套管,右手拔出针芯,则气体即可排出。在放气时应该间断放气,以免腹压突然下降而招致急性脑贫血,引起虚脱。放气完毕,注入制酵剂,要拔出套管针时,应事先插入针芯,并一手紧压腹壁,一手迅速拔针,以防胃内容物外溢造成腹膜感染。每日静脉注射5%葡萄糖生理盐水或复方生理盐水1 000~2 000毫升,以维持体内水分及电解质的平衡。鹿基本恢复正常后2~3天内应予以减食,不给精饲料,仅喂粗饲料及淡盐水,以后逐渐恢复正常饲喂。

(三)瘤胃积食

瘤胃积食是鹿的常见疾病,是瘤胃内有过多的食物,瘤胃的容积急剧增大,胃壁扩展而紧张,使胃壁紧张,蠕动减弱,陷于麻痹状态,引起饲料停滞的疾病。主要原因是饲料吃得过多,特别是过干的或粗纤维多、体积大而不好消化的饲料。鹿喜欢青割大豆,有的鹿场曾有鹿贪食异常多量的青割大豆后而发本病。此外,继发于瓣胃弛缓、腹膜炎、创伤性网胃炎等。

【症状】本病发生于大量采食后不久,病鹿腹部容积显著增大,病鹿食欲减退或废绝,嗳气、反刍减少或停止,精神沉郁,疼痛不安,起卧急剧,有时呻吟,磨牙,烦躁,口中无物而空嚼,反刍明显减少以至停止。鼻镜干燥,病鹿低头,垂耳,不注意周围事物。呼吸困难、急速而浅表,目光迟钝,眼球凸出,黏膜发绀,脉搏增数,体温一般正常。

【防治】在病初1~2天可采用饥饿疗法,但必须经常给予少量的饮水,每天不得少于6~8次(如瘤胃已产生大量气体,则要限制饮水)。病鹿恢复后数日内,亦不要给予粗硬的饲料,可喂给少量的青绿多汁饲料,以后逐渐恢复正常的饲养。在实行上述措施的同时,还可内服促进瘤胃运动的药物:如内服硫酸钠50～100克，酒石酸锑钾0.2～2.0克，溶解于250～500毫升水中，鹿一次内服（病鹿全身衰弱及有胃肠炎时，禁用酒石酸锑钾）；也可用液状石蜡150克，温水200毫升，一次内服。若上述疗法无效而病鹿病情出现恶化时，可施行瘤胃切开术，取出瘤胃内的积食。

（四）胎衣不下

鹿分娩出仔鹿后4～5小时内胎衣应排出，并在排出后几乎立即全被母鹿所吞食，如超过排出时间则为胎衣不下。母鹿较多发生，危害较大。本病多继发于布氏杆菌病，另外，非传染性因素引起鹿的胎衣不下也是比较常见，包括年老、过度肥胖、胎儿过大和妊娠期间运动不足等原因。

【症状】临床上可见呈带状或束状的胎衣从患鹿的外生殖器突出，并下垂到膝关节。散发一种恶臭的气味，并且呈现污秽的暗褐色。母鹿则表现为体温升高，鼻镜干燥、精神沉郁、垂耳、拒食，反刍减弱或停止，泌乳活动大大降低，有的母鹿不愿对娩出的仔鹿授乳。

【防治】临床上出现症状时，应及早采取治疗措施，保守疗法为皮下注射垂体后叶素以加强动物子宫收缩，促进胎衣排出。皮下注射催产素5～10国际单位，必要时2小时后重复注射1次。同时内服硫酸钠或硫酸镁250～300克，或静脉注射15%氯化钠溶液150～200毫升。

（五）鹿食毛症

鹿的食毛症常发于冬、春两季，母鹿和仔鹿较为多发。此病在鹿场发病较为普遍，危害严重。鹿吞食毛后在胃内形成大小不一的毛球，影响消化，甚至反刍停止造成死亡；有些鹿由于被毛被咬光，因寒冷而致死。

【症状】本病发病初期表现为异嗜，如舔墙、吃粪尿、咬毛等，随着病情的发展，病鹿相互啃咬，被毛有些被啃光，皮肤呈现黑色或有伤痕，有的鹿因消化不良，反刍停止而死亡。鹿在咬毛后，毛在胃中与纤维混搅在一起形成毛团，有些小毛团可以排出体外，无法排出体外的就会影响消化，出现反刍停止，拒食，消化不良甚至堵塞肠道，使鹿衰竭死亡。

【防治】预防本病，应加强饲养管理，合理配制饲料，补给微量元素及维生素饲料添加剂，发现鹿群出现啃咬现象，及时隔离饲养。治疗本病可灌服液状石蜡与链霉素混合物。首次用量为液状石蜡为40～50毫升，链霉素160万国际单位，第二次液状石蜡减半，链霉素用量不变，维持3～4天，必要时可给予注射强心药物肾上腺素，效果很好。也可用泻药硫酸钠或硫酸镁150～200克溶于2 000～3 000毫升水中，一次灌服，仔鹿慎用。

三、仔鹿病

(一)仔鹿下痢

鹿产仔季节气候变化大,阴雨天较多,易造成圈舍阴暗潮湿,仔鹿躺在污秽不洁的垫土上易引发此病。该病的病原是致病性大肠杆菌。以仔鹿的下痢、腹泻为主要特征,发病率和死亡率均很高。

【症状】仔鹿精神沉郁,不吃,爱喝水,身体消瘦,被毛松乱,离群,喜卧,不采食,直至虚脱死亡。粪便为白色或黄绿色稀便,粪中混有黏性脓液,严重的混有血液,气味恶臭。本病潜伏期短,只有几小时,发病率高,从发病到死亡一般为4~5天。无论急性还是慢性经过的病鹿,凡见血便的鹿均以死亡告终。临床上分为三种类型,败血型呈急性败血症经过。有时未出现临床症状就突然死亡,病死率可达80%~100%。肠毒血症型,主要以中毒性神经症状为特征。肠炎型(白痢型)病程长可出现肺炎及关节炎等症状。治疗及时一般可治愈。

【防治】在产仔期间注意观察及时治疗,一般在发病1天内治疗者,疗效较高,病初可用土霉素1克,乳酶生2克,骨蛋白酶1克,盐酸硫胺50毫克,碱式硝酸铋1~2克,碳酸氢钠(小苏打)2克混合后1次内服,每天1~2次,直至症状消失。发病中期可肌内注射土霉素50万单位,当机体脱水严重时可静脉注射5%~10%葡萄糖生理盐水40~80毫克,5%磷酸氢钠20毫升。口服土霉素粉有时可换用痢粉灵0.2~0.3克,或呋喃西林0.1~0.2克,黄连素0.5克,或磺胺脒0.2克,也可收到较好疗效。

(二)仔鹿佝偻病

仔鹿佝偻病是由于缺乏维生素D或钙、磷代谢障碍而引起的一种骨变形的疾病,本病死亡率不高,但严重影响仔鹿的生长发育和以后的生产能力。

【症状】仔鹿食欲减退,消化不良,可见有异嗜,如吃墙土、泥沙、污物等,精神怠倦,不愿站立运动,拱腰曲背,发育迟缓,生长停滞;有的仔鹿腕关节有明显肿大,骨骼变形,多是“X”或“O”形腿,不能掌着地走路,而用肘关节移行,病兽表现关节疼痛,呈现跛行,多易发生腹泻等疾病。

【防治】为了预防本病的发生,调整日粮中所含钙、磷量,其比例为1∶1或2∶1,并喂给含维生素D丰富的饲料。给母鹿加喂鱼肝油,仔鹿则喂青绿饲料,胡萝卜等富含维生素D的饲料,同时加强日光照射,促进钙、磷吸收。对仔鹿要精心管理,保持圈舍的干燥及阳光充足,经常驱赶仔鹿,加强运动。发病后应补喂维生素D,同时喂新鲜的碎骨,或静脉注射葡萄糖酸钙300~500

毫升,或饲料中加喂钙片。

(三)维生素A缺乏症

维生素A缺乏症是维生素A长期摄入不足或吸收机能障碍所引起的一种慢性营养性疾病。临床上以生长迟缓,角膜角化,夜盲,皮肤疹及生殖机能低下为特征,各种动物均有发生。

【症状】仔鹿表现体质虚弱,发育迟缓,抵抗力下降,食欲下降,易发生呼吸道、消化道疾病。成年鹿表现畏光流泪,角膜混浊,严重者失明,无反射。

【防治】加强饲养管理,多喂青绿饲料,如蔬菜、胡萝卜、黄玉米等富含维生素A及胡萝卜素较多的食物,必要时可在饲料中添加鱼肝油。治疗本病和预防本病时都应检查饲料内的维生素A含量,治疗量应为预防量的5～10倍。

四、鹿中毒病

(一)黄曲霉毒素中毒

黄曲霉毒中毒是玉米、麦类、豆类、酒糟等饲料感染了黄曲霉,鹿采食了这些饲料后引起急性中毒。临床上以黄染、胃肠炎、出血性贫血和肝脏的严重病变为特征。

【症状】患鹿黄曲霉菌毒素中毒,表现食欲减退或废绝,有呕吐现象,磨牙,耳抽搐,患鹿反应迟钝,畏光嗜睡,有腹痛症状,食欲减退。粪便呈黄色粥样,混有脓液。严重病例便中带血或有出血症状,最后痉挛和麻痹而亡。目前尚无有效疗法。

【防治】该病应以预防为主,对于发病鹿群,首先应停喂可疑饲料,然后采取对症疗法。成年鹿静脉注射葡萄糖溶液500毫升,并加入维生素C注射液50毫升。为清除肠道内毒物,可给予缓泻剂。为防止继发感染可用青霉素、链霉素等抗生素。

(二)亚硝酸盐中毒

鹿误食了含硝酸盐的饲料和农作物的嫩苗,由于饲料储存不当而产生亚硝酸盐,亚硝酸盐对血管运动中枢和血液有毒性作用。鹿易发本病。

【症状】鹿采食后大约30分突然发病,全身无力,卧地不起,可视黏膜发绀,口吐白沫,脉搏快而弱,呼吸困难,腹部膨胀,心脏衰竭,很快窒息死亡。

【防治】防止饲料堆积过久不动,要经常翻动、通风。停喂腐烂变质饲料,不能大量饲喂甜菜叶、秋小白菜叶、萝卜缨等青绿饲料的嫩芽。治疗时可选用解毒药美兰,鹿每千克体重8毫克,配成1%静脉注射。另外,还可应用甲苯

胺蓝,鹿每千克体重 5 毫克,配成 5% 溶液静脉注射,也可肌内或腹腔注射。

(三)鹿霉变饲料中毒

饲料保管不当发霉变质而产生霉菌,饲喂鹿后发生中毒,致病的霉菌主要为镰刀菌,还有白霉菌、青霉菌等。霉菌能产生毒素,使鹿中毒而发病。

【症状】采食霉变饲料后表现急性胃肠炎,一般病程短促,病鹿表现食欲减退甚至废绝,反刍停止,腹部疼痛、不安,偶有呻吟,起卧不安。少数病例可出现神经紊乱病状,初期兴奋,后转沉郁,怀孕母鹿则出现早产或流产。

【防治】注意饲料的储存,防止其发霉变质。轻微发霉的饲料,可反复水洗,除去发霉的部分后,煮熟再行饲喂。停喂发霉玉米或霉败饲料,给予优质易消化的饲料。治疗采用静脉注射 10% 葡萄糖生理盐水 800 ~ 1 000 毫升,内加维生素 C 1 000 毫克,1 日 2 次。还可内服稀糖盐水。病鹿兴奋时,可给予溴化物、氯丙嗪或硫酸镁等镇静剂,乌洛托品对治疗本病亦有良好作用。

(四)有机磷农药中毒

有机磷农药种类较多,是最广泛的杀虫剂之一。由于应用浓度和方法不合理,或饲料、饲草、饮水被污染而引起中毒。鹿因误食、吸入或经皮服接触有机磷农药引起中毒,主要表现是胆碱能神经过度兴奋综合征。

【症状】在毒物进入体内突然发病,体温升高。表现流涎,食欲减退或废绝,腹泻,常见粪便中有黏液或血液。腹痛,回视腹部,病鹿起卧不安,肌肉抽搐震颤,呼吸急促,瞳孔缩小,呼吸困难,最后死于呼吸中枢衰竭和循环衰竭。

【防治】避免饲料或牧地受农药污染,发现中毒病例宜及时进行治疗,有 2 种药物,硫酸阿托品和解磷毒,必要时 2 种药物可同时应用,但要注意用量。解磷毒胆碱酯酶的复活剂,成年鹿每次 3 ~ 4 克,以生理盐水配成 2.5% ~ 5.0% 浓度静脉注射。硫酸阿托品对有机磷中毒引起的某些症状有拮抗作用。成年鹿皮下注射剂量为 0.02 克,严重时也可静脉注射。成年鹿每次临床应用时,对轻度中毒的鹿可任选其一,对重度中毒鹿可两者兼用,能增加治疗效果。此外,应结合强心,静脉注射 25% 的葡萄糖以消除肺水肿。平时应加强对有机磷农药的保管、储存和运输。防止饲料与其接触。使用有机磷药驱虫灭蝇时应严格掌握剂量,防止中毒。

五、鹿寄生虫病

(一)鹿肝片吸虫病

本病由肝片吸虫和大片吸虫所引起,以肝片吸虫为主。鹿以慢性间质性肝炎、营养不良为主要特征,急性病例较罕见。

【症状】患鹿虫数少时,无明显症状;虫数多时,表现贫血、黄疸、精神不振,消瘦,被毛粗乱,下颌、胸、腹下有水肿。便秘腹泻交替进行,后期粪稀如水,黑褐色,腥臭味,食欲减退,反刍缓慢,周期性瘤胃胀气,肝区有触痛感,肝肿大,最后衰竭死亡。

【防治】新建鹿场选择地势较高的地方,不要从沼泽地、低洼地等收割青料或取水喂鹿,也不能在上述地带放牧鹿群。要注意饮水的清洁,最好给鹿引用深井水或自来水。应做好预防性驱虫、粪便管理及灭螺等工作。可用硫双二氯酚,口服 50 ~ 80 毫克/千克体重,在剂量较大时可引起腹泻和食欲减退,应充分饮水。

(二)鹿蠕形螨病

本病是由蠕形螨科蠕形螨属寄生虫侵袭鹿体的皮脂腺和毛囊而引起的一种寄生虫性疾病,也可称之为脂螨病或毛囊虫病。人、兽和鹿都能患病。

【症状】鹿蠕形螨病的病变,主要表现结节型病变,鳞屑型病变,脓疱型病变。结节型病变多见于颜面部、股部及颈侧部皮肤上,出现许多豆粒大以至指盖大的结节,当切开结节时,有黄白色内容物。

鳞屑型病变,多见于颈侧及股部皮肤上,结节增多,充血潮红,局部皮肤增厚,表面凹凸不平,出现许多皱纹,并且有大量鳞屑覆盖,污秽不洁。

脓疱型病变,多见于由化脓菌混合感染的结果,病鹿精神不好,食欲减退,患部皮肤出现皱纹和皱襞,有的融合一起,形成大脓疱,周围出现发炎带,由脓疱中流出淋巴液。淋巴液干燥后,形成许多痂皮黏附在局部皮肤上。

【防治】本病主要做好预防工作,平时应加强鹿舍的清洁卫生,经常打扫圈舍,定期消毒。对病鹿舍围墙用喷灯火焰杀螨。治疗本病可用 14% 碘酊涂擦患部皮肤 4 ~ 6 次,每日 1 次或隔日 1 次,有很好的疗效。

第十章　鹿产品性能与采收加工技术

鹿茸具有补肾阳、益精血、强筋骨之功能；鹿的角、血、皮、肉、筋、鞭、胎、尾等均能入药，疗效显著，其药理作用已被现代医药学所证明。鹿肉的肉质细嫩，味道鲜美，营养丰富，是人们喜食的上等佳肴。中国养鹿以生产鹿茸为主，出售初级产品，花样少，深加工不够，对于抢占国际市场不利，这种状况亟需改变。要研究开发高精产品，提高产品的附加值，只有这样，才能提高市场竞争力和经济效益。

第一节 鹿茸

鹿茸为鹿科动物性成熟以后头部生长出来的尚未骨化的软骨组织，形似袋状角。鹿茸具有温肾壮阳、益精补血、强筋健骨等功效。鹿茸入药距今已有2 000多年的历史，始载于汉代的《神农本草经》，谓鹿茸“味甘温，主漏下恶血，寒热惊痫，益气强志，生齿不老”。其后在历代本草中对鹿茸的药用均有收载，《中国药典》仅收录梅花鹿茸或马鹿茸为常用滋补保健中药。

一、鹿茸生物学特征

鹿茸角是绝大多数雄性鹿科动物的第二性征，是生长在鹿额骨上的骨质器官。正常情况下，茸角每年新生和脱落一次。

鹿茸的生长可分为两个阶段：一是带茸皮生长的阶段；二是裸露骨角的阶段。我国习惯上将第一阶段的幼嫩角称为鹿茸，而将第二阶段脱掉茸皮后的骨角称作鹿角。二者总称为茸角。

（一）茸角的形态

茸角的形状、分枝数目和大小等形态特征，因鹿的种类、年龄及环境条件不同而存在一定的差异，具有种的特征（也是重要的分类特征）。但成年鹿茸角的形态特征都有其共同之处，均由冠和主干构成。

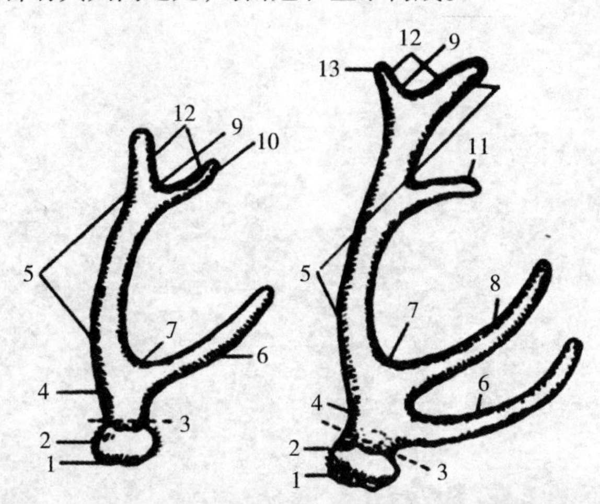

图 10－1　梅花鹿鹿茸三杈茸（左）和马鹿茸四杈茸（右）

1. 锯口　2. 珍珠盘　3. 锯茸部位　4. 茸根　5. 主干（大梃）　6. 眉枝（门桩、第一侧枝）　7. 大虎口　8. 冰枝（第二门桩）　9. 小虎口　10、11. 第二侧枝（中枝）　12. 嘴头　13. 主干茸头

鹿茸阶段外覆皮肤，其上覆盖密毛，角有光滑的面，并有纵沟或布满疣突。鹿茸角中实无腔，属于实角。

（二）鹿茸的种类

鹿茸的种类很多，根据基源动物（鹿种）可以分为梅花鹿茸（又称黄毛茸）、马鹿茸（又称青毛茸）、水鹿茸、坡鹿茸、白唇鹿茸、驯鹿茸、驼鹿茸、黇鹿茸和麋鹿茸等。但药用还是以梅花鹿茸和马鹿茸为主流，我国药典 1963 ~ 2010 年版均收载此 2 种。

按茸体分枝形状（茸形），梅花鹿茸又可分为初角茸、二杠茸和三杈茸，马鹿茸可分为莲花茸、三杈茸和四杈茸。

毛桃茸：是鹿第一次长出的类似毛桃状的鹿茸。

花二杠：是梅花鹿长出除主枝外只有一个侧枝（即眉枝）的茸形。

花三、四杈：是除主枝外长出两三个侧枝的梅花鹿茸形。

莲花茸：是马鹿长出除主枝外只有一个眉枝、冰枝的茸形。

马三杈：是除主枝外只有 2 个眉枝的马鹿茸形。

马四杈：是除主枝、2 个眉枝之外，只有一个侧枝的马鹿茸形。

再生茸：相对当年第一次生长鹿茸。

畸形茸：非标准茸形。

按采收方法可分为锯茸和砍茸。锯茸是指鹿茸成熟以后，保定并通过外科技术锯下来的鹿茸。

锯茸分为：梅花鹿的二杠、三杈、椎角、再生锯茸等，马鹿的三杈、四杈、椎角和再生锯茸等。

砍茸分为：梅花鹿的二杠和三杈砍茸，马鹿的三杈和四杈砍茸。

按照加工方式可以分为带血茸、排血茸。也有分为原枝鹿茸（如冰鲜茸、冷冻茸、烫茸、低温冷冻干燥茸等）和加工鹿茸（如切片茸、鹿茸精等）

通常描述鹿茸，应该说明鹿种、茸形、采收方式、加工方式，如花二杠锯茸（带血）、马三杈锯茸（排血）等。

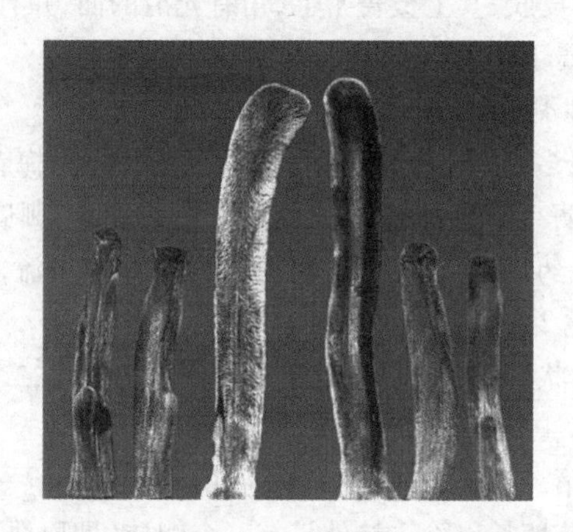

图 10-2　初角茸

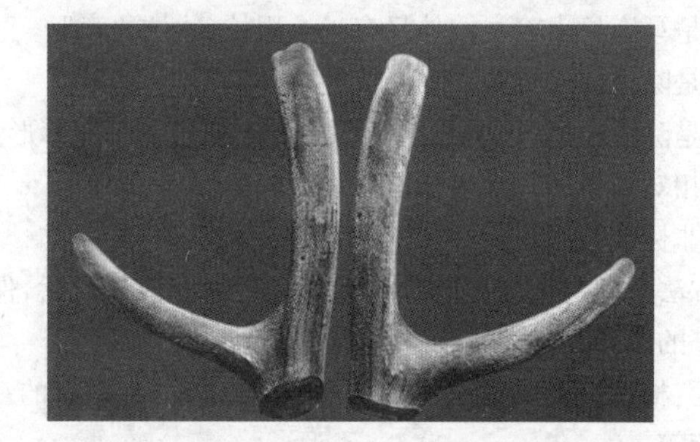

图 10-3　花二杠锯茸

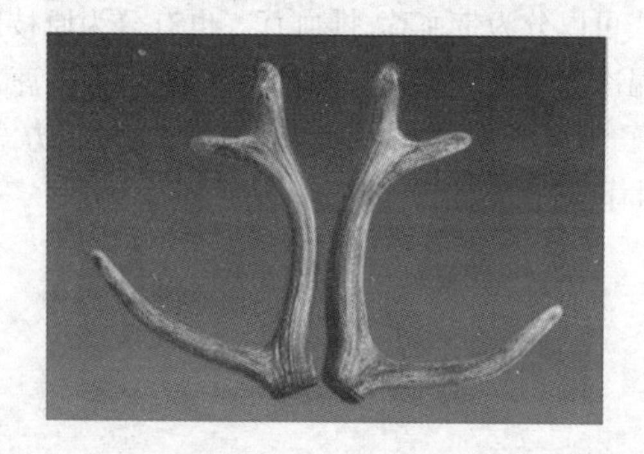

图 10-4　花三杈锯茸

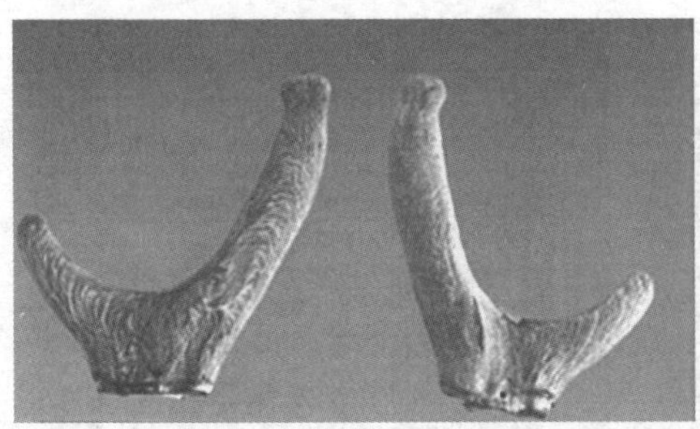
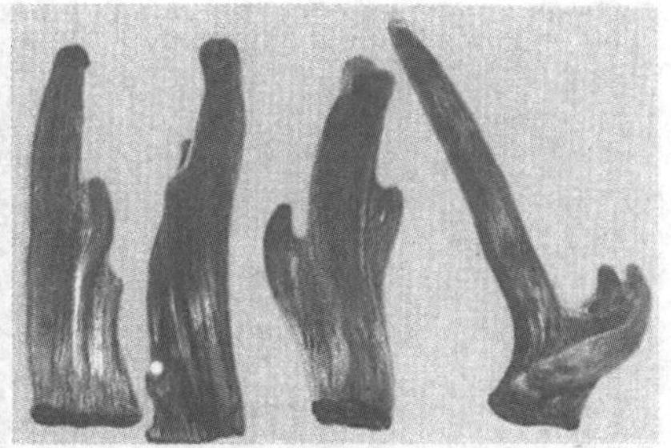

图 10－5　梅花鹿再生茸

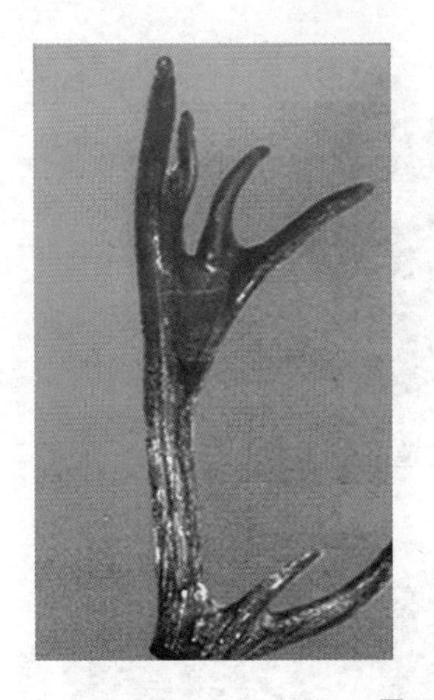
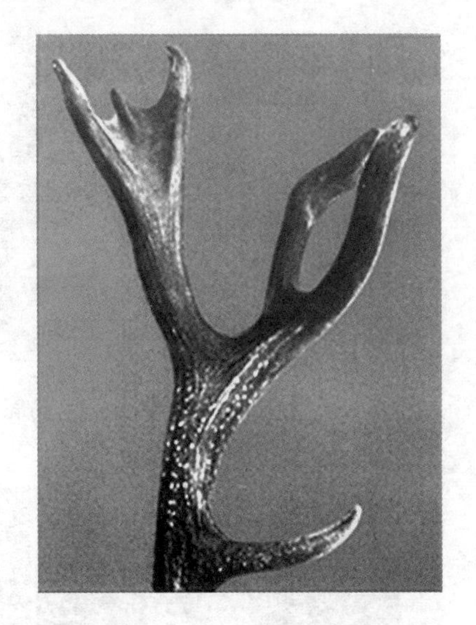

图 10－6　畸形茸

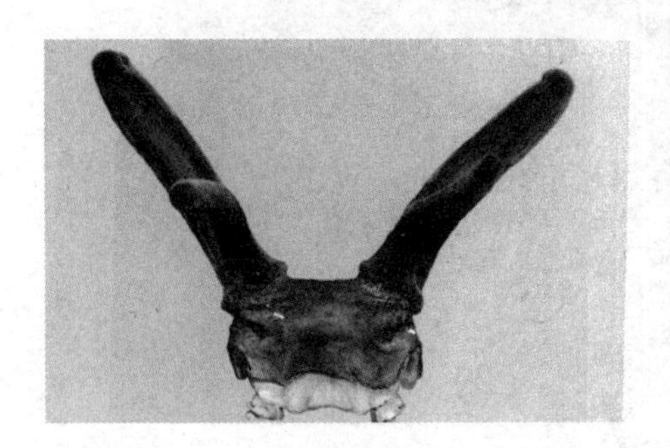

图 10－7　砍头茸(梅花鹿二杠茸)

图 10-8　砍头茸(梅花鹿三杈茸)

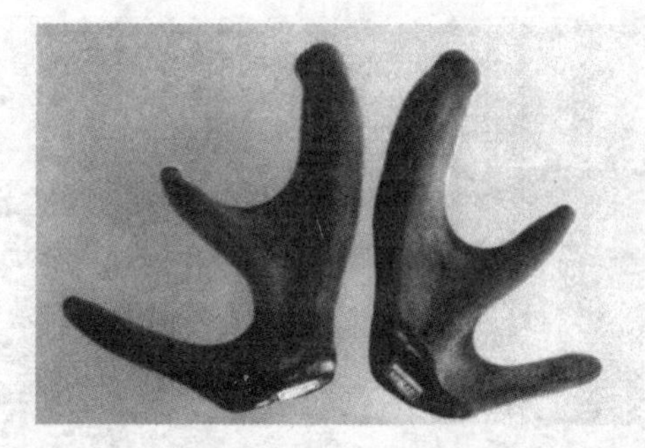

图 10-9　马鹿茸莲花茸

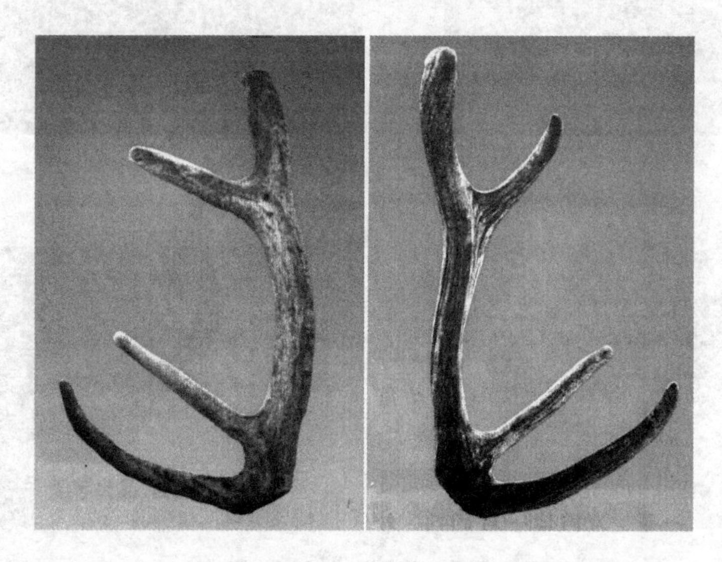

图 10-10　马鹿茸三杈茸

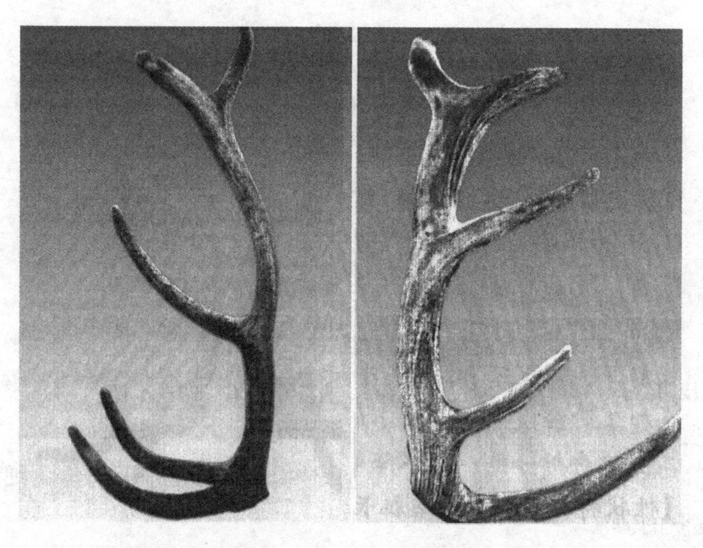

图 10－11　马鹿茸四杈茸

（三）鹿茸、鹿角及其生物学意义

鹿茸是指长在鹿头上尚未骨化的软骨组织，外被茸皮，形似袋状角。鹿角是由鹿茸转变成完全骨化了的骨质组织，外无茸皮的骨质角。

茸角作为雄鹿的第二性征，在鹿的性活动中具有重要生物学作用。鹿角是抵御敌手、保护母鹿群的武器；茸角有无以及大小是群体中雄鹿地位高低、吸引母鹿的重要外在标志；鹿用角摩擦树干、树杈以及小灌木，留下自己气味，标记自己领地、吸引母鹿和恫吓外来公鹿。

表 10－1　鹿茸角与其他动物角的区别

项目	角质	角形	特点	角表
茸角	中实空腔（类似髓质腔）	分枝、枝数因种别和年龄不同而有异	每年脱落与新生	茸有密毛，角有光滑面，有纵沟或者疣突
洞角	中空有空腔	直或弯曲并不分枝	终生不脱落	始终光滑无毛，多有环纹凸起而无纵沟

（四）鹿茸的组织结构

从横断面和纵断面两个方面来进行阐述。

1. 横断面

鹿茸的组织结构由外向里，可以分为皮肤层、间质层和髓质层。如图 10－12。

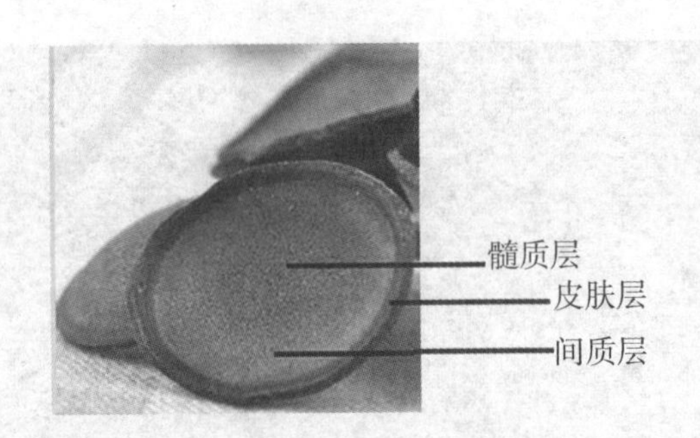

图 10－12　鹿茸横断面结构

(1)皮肤层　鹿茸的皮肤层即茸皮,是由表皮、真皮和一些附属物构成。

表皮:表皮为复层角化鳞状上皮,与鹿体皮肤的表皮相同。

从外向内又可分为角质层和生发层,是由 2～4 层扁平的角化细胞构成,比一般皮肤的薄。

生发层:从外向内由颗粒层、棘状层和基底层构成,比一般皮肤的厚。颗粒层由 2～4 层细胞构成。该层细胞与生发层基部细胞相比,个大,色较深,呈椭圆形,其走向与茸皮表面平行。细胞内分布着透明颗粒物质。棘状层构成茸皮生发层的大部分,是生发层细胞分裂最旺盛的地方。分裂由最深层开始,细胞体积逐渐变大,细胞界限逐渐明显,细胞表面可见许多小的突起。基底层为生发层的最底层,与真皮相连,由一层颜色较深的柱状上皮细胞构成。

真皮:位于表皮之下,由致密结缔组织构成,其中含有大量的胶原纤维,从外向内又分为乳头层和网状层。

乳头层:是真皮的最外层。该层结缔组织形成许多乳头状突起伸向表皮深层,因此叫乳头层。乳头层中富含毛细血管,为皮肤提供氧及养分。该层比一般皮肤的发达。

网状层:位于乳头层以下,与乳头层没有明显的界线。但是,与乳头层相比,细胞变得稀疏,核多为长梭形,成束的纤维排列更加紧密且相互交织。

皮肤层附属器官:皮肤层附属器官主要为茸毛和皮脂腺。

(2)间质层　由骨膜以及将来发育成鹿角的骨密质构成。骨膜由 1～6 层排列紧密的、半透明梭形细胞构成。

(3)髓质层　三杈茸中断切面的髓质层由骨小梁构成。骨小梁由骨基质薄片连接成网,形成海绵状,网眼充有血迹。骨小梁表面散在许多骨陷窝和骨小管,分布于鹿茸的上段到下段。始于鹿茸中心的骨小梁面积不断增大,骨陷窝逐渐增多,在底部出现了骨板。

2. 纵断面

鹿茸的纵断面从外向内也分为3层，即皮肤层、间质层和髓质层。鹿茸顶部表皮生发层比茸干四周的厚0.5～1倍。这可能是由于茸顶部为分生新组织的地方而代谢旺盛的缘故。从纵切面看，鹿茸顶端呈圆帽状的软骨膜增生带和环绕茸干的骨膜层（即将来发育成鹿角的骨密质部分）构成鹿茸的间质层。其中，软骨膜增生带从上往下又分为未分化间充质层、前成软骨细胞层和成软骨细胞层。鹿茸髓质层从上到下分为成熟带、肥大带、钙化带、初级松质带和次级松质带。见图10－13。

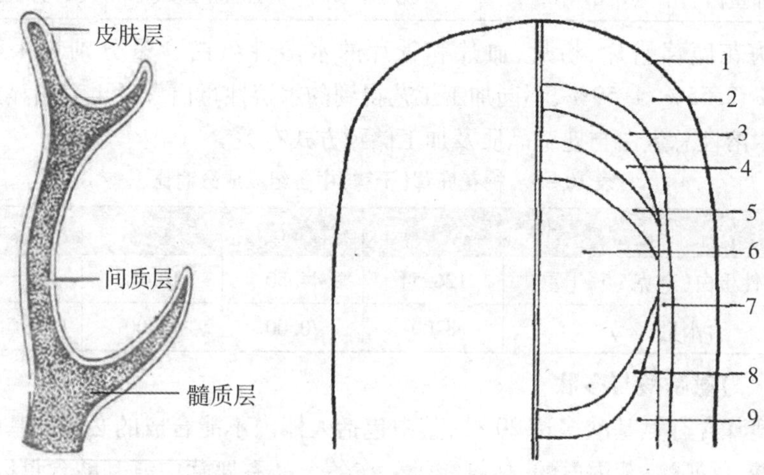

图10－13　鹿茸组织结构带的划分示意图（李春义等，1989）

1. 表皮　2. 真皮　3. 未分化的间充质　4. 前成软骨细胞　5. 成软骨细胞　6. 软骨细胞
7. 骨膜　8. 初级松质　9. 次级松质

二、鹿茸化学成分

鹿茸的化学成分包括水分、有机物和无机物3类物质，这3类物质在鹿茸中所占的比例因鹿的种类、收茸时期和鹿茸的部位不同而存在差异。梅花鹿茸三杈茸中水分、有机物、灰分所占比例为12.11%、63.44%、24.45%，马鹿茸三杈茸中3类物质所占比例依次为11.59%、61.19%、27.22%。23天、50天、75天收取的梅花鹿鲜茸中水分所占比例依次为65%、56.5%、45.6%，有机物所占比例依次为18%、20%、20.7%，灰分所占比例依次为17%、23.5%、33.7%。越接近鹿茸根部，有机物和水分含量越少，无机物含量越多。

鹿茸中富含有19种以上的氨基酸（包括人体不能合成的必需氨基酸）、10种磷脂成分、9种脂肪酸、糖脂、糖、固醇类、激素样物质、前列腺素、脑素、核酸、三磷酸腺苷、硫酸软骨素、多胺、肽类、脂蛋白、维生素、酶类等有机成分，鹿茸中还含有多种人体必需的无机元素。

(一)蛋白质

鹿茸中富含蛋白质,这是人体营养的基本成分。不同鹿茸部位所含蛋白质含量不一样。如不同部位的马鹿茸的总蛋白、胶原蛋白成分的含量见表 10-2。

表 10-2 马鹿茸 4 个部位总蛋白和胶原蛋白含量(%)

项目	顶部	上部	中部	基部
总蛋白	69.08 ±0.88	61.50 ±0.77	57.13 ±0.41	49.27 ±1.08
胶原蛋白	10.01 ±0.52	14.35 ±1.38	25.83 ±0.84	31.99 ±1.26

梅花鹿茸蜡片、粉片、血片和骨片的水溶性蛋白含量分别为 4.97%、3.95%、2.55%、1.59%,不同加工工艺得到的水溶性蛋白含量也有明显差别,提示水溶性总蛋白与鹿茸品质及加工储藏方式有关。

表 10-3 梅花鹿茸(干鲜)中各组成成分对比

项目	冻干茸	冰鲜茸	热炸茸	比例
水溶性蛋白(毫克/克,干重)	126.54	44.50	10.48	12:4.2:1
含水量(%)	8.00	70.00	15.00	0.53:4.7:1

(二)氨基酸与多肽

鹿茸含有氨基酸多达 20 种,其中包括人体内不能合成的必需氨基酸,如赖氨酸、色氨酸、苯丙氨酸、亮氨酸等。在各个品系鹿茸中氨基酸含量以甘氨酸含量最高,在 6.36% ~7.16%,蛋氨酸含量最低,在 0.42% ~1.32%。不同产地、不同品种、不同入药部位的鹿茸所含氨基酸含量有明显差异。兴凯湖梅花鹿鹿茸比其他品种、品系梅花鹿鹿茸中所含氨基酸含量,其中总氨基酸含量居于中等,必需氨基酸含量相对较低,非必需氨基酸含量较高;兴凯湖梅花鹿鹿茸的上、中、下段的氨基酸、牛磺酸及钙、磷比指标依次下降。梅花鹿三杈茸的氨基酸含量优于二杠。梅花鹿茸蜡片、粉片、血片和骨片各部位之间氨基酸含量差异显著。鹿茸中的氨基酸测定结果见表 10-4。

表 10-4 几种鹿茸氨基酸的含量(%)

项目	梅花鹿	马鹿	梅马鹿杂种	驯鹿(公)	驯鹿(雌)	白唇鹿(家)	白唇鹿(野)
色氨酸	0.35	0.78	2.00	0.16	0.30	—	—
赖氨酸	3.88	3.70	3.43	1.47	1.47	3.37	3.03
组氨酸氨	1.34	1.69	1.04	0.38	0.26	1.30	0.97

续表

项目	梅花鹿	马鹿	梅马鹿杂种	驯鹿(公)	驯鹿(雌)	白唇鹿(家)	白唇鹿(野)
精氨酸	4.86	4.76	4.85	2.19	2.72	3.80	4.01
天冬氨酸	4.32	4.38	4.00	1.62	2.02	5.54	5.46
苏氨酸	2.02	2.04	1.81	0.65	0.76	1.96	1.83
丝氨酸	2.32	2.31	2.20	0.87	1.00	2.08	2.09
谷氨酸	7.20	6.91	9.71	1.57	3.38	6.04	5.98
脯氨酸	5.84	6.02	5.63	4.12	3.98	5.17	5.61
甘氨酸	7.90	8.12	7.68	7.29	8.05	7.96	8.88
丙氨酸	4.24	4.50	4.21	3.34	3.58	4.49	4.39
胱氨酸	微量	微量	微量	1.71	2.37	—	—
缬氨酸	2.06	2.09	1.85	0.63	0.50	2.49	2.09
异亮氨酸	1.30	1.30	1.13	0.43	0.63	1.02	1.05
酪氨酸	1.07	0.66	1.04	0.36	0.53	1.11	1.00
苯丙氨酸	2.00	3.50	1.53	0.61	1.15	2.17	1.79
蛋氨酸	0.36	0.17	0.34	0.54	0.55	0.60	0.61
亮氨酸	3.27	3.43	2.97	1.18	1.40	3.62	3.06
羟脯氨酸	—	—	—	0.14	0.31	—	—
总量	54.33	56.36	55.42	29.26	34.96	52.72	51.85

鹿茸多肽是由鹿茸自身合成且调节生理功能的必需活性物质,在生命活动中起着相当重要的作用,具有很高的生物活性,是鹿茸主要的药效成分之一。不同品种、品系的鹿茸所含多肽不同。鹿茸多肽具有提高免疫力、增强性功能及抗肿瘤作用。鹿茸多肽对离体的兔肋软骨细胞、人胚关节软骨细胞及鸡胚头盖骨的成骨样细胞的 DNA 合成和细胞增殖都有明显的促进作用,且无种属的特异性,其增殖作用与鹿茸多肽的浓度之间呈明显的量效关系。鹿茸多肽对表皮细胞和成纤维细胞的增殖有明显的促进作用,并且能加速皮肤的创伤愈合。鹿茸多肽对各种急、慢性炎症具有明显的抑制作用。鹿茸多肽在体外可明显促进神经干细胞向神经元分化,可促进周围神经再生、加快神经轴突生长速度、有助功能恢复的作用。

(三)酯类

鹿茸中脂类化合物有胆固醇肉豆蔻酸酯,胆固醇油酸酯,胆固醇硬脂酸酯,胆固醇,胆甾烷-5-烯-3β-醇-7-酮,胆甾烷-5-烯-3β、7α-二醇,胆甾烷-5-烯-3β、7β-二醇,胆固醇棕榈酸酯,对氨基苯甲醛,胆固醇软脂酸酯,对羟基苯甲酸和对羟基苯甲醛。其中生物活性最强的油酸、亚油酸、亚麻酸含量较高。不同部位、不同品级鹿茸的总磷脂含量有明显差异。鹿茸各部位总磷脂、牛磺酸的含量均由基部到顶端逐渐增大。双阳品种、长白山品系、西丰品种鹿茸的各部位含量均高于清原品系、乌兰坝品种鹿茸的含量。梅花鹿茸骨片至蜡片间总磷脂含量介于1.01%~5.14%,但东北梅花鹿茸二杠茸与三杈茸之间的总磷脂含量差异不显著。梅花鹿茸中油酸、亚油酸、棕榈酸、硬脂酸分别为21.82%、7.58%、22.12%、16.61%,马鹿茸中4种脂肪酸依次为9.56%、5.01%、26.50%、9.83%,家养白唇鹿茸中4种脂肪酸依次为25.94%、3.28%、34.15%、21.94%。梅花鹿茸与驯鹿茸中脂肪酸和磷脂的含量分别见表10-5和表10-6。

表10-5　梅花鹿茸与驯鹿茸脂肪酸含量　(单位:%)

项目	驯鹿茸(公)	驯鹿茸(母)	驯鹿茸(去势公)	梅花鹿茸
豆蔻酸 14:0	0.017	0.017	0.025	0.041
棕榈酸 16:0	0.455	0.415	0.426	0.829
棕榈烯酸 16:1	0.370	0.445	0.233	0.134
硬脂酸 18:0	0.350	0.439	0.382	0.478
油酸 18:1	0.802	1.131	0.854	0.590
亚油酸 18:2	0.163	0.150	0.157	0.141
亚麻酸 18:3	0.046	0.047	0.040	0.054
花生酸 20:0	—	—	—	0.037
花生二烯酸 20:2	—	—	—	0.239
花生四烯酸 20:4	—	—	—	0.125
未知脂肪酸	0.277	0.476	0.312	0.131
总量	2.48	3.12	2.43	2.80

表 10－6　梅花鹿茸与驯鹿茸磷脂含量　（单位：%）

项目	驯鹿茸(公)	驯鹿茸(母)	驯鹿茸(去势公)	梅花鹿茸
溶血磷脂酰胆碱 LPC	0.137	0.207	0.132	0.044
神经鞘磷脂 SM	0.109	0.125	0.103	0.088
磷脂酰胆碱 PC	0.293	0.393	0.228	0.181
磷脂酰肌醇 PI	0.090	0.098	0.052	0.025
磷脂酰丝氨酸 PS	—	—	—	0.014
磷脂酰乙醇胺 PE	0.046	0.047	0.018	0.024
磷脂酰甘油 PG	—	—	—	0.003
双磷脂酰甘油 DPG	0.001	—	—	0.002
磷脂酸 PA	0.0014	—	—	0.001
总磷脂	0.68	0.87	0.54	0.37

（四）糖类

鹿茸中的糖类主要有戊糖、己糖胺、糖醛酸等，总糖的含量为15.98%～18.86%。东北梅花鹿三杈鹿茸蜡片、粉片、血片和骨片的总糖含量分别为3.21%、2.21%、1.04%、0.49%；从腊片到骨片，总糖含量逐渐降低，从内在成分上说明了不同部位的鹿茸片存在质量差异。鹿茸多糖可以激活免疫机制，增强机体免疫功能；能杀伤肿瘤细胞，促进抗肿瘤免疫应答，有利于肿瘤治疗。

（五）甾类化合物

鹿茸中的甾类化合物有性激素和激素样物质等，如孕酮、睾酮、雌酮、雌二醇。梅花鹿茸中雌二醇、雌酮含量分别为0.103微克/克和0.289微克/克；马鹿茸中雌二醇、雌酮和黄体酮含量分别为0.090微克/克、0.434微克/克和0.070微克/克。鹿茸醇浸出物中含有多种对人体有重要活性作用的前列腺素，如PGE、PGF、PGA等系列（见表10－7）。这可能是鹿茸作为补肾助阳的重要药物之一。

表 10－7　鹿茸中前列腺素的含量　　　　（单位：皮克/毫克）

项目		PGA	PGE	PGF
干茸	梅花鹿	30	53	40
	马鹿	7.5	40	25
	花马杂种	10	53	30
	驯鹿（公）	17	25	25
	驯鹿（母）	12.5	40	8
梅花鹿鲜茸	顶部	7	17.8	19
	中部	9.4	22	16.6
	基部	6.7	26.5	23.4

（六）生物胺类

鹿茸中的生物胺类包含单胺和多胺类物质。茸尖部多胺含量较高，鹿茸的中部和根部随骨化程度的增强，精脒含量逐渐减少，而腐胺和精胺含量逐渐增加。在整个鹿茸中，因为尖部所占重量百分比较少，所以整个鹿茸总多胺中腐胺含量最多，精脒次之，精胺最少。不同种属来源、不同部位、不同品级鹿茸的含量有明显差异。鹿茸多胺具有抗氧化作用。鹿茸多胺在体外能明显抑制 NADPH－维生素 C 和 Fe^{2+}－半胱氨酸系统诱发的大鼠脑、肝、肾微粒体脂质过氧化反应（MPD 形成），抑制黄嘌呤－黄嘌呤氧化酶系统 O_2 的产生（还原型细胞色素 C 形成）；在体内能抑制 CCl_4 和乙醇诱发的小鼠肝脂质过氧化反应（MPD 形成）。

（七）核酸成分

鹿茸有次黄嘌呤、尿素、尿嘧啶、肌酐、脲和尿苷等核酸成分。鹿茸具有较强的抑制单胺氧化酶（MAO）作用，次黄嘌呤是鹿茸中抑制 MAO 的主要活性成分。有建议梅花鹿茸饮片含尿嘧啶不得少于 0.020%，含次黄嘌呤不得少于 0.016%。

（八）生长因子

鹿茸有表皮生长因子、胰岛素样生长因子以及神经生长因子。胰岛素样生长因子（IGF－1）含量在马鹿茸尖部酸粗提物中的含量约为 30 纳克/克，明显较根部为高。

（九）无机元素

鹿茸中所含的无机元素及其含量见表 10－8。

表 10－8　不同鹿种的鹿茸中无机元素的含量　（单位:%）

项目	梅花鹿	马鹿	花马鹿杂种	驯鹿	驯鹿（雌）	白唇鹿（家）	白唇鹿（野）
Ca	10.60	13.93	10.85	15.89	15.25	9.71	11.08
P	5.32	6.65	5.48	7.71	7.80	5.32	5.56
Fe	0.051	0.018	0.053	0.014	0.032	0.037	0.027
Mg	0.25	0.31	0.23	0.36	0.30	0.287	0.292
Al	0.01	0.05	0.002	0.003	0.003	0.003	0.003
Ag	0.001	0.001	0.001	0.001	—	—	
Cu	0.000 7	0.000 7	0.000 8	0.000 3	0.001	0.002	0.003
Zn	0.005	0.007	0.003	0.01	0.005	—	—
Ba	0.003	0.003	—	0.003	0.005	—	—
Mn	0.002	0.002	—	0.001		0.001—	—
Sn	0.003	0.001	—	—	—	—	—
Si	0.007	0.03	0.010	0.01	0.01	0.01	0.01
Sr	0.200	0.20	0.200	0.200	0.200	—	—
Pb	0.002	0.002	0.001	0.001	0.001	—	—
Co	0.001	0.001	0.001	0.001	0.001	—	—
Ti	0.002	0.008	0.01	0.007	0.005	0.001	0.003
V	0.005	0.005	0.001	0.003	0.003	0.003	0.003
Zr	0.02	0.07	0.07	0.03	0.03	0.008	0.008
Mo	—	—	—	—	0.001	—	
Na	0.43	0.32	0.32	—	0.30	0.49	0.36

（十）维生素

鹿茸中富含维生素 A、维生素 D、维生素 E、维生素 B_2、硫胺素、核黄素等，且因加工方法不同而不同。据报道，白片、血片、未水煮冻干茸、水煮冻干茸的维生素 E 的含量分别为 1.73 毫克/克、1.80 毫克/克、2.61 毫克/克、2.36 毫克/克。

三、鹿茸的药理作用

鹿茸是一种传统的名贵药材，《本草纲目》中记载：“鹿茸能生津补髓，养血益阳，强筋健骨，益气强志。”现代的药理试验已经证明鹿茸有以下药理作用。

(一)鹿茸的滋补、抗疲劳作用

鹿茸富含人体需要的营养物质,如蛋白质(氨基酸、多肽)、维生素、矿物质、功能性成分等,对于体质虚弱的人具有很好的滋补作用,被用于补养元气、增加身体耐力、抗疲劳等,这是被广泛认可的基本作用。

试验证明,食用鹿茸者比未使用者游泳时间延长85分,在-22~-21℃寒冷环境存活时间延长25分。鹿茸多肽(PAP)能显著增加小鼠常压缺氧存活时间、断头喘气时间、爬杆时间和负重游泳时间,并能显著降低游泳后血清乳酸的增加量。说明PAP能够提高小鼠耐缺氧和抗疲劳的能力。

(二)鹿茸对生殖功能与性功能的作用

鹿茸对生殖功能与性功能的作用,是被广泛认可的第二大作用。研究和实践证明了鹿茸及其提取液对性器官的发育、性激素的分泌及性功能的改善有较好的疗效。鹿茸提取物有明显增加未成年雄性动物(大鼠、小鼠)的睾丸、前列腺、储精囊等性腺重量的作用。鹿茸提取液可明显促进雌性幼鼠生殖系统组织发育,增加子宫和卵巢的重量,能使去势大鼠子宫、阴道有代偿性增生和变化。鹿茸可使阳虚和骨髓损伤小鼠睾丸、附睾、包皮腺、前列腺及精液囊的重量增加。鹿茸微切助粉能明显缩短小鼠动情周期,提高小鼠的性器官指数、生长速度和成活率,这表明鹿茸微切助粉具有促进小鼠繁殖和发育的作用。鹿茸多肽无论在体实验中,还是体外腺垂体细胞培养实验中,均能使雄鼠血浆中和细胞培养液中睾酮、黄体生成素含量增多,并呈明显的量效关系。对30例精液异常的不育症患者进行针刺治疗,并配合肾俞穴位注射鹿茸精注射液治疗,观察其对精液异常不育症临床疗效及对精液质量等生殖机能的调节作用。治疗3个疗程后,痊愈6例,显效17例,有效5例,无效2例,总有效率为93.34%。临床症状、精液质量及精子活动力均有明显改善。以鹿茸为主的组方(鹿茸、人参、雄蚕蛾、菟丝子等)药明显促进正常动物性器官及附性器官发育成熟的作用,并能使去势大鼠附性器官生长发育接近正常水平,提示该药可通过不同环节发挥补肾壮阳、改善性功能的作用。以鹿茸为主的组方(鹿茸、红参、熟地等)治疗男性不育104例,总有效率96.15%,提示该药有补肾填精、益气生血的作用,为治疗男性不育的理想药物。

(三)鹿茸抗氧化、抗衰老作用

鹿茸抗氧化、抗衰老作用,是被广泛认可的第三大作用。鹿茸提取物对老年小鼠脑和肝SOD活性增强作用较青年小鼠更为明显,提示鹿茸可能通过增强SOD活性,减少脂质过氧化产物丙二醛的生成。利用超临界CO_2萃取得到的提取物通过放射免疫分析、高效液相色谱分析、薄层色谱分析3个试验确定其主要含有3个生物活性成分、2个性激素、5种磷脂和羟基苯甲醛，这些成分能够清除羟基自由基，抑制由铁诱导的来自脂蛋白的脂质过氧化，保护D-2-脱氧核糖，体现抗氧化特性。从马鹿茸和梅花鹿茸中分得次黄嘌呤、对羟基苯甲醛、对羟基苯甲酸、烟酸均对单胺氧化酶呈抑制作用。

鹿茸提取物能显著增加年轻细胞中人胚肺纤维细胞中琥珀酸脱氢酶(SDH)和多糖(PSR)的含量，提示其具有延缓衰老的作用。鹿茸可以使肾阳虚模型大鼠和老龄大鼠升高的血清LPO的量明显降低，使SOD活力和睾酮的量明显升高，从而发现鹿茸具有防治肾阳虚和抗衰老的作用。用鹿茸醇提取物对环磷酰胺处理后的小鼠进行灌胃试验，结果表明鹿茸醇提物可提高小鼠清除自由基的能力，降低细胞脂质过氧化水平和生物膜受损程度，提高机体的抗氧化作用，从而延缓机体衰老。现代药理学研究与我国中医临床实践证明的鹿茸具有抗衰延年作用相吻合。

(四)鹿茸增强免疫功能和抗病能力

鹿茸精对机体免疫功能的全面促进作用，可能是鹿茸用于“生精补髓、养血益阳”的重要药理学基础之一。这种增强机体免疫功能和抗病能力，是被广泛认可的第四大作用。鹿茸的提取液可以提高人体的免疫能力，具有明显的促进免疫功效。鹿茸液明显延长小鼠在25℃温水中的游泳时间和在-20℃环境中的存活时间，增加肾上腺重量，提高脾脏及胸腺脂数，促进脾脏T淋巴细胞、B淋巴细胞增殖反应，表明鹿茸液有促进生长、增加耐力、提高免疫力等作用。鹿茸多糖(PAPS)能够增加免疫功能低下小鼠的抗体形成细胞含量，提高溶血素含量，增强单核细胞吞噬功能，提示PAPS有促进和调节机体体液免疫功能的作用，并能增强机体吞噬细胞的吞噬作用。鹿茸精的氢化可的松、环磷酰胺所致的免疫功能抑制均有不同程度的拮抗作用。

长期灌服鹿茸水提物可增加老化小鼠肝脏蛋白质含量，鹿茸乙醇提取物可促进示踪物掺入老化小鼠肝肾和血浆蛋白及RNA，鹿茸多胺类物质是鹿茸中刺激小鼠肝组织蛋白和RNA合成的主要活性物质，这种刺激小鼠肝组织蛋白和RNA的合成效应是由于鹿茸多胺能够显著地增强RNA聚合酶的活性。鹿茸醇提物对环磷酰胺所致小鼠遗传物质损伤具有一定的保护作用。

鹿茸中的活性物质能够促进骨细胞增殖，治疗骨质疏松。鹿茸多肽是从鹿茸中提取的一种多肽类生物活性因子，由68个氨基酸组成，相对分子质量为7 200，主要含有缬氨酸、丙氨酸、赖氨酸和甘氨酸，不含半胱氨酸，具有促进家兔软骨细胞和表皮细胞有丝分裂的作用，同时还具有抗炎、促生长作用。

鹿角盘多糖具有显著抗牛病毒性腹泻病毒（BVDV）作用，且有一定的量效关系，在2～39微克/毫升安全浓度范围内，随浓度的提高鹿角盘多糖抗病毒的作用增强。

（五）对心血管系统的作用

鹿茸精可维持心肌细胞膜和微粒体膜的稳定性，从而减少钙内流，避免钙负荷，减少心肌细胞损失，具有保护心肌微粒体钙泵活性的作用。适量的鹿茸精能使患者的心搏充盈，心音更为响亮，收缩压和舒张压上升，心电图显示房室传导时间短，心室收缩波比常态增高4%，T波也有所增大。鹿茸对于心脏功能和血压具有双向调剂作用。

鹿茸精可减轻心肌细胞损伤，扩张冠脉血管，增加心肌的能量供应及保护心肌细胞膜完整性并促进心肌功能恢复。对于氯仿诱发的小鼠室颤和氯化钡诱发的大鼠室性心律失常，鹿茸精通过促进急性失血性低血压的血压恢复，来治疗室颤和心律失常。鹿茸醇提物对大鼠心肌缺血程度（Σ－ST）有明显的改善作用，能减小心肌梗死面积（MIS），降低内皮素（ET）水平，对心肌梗死模型大鼠心肌损伤有一定的保护作用。鹿茸精抗再灌注损伤的机制是防止钙超负荷，加强心肌ATP合成，保护心肌SOD活性以及保护心肌细胞膜完整性并促进心肌功能恢复。在大鼠急性心肌缺血后期，鹿茸醇提物可能通过影响心肌组织中一氧化氮（NO）及降钙素基因相关肽（CGRP）含量来保护受损心肌。鹿茸有抑制红细胞凝集和促进纤维蛋白溶解的作用，且花鹿茸活性是马鹿茸的3～5倍，但对由胶原蛋白和二磷酸腺苷引起的血小板凝集均无抑制作用。鹿茸精对心室纤颤和心律失常具有预防作用，还可增强耐缺氧能力。

鹿茸精注射液有促进骨髓造血和提高外周血象红细胞和血红蛋白的作用，对肾性贫血所引起血清氨基酸浓度降低有升高作用，并具有较好的生精血功效。利用参桂鹿茸丸治疗慢性原发性低血压综合征取得显著效果。

（六）鹿茸对神经系统的作用和增强学习和记忆功能

鹿茸中存在大量的神经生长因子和胰岛素样生长因子。神经生长因子是神经元存活所必需的，参与神经再生；胰岛素样生长因子作为肌源性神经营养因子可以促进神经元突起生长，刺激细胞增殖、分化、成熟和存活。鹿茸多肽能促进脊髓损伤大鼠运动功能的恢复，且呈剂量依赖性。在神经元细胞因辐射影响凋亡后，鹿茸多肽对Bax、BCl－2、caspase－3的影响中发现，鹿茸多肽能对辐射诱导脊髓神经细胞凋亡起到抑制作用。

鹿茸中含有大量磷脂类化合物,与神经细胞的功能有密切关系,对小鼠记忆的获得、记忆再现和记忆巩固等三个不同记忆阶段均有明显的促进作用。对脑内单胺介质含量无明显影响,但对脑内蛋白质合成有明显促进作用,可能是增强学习和记忆力的基础。

(七)对骨细胞和骨骼的作用

促进骨骼生长和抗炎作用。鹿茸中的活性物质能够促进骨细胞增殖,治疗骨质疏松。鹿茸多肽是从鹿茸中提取的一种多肽类生物活性因子,由68个氨基酸组成,相对分子质量为7 200,主要含有缬氨酸、丙氨酸、赖氨酸和甘氨酸,不含半胱氨酸,具有促进软骨细胞和表皮细胞有丝分裂的作用,同时还具有抗炎、促生长作用。通过离体观察鹿茸多肽对家兔和人胚肋软骨及关节软骨的静止细胞及肥大细胞有丝分裂的影响,结果发现鹿茸多肽能促进骨、软骨干细胞增殖;利用鹿茸水溶性提取液(含有蛋白、多肽类物质)对胶原蛋白诱导的关节炎大鼠进行14天的针疗,结果发现鹿茸水提液能抑制关节炎的发展,减少骨吸收,起到治疗关节炎和防治骨质疏松的作用。

促进骨折愈合和修复。鹿茸多肽能明显刺激软骨细胞和成骨样细胞的增殖,其增殖作用有明显的量效关系且无种属特异性,对骨和软骨细胞分裂及骨折修复作用明显。鹿茸多肽通过促进骨、软骨细胞增殖及促进骨痂内骨胶原的积累和钙盐沉积而明显加速骨痂的形成及骨折的愈合。鹿茸多肽组骨折愈合率为90.9%,而对照组愈合率为25%,说明鹿茸多肽能使骨折愈合时间明显缩短;鹿茸多肽组的骨痂内羟脯氨酸和钙的含量分别为(33.24 ± 6.77)毫克/克和(262.6 ± 43.71)毫克/克,而对照组羟脯氨酸和钙的含量分别为(18.84 ± 2.51)毫克/克和(194.6 ± 17.45)毫克/克,说明鹿茸多肽通过促进骨痂内骨胶原的积累和钙盐沉积而加速骨折愈合。鹿茸多肽具有促进脊髓损伤大鼠运动功能恢复的作用,病理组织切片观察显示不同剂量的鹿茸多肽治疗后,组织水肿减轻,炎性细胞浸润减轻。

抗骨质疏松症。梅花鹿茸胶原酶解物(CSDV)能够明显提高去势骨质疏松症大鼠骨密度,调节血清碱性磷酸酶水平和骨钙素水平,在防治去势大鼠骨质疏松症方面具有明显作用。鹿茸总多肽(TVAP)能纠正维A酸所致骨重建的负平衡状态,使骨量增加,骨组织显微结构趋于正常,对大鼠骨质疏松有防治作用。鹿茸的氯仿提取物(CE-C)能抑制分化的破骨细胞的再吞活性,从而调节骨再吸收作用,达到治疗骨质疏松的目的。鹿茸中蛋白聚糖对去卵巢大鼠所致骨质疏松症的治疗有明显的疗效,为鹿茸的开发和骨质疏松症的治疗提供了理论依据。

抗股骨头坏死。经鹿茸提取物治疗由地塞米松诱导的大鼠缺血性股骨头坏死程度明显降低,羟脯氨酸含量显著下降,氨基己糖的含量和氨基己糖/羟脯氨酸的比率显著增加。鹿茸提取物通过调节细胞周期促进成骨细胞增殖,对缺血性股骨头坏死具有积极的疗效。

抗软骨细胞老化。通过鹿茸多肽对大鼠软骨细胞的作用研究发现,鹿茸多肽不仅可以逆向影响老化相关调控因子的表达来实现其抗软骨细胞退变老化的作用,而且还具有显著的抗软骨细胞复制性老化作用。

口服“鹿茸二鞭酒”(以鹿茸、人参、鹿鞭、黄狗肾为主方)的方法治疗腰肌劳损、风湿性关节炎、类风湿性关节炎、颈椎病、肩周炎等症 38 例,1 个疗程后,治愈 9 例,占 23.68%;显效 18 例,占 47%;有效 11 例,占 28.95%,总有效率为 100%。采用冠脉再通丹(鹿茸、龟板、人参、红花、琥珀、水蛭等)治疗冠心病心绞痛 240 例,治疗组临床疗效总有效率为 93.75%。鹿茸多肽对大鼠背部皮肤缺损有加速修复作用,对骨折有明显促愈合作用。

(八)促进创伤愈合

鹿茸多糖灌胃给药,对雄性大鼠胃溃疡有显著保护作用,还增强肠道的运动和分泌机能,其抗溃疡作用主要是促进 PGE2 的合成。马鹿茸多肽通过促进表皮细胞和成纤维细胞增殖加速皮肤创伤愈合,并从总鹿茸多肽(TVAP)中分离出活性更强的单体多肽化合物(nVAP),证实为促进表皮细胞分裂和加速皮肤创伤愈合的主要活性成分,合成鹿茸多肽(sVAP)对表皮细胞和成纤维细胞增殖有促进作用。

(九)抗癌作用

研究发现鹿茸肽类物质对大鼠肾上腺嗜铬细胞瘤株有显著的促分化作用,同时抑制肿瘤细胞的增殖。通过对腹腔接种 S-180 型小鼠饲喂鹿茸蛋白提取物,其生存时间显著延长,结果表明鹿茸蛋白有抗肿瘤的作用。鹿茸多糖在免疫功能低下的机体内,可激活免疫机制杀伤肿瘤细胞,促进抗肿瘤免疫应答,提高防御能力和抗肿瘤能力。鹿茸能促进新生血管生成,而由于肿瘤是血管依赖性疾病,促进新生血管的生成是治疗肿瘤的标准方式。鹿茸角 Folch 试剂提取液和水提液能保护动物对抗结肠癌。

(十)对消化系统的作用

鹿茸有兴奋消化道,使其扩张、收缩增强,促进胃肠道蠕动与消化液分泌,增加食欲的作用。研究证明,鹿茸多糖能降低胃酸酸度,抑制胃蛋白酶的活性,并使胃液中 FGE2 含量增加,并具有抗溃疡(应激性溃疡、醋酸性溃疡、结扎幽门引起溃疡)作用。

鹿茸提取物促进 RNA 和蛋白质合成主要由于其刺激 RNA - 聚合酶 II 活性的缘故。研究发现鹿茸口服液可明显增加老年小鼠肝 RNA 和蛋白质含量,对老年小鼠 RNA 和蛋白质合成有明显促进作用。鹿茸提取物与黑木耳多糖复配能有效地控制糖尿病小鼠的血糖血脂水平,纠正其脂质代谢紊乱。

鹿茸总多肽(VAPs)能保护肝细胞及其膜系统的稳定性,维护肝细胞的正常结构,防止细胞内物质释放,促进肝细胞功能恢复,经鹿茸多肽治疗后,肝组织病理形态学、肝功能、血清指标及其他检测指标均明显好转。通过提高机体对自由基的清除能力、促进肝细胞再生、下调肝组织中 MMP - 2 基因的表达和转化生长因子($TGF-\beta_1$)蛋白的表达、治疗和逆转大鼠试验性肝纤维化。鹿茸粉对小鼠四氯化碳急性肝损伤和小鼠酒精急性肝损伤有明显的保护作用。

(十一)鹿茸的不良反应

《本草纲目》和《名医别录》等许多古代药物学专著明确指出鹿茸无毒。毒理研究结果表明,鹿茸本身没有任何的不良反应。鹿茸属补精填髓的补益佳品,但服食不善,往往易发生吐血、衄血、尿血、目赤、头晕、中风昏厥等症,进补者应辨证施补,合理用药,才能收效。口服鹿茸后,一般无严重的不良反应。但若长期连续服用或一次大剂量服用,偶见不良反应,如高血压患者一次口服鹿茸剂量过大可能引发急性心功能不全,有的甚至突发脑溢血,轻者造成机体严重损伤,重者死亡。孕期大剂量使用鹿茸粗制剂,其雄激素样作用可致幼儿性早熟;鹿茸雌激素样作用可使月经周期延长。传统中医认为鹿茸偏热性,属于温补药物,而糖尿病人多以阴虚或气阴两虚为主,如果进补鹿茸会导致阴虚加重,有引起糖尿病病情加重的风险,同时鹿茸也含有促使血糖升高的糖类肾上腺皮质激素样物质,因此,糖尿病患者不宜盲目食用鹿茸。

四、鹿茸的生长发育

鹿茸的生长发育是呈规律性变化的。一般新茸是从萌动开始,进而进入快速生长,而后骨化速度超过生长速度,待骨化到一定程度后,茸皮脱落,变成骨质角,最后脱落,一个茸角生长周期结束,开始进入下一个周期。

梅花鹿和马鹿的雄性仔鹿一般在生后 8 ~ 10 月龄时,开始从额骨的皱皮旋处生出骨质突起,由此形成角基,在此基础上生长出初角(稚角),通常生长较缓慢,收获后称为初角茸。角基(草桩)终生不脱落,是鹿茸生长的基础。

进入鹿茸的神经、血管、骨骼、肌肉和皮肤都是通过角基使鹿茸与头部有机地连接在一起。幼年鹿具有较长的角基，随着收茸次数即年龄的增长，角基逐步缩短且变粗。老龄的鹿，角基已基本消失，角盘贴近头骨，俗称“坐殿”。

初角茸角盘于第二年初夏前后自然脱落，以后随着鹿年龄的增长，脱盘的时间逐年提前。5～6岁以后的成年鹿，北方梅花鹿脱盘长茸的时间大体集中在4月，马鹿大体集中在3月。脱盘后，即进入鹿茸生长期。

鹿的角盘脱落之后，在角基的上方形成一个裸露的创面，然后皮肤层向裸面中心生长，逐渐在顶端中心处愈合，被称为封口。封口不断向上生长，经20天左右开始向前方分生第一侧枝（俗称眉枝），此时形成二杠茸形状，而马鹿茸紧接着连续分生第二侧枝（俗称冰枝）。随着主干向粗、长的生长，至50天左右，茸顶开始膨大，梅花鹿茸开始分生第二侧枝（上门枝），形成三杈茸形状，马鹿茸则分生第三侧枝。继续生长到70天左右，梅花鹿茸将由主干向后分生第三侧枝，马鹿茸将分生第四侧枝。90天左右，马鹿茸将分生第五侧枝。一般梅花鹿茸可以分生4个侧枝，马鹿茸可分生6～7个侧枝。

到了8月中旬至9月初，鹿茸茸皮脱落成为骨质角，于第二年春季脱落，整个茸角生长周期结束，又开始进入下一个生茸周期。

五、收茸

在鹿茸生长期，要定期观察茸的生长情况，根据鹿的年龄、茸形和生长趋势，结合历年产茸情况及市场需求等因素，合理掌握收茸的种类、时机和方法。

（一）收茸要求

1. 收茸的一般要求

一般3岁（头锯）梅花公鹿虽绝大部分能生长出三杈型鹿茸，但由于其年龄小，脱盘晚，生茸期相对短，所生产的三杈型鹿茸一般都达不到高等级要求，价值也低，所以应收二杠型鹿茸。4岁（2锯）公鹿大部分可收三杈型鹿茸，但对鹿茸干瘦细小者可收取二杠型鹿茸。5岁（3锯）以上的公鹿基本达到体成熟，所生鹿茸粗大肥嫩，应收取三杈型鹿茸。对于那些茸形不整、分枝不规则等非规则形状的鹿茸，应在枝杈顶端饱满时收取畸形（怪角）茸。

2. 梅花鹿二杠砍茸要求

粗壮、肥嫩、虎口饱满、长短适宜，优级茸干重（估重）不低于250克。

3. 梅花鹿三杈砍茸要求

茸形规整对称，嘴头饱满肥嫩，挺圆，优级茸干重不低于1 750克。

4. 马鹿(白唇鹿)

一般以收三杈茸为主,但对于长势旺盛、茸体粗大、茸形规整、肥嫩、嘴头粗壮的鹿茸也可收四杈茸。

5. 水鹿

主要收取二杠和三杈茸。

(二)收茸时期

适期合理收茸是保证鹿茸质量和经济效益的重要技术环节。鹿茸的生长速度和成熟时间因鹿种、年龄、营养状况、气候及个体不同而异,鹿场应根据历年生产状况和自身条件灵活确定收茸期。

1. 梅花鹿茸的收取

成年公鹿生长的二杠茸,如主干和眉枝粗壮,长势良好,应适当延长生长期;对细条茸和幼龄公鹿长出的二杠茸,可早收。例如2岁梅花鹿在生产中多于脱盘后45~55天收取二杠茸。成年公鹿长出的三杈茸,如茸大形佳,上嘴肥嫩,应延长生长期,收大嘴三杈茸。例如3岁以上梅花鹿在生产中多于脱盘后65~75天收取三杈茸。对于顶沟长、掌状顶和其他类型的畸形茸,也可适当晚收。但对于茸根出现黄瓜钉、癞瓜皮的三杈茸,应早收。

梅花鹿砍头茸的收获时间应比同规格的锯茸提前2~3天。二杠砍头茸应在主干粗壮、顶端肥满、主干与眉枝比例相称的生长旺期收取。三杈砍头茸在主干上部粗壮、主枝与第二侧枝端丰满肥嫩、比例相称、嘴头适当时期收取。

2. 马鹿茸的收取

成年马鹿生长的三杈茸,嘴头肥壮,茸大形佳,应尽量收大嘴三杈茸,到顶端拉沟前收获。头锯、2锯和成年马鹿的鹿茸出现细杆瘦条者,尽量早收。放四杈的马鹿茸,在第五侧枝分生前、嘴头粗壮期收取。

3. 再生茸和初角茸的收获

在7月中旬前锯取头茬茸的公鹿,到8月中下旬都长出不同高度的再生茸(二茬茸)。再生茸在配种前根据茸的高矮老嫩程度分期分批收取。

(三)收茸方法

1. 保定方法

(1)机械保定　机械保定包括麻绳套腿、吊索式麻绳吊腰、抬杆式、夹板式、陷网式和液压式自动保定等,下面主要介绍一下夹板式保定方法,因为夹板式保定器具有使用方便、工作安全、节省人力、保定效率高等特点,已被广泛应用。以下简单介绍一下液压式自动保定方法。

夹板式保定:夹板式保定器主要由机架、操纵手杆、踏板、夹板、门、侧板、压背鞍、压颈杆等构成。一般夹板工作状态最小宽度 10 ~ 15 厘米,夹板长 1.5 米、宽 3.2 米,夹板内斜角度 25° ~28°,踏板行程 30 厘米。

夹板保定的操作如下:首先将锯茸公鹿由原鹿舍拨到小圈,拨鹿时不要急追猛赶,严防惊群撞伤鹿茸,要注意稳群。当鹿被拨到小圈后,使其逐头经过转门拨入通道,用推板迅速推入锯茸保定装置,待鹿站在踏板上位置合适后,扳动操纵手杆,使夹板内收夹住鹿体,与此同时踏板下降,使鹿体悬空后用压背鞍压住鹿背部,用压颈杠压住鹿颈,开前门固定鹿头即可锯茸。锯完茸后回扳操纵手杆,使踏板上升复位,与此同时夹板也外展复位,松开压背鞍和压颈杠,鹿即可自由跑出。

液压式自动保定:此法是在夹板式保定法基础上发展起来的,主要是利用液压油泵、分配器和油缸等液压原件使踏板升降和夹板压松而进行保定的。当鹿进入保定器站稳后,启动电源,使踏板下降,夹板内收,或提升液压分配器,扣齿将鹿扣住,固定鹿头进行锯茸。此法多用于马鹿。

(2)化学药物保定　化学药物保定是将化学药物通过麻醉枪或注射器注入鹿体内,使鹿镇静,肌肉松弛或麻醉倒地,达到“制动”目的的一种保定方法。

将化学药物注入鹿体应注意:第一是使动物不能走动或运动反应减弱而不影响成活;第二是药物对动物的血压、呼吸、心跳及其他脏器无明显的影响;第三是用药后能达到捕获或在现场进行手术的目的;第四是有拮抗剂可解除此化学药物的作用。

注射药物的麻醉枪有步枪式和手枪式 2 种,步枪式用于远距离射击,手枪式适于近距离使用。

保定所用化学药物种类很多,但主要有静松灵、眠乃宁、司可林、保定宁、麻保静、保定 1 号、制动灵、新保灵、复方噻胺酮、埃托芬、季胺酚等,其中前 4 种药物最为常用,使用时按说明给药。

注意事项:要备好急救药材,例如强尔心等强心剂;维生素 K、肾上腺素或氨甲苯酸等;要有充足的苏醒灵。鹿倒地后要注意观察鹿的麻醉情况,观察舌、眼、呼吸、心跳频率的变化,发现异常立即采取相应的急救措施。为避免阻碍呼吸,应注意把鹿舌拉出口外。鹿苏醒后应注意观察锯口处的出血情况,及时进行对症处理,并给予良好的饲养管理和充足的饮水。

(3)化学药物和机械相结合保定　采用此保定方法,首先用少量的镇静麻醉或肌肉半松弛类药物,使鹿处于半麻醉或肌肉松弛的状态,然后再进入保定器内保定锯茸。此法主要适用于马鹿和异常惊恐的梅花鹿,它比单纯的机械方法省力安全,又可避免药物麻醉因药量不当而造成意外事故发生。其操作过程是:先将公鹿拨入保定器的附属设备中,用金属注射器将药物注射入鹿体内,待鹿出现精神沉郁,不再骚动状态时,将其推入保定器内保定锯茸。

2. 收茸方法

(1)收茸工具　收茸工具主要是锯茸锯,要求条薄、锯齿锋利、“料”小,这样可减少对组织的刺激,以利封口和减小锯口宽度,不造成浪费,另外锯锋利有利于快速锯茸。一般医用骨锯、工业铁锯、木工刀锯和条锯均可。

(2)收茸时间　鹿茸收获时节正值夏季,天气炎热,为了确保鹿的安全,锯茸要求在空腹和凉爽时进行,并给加工鹿茸留有充足的时间,以便于对锯茸鹿的观察护理等。因此锯茸一般在早饲前,即上午 5 ~7 点进行。若为了锯茸和加工时间都充足,并不致因收茸而推迟早饲时间,亦可在晚饲前锯茸,第二天进行鹿茸加工。

(3)收茸技术

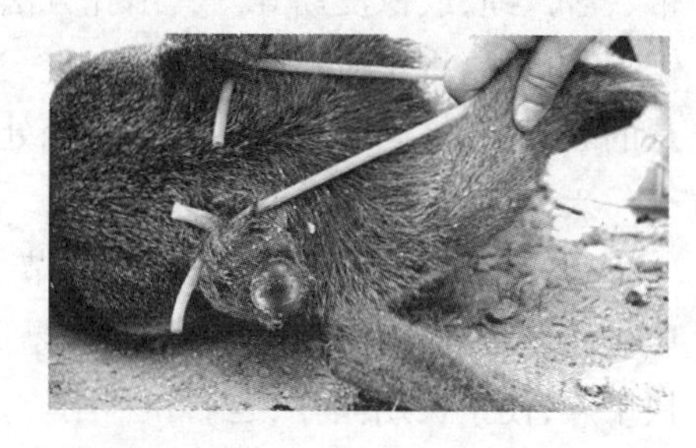

图 10 - 14　**锯茸**

1)锯茸方法　鹿被保定后,要切实固定住鹿头,防止碰伤鹿茸,锯茸者一手持锯,一手握住茸体,迅速将茸锯下,其要求有以下几点:

第一,锯口要平。即残留在角柄上的茸周围高度应一致,若偏上过多会造成浪费,偏下则会损伤角柄,影响第二年生茸,甚至产生畸形茸。

第二,留茬适当。留茬的高低主要由下锯的位置决定。若留茬过高,部分茸留在角柄上影响产量,造成不必要的浪费;留茬过低,容易损伤角柄,影响第二年生茸,甚至会产生畸形茸。正确的下锯位置应在角冠上方最细处,即头茬茸距角柄 1.5 厘米,再生茸距角柄 2 厘米,初角茸距角柄 2.5 ~3 厘米。

第三,锯茸时,记录员要认真仔细地做好记录。

2)砍茸方法　过去是将鹿处死,取下鹿头,鹿茸连同头骨一起加工,因以前取鹿头时用斧子砍,故称之“砍茸”或“砍头茸”,此法现在很少用。

目前,许多鹿场收取砍头茸时,首先麻醉,然后用利刃刀在喉下切断颈静脉放血,放血后在颈前1/3处环切皮肤,从第一、第二颈椎处割断鹿头。在放血过程中应注意:切勿紧握鹿茸,以免造成淤血,加工后出现乌皮。

收获砍头茸要将鹿杀死,一般只用于老、伤、病残的公鹿。

3. 止血

鹿茸是血液循环旺盛的器官,锯茸时必然出血,对鹿的体况有很大影响,若出血太多可导致死亡。所以止血是收茸技术的一部分,必须重视。

(1)药物止血　此类药物具有消炎止血、吸附止血、黏着止血等功能,其种类繁多,但止血方法相同。将止血药剂撒在底物上,托于手掌,当鹿茸锯下后,迅速按在留茬鹿茸的断面上,按压2分左右,使药剂和血液接触,促使血液凝固,达到止血目的。

(2)结扎止血　结扎止血是确实有效的止血方法,尤其是对马鹿茸、大的畸形茸,多采用结扎与药物相结合的方法进行止血。结扎物一般有布带、绷带、鞋带、绳,或橡皮筋等。其结扎方法是:可以在锯茸前,于角柄处结扎,然后锯茸;也可以将止血药撒在塑料布上,当鹿茸锯下后,迅速将药物扣在留茬鹿茸的断面上,连同塑料布一起于角柄处结扎。一般2~4小时解下。

六、加工

鹿茸加工是养鹿生产的重要环节之一,加工技术水平直接关系到鹿茸的质量和经济效益。鹿茸加工的原则是保持鹿茸的固有形态,不破不臭,使其尽快干燥,便于长期储存、运输和利用。

鹿茸的加工方式有传统的煮炸加工方式、真空冷冻干燥加工方式。

(一)煮炸加工方式

1. 鹿茸加工设备

(1)煮(烫)茸器　煮茸器实际上是个大的电煮锅,长60~100厘米,宽60厘米,深70厘米,电压380伏,功率6千瓦,自动控温。

(2)烘烤设备　电热干燥箱:电热干燥箱主要是以电阻丝为热源,自动控温,有排湿装置,容积0.5~1.5米^3。因其排湿性能差,干燥鹿茸效果并不理想,现多用远红外线干燥箱代替。

远红外线干燥箱:远红外线能直接辐射,即所谓有一定的穿透力,所以鹿茸干燥效果比电干燥箱好。此外,也有的鹿茸场使用电阻带式远红外辐射器自制成远红外线鹿茸烘干箱,成本低,效果好。

微波加热器:利用微波进行加热,加热均匀,速度快,并且热能利用率高,为常规加热的几十倍。微波设备主要由微波功率发生器和微波炉组成。微波炉有隧道式和箱式,鹿茸加工用的是箱式。

(3)风干设备　目前风干设备主要是电风扇。电风扇的安装形式有3种:一是将电风扇安装在天棚上,由上往下吹风;二是将电风扇安装在地板上,由下往上吹风;三是将电风扇安装在风干车间的某侧,由侧面吹风。目的是加强空气流动,加快鹿茸表面水分子的蒸发速度。

(4)排血设备

减压泵:一般使用工业或医用减压泵,利用减压原理,抽出鹿茸内多余血液,以缩短水煮排血时间。与减压泵相配套的物品还有减压瓶、橡胶管、橡胶漏斗。

气筒:即自行车打气筒,在压力胶管前安装上注射针头即可。

注水排血设备:即用细胶管一端安装注射用的12号针头,另一端连接在自来水龙头上。因此种排血法使茸内水溶性物质损失严重,应限制使用。

(5)封血设备

烙铁:用长15厘米、宽10厘米、厚1~2厘米的铁板,焊一铁柄而成。

电吹风:即理发用的电吹风器。

电炉:在1 000千瓦电炉上放一薄铁板,铁板烧红大约是1 500℃即可。

(6)其他设备用品　其他设备有锯茸茸夹,砍茸茸夹,修整鹿茸的尖刃刀、双刃刀、斜刃刀、单刃刀、骨凿、骨刮、茸钎子、缝衣针、棉线、面粉、鸡茸、50~100℃的温度计。

2. 排血茸的加工

排血茸的加工程序包括排血、煮炸、烘烤、风干、回水、煮头等,目的是排出茸内的血液,脱去水分,加速干燥。由于茸的种类、规格和大小不同,其煮炸和烘烤的时间也有差异。

(1)排血　排血是加工的首要步骤。目前鹿茸排血主要是用真空泵减压排血。

真空泵排血操作步骤:首先检查真空泵及排血设备,要求机械正常,真空度良好;然后操作人员一手握茸体,一手把抽血漏斗扣在锯口上,压紧接触部位。当吸滤瓶出现负压时,茸内的血液便被吸入瓶内,当血液出现泡沫时,可松开漏斗放入空气。如此反复数次。当血液断流或抽出泡沫时,即可停止。还可用减压泵循环排血,即在减压泵的排气孔上接一条50~60厘米长的胶管，管端带一个 14 号或 16 号注射针头，将针头刺入茸尖髓质部，再从锯口处用漏斗抽血，这样可加快排血速度。

排血量：由于鹿茸种类、老嫩程度以及收茸后茸血流失情况不同，其含血量差异很大，一般梅花鹿二杠锯茸抽血量为茸重的 6% ~8%，三杈锯茸为 7% ~9%；马鹿以 8% ~10% 较为适宜。在实际工作中主要观察血的流速和茸的颜色变化灵活掌握。

(2)煮炸加工　煮炸时间：收茸后第一天的煮炸称为第一水，按每一水间歇冷凉的先后，可分为第一排水和第二排水，每排水按入水次数又可分为若干次入水，如第一排水的第一次入水、第二次入水等。

煮炸时间最为关键，也最难掌握，因鹿的种类不同、鹿茸的大小和肥瘦不同，水煮的次数和时间也不一样。一般来说马鹿茸比梅花鹿茸耐煮，时间要长一些。在同种规格鹿茸中，粗大的比细小的煮炸时间长。具体的煮炸时间、次数可参考表 10－9。

表 10－9　排血茸煮炸时间、次数

茸别	鲜茸重（千克）	第一排水		间歇冷凉（分）	第二排水	
		下水次数	每次时间（秒）		下水次数	每次时间（秒）
花二杠锯茸	1.5 以上	12 ~15	35 ~45	20 ~25	9 ~11	30 ~40
	1.0 ~1.5	9 ~12	25 ~35	15 ~20	7 ~9	20 ~30
	1.0 以下	6 ~9	15 ~25	10 ~15	5 ~7	10 ~20
花三杈锯茸	3.5 以上	13 ~15	40 ~50	25 ~30	11 ~14	45 ~50
	2.5 ~3.5	11 ~13	35 ~40	20 ~25	8 ~11	35 ~40
	2.5 以下	7 ~10	30 ~35	15 ~20	5 ~8	25 ~35
马鹿锯茸	4.0 以上	14 ~17	50 ~60	30 ~35	12 ~15	50 ~60
	2.5 ~4.0	11 ~14	40 ~50	25 ~30	9 ~12	40 ~50
	2.5 以下	8 ~11	35 ~40	20 ~25	6 ~9	30 ~40

煮炸方法：首先将鹿茸慢慢放入沸水锅中，只露锯口烫 5 ~10 秒，然后取出仔细检查，如有暗伤或虎口封闭不严，都应即时敷上茸清面，下水片刻使其封闭，防止在煮炸中破裂。然后才正式进行第一排水煮炸。在进行第一排水煮炸时，开始 1 ~5 次下水，应循序渐进，逐渐增加煮炸时间，同时应先将茸头及茸干的上半部放入水中，并不断在水中做推拉动作和搅动水 2 ~3 次，以促进皮血排出，随后再将鹿茸继续往下伸到茸根，在水中轻轻地做画圈或推拉运

动，但注意绝对不要将锯口浸入水中。到第4次和第5次下水时，由于茸皮紧缩，茸体内受热，血液开始从锯口排出。锯口露在水面外，温度较低，容易形成血栓，因此应用长针不断地排锯口上的血栓，再用毛刷蘸温水刷洗锯口，用长针从锯口向茸髓部深刺几针，以利于排血。当茸内血液已基本排完，出现血沫，茸头变得富有弹性，茸毛矗立，并散出熟茸黄的香味时，则可结束第一排煮炸，让鹿茸冷却。冷却20～30分，茸皮温度降至不烫手时，即可进行第二排煮炸。第二排煮炸的第一次入水煮炸时间和第一排的最后一次煮炸时间相同，但随后每次入水煮炸时间应逐渐缩短，并主要煮炸茸尖和主干上半部。眉枝和茸根应适当提出水面，减少煮炸次数，或者事先在眉枝尖上抹上茸清面。当锯口排出的泡沫逐渐减少，颜色由深变浅，继而出现白色泡沫时，说明茸内血液已排尽，可结束第一水煮炸工作。不过在结束前应将鹿茸全部浸入水中煮炸10秒左右，然后取出，剥去茸清面，用毛刷刷去茸皮上附着的油脂污物，再用柔软的布擦干，即可放入风干室中干燥。

第一水煮炸的注意事项：在整个煮炸过程中，水应一直保持沸腾状态，中途向锅内加水时，须沸腾后茸才能下锅煮炸；水要经常更换，保持清洁。随时去掉漂浮在水面上的血沫，经常用毛刷刷洗茸皮上附着的油污，保持水与茸体的清洁卫生，以增强鹿茸的渗透作用；每次入水深度应下到茸根，不然锯口离水面太高茸根不易煮熟，会使皮血在茸根淤积，出现黑根、生根现象；在煮炸过程中，特别是大排血以后，容易在上、下虎口两侧和主干弯曲处鼓皮（又叫暄皮）。如出现这种情况，可在主干上部垂直扎2～3针放气，或在鼓皮处上下边缘或一侧，用针平直扎入茸髓1厘米左右，茸内气体、组织液和血液即可由针孔排出。如果发生茸皮崩裂，应立即停止煮炸，用冷湿毛布按住破裂处，使之迅速冷却，然后用绷布缠好进行烘烤；在虎口、眉枝尖和破伤处抹茸清面时，厚薄要均匀，封闭完好，煮炸过程中应随时检查有无翘边和脱落现象。如有，应即时重抹。煮炸结束剥除茸清面时，动作要轻，以防粘掉茸皮。

（3）回水烘烤　鹿茸经过第一水煮之后，在第2至第4天继续煮炸称为回水。第二水（又称第一次回水）于第2天进行，第3天煮第三水，茸体基本半干。第四水可隔日或连日进行。每次回水后都要进行烘烤，以促进鹿茸的干燥。

第二水煮炸的操作过程和方法基本和第一水相同。第二水共煮炸两排，每排次数与煮炸时间可参照第一水酌减，应以煮透为原则。当锯口出现气泡时即可停煮。第二水煮炸动作要缓慢，在破伤、针刺处要涂上茸清面或干面，出现鼓气、脱皮,参照第一水中的相应处理方法。回水结束后,及时剥去茸清面,洗刷茸体,卸去茸尖,将鹿茸凉透送入烘箱中。在65~70℃高温下,锯口朝下或立放,烘烤30~50分。如果茸皮出现小水珠时取出,擦净茸皮水分,送进风干室立放于台板上或茸尖朝上吊挂风干。

第三水煮炸不上架,用手拿着茸根下水煮炸。只煮一排水,每次下水30~40秒,下水深度为全茸的2/3,茸根应少煮几次。入水次数应根据茸头变化情况而定。一般要求在茸尖由硬变软,再由软变为有弹性时,即可结束煮炸,擦干冷凉。第三水仍可能发生茸皮破裂(特别是眉枝),必须随时仔细检查处理。第三水煮炸后,烘烤同前,而后倒挂风干。

第四水煮炸部位主要是茸尖、嘴头、主干的上半部,煮炸时入水深度为全茸的1/3~1/2。在第四水很少出现裂皮现象。因此,每次入水时间可适当延长,煮至茸头富有弹性时结束。然后在70℃左右的温度下烘烤60分。

回水烘烤的注意事项:每次烘烤,必须使烘烤箱上升到要求的温度,并尽可能保持恒定。低温烘烤容易引起糟皮;温度过高,可造成茸内有效成分的活性降低;第二、第三水后烘烤时,仍有可能出现鼓皮,也可能出现皮下积液,应及时趁热排出。烘烤的时间应根据具体情况而定,烤透者可提前出箱;回水后的鹿茸在烤箱中放置是以锯口向下为宜,这样放置可使茸内尚未排净的余血流出;在烘箱中放鹿茸时要立得牢,两支鹿茸间不能紧贴。检查与出箱时更须小心谨慎,不要互相碰撞损伤茸皮。

(4)风干和煮头　经过“四水”加工后的鹿茸,含水量比新鲜茸减少50%以上,以后主要靠自然风干,适当进行煮头和烘烤。这个工序的最初5~6天要隔日煮1次茸头,烘烤20~30分。以后便可根据茸的干燥程度和气候变化情况不定期地煮头与烘烤。

煮头:因茸头肥嫩胶质多,干燥较慢,容易萎缩变形,以致造成空头或瘪头。通过水煮,可加速干燥,使其均匀收缩,保持原形,充实丰满。每次煮头都应煮透,下水时间和次数可不受限制,煮头后要进行短时间的倒挂烘烤。

风干:鹿茸经过水煮、烘烤之后,置于风干室任其自然干燥。一般采用锯口朝上的吊挂风干。每天要对风干鹿茸进行检查,对茸皮发黏、茸头变软的鹿茸要及时挑出进行回水或烘烤。阴雨季节要适当增加煮烤次数,防止糟皮。

(5)顶头和整形　二杠锯茸在煮头风干中,待茸类基本干燥时,把主干茸头和茸枝尖入水1~2厘米,稍煮片刻后,对着平滑墙壁或木桩上缓缓用力顶揉茸头。这个过程称为顶头。经过2~3次煮头、顶揉,最后使两个茸尖分别

向虎口方向呈握拳状。梅花鹿三杈茸与马鹿茸不用进行顶头加工。

鹿茸经过加工,既要保持皮毛全美,茸毛鲜艳,又要适当调整形状。二杠锯茸从第四水开始,趁髓质部未完全干燥,富有弹性时,以虎口中心为定点,左右掰握眉枝固定呈"U"字形。因暄皮、排气、抽液造成的空皮处,在茸体干燥后,用湿热毛巾闷软,垫棉团或纸团,以绷带用力缠压固定,使其复原,干后解去绷带。

3. 带血茸的加工

带血茸加工,既要保持茸内的血液,又要脱水干燥,脱水的关键在烘烤。所以俗话说:加工排血茸在水工,加工带血茸靠火(烘烤)工。但回水煮头仍不可忽视。

(1)煮炸　鹿茸经过封血等处理后,不用上夹,用布带系在虎口主干部,手提着水煮即可。第一水的水煮时间比排血茸短,次数少,煮透即可。目的是使茸皮急骤收缩,压迫皮血管排出皮血,使茸色鲜艳。水煮时不必如排血茸那样带水,只要有规律地前后推拉或左右晃动,稍稍晃动或不动即可。

梅花鹿二杠锯茸水煮时间:梅花鹿二杠锯茸水煮一排水,共2~3次,第一次水煮50~60秒,间歇后再水煮50~60秒,见锯口中心将要流出血液即可结束水煮。

梅花鹿三杈锯茸水煮时间:梅花鹿三杈锯茸(包括畸形茸)一般也水煮一排水。首先水煮10~20秒,检查是否有暗伤并采取相应处理。之后,每次下水60~80秒,间歇冷凉后再下水,连续3~4次,这时由锯口中心流出血液即可结束水煮。因水煮次数少,时间短,所以不会破皮。

马鹿茸水煮时间:马鹿茸比梅花鹿茸体大,抗水力强,不论马鹿茸三杈茸还是四杈茸,均首先水煮10~20秒,检查是否有暗伤并采取适当处理之后,每次水煮60~80秒,冷凉后再下水,连续3~4次,见锯口中心流出血即可结束水煮,准备烘烤。

(2)回水与煮头　带血茸回水与排血一样,1~3水需连日进行,不过带血茸回水技术比排血茸难度大,要求勤水煮、勤检查、勤冷凉,直至茸毛耸立,茸头有弹性,有熟茸黄香味为止,然后准备烘烤。

(3)烘烤　带血茸的脱水主要靠烘烤,1~4水每天烘烤1~2次。即每次水煮结束擦干即可烘烤,温度70~75℃,时间2~3小时,每次烘烤结束,擦去油脂冷凉,送入风干室。

带血茸在烘烤过程中,由于鹿茸中水分内扩散能力大于外扩散能力,水汽沉积于茸皮下,易造成膨皮。所以要经常观察和检查,一旦发现膨皮,应立即针刺放出气体和液体,待鹿茸冷凉后在膨皮处垫上纸,用绷带轻轻缠压,然后继续烘烤。

(4)风干　带血茸风干技术同排血茸,只是头两天应平放,两天之后再挂放。

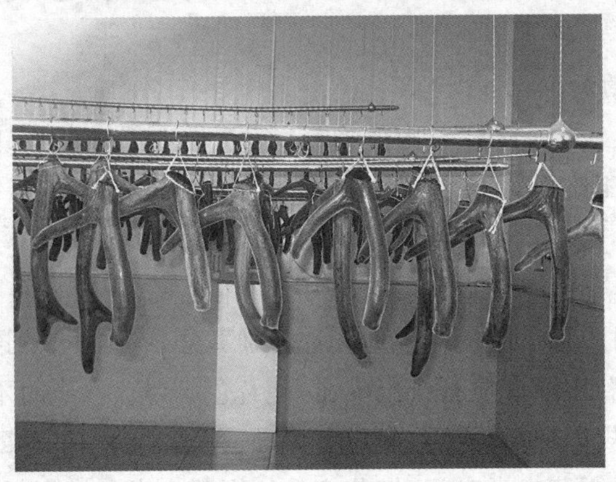

图 10-15　鹿茸风干

4. 砍头茸的加工

(1)头部整修　把砍头茸送入加工室后,首先在鼻镜上缘把皮肤横向切开,由上耳向耳根呈圆形剥下耳皮至下颌骨边缘。再由口角沿下颌骨两侧边缘切至颈部,然后剥皮。剥皮时切忌描刀和带肉,切勿伤茸皮,将头部的肌肉、眼球剐出剔净。用骨锯从鼻骨 1/2 处锯断,去掉整个下颌骨及上颌齿槽、鼻甲介骨。在犁骨后凿一个长 6 厘米、宽 3 厘米的长方形洞,将脑髓取出,刮净脑膜。头骨和头皮的排血孔要除净残肉,以利于排血。

(2)排血

1)减压排血　砍头茸一般采用减压泵减压排血。将减压泵上抽血胶管末端的漏斗去掉,换上一根长 13 ~ 15 厘米的玻璃管,管头套上 2 ~ 3 厘米长的软胶管,比原管头长出少许。减压泵起动后,先将头皮掀起,露出头骨,操作人员用手指轻压茸尖,观察两侧颞骨缝和眶上孔出血点是否通畅。然后,用左手固定头皮和鹿茸,右手持玻璃管,将管头对准出血点压实,便可抽出血液。

2)加压排血　对砍头茸用气管注气排血,比减压泵更为简单适用,排血量也较高。排血应在收茸后马上进行,效果较好。砍头茸加压排血比减压排血效果好。

(3)煮炸与回水　撑开砍茸夹从头骨两侧插入砍头茸,用细绳在枕骨和眼眶处捆绑固定。固定方法是:把头皮掀起,剥开,将茸夹沿头骨两侧插入,用绷带在枕骨及眼眶骨处捆绑固定。在煮炸前先用温水洗刷茸体上的污物,再用沸水对茸的外、内、背三侧浇烫,每支茸浇 25 ~ 30 瓢水,然后检查茸皮,如发现伤痕及时涂茸清面。

1)第一水煮炸　第一水煮三排,头排煮茸体,主要是排皮血、浓血及大血;第二排也煮茸体;第三排煮炸头皮和头骨。根据砍头茸的种类、大小和老嫩程度不同,灵活掌握下水的时间和次数。砍头茸的煮炸时间、次数参考表 10 - 10。

表 10 - 10　砍头茸煮炸的时间、次数

茸别	鲜茸重（千克）	第一排水		间歇冷凉（分）	第二排水		间歇冷凉（分）	第三排水	
		下水次数	每次时间（秒）		下水次数	每次时间（秒）		下水次数	每次时间（秒）
花二杠	1.65 ~ 2.05	8 ~ 12	30 ~ 40	15 ~ 20	7 ~ 9	30 ~ 35	15 ~ 20	4 ~ 6	15 ~ 20
砍茸	1.65 以下	6 ~ 8	20 ~ 30	10 ~ 15	5 ~ 7	20 ~ 25	10 ~ 15	3 ~ 5	10 ~ 15
花三杈	4.00 ~ 5.00	13 ~ 15	40 ~ 50	25 ~ 30	10 ~ 12	45 ~ 50	15 ~ 20	5 ~ 7	25 ~ 30
砍茸	3.00 ~ 4.00	10 ~ 13	30 ~ 40	20 ~ 25	8 ~ 10	30 ~ 40	10 ~ 15	4 ~ 6	15 ~ 20
马鹿	4.50 ~ 5.50	16 ~ 18	50 ~ 60	25 ~ 30	14 ~ 16	45 ~ 55	20 ~ 25	6 ~ 8	25 ~ 30
砍茸	3.50 ~ 4.50	14 ~ 16	40 ~ 50	20 ~ 25	12 ~ 14	35 ~ 45	15 ~ 20	5 ~ 7	15 ~ 20

第一排水,煮炸砍头茸有单支下水和双支齐下水 2 种方法,若技术熟练,双支齐下水比较好。开始是以茸体浸入沸水 2 ~ 3 次,提出片刻,再由浅入深下水煮炸,煮炸中频繁地摆动茸体,脑壳里不要灌入沸水,防止血凝堵塞排血通道。为了防止嘴头瘀血,色泽乌暗,可适当提根煮头,撞水。如两支茸排血不匀,应通过单支下水进行调整。出水动作要轻,不要过猛冲撞沸水。煮至脑壳里排血孔出现红色血沫,用温水刷脑壳,结束第一排水煮炸,间歇冷凉。

第二排也煮炸茸体,动作要稳,单支入水后,在水中进行划圈运动,脑壳里的血眼无血沫时结束煮炸。刷净茸体上的污物,擦干,冷却后卸下茸夹。

第三排为煮炸头皮和头骨阶段,在锅上横放一条宽 15 ~ 20 厘米带孔的木板,一人把茸固定在木板上,另一人从茸的背侧、内侧和外侧浇水烫茸根及茸桩,每支浇 15 ~ 20 瓢,同时浇烫头皮内面。当头皮收缩变硬时,再手握茸体将头皮和头骨全部入水煮炸,入水 5 ~ 8 次,深度达到茸根,每次 15 ~ 30 秒,煮至头皮弹性较强时结束。头皮煮炸要适宜,过轻难以干燥,易腐败,过老容易胶化,造成底漏和脱皮。煮干后马上拭干头皮上的水分,特别是角根和皮皱内一定要擦得彻底,用竹筷穿过两角根,将头皮挑起以利于通风。置于风干室,从眼眶骨中间穿一根铁棒固定风干。

2)第二水煮炸与烘烤　第二水煮炸与烘烤是在第二天进行的,其目的是继续排除茸体内的残存血液。煮炸程序与第一水基本相同,一般煮两排,只煮茸体,不再煮头皮和头骨。下水次数和时间比第一水适当减少。上夹时不要碰破茸和头皮,也可不上架,用手握枕骨和犁骨孔下水。煮炸时要多提茸根煮头,但茸根也要煮透。煮炸结束后擦掉茸体及头皮上的水分,在65℃左右的烘烤箱中烘烤20~30分。取出冷凉后,在头皮与头骨间撒上熟石灰粉,置于风干室侧挂或直立风干。

3)第三水的加工　第三水加工在第三天进行。先清除石灰,然后入水煮炸,煮至茸头有弹性为止。在煮炸过程中注意头皮不要进水,下水深度到茸桩,结束后擦干茸体上的水分。冷凉后在65~75℃的烘烤箱内烘烤40~60分,取出后冷凉,在头皮内撒上熟石灰粉,吊挂风干。

从三水后,逐渐剔净头骨上的残肉,根据情况及时回水煮头。5~7天后,头皮八成干时,用绳把头皮系紧,贴在头骨上,保持形态美观。

(二)真空冷冻干燥加工

真空冷冻干燥又称冷冻升华干燥。这种加工方式能够保持鹿茸最佳形状与色泽,同时不损害鹿茸成分。但是由于设备成本高和耗能大等问题,目前尚未被广泛采用。

1. 仪器

真空冷冻干燥设备,应严格按照操作说明进行仪器操作。

2. 干燥方法

水煮:鹿茸收获后,常规处理水煮2~3次,冷凉至常温。目的是使茸皮变性固缩,不然减压后茸皮会膨胀。

将冷冻干燥箱预冷达-30~-25℃后,将鹿茸放入其内,开始抽真空,30~40小时后,鹿茸可达到干燥标准。然后煮头2~3次即可刷洗装箱。

真空冷冻干燥鹿茸的真空度不能太高,如达到6.7帕,1小时可出现茸皮内裂纹,这是由于水分子的外扩散能力大于内扩散能力的缘故。

七、检验鉴定

(一)鹿茸的鉴定方法

随着鹿茸的广泛应用,经营鹿茸的商家也呈增多的趋势,在鹿茸产品的市场上良莠不齐、以次充好、以假充真的现象到处可见,因此鹿茸的质量鉴定是保证鹿茸质量和消费者权益的必要手段。鹿茸的鉴别方法可以分为以下几个方面：

1. 性状感官鉴别

性状特征是鹿茸经验鉴别的主要依据，下面主要介绍一下梅花鹿茸、马鹿茸的主要性状特征。

鹿茸性状特征的描述与其外部形态及名称是密不可分的，梅花鹿茸等鹿茸药材外形简图及名称见图 10－16。

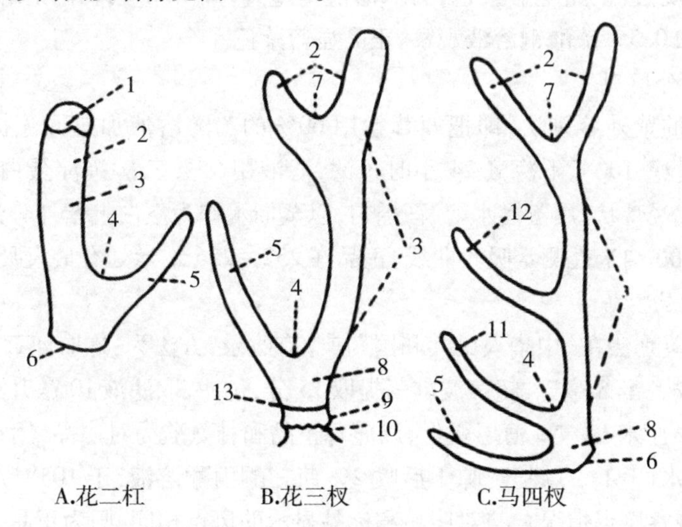

图 10－16　鹿茸外部形态及名称

1. 茸顶(猫爪)　2. 嘴头　3. 主干“主枝”　4. 大虎口　5. 第一侧枝(眉枝，门庄)　6. 锯口　7. 小虎口　8. 茸根　9. 角盘(珍珠盘、磨盘蹬)　10. 角基(草桩)　11. 第二侧枝(二眉枝、二门庄)　12. 第三侧枝　13. 锯茸部位

鉴定人员通过眼看、耳听、手摸和鼻嗅等方法对鹿茸进行感官鉴定，具体方法如下：

眼看：就是用眼睛直接观察鹿茸的形状、色泽等，如砍茸左右枝是否对称，各枝长短、粗细是否协调，茸皮是否完整，色泽是否鲜艳。

手摸：是凭触觉鉴定鹿茸，不占主要地位，主要是感觉鹿茸的干燥程度，估测其含水量，掂量其大概重量。

耳听：听鹿茸加工后相撞击的声音，如清脆，则说明含水量少，干燥程度高；如声音发“闷”，说明其干燥程度差。

鼻嗅：靠嗅觉鉴定鹿茸是否腐败，如有臭味，说明腐败。

上述传统的经验鉴别法，是一种感观分析的科学方法，是一套宝贵的经验总结,但难免有其局限性。随着科学技术的发展,应采用现代的科学方法,使鹿茸的质量鉴定有新的发展。

2. 理化鉴别

理化鉴别即是应用氨基酸、多肽和蛋白的显色反应。此法在《中华人民共和国药典》上有收录。方法如下:称取鹿茸粉末 0.1 克,加水 4 毫升置水浴中加热 15 分,放冷过滤。取滤液 1 毫升,加 2% 茚三酮溶液 3 滴,摇匀,加热煮沸数分钟观察,正品呈蓝紫色;另取滤液 1 毫升,加 10% 氢氧化钠溶液 2 滴,摇匀,滴加 0.5% 硫酸铜溶液观察,正品显蓝紫色。

3. 紫外鉴别

鹿茸的紫外鉴别法,即把鹿茸粉用 60% 的乙醇溶液加热回流提取 6 小时,放冷过滤,100℃下冷藏 24 小时过滤,滤液用 95% 乙醇沉淀蛋白,除去沉淀,浓缩成浸膏状,用蒸馏水溶解,摇匀,以蒸馏水作为空白上紫外分光光度计于 200 ~ 300 纳米处测定吸收曲线,正品在 252 ~ 256 纳米处有最大吸收峰。

4. 薄层鉴别

薄层鉴别法在《中华人民共和国药典》有收录,方法为:称取鹿茸粉末 0.4 克,加 70% 乙醇 5 毫升,超声波震荡提取 15 分,过滤,取滤液 10 微升点于硅胶 G - 0.25% 厘米 C - Na 薄层板上,以鹿茸正品和甘氨酸为对照品,用正丁醇 - 冰醋酸 - 水(3:1:1)展开,晾干后喷 2% 茚三酮丙酮溶液,于 105℃ 加热数分钟显色,观察斑点情况。与对照品和标品显示的斑点相同,则为正品。

5. 显微鉴别

鹿茸显微特征见表 10 - 11。

表 10 - 11 鹿茸横切面组织主要显微特征

项目	梅花鹿茸(三杈)	东北马鹿茸	驯鹿茸
茸皮	呈波状或平滑	呈波状或高低	高低起伏状
茸毛	较稀少	较多	厚,较多
乳头层	微呈齿状,平缓	乳状,平缓	略呈指状,平缓
皮脂腺	较多,且多个相聚	较少,散在	较多而小
网状层	外侧疏松,内侧分布	内侧分布较多环	致密,内侧或中部
血管	较多环状排列的血管 大小型血管呈扁	状排列的血管 大型动脉血管腔	具大型动脉血管 大型动脉血管扁椭

续表

项目	梅花鹿茸(三杈)	东北马鹿茸	驯鹿茸
梭形细胞层	椭圆形 较疏松	长扁椭圆形 组织结构致密	圆或梭形、哑铃形 不明显
骨小梁	较细窄	较密,中心部呈粗而疏松的网状	呈致密的网状
骨陷窝	较少	较少	较少

除上述方法外,近年来也有学者尝试了分子生物学鉴别法、热分析技术、红外光谱鉴别、X 衍射 Fourier 谱鉴别和指纹图谱等的研究,期待有成形的方法可用于鹿茸的鉴定。

(二)鹿茸规格标准

鹿茸分二杠、三杈等规格,其分等方法可参照中华人民共和国国家标准"鹿茸加工方法和品质鉴定"。

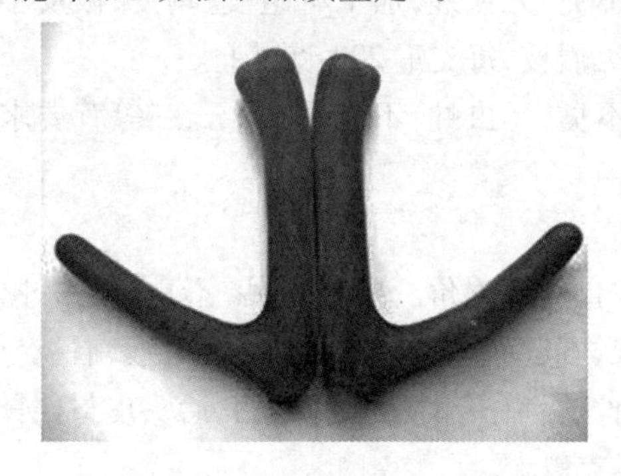
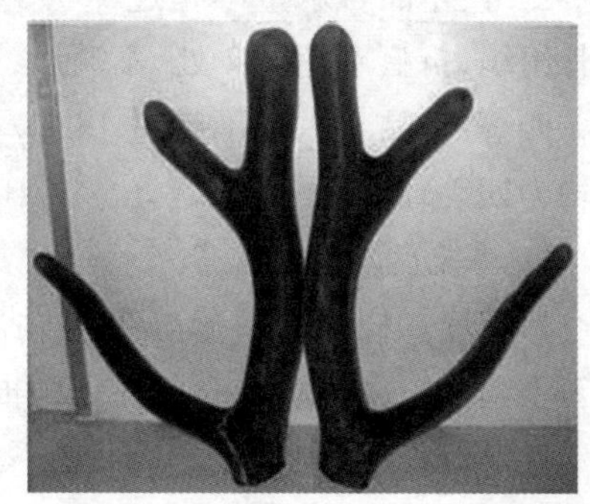

图 10-17　梅花鹿茸(左为二杠茸,右为三杈茸)

1. 梅花鹿二杠锯茸等级

可分为 4 个等级:

一等:干品含水量不超过 18%,不臭,无虫蛀,加工不乌皮,不暄皮,不破皮,主干无折痕,眉枝折痕不超过一处,锯口有孔隙,有正常典型分枝,眉枝与主干比例对称,粗圆壮嫩,每支重 100 克以上。

二等:干品含水量不超过 18%,不臭,无虫蛀,加工不乌皮,不暄皮,主干破皮不露骨组织,主干无折痕,不拧嘴,锯口有孔隙,分枝正常,主干与眉枝比例适当,虎口以下允许有小骨疸、棱,每支重 65 克以上。

三等:干品含水量不超过 18%,不臭,无虫蛀,有暄皮,不乌皮,破皮不露骨组织,枝杈瘦小,不拧嘴,锯口有正常孔隙,虎口以下有棱、痘,每支重 45 克以上。

四等:干品含水量不超过 18%,不臭,无虫蛀,不符合一、二、三等者均为四等。

2. 梅花鹿三杈锯茸等级

可分为 4 个等级:

一等:干品含水量不超过 18%,不臭,无虫蛀,加工不乌皮,不暄皮,不破皮,茸头丰满,不拧嘴,主干嘴头无折痕,有正常典型的分枝,短粗,肥嫩,排血茸纵剖面上 1/3 呈类白色,每支重不低于 400 克。带血茸血分布均匀,纵剖面为暗红色,每支重不低于 450 克。

二等:干品含水量不超过 18%,不臭,无虫蛀,加工不乌皮,不暄皮,不破皮,茸头较丰满,锯口有蜂窝状孔隙,不拧嘴,主干嘴头无存折痕,有正常的分枝,粗短肥嫩,每支重 350 克以上。

三等:干品含水量不超过 18%,不臭,无虫蛀,加工有暄皮、乌皮,破皮不露骨组织,折痕不超过 2 处,不畸形,无眉枝,每支重 200 克以上。

四等:干品含水量不超过 18%,不臭,无虫蛀,不合乎一、二、三等茸要求者均为四等茸。

3. 梅花鹿二杠砍茸等级

梅花鹿二杠砍茸不分等级,以估重(底)论价。要求干品,不臭,无虫蛀,加工不暄皮,不破皮,不底漏。无黑根,不空头,茸体粗圆肥嫩,左右枝、眉枝与主干比例对称,结构匀称,主干圆,不拧嘴,嘴头丰满,头骨洁白,后头皮与枕骨沿齐,每架估重 5 个底,合干茸重 250 克以上。

4. 梅花鹿三杈砍茸等级

可分 3 个等级:

特等:干品,不臭,无虫蛀,加工不暄皮,不破皮,不黑根,不拧嘴,不底漏,无折痕,细毛红底,粗壮肥嫩,结构均匀,主干圆,嘴头丰满,疣状突起不超过主干下 1/3,头骨洁白,无残肉,后头皮与枕骨后沿齐,每架 1 750 克以上。

一等:干品,不臭,无虫蛀,加工不暄皮,不破皮,不黑根,不拧嘴,无折痕,粗壮肥嫩,头骨洁白,无残肉,后头皮与枕骨沿齐,每架重 1 200 克以上。

二等:干品,不臭,无虫蛀,加工不暄皮,不破皮,不黑根,不拧嘴,无折痕,不底漏,疣状突起不超过主干 1/2,粗壮肥嫩,结构匀称,主干圆,嘴头丰满,头骨洁白,无残肉,后头皮与枕骨后沿齐,每架重 1 000 克以上。

5. 梅花鹿初角茸与再生茸等级

梅花鹿初角茸不分等，要求干品，不臭，无虫蛀，以骨化程度轻者佳。

梅花鹿再生茸不分等，要求纯干，不臭，无虫蛀，不脱皮，以骨化程度轻者为佳。

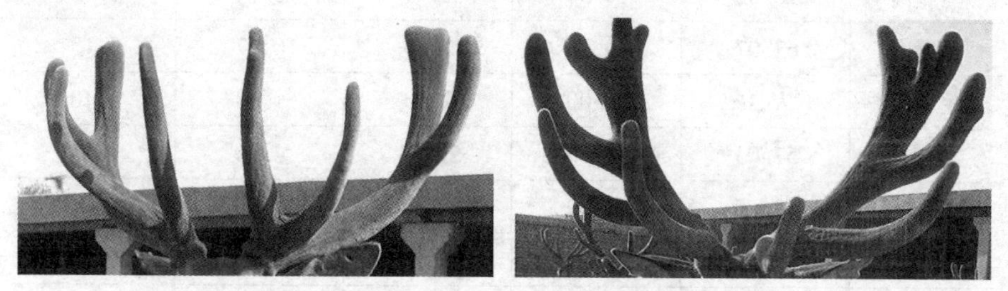

图 10－18　马鹿茸（左为三杈茸，右为四杈茸）

6. 马鹿锯茸等级

马鹿锯三杈茸分 4 个等级：

一等：干品含水量不超过 18%，不臭，无虫蛀，加工不破皮，不暄皮，不生干，不空头，不瘪头，主干肥嫩的三杈茸或肥嫩上冲的莲花茸，不拉沟，无折痕，带血茸剖面深红色，含血均匀，每支重 1 000 克以上。

二等：干品含水量不超过 18%，不臭，无虫蛀，加工不破皮，不生干，不空头，不瘪头。主干圆嫩的四岔，人字角，不拉沟，无存折，带血茸剖面深红色，血液分布均匀，每支重 700 克以上。

三等：干品含水量不超过 18%，不臭，无虫蛀，加工不破皮，不生干，无折痕，不够一、二等的莲花、三岔、四岔茸均为三等，每支重 250 克以上。

四等：干品，不臭，无虫蛀，不符合一、二、三等要求的均为四等茸。

第二节　鹿肉

鹿肉是一种营养价值高的低脂肪、低胆固醇、低热量、高蛋白食品，味道鲜美，容易消化，是具有滋补强壮作用的肉类。狩猎时代，猎鹿食肉，那是猎人们的最大收获。随着人们对鹿肉的认识和生活水平的提高及膳食结构的改善，鹿肉的消费群体也在不断扩大，鹿肉已由高档宾馆走上百姓的餐桌，成为人民生活中的高级肉食来源之一。

一、鹿肉的营养成分

表 10-12 鹿肉与其他肉类化学成分比较 （单位:%）

类别	水分	蛋白质	脂肪	碳水化合物	矿物质
马鹿肉	76.02	19.54	2.50	0.79	1.15
驯鹿肉	67.07	19.96	10.5	0.67	1.15
驼鹿肉	75.0	20.00	2.50	1.48	1.10
牛肉	57.03	17.70	20.33	4.06	0.88
鹿肉	50.65	13.32	34.65	0.65	0.73
猪肉	29.30	9.45	59.80	0.95	0.50
鸡肉	74.46	23.30	1.22	–	1.02
鸭肉	80.13	13.05	5.98	0.13	0.71
鹅肉	77.10	10.80	11.20	–	0.90
兔肉	72.13	22.68	3.88	0.17	1.14

（赵殿生,1986）

从表 10-12 看出,鹿肉以高蛋白和低脂肪含量为特征。鹿肉的蛋白质含量 21.9% ~22.6%,仅次于鸡肉、兔肉,而超过牛肉、鹅肉、鸭肉。鹿肉中蛋白质含量为 18% ~21%,而鹿肉酶水解液中蛋白质含量为 83.28%,是鹿肉蛋白质含量的 4 倍多,检测出的 17 种氨基酸,其游离氨基酸含量为 48.79 毫克/克,其中精氨酸含量最高,达到 14.64 毫克/克。酶法水解蛋白质对氨基酸没有破坏作用,但一种酶只能使其发生部分水解。鹿肉中的精氨酸含量较高。精氨酸参与氨基酸代谢并在免疫系统中发挥重要作用。鹿肽类能增加红细胞、血红素及网状红细胞生成,增加机体免疫力,促进机体新陈代谢再生过程,提高机体抗疲劳能力。

鹿肉的脂肪含量、脂肪酸、胆固醇比牛肉、猪肉的含量均低,发热量为上述肉类之最低者。脂类 1.2% ~3.1%,钠和磷的含量较高,铁、钙、镁、锌、铜和锰含量较低。中性脂和磷脂部分占总磷脂分别为 78.8% 和 14.8%。在磷脂部分发现了含量较高的不饱和脂肪酸,公、母鹿肉营养成分差异不显著。

表 10－13　梅花鹿肉酶水解液中氨基酸含量　　单位:毫克/克

名称	含量	名称	含量	名称	含量	名称	含量
天冬氨酸	3.07	组氨酸	0.95	脯氨酸	2.08	蛋氨酸	1.10
丝氨酸	0.10	精氨酸	14.64	半胱氨酸	0.15	赖氨酸	5.93
谷氨酸	5.10	苏氨酸	0.56	酪氨酸	0.66	异亮氨酸	1.15
甘氨酸	1.21	丙氨酸	3.13	缬氨酸	2.21	亮氨酸	5.33
苯丙氨酸	1.21						

(董万超,1999)

鹿肉中含有大量有机酸、游离脂肪酸,如硬脂酸、亚麻酸、亚油酸和油酸等;富含多种酶类,尤以超氧化物歧化酶(主要是 Cu－SOD、Zn－SOD)、谷胱甘肽氧化酶和脱氢酶的含量较高。此外,还含有糖脂类、固醇类、磷脂类等;生理活性物质如肾上腺素、血睾酮、雌酮、雌二酮等,以及各种嘌呤碱等;灰分占 3%～4%;维生素含量丰富;鹿肉中还富含大量矿物质元素。

甘肃马鹿水分含量为 72.88%,蛋白质 27.49%,脂肪 2.13%,灰分 1.09%;铁 4.96 毫克/100 克,锌 0.84 毫克/100 克,铜 0.199 毫克/100 克,硒 1.22 微克/100 克,磷 15.72 毫克/100 克;总氨基酸含量为 81.08 克/100 克,必需氨基酸占总氨基酸的 38.87%;雌二醇 157.88 皮克/毫升,睾酮 0.78 纳克/毫升,生长激素 0.76 纳克/毫升。甘肃马鹿肉具有高蛋白、低脂肪、矿物质丰富、氨基酸含量全面等特点,并含有一定量的活性物质,对人体有较高的营养和滋补价值,是优质的动物性食品资源。

图 10－19　鹿肉

二、鹿肉的功效

我国传统中医学认为，鹿肉“主阳痿、补虚、止腰疼、鼻衄、折伤、狂犬伤，久服治肺痿吐血、崩中带下。诸气痛欲危者饮之立愈，大补虚损，益精血，解痘毒、药毒”等功效。鹿肉药用首见《名医别录》。华佗云：“中风口偏者，以生鹿肉同椒捣贴，正即除之。”《本草纲目》记载：“鹿肉味甘，温，无毒。补虚羸，益气力，强五脏，调血脉，养血生容。”“鹿之一身皆益于人，或煮，或蒸，或脯，同酒食良之，大抵鹿为仙兽，纯阳多寿之物，能通督脉，又食良草，故其肉角有益无损。”《医林纂要》记载：“补脾胃，益气血，补助命火，壮阳益精，暖腰脊。”鹿肉的主要功能为补脾胃、益气血，助肾阳、填精髓、暖腰脊，补五脏，调血脉。不同部位的鹿肉也分别有着不同的功能效用，如鹿头肉的主要功能为补益精气，用于治疗消渴、虚劳、夜梦等症。鹿蹄肉具有治脚膝骨疼痛、不能践地的作用。民间也流传不少用鹿肉治病的验方，如治产后无乳。鹿头肉主治消渴、夜梦鬼物。鹿蹄肉主治诸风、脚膝骨中疼痛。现代一些中药也有与鹿肉配伍，如全鹿大补丸、龟鹿补丸、鹿丽素、鹿胎丸等。鹿肉具有养血生肌之功效，是冬季进补、御寒之佳品。

现代医学临床研究表明，鹿产品还具有治心悸、失眠、健忘、风湿和类风湿等功效。鹿肉高蛋白、低脂肪、低胆固醇的特点，不仅对人体的神经系统、血液循环系统都有良好的改善调节作用，而且还有养肝补血、降低胆固醇、防治心血管疾病、抗癌的功效，是天然的纯绿色食品。鹿肉的加工方式与牛、羊肉类几乎相同，药用可润五脏、调血脂。内服食、煎汤或熬、外用捣敷。鹿肉是补虚劳羸瘦、产后无乳、壮阳益精的佳品。鹿肉中肽类不仅能增加红细胞、血红素及网状红细胞生成，增加机体免疫力，还能促进机体新陈代谢再生过程，提高机体抗疲劳的能力。

三、鹿屠宰加工工艺

目前还没有鹿屠宰加工生产工艺，可以参用牛、羊自动化屠宰加工工艺设备。

（一）鹿屠宰加工工艺流程

活鹿进待宰圈

↓

停食饮水静养 12 ~ 24 小时

↓

拴住鹿的后腿提升→刺杀→沥血（沥血时间 5 ~ 10 分）→收集鹿血、保

存、待加工

↓

去鹿头→收集、保存、待加工

↓

后腿预剥→去后肢→收集、保存、待加工

↓

前腿和胸部预剥→脱肩→扯皮→鹿皮入皮张暂存间

↓

去前肢→收集、保存、待加工

↓

封肛

↓

开胸

↓

取白内脏(白内脏放在同步卫检线的托盘内待检验)→合格的白内脏进入白内脏加工间内处理→胃容物通过风送系统输送到车间外约 50 米处的废弃物暂存间

↓

取红内脏(红内脏挂在同步卫检线的挂钩上待检验)→合格的红内脏进入红内脏加工间内处理

↓

胴体(同步卫检检验)→不合格的胴体、红白内脏拉出屠宰车间高温处理

↓

胴体修割

↓

胴体称重

↓

胴体冲淋

↓

排酸(0 ~ 4℃)

剔骨

↓

分割整理包装

↓

速冻或冰鲜处理

↓

脱盘装箱

↓

冷藏

↓

销售

(二)鹿屠宰加工工艺

1. 待宰圈管理

卸车前应索取产地野生动物驯养繁育加工经营许可证和动物防疫监督机构开具的合格证明,并临车观察,未见异常、证货相符后准予卸车。

经清点只数,驱赶健康的鹿进入待宰圈,按鹿的健康状况进行分圈管理。

待宰的鹿送宰前应停食静养24小时,以便消除运输途中的疲劳,恢复正常的生理状态。在静养期间检疫人员定时观察,发现可疑病鹿送隔离圈观察,确定有病的鹿送急宰间处理。健康合格的鹿在宰前3小时停止饮水。

2. 刺杀放血

(1)卧式放血　用V型输送机将活鹿输送到屠宰车间,在输送机上输送的过程中用手麻电器将鹿击晕,然后在放血台上持刀刺杀放血。

(2)倒立放血　活鹿用放血吊链拴住后腿,通过提升机或鹿放血线的提升装置将鹿提升进入鹿放血自动输送线的轨道上再持刀刺杀放血。

鹿放血自动输送线轨道设计距车间的地坪高度3米左右,在鹿放血自动输送线上主要完成的工序:上挂、刺杀、沥血、去头等,沥血时间一般设计为5~15分。

3. 预剥扯皮

倒挂预剥:用鹿用叉挡将鹿的两后腿叉开,以便前腿、后腿和胸部的预剥。

平衡预剥:放血-预剥自动输送线的挂钩勾住鹿的后腿,扯皮自动输送线的挂钩勾住鹿的两前腿,这两条自动线的速度是同步前进的,鹿的腹部朝上,背部朝下,平衡前进,在输送的过程中进行预剥皮。这种预剥的方式可有效地控制在预剥过程中鹿毛粘在胴体上。

用鹿用扯皮机的夹皮装置夹住鹿皮,从鹿的后腿往前腿方向扯下整张鹿皮，根据屠宰的工艺，也可从鹿的前腿往后腿方向扯下整张鹿皮。

将扯下的鹿皮通过鹿皮输送机或鹿皮风送系统输送到鹿皮暂存间内。

4. 胴体加工

胴体加工工位：开胸、取白内脏、取红内脏、胴体检验、胴体修割等，都是在胴体自动加工输送线上完成的。打开鹿的胸腔后，从鹿的胸膛内取下白内脏，即肠、肚。把取出的白内脏放入同步卫检线的托盘内待检验。取出红内脏，即心、肝、肺。把取出的红内脏挂在同步卫检线的挂钩上待检验。鹿胴体进行修整，修整后进入轨道电子秤进行胴体的称重。根据称重的结果进行分级盖章。

5. 同步卫检

鹿胴体、白内脏、红内脏通过同步卫检线输送到检验区采样检验。检验不合格的可疑病胴体、内脏，通过道岔进入可疑病胴体轨道，进行复检，确定有病的胴体进入病体轨道线，取下有病胴体放入封闭的车内拉出屠宰车间处理。同步卫检线上的红内脏挂钩和白内脏托盘自动通过冷－热－冷水的清洗和消毒。

6. 副产品加工

合格的白内脏通过白内脏滑槽进入白内脏加工间，将肚和肠内的胃容物倒入风送罐内，充入压缩空气将胃容物通过风送管道输送到屠宰车间外约50米处，鹿肚有洗鹿肚机进行烫洗。将清洗后的肠、肚整理包装入冷藏库或保鲜库。合格的红内脏通过红内脏滑槽进入红内脏加工间，将心、肝、肺清洗后，整理包装入冷藏库或保鲜库。

7. 胴体排酸

将修割、冲洗后的鹿胴体进排酸间进行“排酸”。排酸间的温度为0～4℃，排酸时间不超过16小时。排酸轨道设计距排酸间地坪高度2.2～3米，轨道间距0.6～0.8米，排酸间每米轨道可挂5～8只鹿胴体。

8. 剔骨分割包装

吊剔骨：把排酸后鹿胴体推到剔骨区域，鹿胴体挂在生产线上，剔骨人员把切下的大块肉放在分割输送机上，自动传送给分割人员，再由分割人员分割成各个部位肉。

案板剔骨：把排酸后鹿胴体推到剔骨区域，把鹿胴体从生产线上拿下放在案板上剔骨。

分割好的部位肉真空包装后，放入冷冻盘内用凉肉架车推到结冻库（－30℃）结冻或到成品冷却间（0～4℃）保鲜。

将结冻好的产品托盘后装箱,进冷藏库(-18℃)储存。

剔骨分割间温控:10~15℃,包装间温控:10℃以下。

四、鹿肉在僵直化过程中主要理化性能变化

鹿肉失水率变化:鹿肉失水率分别由屠宰后第1天的6.02%,达到屠宰后第3天时最高值14.25%,再从第4天开始逐渐下降。只是在整个僵直化过程中鹿肉保水性差,失水率高。

鹿肉pH变化规律:屠宰后第1天pH 6.50,在屠宰后第4天时达到最低值6.13,而从第5天开始又呈逐渐回升趋势。只是在整个僵直化过程中鹿肉pH较高。

游离羟脯氨酸含量变化:鹿肉宰后第1天游离羟脯氨酸含量0.064 7毫克/100克,而屠宰后第4天时达到最高值0.088 3毫克/100克,而从第5天开始又逐渐呈下降趋势。只是鹿肉游离羟脯氨酸含量在整个僵直化过程中比较低。

巯基含量变化:鹿肉巯基含量分别由屠宰后第1天的27.573毫摩尔/毫升,迅速下降至屠宰后第5天时基本消失。只是鹿肉巯基含量在整个僵直化过程中比较高。

游离氨基酸含量变化:鹿肉屠宰后第1天游离氨基酸含量6.548 529毫克/100克。在屠宰后第4天时达到最低值3.929 3毫克/100克,在第5天时开始逐渐回升。只是鹿肉游离氨基酸含量在整个僵直化过程中比较高。

糖原含量变化:鹿肉屠宰后第1天糖原含量15.959 0毫克/100克,且一直下降至屠宰后第5天时逐渐趋于平稳。只是鹿肉糖原含量在整个僵直化过程中稍低。

鹿肉不同部位对经过成熟处理鹿肉的主要化学成分和食用品质有一定的影响。成熟时间对不同部位鹿肉的水分含量、粗脂肪含量、剪切力值、解冻滴水损失和蒸煮损失有显著影响。不同品种对经过成熟处理的鹿肉的主要化学成分和食用品质有显著影响。

五、鹿肉鲜用

(一)脱腥

鹿肉具有较强烈的腥味,可采用洋葱、芹菜、枸杞、葱、蒜、环状糊精(β-CD)等原料进行处理,均有去腥效果。筛选出最佳配方:

洋葱汁、芹菜汁(各取500克加蒸馏水打浆后,过滤,取汁贮藏备用)量为6毫升处理鹿肉(25克)时效果最好。β-CD与其他材料混合使用的效果明显比单独使用好。

洋葱汁和枸杞汁(取400克加40毫升蒸馏水煮沸10分,过滤,取汁备用)6毫升混合处理鹿肉,然后煮沸30分,去腥效果最好。

(二)腌制

鹿肉的腌制:在4～6℃条件下,采用由亚硝酸钠0.15%、异抗坏血酸钠2.50%、三聚磷酸钠0.40%、偏磷酸钠0.40%组成腌制剂腌制处理。在48小时后,肉中的水分、水分活度、发色率与未腌制肉比较无显著差别;从卫生学的角度讲,在24～48小时时段是最佳的腌制时间。腌制能显著提高肉的保水力,缓解pH上升的幅度,主要是因为其中磷酸盐物质的综合作用;腌制能推迟肉的腐败变质,通过腌制处理的鹿肉,其一级新鲜度可延长48小时以上。

(三)嫩化

嫩度是指肉入口咀嚼(或切割)时对破坏的抵抗力,常指煮熟的肉类制品柔软、多汁和易于被嚼烂的程度,同结缔组织中纤维成分中经脯氨酸的含量有关。嫩化处理鹿肉就是通过物理和化学方法相结合,将肌原纤维分离,肌原纤维周围的肌质网状结构变松散,肌肉蛋白质形成的网状结构、单位空间及物理状态捕获水分的能力增强,保水性提高,将单位体积内的鹿肉组织中的羟脯氨酸含量降低,增加了肉的嫩度。

鹿肉嫩化处理方法:将处理好的鹿肉置于嫩化缸里,按原料肉添加0.45%～0.75%的中性木瓜蛋白酶,0.55%～0.75%的三聚磷酸钠,0.40%～0.60%的环状糊精(β－CD),同时调整原料的pH至6.2～6.5,在4～6℃下处理2～4小时。

(四)鹿肉熟制品

1. 红枣炖鹿肉

(1)原料　鹿肉1 000克,红枣12枚,酱油、料酒、姜片、花椒、精盐各适量。

(2)做法　鹿肉先用清水洗净,放沸水锅中焯去血水,切成重约50克的块。红枣洗净去核。将鹿肉下锅后,放入红枣以及适量清水、料酒、花椒、盐、姜片,鹿肉炖至八成熟,加酱油上色,再炖至熟烂为止。

2. 红烧鹿肉

(1)原料　鹿肉500克,玉兰片25克,葱、姜、鸡汤、酱油、花椒水、料酒、精盐、白糖、味精各适量。

(2)做法　将鹿肉洗净,略烫,切块;玉兰片泡发,切片。将菜油倒入铁锅

内，烧热后放入鹿肉，炸至火红色时捞出。用葱、姜炸锅后，倒入适量鸡清汤、酱油、花椒水、料酒、精盐、白糖和味精，再下鹿肉，煮沸后用文火煨炖2～3小时，待鹿肉熟烂时再用武火煮沸，投入玉兰片，放入适量水豆粉勾芡，放入香油和香菜段后出锅。当菜食用。

3. 口蘑鹿肉

（1）原料　鹿肉1 000克，红枣12枚，酱油、姜片、花椒、精盐少许。

（2）做法　鹿肉用清水洗净肉污，放沸水锅焯去血水，捞出洗净，切约50克重的块。红枣洗净去核。将鹿肉下锅后，放入适量清水、料酒、红枣、花椒、盐、姜片，炖到鹿肉八成熟，加酱油上色，再炖到熟烂即成。

4. 五彩鹿肉丝

（1）原料　梅花鹿通肌肉200克，青椒丝、冬笋丝、香菇丝、火腿丝、茸皮丝各25克，鸡蛋清10克，淀粉10克，绍酒10克，味精5克，鸡油5克，花生油500克（耗油50克）。

（2）做法　选用梅花鹿的通肌肉，顺鹿肉横纹切成均匀的细丝，放入鸡蛋清、小苏打、淀粉浆好，炒锅烧热放油烧温，放入鹿肉丝过油滑透捞出。炒锅油热用葱、姜炮锅，放入鹿肉丝，加入切好的青椒丝、冬笋丝、香菇丝、火腿丝、茸皮丝，调入味精、绍酒、精盐等一起翻炒。待熟后淋上鸡油盛盘即可。

5. 八旗鹿肉

（1）原料　鹿肉600克，菜心、葱、姜、鸡精、精盐、生抽、味精、八角、料酒各少许。

（2）做法　锅内倒入开水，把洗好的鹿肉放入锅内煮开，除去血水。勺内放油烧热，用葱、姜炝锅，加入精盐、味精、料酒、生抽、鸡粉、肉料，然后把鹿肉下入汤内煮熟，把菜心垫底，煮好的鹿肉改成大片，加入葱、姜，蒸约15分，把菜心放入盘边，蒸好的鹿肉出锅即可。

6. 龙眼珊瑚鹿肉

（1）原料　鹿肉250克，鹌鹑蛋200克，胡萝卜250克，猪肉500克，鸡腿500克，辣椒20克，酱油8克，精盐8克，料酒200克，白酒10克，味精10克，胡椒粉10克，花椒15克，姜10克，淀粉4克，香油10克，猪油（炼制）40克。

（2）做法　将肋条鹿肉切成4厘米见方的块，用水泡洗2次；将猪肉切块和鸡骨一起用开水氽一下，泡出血水；将鹌鹑蛋煮熟去壳，切开；将胡萝卜去皮切段，再削成扁球，用开水焯熟，清水泡凉；将锅内油烧至六成热，放入鹿肉炸后捞出；在铝锅底放鸡骨，用纱布将鹿肉包成两包，放在鸡骨上，然后再放猪肉，加汤、酱油、料酒、胡椒粉，烧开，撇去浮沫，放干辣椒、姜、葱用小火烧至鹿肉熟为止；将锅内的干辣椒、姜、葱拣出来，将鹿肉包解开，放在碟中间；将鹌鹑蛋、胡萝卜球烧入味，摆在鹿肉周围，在鹿肉原汤内下味精、水淀粉，收浓后，加香油，浇在鹿肉上即可。

7. 丁香鹿肉

（1）原料　鹿腿肉，丁香，酱油、料酒、精盐、姜、味精、淀粉、酱油、料酒、色拉油各少许。

（2）做法　丁香鹿肉中的鹿肉要选择鹿腿肉，鹿腿肉肉质细腻、纹理均匀，食用入味，口感好。丁香有较强的气味，它有去油腻的作用，一般放上四五粒就可以达到效果。将葱和鲜姜放在鹿肉上，调上一点汤汁，用酱油、料酒、盐烧开后倒入盛鹿肉的碗内，使鹿肉刚好浸泡在汤汁中。然后蒸 40 分，使汤味、丁香味、葱味和姜味都融汇到鹿肉里。这时，把鹿肉的调料都去掉，碗中只剩下鹿肉，然后把过屉的汁水沥净，把鹿肉反扣在一菜碟中，撒上绿色的香菜。再用蚝油、味精、淀粉、酱油、料酒、色拉油烧开调成浓汁，然后把它浇在鹿肉上，鲜香醇郁、食之不腻的丁香鹿肉就做成了。

8. 鹿肉丁

（1）原料　鹿肉 180 克，笋丁 50 克，油 40 克，蛋清 15 克，水团粉 25 克，白糖 10 克，精盐少许，味精 1.5 克，料酒 10 克，醋少许，酱油少许，辣油少许，辣豆瓣酱少许，高汤少许。

（2）做法　把鹿肉切成 1 厘米见方的肉丁。将鹿肉丁用鸡蛋、水团粉、盐浆好，再用辣豆瓣酱抓一抓，用温油滑开；笋丁用水氽一下。将白糖、醋、盐、酱油、味精、料酒、水团粉、高汤对成汁。锅打底油，倒入主、副料翻炒几下，再倒入对好的汁翻炒几下，加入辣油出锅即成。

9. 秘制瓦罐鹿肉

（1）原料　鹿肉 350 克，桂圆 10 克，山药 5 克，莲子 5 克，枣 15 克，枸杞 3 克，精盐 3 克，味精 2 克，料酒 5 克，白砂糖 5 克。

（2）做法　将鹿肉切成小块，用清水漂去血水，焯水。桂圆去皮取肉，莲子泡发。将鹿肉、桂圆、山药、莲子、红枣、枸杞放入炖盅内，加入高汤，急火开锅，慢火炖 2 小时，放入调料即成。

10. 酱鹿肉

（1）原料　净鹿肉 500 克，老酱汤 1 000 克，蚝油 5 克，辣酱油 5 克，味精 3 克，料酒 3 克，精盐 3 克，白胡椒 3 克，白糖 10 克，葱、姜、蒜粒各 10 克，香油 5

克。

(2)做法　将鹿肉洗净,切成两块,进行焯水过凉。酱锅上火,加入老酱汤,调入蚝油、辣酱油、味精、料酒、盐、白胡椒、白糖,放入鹿肉烧开后改用小火煮熟、煮透关火,原汤浸泡半小时捞出放凉,抹上香油,食用时切薄片码入盘内即可。鹿肉使用时必须要煮透;酱制时原汤浸泡,泡透入味。

11. 烤鹿肉

(1)原料　鹿肉1 500克,洋葱、胡萝卜、芹菜各少许,精盐、味精、白兰地酒、胡椒粉、素油各少许。

(2)做法　将鹿肉剔除杂质,洗净后切大块,放盆内。将洋葱、胡萝卜分别去杂洗净切片。芹菜去杂洗净切段。都放入鹿肉盆内。加入精盐、味精、白兰地酒、胡椒粉,腌渍4小时。将腌好的鹿肉放入烤盘内,加入少许水和油,上炉烤至鹿肉呈红褐色熟烂取出,改刀装盒,浇上烤盘中原汁即成。

12. 辣鲜露炸鹿肉丝

(1)原料　里脊鹿肉300克,洋葱丝25克,青红椒10克,辣鲜露6克,味精2克,白糖3克,白芝麻、嫩肉粉、精盐、老抽各少许,鸡蛋1枚。

(2)做法　将鹿肉里脊改刀成丝状入盛器,加入鸡蛋、嫩肉粉、老抽生粉上浆待用。锅中放油至七成热时,将浆好的鹿肉丝拍上生粉投入锅中炸至金黄色取出沥油。锅中倒入辣鲜露、白糖、味精,对汁后,即可倒入洋葱丝、青红椒丝及好的鹿肉丝,快速翻炒装盘,上面撒上白芝麻即可。

13. 汉方炖鹿脯

(1)原料　鹿里脊肉500克,水发白木耳100克,野生黑木耳100克,红枣12颗,黄芪10克,枸杞5克,葱段、姜片、盐、鸡精、绍酒、葱花、鸡油、酱油、精盐各少许。

(2)做法　鹿里脊肉切成1厘米方块,挤去水后,用凉水冲洗干净。选气锅一只,底下放入黑木耳、白木耳,上面放鹿肉,投入中药材原料,注入清汤,加葱段姜片和调味品。蒸90分后,捞去葱段姜片,淋少许鸡油,撒少许葱花即可。

14. 干炸脆椒鹿肉

(1)原料　鹿里脊肉250克,脆干椒、碎花生、葱、姜、香茅、干葱头、香菜、黄姜粉、花椒、咖喱粉、生抽、味精、精盐、沙姜粉各少许。

(2)做法　将鹿肉切成长5厘米,宽2.5厘米的长方块,将姜干、干葱头、香茅、香菜加入清水捣烂,再加入调味料放入切好的肉片,腌制30分。旺火热锅放入食用油加热至五成油温，将腌好的鹿肉片炸至浅黄色捞起，控干油分。锅中入脆干椒、花生碎，放入炸好的鹿肉片翻炒几下即可。

15. 茶树菇炒鹿柳

（1）原料　鹿柳、老干妈香辣酱、黄油、味精、胡椒粉、精盐、鸡精等。

（2）做法　先把鹿柳腌制，将茶树菇烧制，将红黄椒切成条形，将鹿柳滑油出锅，放入葱姜煸炒后将茶树菇一起放入烧热即成。

16. 冬笋鹿肉丝

（1）原料　鹿肉200克，冬笋50克，蛋清1个，熟猪油500克（实耗30克），精盐3克，味精1克，料酒10克，湿淀粉10克，香油5克。

（2）做法　将鹿肉洗净，切成细丝，装到碗中，放入蛋清和湿淀粉，抓匀上浆；冬笋去皮，洗净，也切成细丝，投到开水锅中焯烫断生，捞出，控净水；将锅架在火上，放油烧至五成热，下入浆好的鹿丝，用铁筷划开，滑炸2~3分，滑至八成熟，捞出控油；原锅留适量底油烧至七成热，先下笋丝煸炒几下，再放回鹿肉丝同炒均匀，烹入料酒略焖，放盐和味精，淋入香油，颠翻均匀，盛到盘内即成。

17. 干炸鹿肉

（1）原料　鹿里脊肉750克，葱、姜、香菜各10克，干葱、香茅、椒米各8克，八角3粒，黄姜粉3克，花椒2克，咖喱粉4克，生抽25克，椰浆40克，清水50克，湿生粉30克，味精10克，精盐8克，槟榔酒10克，香油20克，五香粉、沙姜粉适量，棕油1.5千克（实耗150克）。

（2）做法　将鹿肉切成长5厘米、宽2.5厘米的长方块，将上列调味料加清水捣烂成浆，加入鹿肉块腌制30分后，沥干汁水。旺火热锅，倒入棕油加热至五成热，入鹿肉块浸炸至熟透、身硬，呈浅黄色捞起，沥干油分装盘即可。

18. 鸡蛋鹿肉

（1）原料　鹿肉500克，鸡蛋2枚，花生油500克（实耗60克），熟鸡油10克，葱段10克，姜片10克，精盐6克，料酒15克，淀粉20克，面粉20克。

（2）做法　将鹿肉用水洗净，切成大块，放到冷水锅内（水没过鹿肉）加热烧开，用中火煮沸20分左右至五成熟时，捞出，晾凉，切成大片，再码到碗内，加部分盐、料酒、葱段、姜片、鸡油，上屉，架在水锅上用旺火、沸水足气蒸0.5小时左右，蒸至酥软；将鸡蛋磕开，分出蛋清、蛋黄，分别放入两个碗中，各加淀粉、面粉及盐，用力搅拌成为蛋黄糊和蛋清糊；将锅架在火上，放油烧至五成热，将蒸好的鹿肉分成2份，先用一份蘸满蛋清糊下到锅中，用手勺推开后，滑炸1~2分，炸至表面发挺、呈现白色时，捞出控油（油要洁净，炸的时间不宜长，不可炸黄）；另一份鹿肉蘸满蛋黄糊，下到油锅中炸2~3分，炸至外表凝结、呈现金黄色时捞出，控油；然后将两色鹿肉分别切成条，分开码到盘中即成。

19. 鹿肉丸子汤

（1）原料　鹿肉150克，生蘑菇50克，蒜末3克，葱10克，植物油25克，鸡蛋1/3枚，面粉10克，柿子椒15克，胡萝卜15克，胡椒粉0.3克，酱油10克，精盐2克。

（2）做法　把鹿肉剁成肉泥。把生蘑菇和葱各剁碎一半，把另一半切成2.5厘米长的段条。把胡萝卜切成厚0.2厘米的齿轮模样，把柿子椒切成长2.5厘米的三角形。在鹿肉里放入蘑菇末、葱末、蒜末、面粉、鸡蛋清、胡椒粉、精盐拌匀，然后做成直径为1.8厘米的丸子。这个丸子的一部分用植物油炸开，剩下的部分或蒸或煮。在放入植物油的小锅中，将柿子椒和葱段炒一下，然后倒入汤继续煮。待汤煮开后放入胡萝卜和丸子，用酱油调味后继续煮，最后用胡椒粉入味，盛到汤碗里即可。

20. 牛奶鹿肚

（1）原料　熟鹿肚500克，鲜牛奶1 000克，精盐、味精、黄酒、葱、姜各适量，熟油10克。

（2）做法　将鹿肚切成1.5厘米、宽2.5厘米长的条状，与牛奶一同倒入锅内，用小火煮30分至肚烂软。将锅烧热，加入油少许，待六成热时，将鹿肚条捞出，与葱、姜、黄酒、盐等一同放锅内翻炒几下，加入味精、熟油拌匀，起锅盛盘中即可食用。

21. 鹿鞭壮阳汤

（1）原料　猪肘肉500克，肥母鸡500克，马鹿鞭1条或梅花鹿鞭2条，枸杞15克，山药200克，料酒30克，胡椒粉2克，味精1克，花椒3克，精盐3克，姜35克，葱30克。

（2）做法　鹿鞭用温水发透，刮去粗皮杂质，剖开，洗净后切成3厘来长的段。母鸡肉切成条块，猪肘洗净，山药润软后切成2厘米厚的瓜子片，枸杞去杂质待用。锅内倒入清水，放入姜、葱、料酒和鹿鞭，用武火煮15分，捞出鹿鞭，原汤暂不用。如此3次。用砂锅置火上，加入适量清水，放入猪肘、鸡块、鹿鞭，用武火烧开，除去浮沫，加入料酒、葱、姜、花椒用文火炖2.5小时，除去姜、葱，将猪肘肉捞出做他用。将山药、枸杞、精盐、胡椒粉、味精放入锅中，改用武火炖至山药酥烂。用碗一个,先捞出山药铺底,上盛鸡肉块、鹿鞭、枸杞,随后倒入原汤即成。每日1次,佐餐食用。

22. 三珍汤

(1)原料　鹿肉100克,海参100克,猴头菇75克,料酒10克,精盐3克,味精2克,鸡精3克,姜汁10克,葱汁10克。

(2)做法　猴头蘑洗净泡透,切片;鹿肉切片;海参切片;海参入沸水锅中焯透捞出;锅内加入高汤,下入猴头蘑、鹿肉片烧开,撇去浮沫;加入海参及料酒、精盐、鸡精、葱姜汁烧开,用小火煮至软烂;再撇净浮沫,加味精调味即成。

23. 人参鹿肉汤

(1)原料　鹿肉250克,人参5克,黄芪5克,白术3克,芡实5克,枸杞5克,茯苓3克,熟地黄3克,肉苁蓉3克,肉桂3克,白芍3克,益智仁3克,仙茅3克,泽泻3克,酸枣仁3克,山药3克,远志3克,当归3克,菟丝子3克,怀牛膝3克,淫羊藿3克,生姜3克。

(2)做法　将鹿肉洗净,略烫,切成小块,骨头拍破,21味中药洗净,切片,一并装入纱布袋内,扎紧袋口。鹿肉、骨头和药袋同放在砂锅内,加入清水,高出肉面,酌加适量葱、姜、食盐和胡椒粉。先用武火煮沸,再用文火煨炖,以鹿肉熟烂为度。捞去药袋,酌加味精。

24. 鹿肉黄芪汤

(1)原料　鹿肉120克,切块,黄芪30克,大枣10个。

(2)做法　加水煎煮,煮至肉熟透,饮汤食肉。

25. 鹿肉杜仲汤

(1)原料　鹿肉120克,切块,杜仲12克。

(2)做法　加水煎煮,煮至肉熟透,稍加食盐、胡椒粉调味。饮汤食肉。

六、冷冻肉

冷冻肉是指宰杀鹿肉后经预冷排酸,急冻使得深层肉温达-6℃以下,继而在-18℃以下(肉中80%以上的水分形成冰结晶)储存的肉品。优质冷冻肉一般在-40~-28℃急冻,肉质、香味与新鲜肉或冷却肉相差不大。当低于-40℃下冷冻,肉质、香味会有较大差异,这也是大多数人认为冷冻肉不好吃的原因。

肉中微生物物质代谢过程中各种生化反应随着温度降低而减缓,因而微生物的生长繁殖就逐渐减慢。温度下降至冷冻点以下时,微生物及其周围介质中水分被冷冻,使细胞质黏度增大,电解质浓度增高,细胞的pH和胶体状态改变,使细胞变性,加之冷冻的机械作用使细胞膜受损伤,这些内外环境的改变是微生物代谢活动受阻或致死的直接原因。低温对酶并不起完全的抑制作用,酶仍能保持部分活性,因而催化作用实际上也未停止,只是进行得非常缓慢而已。一般在-18℃即可将酶的活性减弱到很小。因此低温贮藏能延长肉的保存时间。

图10-20　鹿肉预冷排酸

(一)冷冻

1. 肉冷冻前处理

可以将胴体劈半后直接包装,也可以将胴体分割、去骨、包装、装箱,还可以胴体分割、去骨,然后装入冷冻盘冷冻。

2. 冷冻过程

一般肉类冰点为-2.2~-1.7℃。达到该温度时肉中的水即开始结冰。在冷冻过程中,首先是完成过冷状态。肉的温度下降到冻点以下也不结冰的现象称作过冷状态。在过冷状态,只是形成近似结晶而未结晶的凝聚体。这种状态很不稳定,一旦破坏(温度降低到开始出现冰核或振动的促进),立即放出潜热向冰晶体转化,温度会升到冷冻点并析出冰结晶。降温过程中形成稳定性晶核的温度,或开始回升的最低温度称作临界温度或过冷温度。鹿肉的过冷温度为-5~-4℃。肉处在过冷温度时水分析出形成稳定的凝聚体,随之上升到冷冻点而开始结冰。

冷冻时肉汁形成的结晶,主要是由肉汁中纯水部分所组成。其中可溶性物质则集中到剩余的液相中。随着水分冷冻,冰点下降,温度降至-10~-5℃时,组织中的水分有80%~90%已冷冻成冰。通常将这以前的温度称作冰结晶的最大生成区。温度继续降低,冰点也继续下降,当达到肉汁的冰晶点,则全部水分冷冻成冰。肉汁的冰晶点为-65~-62℃。

3. 冷冻速度

一般在生产上冷冻速度常用所需的时间来区分。如中等肥度半胴体由0～4℃冷冻至－18℃，需24小时以下为快速冷冻；24～48小时为中速冷冻；若超过48小时则为慢速冷冻。

肉的冷冻过程首先是肌细胞间的水分冷冻并出现过冷现象，而后细胞内水分冷冻。这是由于细胞间的蒸汽压小于细胞内的蒸汽压，盐类的浓度也较细胞内低，而冰晶点高于细胞内的冰点。因此，细胞间水分先形成冰晶。随后在结晶体附近的溶液浓度增高并通过渗透压的作用，使细胞内的水分不断向细胞外渗透，并围绕在冰晶的周围使冰晶体不断增大，而成为大的冰颗粒。直到温度下降到使细胞内部的液体冷冻为冰结晶为止。

快速冷冻和慢速冷结对肉质量有着不同的影响。慢速冷冻时，在最大冰晶体生成带（－5～－1℃）停留的时间长，纤维内的水分大量渗出到细胞外，使细胞内液浓度增高，冷冻点下降，造成肌纤维间的冰晶体愈来愈大。当水转变成冰时，体积增大9%，结果使肌细胞遭到机械损伤。这样的冷冻肉在解冻时可逆性小，引起大量的肉汁流失。因此慢速冷冻对肉质影响较大；快速冷冻时温度迅速下降，很快地通过最大冰晶生成带，水分重新分布不明显，冰晶形成的速度大于水蒸气扩散的速度，在过冷状态停留的时间短，冰晶以较快的速度由表面向中心推移，结果使细胞内和细胞外的水分几乎同时冷冻，形成的冰晶颗粒小而均匀，因而对肉质影响较小，解冻时的可逆性大，汁液流失少。

肉的冷冻最佳时间，取决于屠宰后肉的生物化学变化。在尸僵前、尸僵中及解僵后分别冷冻时，肉的品质和肉汁流失量不同。尸僵前冷冻，由于肌肉的ATP、糖原、磷酸肌酸、肌动蛋白含量多，乳酸、葡萄糖少，pH高，肌肉表面无离浆现象，肌原纤维结合紧密，肌微丝排列整齐，横纹清晰，这时快速冷冻，冰晶形成小且数量多，存在于细胞内。当缓慢解冻时可逆性大，肉汁流失少。但急速解冻会造成大量汁液流失。

尸僵前冷冻，短时间储藏后，解冻时肉缺乏坚实性和风味，有待解冻后成熟时改善。

尸僵中冷冻，由于肉持水性低，易引起肉汁流失。对不同时间冷冻比较其品质发现：宰后1天冷冻的肉最好，冷冻3天的较好，以后质量下降。解僵后冷冻，由于持水性得到部分恢复，硬度降低，肉汁流失较少，并且比尸僵肉在解冻后解体处理时容易分割。

4. 冷冻工艺

冷冻工艺分为一次冷冻和二次冷冻。

(1)一次冷冻　宰后鲜肉不经冷却,直接送进冷冻间冷冻。冷冻间温度为-25℃,风速为1~2米/秒,冷冻时间16~18个小时,肉体深层温度达到-15℃,即完成冷冻过程,出库送入冷藏间储藏。

(2)二次冷冻　宰后鲜肉先送入冷却间,在0~4℃温度下冷却8~12小时,然后转入冷冻间,在-25℃条件下进行冷冻,一般12~16小时完成冷冻过程。

一次冷冻与二次冷冻相比,加工时间可缩短约40%,减少大量的搬运,提高冷冻间的利用率,干耗损失少。但一次冷冻对冷收缩敏感的牛、羊肉类,会产生冷收缩和解冻僵直的现象,故一些国家对牛、羊肉不采用一次冷冻的方式。二次冷冻肉质较好,不易产生冷收缩现象,解冻后肉的保水力好,汁液流失少,肉的嫩度好。

(二)冷冻肉冷藏

冷冻肉冷藏温度通常保持在-23~-18℃,相对湿度90%~95%,保存9~12个月。在正常情况下温度变化幅度不得超过1℃。在大批进货、出库过程中一昼夜不得超过4℃。冷冻肉类的保藏期限取决于保藏的温度、入库前的质量、种类、肥度等因素,其中主要取决于温度。因此对冷冻肉类应注意掌握安全储藏,执行先进先出的原则,并经常对产品进行检查。

(三)冷冻肉的解冻

解冻是将冻肉内冰晶体状态的水分转化为液体,同时恢复冻肉原有状态和特性的工艺过程。解冻过程实际上是冷冻的逆过程。

解冻是冻肉加工前的必要步骤。常用的解冻方法有以下几种:

1. 空气解冻法

将冻肉移放到解冻间,靠空气介质与冻肉进行热交换解冻。一般把在0~5℃空气中解冻称为缓慢解冻,在15~20℃空气中解冻称为快速解冻。

2. 液体解冻法

主要用水浸泡或喷淋。其优点是解冻速度较空气解冻快。缺点是耗水量大,同时还会使部分蛋白质和浸出物损失,肉色淡白,香气减弱。水温越高,解冻时间越短。解冻后的肉,因表面湿润,需放在空气温度1℃左右的条件下晾干。如果封装在聚乙烯袋中再放在水中解冻则可以保证肉的质量。在盐水中解冻,盐会渗入肉的浅层。腌制肉的解冻可以采用这种方法。

3. 蒸汽解冻法

将冻肉悬挂在解冻间,向室内通入水蒸气,当蒸汽凝结于肉表面时,将解冻室的温度由4~5℃降低至1℃,并停止通入水蒸气。这种方法的优点在于解冻的速度快,但肉汁损失比空气解冻大得多。然而肉的重量由于水汽的冷凝会增加0.5%~4.0%。

4. 微波解冻法

微波解冻是将-18~-42℃的冷冻品利用微波能进行穿透性快速加热,使冷冻品内外同时解冻升温到-2℃的不滴水状态。微波解冻可使解冻时间大大缩短,同时能够减少肉汁损失,改善卫生条件,提高产品质量。此法适于1/2或1/4胴体的解冻。具有等边几何形状的肉块利用这种方法效果更好。微波解冻可以带包装进行,但是包装材料应符合相应的电容性和对高温作用有足够的稳定性。最好用聚乙烯或多聚苯乙烯,不能使用金属薄板。

5. 真空解冻

利用真空中水蒸气在冷冻食品表现凝结所放出的潜热解冻。其优点是肉表面不受高温介质影响,而且解冻快。解冻中减少或避免了肉的氧化变质,解冻后汁液流失少,没有干耗,解冻过程均匀。其缺点是解冻肉质外观不佳,成本高。

解冻肉的质量与解冻速度和解冻温度有关。解冻温度越高,解冻速度越短,耗损越大。肉的保藏时间越长,解冻温度越高,肉汁的损失也越大。

七、冰鲜肉

冰鲜肉是指宰后胴体迅速进行冷却处理,使胴体温度在24小时内降为0~4℃并在后续的分割包装、流通和零售等过程中始终处于0~4℃的生鲜肉。

表10-14 冰鲜肉生产工艺

项目	宰后胴体→快速冷却→分割剔骨→包装→冷藏→运输→超市零售					
环境温度(℃)	—	0~4	8~12	8~12	0~4	≤7	≤7
允许时间(小时)	24	0.5	0.5	24	—	48	

冰鲜肉的整个过程在低温下操作,可以抑制有害细菌的繁殖;使破裂细胞流出来的胞内消化酶的酶活性降低等;有利于保持肉质的鲜美、肉类的营养成分不被破坏。保质期长,一般热鲜肉保质期只有1~2天,而冰鲜肉的保质期可达到1周以上。同时冰鲜肉在冷却环境下表面形成一层干油膜,能减少水

分的蒸发，阻止微生物的侵入和在肉表面的繁殖。冰鲜肉不必解冻，食用方便。加工需要的生产设备要求高，基本上是大型肉类加工厂才有实力，这样冰鲜肉的质量能够得到很好的控制。冰鲜肉具有安全卫生，滋味鲜美，口感细嫩，营养价值高，经济、实惠、方便等优点，深受广大消费者的欢迎，发展势头迅猛，必将成为21世纪中国生鲜肉消费的主流和必然的发展趋势。

八、鹿肉干

鹿屠宰后，立即将肌肉分解成1～2千克小块，连同骨骼一起放在锅中水煮，当煮至骨肉分离时将肉捞出，汁液备用。将煮熟的肌肉切成2～3厘米的薄片，或3厘米×5厘米的小块，或撕成拇指粗细的肉条，连同煮肉汁液一同放在锅内炒干，或用煮肉汁浸渍，然后放在烘干箱内烘烤至干或风干。

第三节 鹿血

鹿血为鹿科动物梅花鹿或马鹿的血液，在我国作为药用已有很长的历史。在历代医书中都有鹿血功能和主治的详细记载。鹿血最早见于唐代孙思邈《千金翼方·食治》，以后《唐本草》《本草纲目》《医林纂要》等历代本草多有记述。谓其性热味甘、咸，有大补虚损，益精血，行血祛瘀，解药毒痘毒，可用于治疗腰痛、心悸、失眠、肺痿、吐血及崩中带下等症。近代临床研究表明，鹿血具有抗疲劳、抗辐射、抗缺氧、美容、增强性功能和免疫调节等多种功能，在治疗心悸、失眠、健忘、跌伤、风湿和类风湿症及抗衰老等方面疗效突出。鹿血营养价值极高，包含丰富的活性酶类、氨基酸、维生素、脂肪酸和微量元素等营养成分，深受广大消费者喜爱。

茸血在锯茸或加工过程中进行收集，体血在健康鹿屠宰时进行收集。

一、鹿血化学成分及其药理作用

(一)鹿血化学成分

鹿血含水80%～81%，有机物占16%～17%。

其中主要有蛋白质，含白蛋白及球蛋白，特别是r球蛋白含量较高。蛋白质中有18种氨基酸，尤以胱氨酸、赖氨酸含量高。含有多种酶类，尤以超氧化物歧化酶、谷胱甘肽氧化酶等抗衰老作用的酶类多而含量高。

固醇类；糖脂类。

磷脂类主要有磷脂酰乙醇氨、磷脂酰胆碱、溶血磷脂酰胆碱、神经磷脂(神经鞘磷脂)等。

游离脂肪酸，如硬脂酸、亚麻酸及亚油酸、油酸。

多种激素，如血清睾酮、雌二醇、黄体酮、皮质醇等。

嘌呤类有黄嘌呤、次黄嘌呤、腺嘌呤及鸟嘌呤等。

维生素类有维生素 E、维生素 A、维生素 D、维生素 B_1、维生素 B_2、维生素 B_6、维生素 K 等；多糖类。灰分占 3% ~4%。

含多种矿物质有益微量元素，有锗、硒、锌、镁、锂、镍、锰、铜、铁、钙、磷、硼、钡、钾、钠、铝等。

在鹿血含水 1.7% 时，其蛋白质含量达 95.8%，磷 59.2 毫克/克，铁 250 毫克/克。干鹿血氨基酸含量比茸血高 24.70%。1 升鹿血要比一副标准的梅花鹿二杠茸所提供的生物活性物质多。

（二）鹿血药理作用

1. 抗衰老

口服鹿血增加机体磷脂酰乙醇胺、磷脂酰胆碱、溶血磷脂酰胆碱、神经磷脂及次黄嘌呤，抑制丙二醛（MAO）的活性，减少体内自由基的形成。口服鹿血能提高血清睾酮的含量，不仅能提高机体的性功能，保护副性征，还能在多种氨基酸的参与下促进蛋白质的合成，增加脑、肝等组织的蛋白质含量。在钙、磷、铜等参与下加速钙的沉积，有壮骨、防止牙齿松动及脱落的功能。

2. 补血

口服鹿血对失血性贫血有明显的补血作用；对抗癌药物环磷酰胺所致的骨髓抑制，有明显的增升白细胞及血小板的作用；对盐酸苯肼溶血性贫血有保护作用。

3. 抗辐射

通过动物实验证实，口服鹿血对钴 60 辐射有明显的保护作用。

4. 抗疲劳

给小鼠每日按 20 毫升/千克体重量灌胃鹿血，连续 7 天，然后使小鼠爬杆及游泳，明显延长小鼠爬杆及游泳时间。口服鹿血有明显的抗疲劳作用。

5. 中枢神经抑制

给小鼠按每日 20 毫升/千克体重量口服鹿血，对照组灌喂同体积的生理盐水，连续 15 天。结果表明，长期口服鹿血有极明显的中枢神经抑制作用。

6. 性激素

给未成年正常小鼠及去势成年鼠，按每日 20 毫升/千克体重量灌喂鹿鲜血，对照组灌喂同体积生理盐水，连续 20 天。结果表明，口服鹿血能促进性器

官生长，但幼年鼠不如去势鼠明显。长期口服鹿血有性激素样作用。

7. 免疫功能

口服鹿血能增强小鼠网状内皮吞噬功能，有提高免疫功能的作用。

二、鹿茸血化学成分及其药理作用

(一)鹿茸血化学成分

鹿茸血其重量为鲜茸总重的5%左右。鹿茸血的化学成分与干鹿茸内的化学成分相似，但鹿茸血中激素含量高于鹿茸激素含量。

茸血中富含19种氨基酸，总氨基酸为94.27%。其中胱氨酸、赖氨酸、亮氨酸这3种氨基酸占总氨基酸的百分比分别为14.56%、11.7%和10.30%；胱氨酸含量为鹿茸的7倍以上。鹿茸血和鹿全血具有同样的生物活性。

茸血中含7种脂肪酸，总脂肪酸为86.09%。

茸血中维生素A含量为9.33%。

茸血中含有22种无机元素，其中包括人体必需的各种微量元素。

中药入药时用鹿茸血居多。人们普遍认为鹿茸血较鹿体血的功效好，但鹿茸血和鹿体血都含有人体必需微量元素，只是在无机元素含量组成上有一定的差异，其中，鹿体血中的钙和磷含量明显高于鹿茸血，而鹿茸血中锌的含量则比鹿体血高，鹿体血中铜、锌比值均很低，当铜、锌比值大于2.0时可致支气管癌、肉瘤、白血病等。鹿体血中铜、锌比值为0.17，可调节患者铜、锌比值从2.0降到0.90~1.27，能预防上述疾病，阴、阳两虚的病人铜、锌比值也较正常人高，故可考虑将鹿血用于补虚；鹿茸血在此方面没有明显的优势。鹿血样中检出3种前列腺素PGA、PGE、PGF2的同时也发现，鹿茸血中的前列腺素高于鹿体血；全血中的总磷脂含量要高于茸血中的总磷脂的含量；鹿茸血总脂肪酸含量(86.09%)大于鹿体血(85.74%)，油酸、亚油酸和亚麻酸的含量为鹿体血(49.42%)大于鹿茸血(42.47%)；鹿茸血和鹿体血中维生素A、维生素B和维生素K含量均较高；单胺类物质在茸血中的含量高于全血，多胺类物质在全血中高于茸血；鹿茸血和鹿体血的水解氨基酸谱相似，但鹿茸血水解氨基酸总含量较鹿体血高约10%，且二者的游离氨基酸含量各有侧重。鹿茸血和鹿体血的激素含量有明显的差异，鹿茸血中黄体酮、皮质醇含量显著高于鹿体血，鹿体血的雌二醇含量稍高于鹿茸血，总体而言，鹿茸血的激素水平高于鹿体血。因此要考虑用药的目的，具体选择符合自己身体要求的鹿茸血或者鹿体血。

(二)鹿茸血的药理作用

因为鹿茸血与鹿茸化学成分极为相似,所以其药理作用也有相似之处,诸如加速创伤愈合、促进新陈代谢及抗疲劳等作用。

三、加工方法

1. 鹿血酒加工

鹿茸血酒加工工艺流程:

鹿茸血→抗凝、脱纤→溶血→酶解→灭活酶→过滤→勾调→分装→成品。

可在鹿血中加入9倍量的50度白酒,装瓶密封,制成血酒;亦可将新鲜鹿血倒入瓷盘中,摊成薄薄的一层,在日光下晾晒,至全干酥碎时收集,或于50~60℃的烘箱中烘干,防止腐臭;也可把新鲜鹿血直接用冷冻干燥的方法加工成冻干血粉。

2. 鹿血粉

(1)烘干法　将采集的马鹿血,置于烘箱中升温至70℃烘烤至干。

(2)冷冻干燥法　将冻干箱预冷到-30~-25℃,取新鲜马鹿血迅速装盘入箱,制品速冻至-50℃以下后抽真空,冻干箱真空度达20帕以下后加热升华,升华过程冻干箱真空度始终控制在20帕以下。当制品温度接近干箱温度(40℃)、干箱真空度达2.7帕时出箱。

(3)超微粉碎　经烘干法和冷冻干燥法加工的鹿血,均采用超微粉碎技术进行粉碎,加工成鹿血粉。

第四节　鹿筋

鹿筋是梅花鹿或马鹿四肢的肌腱,具有补劳损、续绝伤、壮筋骨等功效,应用于治疗劳损、风湿性关节痛、转筋和坐骨神经痛等症。

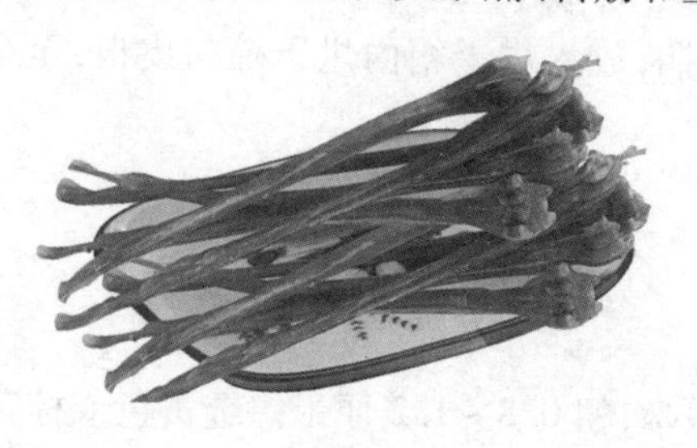

图10-21　鹿筋

一、鹿筋的加工方法

1. 剔筋

(1)前肢剔筋方法

1)伸肌腱　在掌骨前侧于掌骨与肌腱之间挑开,向下至蹄冠,带3厘米皮肤切下,向上过腕关节,在筋膜终止处切下。

2)屈肌腱　在掌骨后侧,于掌骨与肌腱之间挑开,向下至蹄踵部,连同跗蹄、种籽骨一起切下;向上过腕关节,在筋膜终止处切下。

(2)后肢剔筋方法

1)伸肌腱　在蹠骨后与肌腱之间挑开,向下至蹄踵部,连同跗蹄和种籽骨切下;向上过飞关节,在筋膜终止处切下。

2)屈肌腱　在蹠骨前和肌腱之间挑开,向下至蹄冠部,带3厘米皮肤切下,向上过飞关节,在筋膜终止处切下。

(3)背最长肌剔筋方法　由颈根部开始,沿胸腰椎横突、棘突至荐椎处,取下两侧背最长肌,然后剔下这两块肌肉背面的筋膜。

2. 刮筋

将剔取的筋腱放在桌案上,逐层剥离,刮去残肉,连在长筋上的零碎肌肉暂不刮掉。将剔好的筋用清洁的冷水洗2~3遍后,放入水盆里置于阴凉处浸泡2~3天,每天早、晚各换水1次,直泡至筋腱上无血色,将残肉刮净,再用冷水浸泡1天,然后再刮1次。

3. 挂接

鹿筋通过上述加工后,将8根长筋分别放在桌案上拉直,再将零星的小块筋膜分成8份,分别附在8根长筋上,背部的筋膜分成4条,分别包在不带跗蹄的前肢伸肌腱和后肢屈肌腱上。阴干30分左右,把跗蹄和留皮处穿一个小孔,用细木棍穿上,挂起风干。经过一段时间风干后,挂在70~80℃的烘箱内,直到烘干为止。鹿筋干好后捆成小捆,放入烘干箱内烘干蹄与皮根,至全干时入库保存。

二、性状鉴别

《中药大辞典》上对鹿筋的性状进行了详细描述,具体如下:

1. 梅花鹿筋

梅花鹿筋呈细长条状,长25~43厘米,粗0.8~1.2厘米。金黄色或棕黄色,有光泽,半透明。悬蹄小,蹄甲黑色,光滑,呈稍狭长的半圆形,蹄垫灰黑色,角质化。蹄毛棕黄色或淡棕色,细而柔软。籽骨4块,关节面光滑,2、3籽骨似舌状，稍大，长1.2～1.4厘米，宽0.5～0.7厘米，1、4籽骨关节面均有一条棱脊，一侧斜面呈长条形，长0.9～1.1厘米，宽0.4～0.6厘米。质坚韧，难折断，气微腥，味淡。

2. 马鹿筋

马鹿筋呈细长条状，长37～54厘米，粗1.4～3厘米。红棕色或棕黄色，有光泽，不透明或半透明。悬蹄较大，蹄甲黑色，光滑，呈半圆锥状，顶部钝圆，蹄垫灰黑色，角质化。蹄毛棕黄色或棕色，稍柔软。籽骨4块，关节面光滑，2、3籽骨似舌状，稍大，长1.6～1.8厘米，宽0.8～1厘米，1、4籽骨关节面均有一条棱脊，一侧斜面呈长条形，长1.3～1.5厘米，宽0.7～0.9厘米，一侧斜面呈长条形，长1.3～1.5厘米，宽0.7～0.9厘米。质坚韧，气微腥，味淡。

第五节　鹿心

鹿心是指鹿的心脏，含有微量元素、氨基酸、脂肪酸、磷脂、维生素、前列腺素、激素和生物胺等多种活性成分，具有养血安神之功效，可用于治疗心悸不安、心昏惊怕、心虚作痛和心血亏损等病症。

图10－22　鹿心

加工方法：鹿屠宰后，剖开胸腔，靠近心房、心室结扎动静脉血管，在结扎上方切下，不使心内血液流失，直接鲜用或冷藏，也可挂在80～100℃烘箱中烘干备用。

第六节　鹿尾

鹿尾在我国古代就已作为滋补强壮剂，含有睾酮、雌二醇、氨基酸及多种无机元素等活性成分，具有补肾阳、暖腰膝、益精气之功效，可用于治疗肾虚遗精、腰脊疼痛、头昏耳鸣等症。

鹿尾因鹿的种类不同，其形状、大小也不同。鹿尾是由9～12节尾椎骨、肌纤维、肌腱、脂肪、皮肤和尾毛组成。马鹿尾肥厚、较短、宽，尾尖部钝圆，是鹿尾中的佳品，而梅花鹿尾较长，呈锥形。母鹿尾较短，公鹿尾较长。

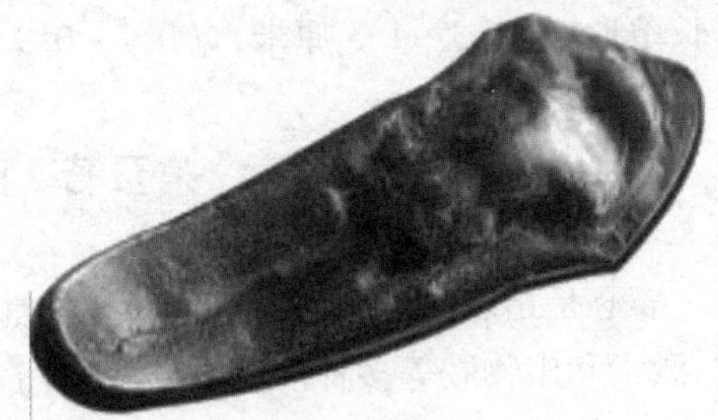

图10－23　鹿尾（左为鲜鹿尾，右为加工品）

一、鹿尾的加工

1. 去毛

去毛是将鲜鹿尾放入盆内，用沸水烫至能拔掉尾毛时为止，取出后迅速拔掉尾毛，然后用镊子将绒毛拔净，用刀子将表皮刮干净。

2. 封口

以前对鹿尾封口，是把去毛的鹿尾尾根上多余的脂肪和残肉去掉，用线缝合尾根部皮肤即可。近年来，有人提出在取尾时，将尾皮留长些，去掉多余残肉、脂肪，再用铁夹夹住。这样就沿尾椎处将内外侧尾皮夹合在一起，干燥后将铁夹外部分切下。

3. 风干

鹿尾一般靠自然脱水风干，即挂在阴凉通风处风干。但是，在炎热的夏季，为防止其腐臭，也应不时地放入烘干箱内50～60℃烘烤，每次时间不得超过30分。风干和保管期间要防止虫蛀。

4. 整形

梅花鹿尾无须整形，马鹿尾在半干时整形，使其边缘肥厚，背部隆起，腹面微凹陷。

二、鹿尾加工适期和保存方法

冬、春季加工鹿尾为佳,尾根呈紫红色,有自然皱折。一般储存于干燥处,防潮,防蛀。夏、秋季的鹿尾如果保存不好,常常会变成黑色。

三、鹿尾的规格等级

1. 马鹿尾

其干品共分4个等级。

一等:皮细,色黑有光泽,肥大肉厚,无残肉、残皮、臭味、夹馅、毛根和第一尾椎骨,不空心,不虫蛀,重量不低于125克。

二等:皮略粗,色黑,较短小,无臭味、夹馅,不空心,不虫蛀,重量90克以上。

三等:皮略粗,色黑,较细小,无臭味、夹馅,不空心,不虫蛀,重量90克以下。

四等:不臭,无虫蛀、夹馅,不符合一、二、三等标准的均为四等。

2. 梅花鹿尾

梅花鹿尾不分等级,以色黑亮、无臭味、无虫蛀、主根长圆饱满、尾肉多者为佳品,一般干重为35~60克。

第七节 鹿鞭

鹿鞭包括鹿的阴茎和睾丸,为长条状,顶尖有毛,为黄色或灰黄色,易断。以鹿肾为名始载于《名医别录》。具有补肾阳、益精血、强阳事之功能,用于劳损、腰膝酸痛、阳痿、遗精、不孕和慢性睾丸炎,也治肾虚耳鸣等。阴虚阳亢者慎用。

图10-24 鹿鞭

一、鹿鞭的加工技术

公鹿被屠宰后，剥皮时取出阴茎和睾丸，用清水洗净，将阴茎拉长连同睾丸钉在木板上，放在通风良好处自然风干。也可用沸水浇烫一下后入烘箱烘干。加工后的鹿鞭用木箱装好，置于阴凉干燥处保存，防潮、防蛀。

二、鹿鞭的鉴别

《中药大辞典》上对鹿鞭性状的描述如下：

1. 梅花鹿鞭

阴茎类扁圆柱形，多为棕红色，全长 25 ~ 50 厘米，横径 1.2 ~ 2 厘米，一侧多有纵沟，两侧面光滑，半透明，可见明显斜肋纹。龟头类圆柱形，长 2 ~ 10 厘米，前端钝圆。包皮有的呈环状隆起，先端带有鹿毛。睾丸两枚，扁椭圆形，表面棕黄色至黑棕色，长 4.5 ~ 9.0 厘米，皱缩不平。质坚韧，不易折断，气微腥。

2. 马鹿鞭

阴茎呈两侧稍扁的长圆柱形，表面灰黄色至黄棕色，全长 25 ~ 60 厘米，横径 2 ~ 3 厘米，两侧中间有纵沟槽，半透明状，顶端包皮略呈囊状或卷曲成环套状隆起，前端带有棕黄色、黄白色或棕褐色丛生皮毛，龟头藏于包皮内或裸露，前端钝圆。包皮有的呈环状隆起，先端带有鹿毛。睾丸两枚，长椭圆形，棕褐色，长 11 厘米左右。质坚硬，不易折断，气腥。

第八节　鹿角

《中华人民共和国药典》里定义鹿角为马鹿或梅花鹿已骨化的角或锯茸后翌年春季脱落的角基，分别习称“马鹿角”“梅花鹿角”（花鹿角）、“鹿角脱盘”。多于春季拾取，除去泥沙，风干。其性状特征如下所述。

梅花鹿角：通常分成 3 ~ 4 枝，全长 30 ~ 60 厘米，直径 2.5 ~ 5 厘米。侧枝多向两旁伸展，第一枝与珍珠盘相距较近，第二枝与第一枝相距较远，主枝末端分成两小枝。表面黄棕色或灰棕色，枝端灰白色。枝端以下具明显骨钉，纵向排成“苦瓜棱”，顶部灰白色或灰黄色，有光泽。

马鹿角：呈分枝状，通常分成 4 ~ 6 枝，全长 50 ~ 120 厘米。主枝弯曲，直径 3 ~ 6 厘米，基部盘状，上具不规则瘤状突起，习称“珍珠盘”，周边常有稀疏细小的孔洞。侧枝多向一面伸展，第一枝与珍珠盘相距较近，与主干几成直角或钝角伸出，第二枝靠近第一枝伸出，习称“坐地分枝”；第二枝与第三枝相距较远。表面灰褐色或灰黄色，有光泽，角尖平滑，中下部常具疣状突起，习称

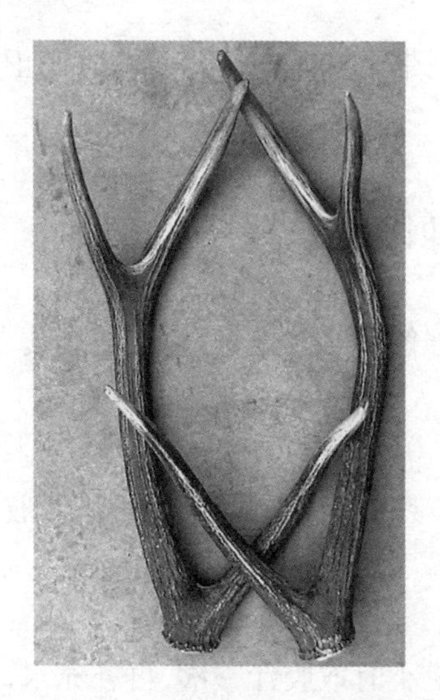
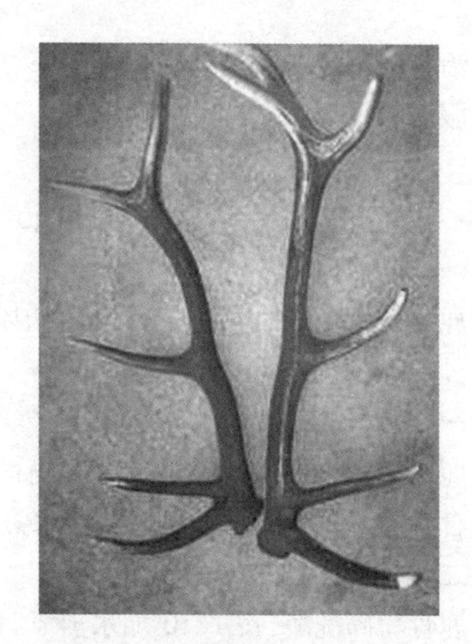

图 10－25　鹿角（左为梅花鹿角，右为马鹿角）

"骨钉"，并具长短不等的断续纵棱，习称"苦瓜棱"。质坚硬，断面外圈骨质，灰白色或微带淡褐色，中部多呈灰褐色或青灰色，具蜂窝状孔。无臭，味微咸。

鹿角脱盘：呈盔状或扁盔状，直径 3～6 厘米（珍珠盘直径 4.5～6.5 厘米），高 1.5～4 厘米。表面灰褐色或灰黄色，有光泽。底面平，蜂窝状，多呈黄白色或黄棕色。珍珠盘周边常有稀疏细小的孔洞。上面略平或呈不规则的半球形。质坚硬，断面外圈骨质，灰白色或类白色。

鹿角中含有大量的钙、磷等无机元素和丰富的胶质及氨基酸等成分，具有温肾阳、强筋骨和行血消肿之功效，现代药理研究表明其具有抑制乳腺增生、抗骨质疏松和抗炎等药理作用。

鹿角有 2 种加工产品即鹿角胶和鹿角霜。

一、鹿角胶

鹿角胶具有温补肝肾、益精养血的功效，可用于腰膝酸冷、阳痿遗精、虚劳羸瘦、崩漏下血、便血、尿血等症。阴虚阳亢者忌服。

鹿角胶的加工方法：将鹿角浸泡洗净直至去除腥味，锯成小段或直接粉碎，加水熬煮，水量是鹿角的 5 倍左右，每 8 小时取汁一次，补充水量再煮，至鹿角酥软手捏可成末为止。将提取液合并过滤浓缩成胶。冷凉后切小块，亦可将胶倒入凝胶槽内自然成形。熬好的鹿角胶呈棕红色或棕黄色、半透明。

二、鹿角霜

经提炼鹿角胶后所剩下的残渣，碾末成霜即为鹿角霜。具有补虚、助阳之效。治肾阳不足、腰脊酸痛、脾胃虚寒、崩漏带下和子宫虚冷等症。阴虚阳亢者忌服。

第九节　鹿骨

鹿骨是指鹿的骨骼，具有补虚、祛风、强筋骨之功效，可治虚弱羸瘦、跌打损伤、风寒湿痹等。

一、鹿骨加工

鹿屠宰后去掉肌肉，骨骼经水煮后去掉残肉烘干或阴干即可。四肢长骨因内含骨髓，易氧化腐败，所以要在水煮前砸碎，以除去脂肪便于保存。

二、鹿骨胶的加工

鹿骨粉碎洗净，按1∶10加水煎煮，每8小时取胶汁一次，再补充水，直至鹿骨手捏成末为止。将胶汁合并过滤浓缩，即成鹿骨胶，切块、包装即可。

第十节　鹿皮

鹿皮是指鹿的皮肤，主要有补气收涩的功能，用于肾虚遗精、崩漏带下、疮疡等症。鹿皮初步加工主要是剥皮和干燥。

鹿皮还是高档革料，剥皮时应避免刀伤，不带肌肉，皮肤剥下后，鲜面朝上，撒上精盐，然后对折，1～2小时溶化后打开，展平阴干。或用10%盐水浸渍1～2小时，然后展平阴干。

第十一节　鹿胎

《中药大辞典》定义鹿胎为鹿科动物梅花鹿或马鹿的胎儿及胎盘，具有益肾壮阳、补虚生精之效，可治精血不足、腰膝酸软、妇女虚寒、崩漏带下和月经不调等症。以肥大完全、不腐烂、无毛、胎衣不破者为佳品。

一、烤鹿胎的加工

将新鲜鹿胎调整为像在腹中的形状，然后用细绳或铁丝固定，放入烘烤箱内烘干，开始时的温度在90～100℃，烘烤2小时左右。当胎儿的腹围膨大时用细竹签从肋间或腹侧扎孔放气，接近全熟时暂停烘烤。此时切勿移动触摸，否则会伤皮掉毛。冷凉后取出放在通风良好处风干。以后烘烤与风干交替进

图 10－26　鹿胎

行，直至彻底干燥为止。干燥后将其妥善保存，防止潮湿发霉。

二、鹿胎的规格等级

一等：全胎呈垂胞状，黄褐色或浅红色，胎儿唇长，嘴尖，尾巴短，胎衣不破，味腥不臭，无毛成形的鹿胎。

二等：全胎呈垂胞状，黄褐色或浅红色，有斑点，胎儿唇长，嘴尖，尾巴短，胎衣不破，味腥不臭，15 千克以下有毛的鹿胎。

三、鹿胎膏的加工

鹿胎膏是指以鹿胎为主要原料加工而成的膏状药物。其熬制方法如下：

1. 煎煮

先用开水烧烫鹿胎，摘除被毛，用清水洗净放入锅内煎煮。当骨肉分离时，停止煎煮，将骨捞出，用纱布过滤胎浆，低温保存备用。

2. 烘干

将捞出的骨肉分别放入烘干箱内，80℃左右烘干。头骨和长轴骨可砸碎后再烘干，直至骨肉酥黄纯干为止。

3. 粉碎

将纯干的骨肉粉碎成 80～100 目的鹿胎粉，称重保存。

4. 熬膏

先将煮胎的原浆入锅煮沸，把胎粉加入搅拌均匀，再加比胎粉重 1.5 倍的红糖，用文火煎熬浓缩，不断搅拌，熬至呈牵缕状不黏手时出锅。倒入抹有豆油的瓷盘内，置于阴凉处，冷却后即为鹿胎膏。

第十一章　鹿场的经营管理

养鹿是一项极具市场潜力和竞争优势的产业，然而，若要使该产业持续、稳定地发展，必须要在体制上、政策上和措施上加以重视，才能对养鹿从购入、繁育、市场、国家政策、投入、经济效益等方面有一个准确的把握和认识。在家庭养殖的基础上，进一步开展合作联营式或合资(内外)、独资式的规模化、产业化生产经营模式，以提高效率、降低成本，提高质量与产品安全性，在国际市场上充分发挥优势。同时，进一步加强养鹿的科研投资力度和宣传工作，建立"公司+基地+农户+科研"等养殖模式，注重生态环境保护，从而使养鹿业走向健康、绿色、有序的可持续发展道路。

第一节 选项与投资

一、如何开展市场调研

市场调研的目的在于帮助规模化养鹿场准确做出经营战略和营销决策。成功的市场调研应具有准确、及时、针对性强、系统性、规划性、预见性等特点。

在开展养鹿市场调研之前，首先应针对养鹿的养殖状况、市场现状及发展潜力和亟待解决的问题等确定市场调研的目标和范围，再根据既定目标的要求，从许多现成资料中整理、筛选出适合自身需要的信息，在尽可能充分地占有现成资料和信息的基础上，采用实地调查、观察及试验等方法获取相关数据和资料信息。对获得的信息和资料进行进一步比较、统计分析，提出相应的建议和对策，揭示养鹿市场发展的现状和趋势。并将预测结果写出书面调研报告，阐明针对既定目标所获结果，以及建立在这种结果基础上的经营思路、可供选择的行动方案和今后进一步发展的目标。

二、调研的内容

养鹿是一项极具市场潜力和竞争优势的产业，然而，若要使该产业持续、稳定地发展，必须要在体制上、政策上和措施上加以重视，才能对养鹿从购入、繁育、市场、国家政策、投入、经济效益等方面有一个准确的把握和认识。养鹿市场调研主要包括如下几个方面。

（一）市场环境调研

市场环境调研主要了解国家的养鹿业政策和相关管理条例，包括法律法规、经济、科技和社会环境调研等。法律法规环境调研是对国家关于养殖、食品安全生产、动物产品贸易、疾病防控及生态环境保护等相关方面出台的方针、政策和各种法令、条例规定和动向的了解，以及不可预见的影响养鹿诸因素的调研。经济环境调研是对养鹿业在国民经济所占比重、动物产品的消费构成、地区养殖格局和收入分配等宏观经济指标进行调研。科技环境调研是对国内外养殖新技术、新工艺的发展速度、变化趋势、应用和推广及自然地理环境等情况进行调研。社会环境调研包括人们的生活传统、文化习惯等。

（二）市场需求调研

市场需求调研包括市场需求容量、顾客和消费行为调研。市场容量调研是指消费群体的规模、收入水平、生活水平、养鹿市场占有率、购买力。顾客调研是了解购买产品或服务的团体或个人的情况。购买行为调研是调研不同阶

层顾客的购买欲望、购买动机、习惯爱好、购买习惯、购买时间、购买地点、购买数量、偏好等情况，以及顾客对养鹿相关产品和其他养殖业提供的同类产品的欢迎程度。

（三）市场供给调研

市场供给调研主要调研养鹿种、鹿茸和鹿肉供给总量、供给变化趋势、市场占有率及饲料原料供应状况；消费者对养鹿企业产品或服务的质量、性能、价格、服务、包装的意识、评价和要求；消费者对相关产品或服务的态度、有无新产品或服务来代替；生产资源、技术水平、生产布局与结构；产品或服务在当地生产和输入的发展趋势及质量、数量、成本、价格、技术水平和潜在能力等。

（四）市场行情调研

市场行情调研主要是对整个养殖业市场、地区市场、企业市场的销售状况和销售能力的调研。包括商品供给的充足程度、市场空隙、库存状况；市场竞争程度及竞争策略；相关行业同类产品的生产、经营、成本、价格、利润的比较；有关地区、企业产品的差别和供求关系及发展趋势；整个市场价格水平的现状和趋势、最适宜于顾客接受的价格性能与定价策略；新产品定价及价格变动幅度等。

（五）市场销售调研

养鹿市场销售调研主要是对其销售渠道、销售过程和销售趋势的调研。包括销售方式；代销商的经营能力、社会声誉、目前销售和潜在销量；代销的成本、工具、路线、仓库储存能力；宣传的方式和策略及服务方式的优劣等方面。

三、调研结果分析与决策

通过市场调研，目前养鹿仍处于初级阶段，种群数量少，经营模式单一，抗市场风险能力低，相关研究较少，如针对养鹿还未制定技术标准（种质标准、饲养标准、卫生安全标准、参考免疫程序等）。因此，应在大力推行家庭养殖的基础上，进一步开展合作联营式或合资（内外）、独资式的规模化、产业化生产经营模式，以提高效率、降低成本，提高质量与产品安全性，在国际市场上充分发挥优势。同时，进一步加强养鹿的科研投资力度和宣传工作，建立“公司＋基地＋农户＋科研”等养殖模式，注重生态环境保护，从而使养鹿业走向健康、绿色、有序的可持续发展道路。

四、风险评估和规避策略

养殖业一直以来是一个风险较高的行业，其风险主要来源于技术风险、市场风险、经济风险等。

(一)技术风险分析

养鹿项目技术风险是指伴随着动物科学技术的发展、生产方式的改变而产生的威胁人们生产与生活的风险。包括饲料资源开发与加工利用技术、饲养技术、繁殖技术、育种技术、疾病防治技术、养殖场设计与建造技术、产品采收与加工技术等。

1. 养鹿业技术风险的种类

养鹿业技术风险的种类很多,其主要类型是技术不足风险、技术开发风险、技术保护风险、技术使用风险、技术取得和转让风险。

养鹿业技术风险可依据项目风险定义进行等级区分,通常分为低、中、高风险三个等级。低风险是指可辨识且可监控其对项目目标影响的风险。中等风险是指可辨识的、对项目系统的技术性能、费用或进度将产生较大影响的风险,这类风险发生的可能性相当高,是有条件接受的事件,需要对其进行严密监控。高风险是指发生的可能性很高、不可接受的事件,其后果将对项目有极大影响的风险。

养鹿项目技术风险包括饲料来源与加工技术、饲养技术、繁殖技术、育种技术、疾病防治技术、产品采收与加工技术等。养鹿项目多数因为驯化程度低,规模小,许多技术不成熟或者技术集成不够完善,具有很大风险。但是,不是说有风险,就不能够选项目和上项目。比如,疾病对于养鹿影响较大,由于养鹿抗病力较强,加之以目前的疾病防治技术水平而言,养鹿疾病基本上可以得到有效防治,其影响是局部的,对于整个行业来说不会构成毁灭性的打击。所以,选项目和上项目要慎重。

2. 技术风险主要来源渠道

(1)常规技术研究、熟化程度与应用程度以及技术集成配套程度　这是养鹿业基本技术要求,但是往往被许多投资者所忽视。在养鹿业中经常出现借用或者套用养牛、羊技术,能暂时解决一些问题,但是,不能彻底解决问题。养鹿业需要加大力度针对具体问题进行具体研究。

(2)技术创新所需要的相关技术不成熟、不配套,技术创新所需要的相应设施、设备不够完善　由于这些因素的存在,影响到创新技术的适用性、先进性、完整性、可行性和可靠性,从而产生技术性风险。许多企业热衷于提高企业技术水平和科技含量,引进国外先进技术和设备,结果食洋不化,设备闲置,产生不了效益。但是,养鹿业需要在熟练掌握常规技术的基础上,不断进行技术创新,为提高企业效益进行技术储备。

(3)对技术创新的市场预测不够充分　任何一项新技术、新产品最终都要接受市场的检验。如果不能对技术的市场适应性、先进性和收益性做出比较科学的预测,就使得创新的技术在初始阶段就存在风险。这种风险产生于技术本身,因而是技术风险。这种风险来自新产品不一定被市场接受,或投放市场后被其他同类产品取代,所发生的损失包括技术创新开发、转让转化过程中的损失。这就是说,企业在技术创新上确实存在风险,并不是技术越先进越好。

3. 技术风险的防范

(1)提高技术水平　科学建造养鹿场,采用先进养殖设备,提高养鹿业基础设施和关键技术水平,一方面在硬件设备上缩小与发达国家之间的差距;另一方面,在软件技术上着力开发养鹿技术等具有自主知识产权的动物生产技术。这是防范技术风险、提高养鹿技术的根本性措施。

(2)健全养鹿业生产体系　从企业内部组织机构和规章制度建设两方面着手,首先要建立专职管理和专门从事养鹿研究的技术队伍,落实相应的专职组织机构;其次是要建立健全各项养鹿业管理和防范制度,重点要完善业务的操作规程、强化要害岗位管理以及内部制约机制。

(3)统一规划和技术标准　按照生态养殖的理论和方法,在总体规划指导下,按一定的标准和规范,分阶段逐步开发新技术。必须自有研究机构或者与科研院所合作,针对所选项目中存在的问题进行研究,把技术风险降到最低。确立统一的发展规划和技术标准,不但有利于增强企业效益,而且有利于提高企业抗风险能力。

(二)市场风险分析

市场风险分析是在鹿种、产品供需、价格变动趋势和竞争能力等常规分析已达到一定深度的情况下,对未来国内外市场某些重大不确定因素发生的可能性及其可能对项目造成的损失程度进行分析。市场风险分析步骤如下:

(1)识别风险因素　产生市场风险的主要因素:①养鹿技术进步加快,产品成本降低,新产品或新替代品的出现。②竞争对手的加入。这是养鹿业中经常容易出现的。③市场竞争加剧,出现产品市场买方垄断。④国内外政治经济条件出现突发性变化。

(2)估计风险程度　市场风险估计时,要与市场风险因素的识别相结合,以确定投资项目的主要风险因素,分析估计其对项目的影响程度。

(3)评价风险等级　找出影响养鹿项目风险成败的关键风险因素。

(4)提出风险对策　通过反馈改进方案设计、完善营销策略、促使项目成功。

(三)经济风险分析

经济风险是指因经济前景的不确定性,养鹿业在从事正常的经济活动时,蒙受经济损失的可能性。它是市场经济发展过程中的必然现象。在简单商品生产条件下,商品交换范围较小,产品更新的周期较长,故生产经营者易于把握预期的收益,经济风险不太明显。随着市场经济的发展,生产规模不断扩大,产品更新加快,社会需求变化剧烈,经济风险已成为每个生产者、经营者必须正视的问题。

经济风险按其产生的原因,可分为自然风险、社会风险和经营风险。按经济过程的不同阶段,经济风险可分为投资风险、生产风险、销售风险。

1. 自然风险

因自然力的不规则变化产生的现象所导致危害经济活动,引起养鹿生产或生命安全的风险,如地震、泥石流、水灾、火灾、风灾、雹灾、冻灾等以及各种疫病等自然现象,在现实生活中是大量发生的。

自然风险的特征是:自然风险形成的不可控性,自然风险形成的周期性,自然风险事故引起后果的共性,即自然风险事故一旦发生,其涉及的对象往往很广。

2. 社会风险

社会风险是一种导致社会冲突,危及社会稳定和社会秩序的可能性,更直接地说,社会风险意味着爆发社会危机的可能性。一旦这种可能性变成了现实性,社会风险就转变成了社会危机,对社会稳定和社会秩序都会造成灾难性的影响。

社会风险还包含投资所在地及产品销往地的民族特征、价值观念、生活方式、风俗习惯、宗教信仰、伦理道德等对投资造成的风险。宗教信仰、价值观念、消费习俗、消费时潮在很大程度上影响着人们的消费行为,从而也影响着产品的销售,且通过产品销售间接影响着投资。当生产力低下,人们对某种自然现象和社会现象迷惑不解时,很容易盲目崇拜,其延续下来就形成一种模式,影响人们的消费行为。价值观念是指人们对社会生活中各种事物的态度和看法。不同的文化背景下,价值观念差异很大,影响着消费需求和购买行为。消费习俗、消费时潮、历代传递下来的消费方式及受现代社会各方面影响,使消费者产生共同的审美观念、生活方式和情趣爱好,导致具有一致性的消费时潮，也会影响消费，从而间接形成投资风险。

3. 经营风险

经营风险又称营业风险，是指在养鹿企业的生产经营过程中，供、产、销各个环节不确定性因素的影响所导致企业资金运动的迟滞，产生企业价值的变动。另有一种说法：企业由于战略选择、产品价格、销售手段等经营决策引起的未来收益不确定性，特别是企业利用经营杠杆而导致息前税前利润变动形成的风险叫作经营风险。经营风险时刻影响着企业的经营活动和财务活动，企业必须防患于未然，对企业经营风险进行较为准确的计算和衡量，是企业财务管理的一项重要工作。

养鹿企业认真研究国内外市场的变化，针对市场需求制定切实可行的经营对策。随着人们生活水平的提高和中国加入世界贸易组织，市场对产品的需求规格也发生明显的变化。人们对动物产品的质量需求，由20世纪70年代的需要脂肪型品种转变为需瘦肉型品种，由高能量需求转变为高蛋白需求。如今当人们解决温饱迈向小康时，对动物产品的质量要求愈来愈高，追求低残留、高品质的动物产品已成为时代发展的主旋律。绿色食品、有机食品在中国加入世界贸易组织后，尤显重要。质优价高的动物产品生产模式已被国内外消费者认可，因此，投资者从经营的方面出发，深入市场了解情况，掌握动态生产适应市场需要的动物产品，以更好地规避风险。

实施股份投资进行公司化经营。实施股份化投资可吸引更多的资金，进行公司化经营可以形成有效规模，便于立足市场。公司化经营能有效地规避风险在于，一是公司化经营有利于提高养殖业生产单位的组织化程度和抗风险能力，化解单位投资风险。以养殖户为单位小而分散的经营难以把握市场需求及价格变化，在生产上往往只能彼此模仿，造成同上同下，市场卖难与买难变动问题经常交织在一起。养殖户在收入有限的情况下，难以采用先进的科技，造成各养殖户低水平重复投入增多，无法形成较高利润。而采用公司化经营可以形成农工贸一体化、产加销一条龙经营。投资者由于利益的需要而相互结成利益共同体，使原本分散的投资者进入利益共同体中，由单个投资者承担风险化解为公司承担风险，从而在一定程度上降低了风险。二是公司化经营有利于国际国内两大市场的紧密联系，打破地域、部门封闭，改变农村与城市的对立状态。在提高养殖投资者素质的过程中，实现农工商协调发展。公司化经营的养殖企业所面对的市场不是一个乡一个县，而是一个省一个国家，甚至更多的国家，只有这样才能寻求最大利润的最佳实现机遇和发展空间。三是公司化经营有利于实现农村潜在市场的现实化。公司化经营的养殖投资者除得到养殖业直接利润外,还可以在一体化经营体系内部通过利益分配。按照一定的方式和分制比例分享到加工业,运输业及商业方面的利润,使工农产品"剪刀差"在经营体系内部实现"支付转移",从而间接地增加收入来源,降低投资风险。

加强科技创新,利用高新技术优势规避风险。高新技术的采用必然带来生产水平的大幅度提高。在养殖业中通过利用高新技术,可以在生产中获得更高的生产水平。同时,高新技术的使用,可以显著地提高鹿产品的品质,而鹿产品品质的提高带来的是经济效益的提高。这对降低风险、提高经营效益也具有重要作用。

4. 投资风险

投资风险指对未来投资收益的不确定性,在投资中可能会遭受收益损失甚至本金损失的风险。为获得不确定的预期效益,而承担的风险。它也是一种经营风险,通常指企业投资的预期收益率的不确定性。只有在风险和效益相统一的条件下,投资行为才能得到有效的调节。投资过程中可能出现的收益落空或本金损失,主要来自投资、技术、财务、利息、政治、汇率等诸多因素。

养鹿业投资者应深入研究国家相关政策及发展变化趋势,及时掌握时代发展的脉搏。养殖业投资与社会经济的发展有着密切的关系。社会经济发展了,人们的需求量则增加,投资养殖的产品、消费群体和消费量均增加。如改革开放以来,中国畜牧生产由1985年的肉类产量、蛋产量、牛奶产量分别为1 927万吨、535万吨和250万吨,增加到2002年的6 587万吨、2 642万吨和1 300万吨,增长了3~5倍。城乡人均肉类消费由18.7千克和11千克增长到23.3千克和14.9千克,增长不到1倍,说明生产远没有满足消费需求。而要满足同步增长的潜在消费需要,必须增加生产。增加生产的结果会吸引更多投资。而这些投资生产的动物产品又随着社会的发展、经济的繁荣获得更大的消费,促进效益增加,这就明显地降低了投资风险,加上国家在养殖业方面的优惠政策,如税收优惠、资金投入优惠、政策扶持优惠,这些均会明显地降低投资风险。

5. 生产风险

生产风险,即养鹿业者在生产养鹿产品中承担的风险。要规避生产风险,就必须根据生产工艺和技术规程要求建立安全生产风险管理体系,严格按照要求操作。

6. 销售风险

销售风险，即销售者在从事商品的销售活动时承担的风险。

销售风险是指由于推销环境的变化，给推销活动带来的各种损失。推销环境的变化是绝对的、客观的，并经常会发生，因而在推销过程当中，既充满了销售机会，同时又会出现许多销售风险。因此，销售人员应善于分析研究环境变化可能带来的风险，发现风险并及时规避风险，最大限度地减少自己可能遭受的损失。

要提高识别销售风险的能力。销售人员应随时收集、分析并研究市场环境因素变化的资料和信息，判断销售风险发生的可能性，积累经验，培养并增强对销售风险的敏感性，及时发现或预测销售风险。

要提高风险的防范能力，尽可能规避风险，特别是全局性的重大的销售风险。可通过预测风险，从而尽早采取防范措施来规避风险。企业还应积极投保，通过社会保险来转移销售风险。在销售工作中，要尽可能谨慎，最大限度地杜绝销售风险发生的隐患。

在无法避免的情况下，要提高处理销售风险的能力，尽可能最大限度地降低损失，并防止引发其他负面效应和有可能派生出来的消极影响。

五、投资技巧

养鹿要因地制宜，首先要考虑饲料资源是否丰富，成本是否低廉；其次，场地是否适宜，交通是否便利，是否符合国家卫生安全条件，鹿肉、鹿茸等产品销路问题，市场前景是否广阔。综合考虑上述因素之外，还要考虑在养殖业进入微利经营阶段，必须靠扩大饲养规模来实现增值和提高企业的抗风险能力。养鹿要遵循市场周期规律。在市场低潮时引种，少卖多养，尽量减少销售量。此时引种费用低，饲料较便宜，这时引种有利于降低成本，增加利润。当市场处于高潮时，多卖少养。此时市场对种鹿的需要量剧增，无论种鹿还是商品鹿，价格都较高。作为经营者，可把需要淘汰和出栏的商品鹿在此时集中出售，种鹿也可趁机高价出售一部分。

六、企业经营模式

目前我国养鹿场不断增多、规模不断扩大，在激烈的市场竞争前提下，如何做好鹿场的经营管理、提高劳动生产率及经济效益、提高企业的市场抗风险能力等对于养鹿场的长远发展来说是至关重要的。通过长期的摸索，现已对养鹿场的经营模式进行了总结。企业必须实行公司化管理方式，独立核算，自负盈亏。采用“公司＋基地＋农户＋科研”的产业化经营模式，统一规划、统一管理、统一服务，以协议合同的形式，为养鹿户提供产前技术支持服务和资金扶持，积极指导群众进行规范养殖，向安全、无公害、绿色方向发展，将企业打造成为当地养鹿向产业化经营发展的骨干龙头企业。与养殖户结成利益共同体，做到“五统一”（统一防疫、统一技术培训、统一提供鹿苗、统一饲料供应、统一收购），“六到位”（良种引进到位、优质饲料供应到位、防疫指导到位、科技培训到位、产品营销联系到位、排忧解难到位），并以低于市场的价格先免费提供种鹿，按市场保护价收购产品，保证农户收益，从而实现企业的科学化、人性化管理，发挥每一位员工的积极性及各层相互沟通，保证公司管理制度的畅通无阻，同时实施风险共担，利益共享，使企业抗风险能力提高和更有利于争取各级政府政策上的支持。

第二节　经营管理

一、计划管理

养鹿企业的计划管理包括繁殖与种群周转计划、生产计划、饲料计划、劳动力计划等。

（一）繁殖与种群周转计划

繁殖与种群周转计划应根据鹿生殖特点来确定。鹿是季节繁殖动物，编制计划时，要掌握的资料有年初种群实有只数、上年（期）繁殖计划、到今年可达性成熟期的后备母鹿、计划年决定淘汰的后备母鹿、母鹿的受精率、育成率、确定年计划生产任务。

在生产过程中，由于繁殖、生长、购入、出售、淘汰等原因，种群结构经常发生变动，为了有计划地控制种群的增减变化，保证完成生产计划任务，养殖单位必须编制周转计划。编制种群周转计划，一般需要掌握年初的种群结构、确定年终种群结构、计划年各种群的淘汰只数、计划年出售幼雏和育成的只数、交配分娩计划、繁殖成活的幼雏头数、计划购入的各种群的只数。

种群周转计划的编制时，根据计划年初种群结构、本年生产任务和扩大再生产的要求，确定年末的种群结构；根据种群交配分娩计划，确定计划年内繁殖只数；根据成鹿可使用年限及体质状况，确定各组的淘汰或出售只数，然后按照种群的转组关系，编制种群周转计划。

（二）产品生产计划

动物产品生产计划是养殖单位对所提供的茸、肉等动物产品生产的计划。

编制产品生产计划应以动物只数、产品量或平均活重、屠宰重等指标为依据，还要特别注意不同产品的生产规律。产品计划的编制方法是根据动物以前的产量计算下一期产量。

（三）饲料计划

养殖企业的饲料计划包括饲料需要量计划和饲料平衡计划两部分。编制饲料需要量计划的依据是种群周转计划中所反映的各种动物的平均只数、饲养天数及各种动物的饲料结构，按饲料的种类分别计算需要量。

（1）按饲养的天数计算　某动物年平均头数＝全年饲养总只数/365天。

（2）按年初、年末饲养只数计算　某动物年平均只数＝（年初只数＋年末只数）/2。

（3）按年初、年中、年末饲养只数计算　某动物年平均只数＝（年初只数/2＋年中只数＋年末只数/2）/2。

（4）按动物平均只数和饲料消耗定额计算饲料需要量＝平均只数×饲料消耗定额×饲养天数。

在计算全年各种饲料需要的总量时，要增加一定的量作为保险贮备特别是动物性饲料，一般为实际需要量的10%～20%，以防意外需要。编制饲料平衡计划，是为了检查饲料余缺情况。饲料供需平衡包括两部分，一部分是各种饲料总量的供需平衡，一部分是动物饲料与植物性饲料、青绿饲料与粗饲料供需平衡。

（四）劳动管理

劳动管理是指企业在生产经营中对劳动力、技术人员和管理人员所进行的一系列组织和管理工作，要求充分而有效地利用劳动力和技术人员，提高劳动力和科技人员的利用率，同时提高劳动生产率和经济效益。

1. 劳动力的管理

合理地利用劳动力资源，最大限度地发挥劳动者的积极作用，才能使养殖企业生产得以持续稳定发展。劳动力的管理包括提高劳动者的素质和技能、提高劳动力的利用率和劳动生产率等项内容。提高劳动者的素质和技能是搞好企业现代管理的核心。它主要通过教育和培训获得。培训方式包括岗前培训、在职培训、函授或自学考试、脱产或半脱产培训。

2. 劳动定额管理

劳动定额的形式主要有饲养定额和产量定额2种。饲养定额通常是指一个中等劳动力在一定的生产条件下，按一定的质量要求，在单位时间内饲养和管理的动物数量。动物种类、性别、年龄不同，对于技术及管理条件的要求不同，各有不同的饲养定额。产量定额是指单位劳动时间内应生产出来的某种产品的数量。由于养鹿业生产要通过饲养各种动物才能获得动物产品，因此，饲养定额是养殖业中最基本的劳动定额。

3. 岗位责任制

岗位责任制是养殖企业实现制度化、规范化管理的基础。它是指企业管理把重点放在对工作岗位的设计上，通过岗位责任制对企业员工进行约束。包括养殖企业工作岗位的确定、各岗位员工的招聘、员工的培训、岗位责任制度的建立和完善等。养殖企业由于饲养动物种类不同，其工作岗位的设计各不相同。应根据企业的实际情况，特别是要根据整个生产经营过程中各生产经营环节的构成情况和实际需要，科学合理地确定工作岗位，保证各岗位既能紧密衔接，又能明确界定，便于各种规章制度的建立。

岗位责任制的建立和完善，主要是确定各岗位的职责范围、具体要求、奖惩措施。包括生产主管部门、饲养员、采购部门、销售部门、财会部门等责任制度。

二、生产管理

养殖企业生产过程是从饲料（采购、贮藏、加工）生产、动物生产（生长发育、繁育、产品生产）、产品采收加工以及有关人员投入等活动构成的全部过程。其组织管理是谋求在生产过程中对各种生产要素进行合理组织，以尽可能少的劳动耗费、饲料消耗，生产出尽可能多的适销产品，获得最佳的经济效益。

（一）生产过程的组成

主要包括以下 4 个部分：

1. 生产技术准备过程

投入生产前所做的各种生产技术准备工作。包括引种、饲料配制、繁育、饲养等。

2. 基本生产过程

企业直接从事动物生长发育、饲养、繁育、产品采收、加工的生产过程。

3. 辅助生产过程

为保证基本生产正常进行所从事的各种辅助性生产活动，如动力生产、设备维修等。

4. 生产服务过程

基本生产和辅助生产服务的各种生产服务活动。如原料、工具的保管与发放等。

（二）合理组织生产

合理组织生产必须遵循基本要求，动物饲养在时间上是紧密衔接和连续的，即动物生长发育、繁育、产品生产在整个过程中始终处于连续生产的动态中，没有或很少有不必要的停顿或等待时间，这也有利于缩短产品的生产周期。在生产过程中各个阶段之间，要保持合理的比例关系如性别比例、年龄结构、饲料比例、劳动力与生产规模比例等，这有利于提高各种设备的利用率。企业及各生产环节在各段相等的时间内生产的产品数量或完成的工作量大致相等，保持生产阶段均衡性，不发生时松时紧、前松后紧的现象，这有利于充分利用动物资源、人力资源和机器设备，保证产品质量。所饲养的动物适应环境、生产产品适应市场复杂等特点，这有利于企业生产适合市场需要的产品，增强竞争能力。

（三）生产组织形式

养鹿企业生产产品主要是动物良种、鹿肉、鹿茸。由此决定了生产应该规模化：良种选育—核心群—繁殖群—商品群—专业户、养殖场或者养殖基地—鹿类产品等；饲料采购、储存、加工、饲喂（部分出售）—饲养—繁育新种、良种（部分出售、部分留种）或者商品生产（采收、加工、出售）。在生产过程中，多以公司+农户形式进行，这种模式专业化程度高，生产节奏性强，具有高度的连续性。规模化生产应具备的主要条件为：生产规模要足够大，种质或者产品结构稳定，生产过程能划分为简单的工序。

（四）养殖企业的质量管理

质量管理是指依靠企业全体职工，运用质量管理理论和方法，对从动物良种生产、产品生产到销售服务全过程中影响质量的因素进行全面预防和控制，以保证生产出满足用户需要的优质产品。质量管理的特点，从市场调研、良种引入、产品生产、加工到销售服务整个过程中，企业的各个部门、各个方面、各个管理层次都要进行质量管理。

质量管理遵循计划、实施、检查、处理4个循环，也就是通过排列图法、因果图法、分层法等分析现状，找出质量问题、查明原因，针对主要原因制定对策和计划并实施，检查实施的效果，总结经验，巩固取得的成果，提出尚未解决的问题，使产品质量提高一步。

三、营销管理

(一)影响鹿类产品供求的主要因素

1. 经济因素

养鹿类产品都是特殊产品。这些产品需求量会紧随着世界经济或者区域经济的变化而变化,且市场变化随着经济复苏滞后一定时间而上涨或者经济萧条提前一定时间而萎缩。个体消费及收入水平决定着养鹿类产品的消费水平。消费者的收入水平越高,其购买力越高,对养鹿类产品的消费水平也就越高;反之,则会降低。

2. 政治因素

养鹿都是特殊产品,生产和销售、消费可能会受到一些政治集团的干涉,比如政治经济制度、经济制裁、反倾销等。

3. 市场规律

养鹿类产品价格是影响鹿类产品需求与供给的直接因素。价格会影响养鹿产品的需求量。由于多数鹿类产品并非最基本的生活必需品,鹿类产品价格升高时鹿类产品需求量相应减少;反之,当鹿类产品价格降低时,需求量相应增加。另外,有些鹿类产品之间具有可替代性,某种鹿类产品的价格升高,会导致替代品的需求量增加,减少鹿类产品的需求量;反之,当鹿类产品的替代品价格升高,人们就会减少购买替代品,而增加对该种鹿类产品的需求量。价格对鹿类产品供给的影响存在时差,鹿类产品供给的变动滞后于其价格的变动,这是由于鹿类产品生产周期较短,当鹿类产品生产活动开始后,即使市场上鹿类产品价格发生变化,也不可能立即做出反映,对产品产量的调整需要有一个时间间隔。价格上升,供给量增加;价格下降,供给量减少。随着人们收入水平和生活水平的不断提高,对鹿类产品的质量要求越来越高,鹿类产品必须具有满足消费者需要的质量,才会受到消费者欢迎,增强在市场上的竞争力。

4. 生产技术水平

生产水平的提高,鹿类产品生产成本下降,决定了鹿类产品市场竞争能力增强,销售量就会增加。新产品开发、款式改变等也会增加鹿类产品市场需求量。

(二)鹿类产品销售策略

1. 产品策略

养殖企业的产品策略,是企业对鹿类产品的广度、深度和相关性进行决策。主要有增加鹿类产品的种类和各种不同的产品种数,扩大经营范围;从产品组合中取消那些获利少的产品种类或品种,集中获利多的产品,力求从较少的产品中获得更多的利润;企业为了突现企业的产品与竞争者的产品有不同的特点,通过采用不同的设计、包装或在包装内附上新奇的标志,以示与竞争者的区别。通过这种策略加深消费者对本产品的印象,提高其产品的竞争力;企业根据消费者对某种产品属性的重视情况,给本企业产品确定一个适当的市场地位。

2. 包装策略

对于鹿类产品来说,精美的包装往往能刺激消费者的购买欲望。包装策略主要有类似包装、等级包装、附品包装策略。

3. 定价策略

(1)折扣定价策略　卖方在正常价格的基础上,给予买主一定的价格优惠,以鼓励买主购买更多本企业的产品。可以通过数量折扣、现金折扣、商业职能折扣等方式,将客户大量购买时企业所节约的销售费用的一部分转让给客户。

(2)心理定价策略　根据顾客在购买商品时接受价格的心理状态来制定价格的策略,如尾数定价、声望定价、习惯定价、招徕定价等。

4. 促销策略

企业通过人员和非人员的推销方式,向广大客户介绍商品,促使客户对商品产生好感和购买兴趣,继而进行购买的活动。鹿类产品的促销活动主要有人员推销、广告、公共关系和营业推广 4 种形式。

主要参考文献

[1]E. H. 科尔伯特(美);周明镇,等,译. 脊椎动物的进化各时代脊椎动物的历史[M]. 北京:地质出版社,1976.
[2]常悦,张玉,孙亚红. 驯鹿种质资源及其生态分布的研究[J]. 家畜生态学报,2013,34(3):72-77.
[3]董为,叶捷. 新罗斯祖鹿种内差异的形态学分析[J]. 古生物学报,1997,36(2):253-269.
[4]郭延蜀,郑惠珍. 中国梅花鹿地史分布,种和亚种的划分及演化历史[J]. 兽类学报,2000,20(3):168-179.
[5]李明,王小明,盛和林,等. 四种鹿属动物的线粒体 DNA 差异和系统进化关系研究[J]. 动物学报,1999,01:99-105.
[6]李永祥. 北美洲鹿类研究动态[J]. 林业科技,1992,3:014.
[7]刘向华,王义权,刘忠权,等. 从 Cytb 基因序列探讨鹿亚科动物的系统发生关系[J]. 动物学研究,2003,24(1):27-33.
[8]刘学东. 中国鹿类动物线粒体 12SrRNA 基因序列的比较分析及分子系统发育研究[D]. 东北林业大学,2003.
[9]刘宇庆,吕慎金,魏万红. 梅花鹿行为生态学及保护遗传学研究进展[J]. 中国草食动物,2008,28(4):63-66.
[10]刘忠权. 基于线粒体 16SrRNA 基因探讨鹿科动物系统发生关系[J]. 四川动物,2010,29(5):509-512.
[11]吕晓平,魏辅文,李明,等. 中国梅花鹿(Cervusnippon)遗传多样性及与日本梅花鹿间的系统关系[J]. 科学通报,2006,51(3):292-298.
[12]南京大学地质系古生物地史学教研室. 高等学校试用教材古生物学:下[M]. 北京:地质出版社,1980.
[13]钱艳齐,张杰. 南美洲的鹿科动物[J]. 特种经济动植物,2011(5):7-

10.
[14]盛和林,刘志霄. 中国麝科动物[M]. 上海:上海科学技术出版社,2007.
[15]宋胜利. 中国的鹿科动物[J]. 特种经济动植物,2008(1):10-10.
[16]涂剑锋,邢秀梅,徐佳萍,等. 中国鹿亚科动物mtDNA控制区序列差异及其遗传分化[J]. 安徽农业科学,2012,40(2):669-672.
[17]王瑞兰,马逸清. 世界的鹿[J]. 野生动物,2004,25(3):2-3.
[18]吴家炎,裴俊峰. 白唇鹿的研究现状及保护策略[J]. 野生动物,2007,28(5):36-39.
[19]吴家炎,王伟. 中国白唇鹿[M]. 北京:中国林业出版社,1999.
[20]胡长康. 关于大角鹿类的进化[J]. 古脊椎动物学报,1990,28(2):150-158.
[21]于浩,李小平,杨秀芹,等. 天山马鹿起源与分子进化的研究[J]. 黑龙江畜牧兽医,2009(8):114-115.
[22]张琼,曾治高,孙丽风,等. 海南坡鹿的起源、进化及保护[J]. 兽类学报,2009,29(4):365-371.
[23]赵江红,杨晓玲. 海南坡鹿的现状及保护对策[J]. 林业资源管理,2004,21(3):40-44.
[24]钟立成,卢向东. 世界驯鹿亚种分布与现状[J]. 经济动物学报,2008,12(1):46-48.
[25]钟立成,朱立夫,卢向东. 我国驯鹿起源、历史变迁与现状[J]. 经济动物学报,2008,12(2):102-105.
[26]张金海. 鹿场卫生的几个方面[J]. 养殖技术顾问,2010(7):93-93.
[27]单亦侠. 畜牧场绿化的作用[J]. 养殖技术顾问,2013(11):236-236.
[28]宋官波,徐海录,孙学斌. 光照可促进鹿茸增产[J]. 吉林畜牧兽医,2013,05:59-61.
[29]韩盛兰,李华周,阎立新,等. 鹿养殖与鹿产品加工修订版[M]. 北京:科学技术文献出版社,2004.
[30]高中信,谢晓峰. 鹿的饲养管理及产品加工[M]. 北京:中国林业出版社,2005.
[31]黄世怀,曹勤忠. 特种经济动物规模养殖关键技术丛书:梅花鹿·马鹿[M]. 南京:江苏科学技术出版社,2001.
[32]吴利红. 科学养鹿高效新技术[M]. 长春:吉林电子出版社,2007.